제과제빵 기능사

한권으로 끝내기

CRAFTSMAN CONFECTIONARY & BREADS MAKING

SD에듀
(주)시대고시기획

합격의 공식
SD에듀
잠깐!
자격증 • 공무원 • 금융/보험 • 면허증 • 언어/외국어 • 검정고시/독학사 • 기업체/취업
이 시대의 모든 합격! SD에듀에서 합격하세요!
www.youtube.com → SD에듀 → 구독

머리말

우리나라는 경제 발전과 더불어 식생활이 서구화되면서 제과 · 제빵에 대한 사회적 관심이 높아지고, 제과 · 제빵 기술력 또한 선진국 못지않게 발전을 이루었습니다. 현재는 간식 개념에서 한 끼 식사 대용으로 빵의 소비가 급격하게 늘어나는 추세로, 이는 국민 건강과도 밀접한 관계에 있다고 볼 수 있습니다. 제과 · 제빵을 가르치는 전문교육기관의 수도 증가하고, 교육의 형태도 점점 다양해지는 등 제과 · 제빵 분야는 전문성이 더욱 요구되는 시점에 와 있습니다.

본 교재는 2023년 제과 · 제빵기능사 필기시험 개편에 맞춘 내용을 담았으며, 제과 · 제빵 재료의 기초적인 이해부터 성분 및 특성뿐만 아니라 다양하고 넓은 지식을 익힐 수 있도록 도움을 주고자 하였습니다. PART 01~03은 제과기능사와 제빵기능사의 공통 이론으로 구성하였으며, PART 04는 제빵기능사, PART 05는 제과기능사의 핵심이론을 담았습니다. 부록으로 2016~2022년 상시시험 복원문제를 수록하여 제과 · 제빵기능사 시험을 준비하는 수험생들에게 도움이 될 수 있도록 하였습니다.

아무쪼록 열정을 가지고 열심히 공부하여 파티시에를 꿈꾸는 이들에게 본 교재가 성공의 길잡이가 되기를 기원합니다.

끝으로 이 책이 나오기까지 많은 도움을 주고 좋은 책을 만들기 위해 함께 고민하고 수고해 주신 SD에듀의 모든 직원 분들께 감사드립니다.

편저자 일동

제과 · 제빵기능사 시험 안내

개 요

제과 · 제빵에 관한 숙련기능을 가지고 제과 · 제빵 제조와 관련되는 업무를 수행할 수 있는 능력을 가진 전문인력을 양성하고자 자격제도를 제정하였다.

수행 직무

제과 · 제빵 제품 제조에 필요한 재료의 배합표 작성, 재료 평량을 하고 각종 제과 · 제빵용 기계 및 기구를 사용하여 반죽, 발효, 성형, 굽기, 장식, 포장 등의 공정을 거쳐 각종 제과 · 제빵 제품을 만드는 업무를 수행한다.

진로 및 전망

① 식빵류, 과자빵류를 제조하는 제빵 전문업체, 비스킷류, 케이크류 등을 제조하는 제과 전문업체, 빵 및 과자류를 제조하는 생산업체, 손작업을 위주로 빵과 과자를 생산 · 판매하는 소규모 빵집이나 제과점, 관광업을 하는 대기업의 제과 · 제빵부서, 기업체 및 공공기관의 단체 급식소, 장기간 여행하는 해외 유람선이나 해외로 취업이 가능하다.

② 자격이 있다고 해서 취직에 결정적인 요소로 작용하는 것은 아니지만, 제과점에 따라 자격수당을 주며, 인사고과 시 유리한 혜택을 받을 수 있다.

③ 해당 직종이 점차 전문성을 요구하는 방향으로 나아가고 있어 제과 · 제빵사를 직업으로 선택하려는 사람에게는 필요한 자격직종이다.

취득방법

① **시행처 :** 한국산업인력공단

② **시험과목**

구분	제과기능사	제빵기능사
필기	과자류 재료, 제조 및 위생관리	빵류 재료, 제조 및 위생관리
실기	제과 실무	제빵 실무

③ **검정방법**

㉠ 필기 : 객관식 4지 택일형, 60문항(60분)

㉡ 실기 : 작업형(3~4시간 정도)

④ **합격기준 :** 100점 만점에 60점 이상

⑤ **응시자격 :** 제한 없음

원서접수 및 시행

① **시행계획**

㉠ 시험은 상시로 치러지며 월별, 회별 시행지역 및 시행종목은 지역별 시험장 여건 및 응시 예상인원을 고려하여 소속기관별로 조정하여 시행

㉡ 조정된 월별 세부 시행계획은 전월에 큐넷 홈페이지를 통해 공고

② **접수방법 :** 큐넷 홈페이지 인터넷 접수(www.q-net.or.kr)

③ **접수기간 :** 회별 원서접수 첫날 10:00부터 마지막 날 18:00까지

④ **합격자 발표 :** CBT 필기시험은 수험자 답안 제출과 동시에 합격 여부 확인 가능

기타 안내사항

① 천재지변, 코로나19 확산 및 응시인원 증가 등 부득이한 사유 발생 시에는 시행일정을 공단이 별도로 지정할 수 있음

② 필기시험 면제기간은 당회 필기시험 합격자 발표일로부터 2년간임

③ 공단 인정 신분증 미지참자는 해당 시험 정지(퇴실) 및 무효처리

④ 코로나19 감염 확산 방지 관련 검정 대응 지침에 따라 시험 진행

합격률(필기)

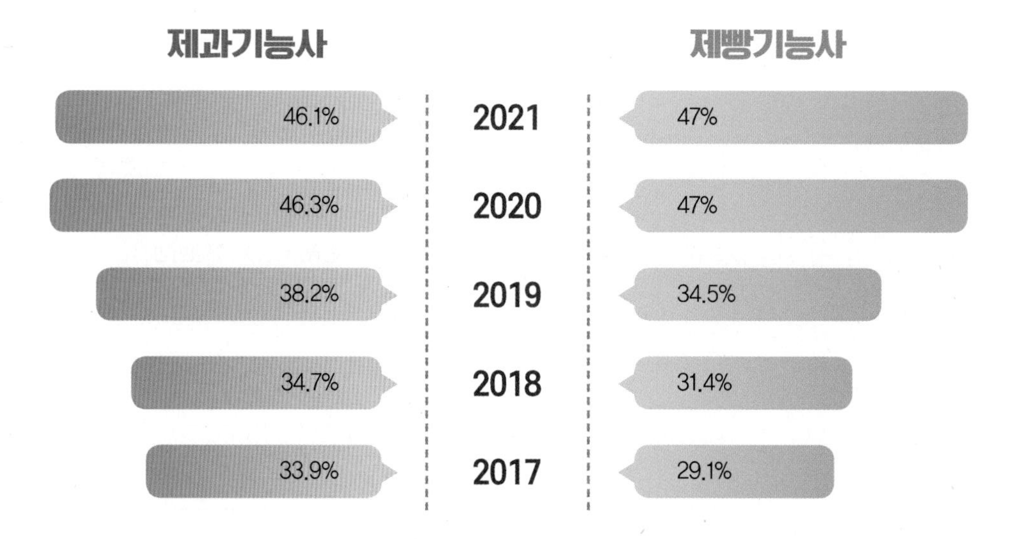

제과기능사 출제기준

<table>
<tr><th>필기과목명</th><th>주요항목</th><th>세부항목</th><th>세세항목</th></tr>
<tr><td rowspan="13">과자류 재료, 제조 및 위생관리</td><td>재료 준비</td><td>재료 준비 및 계량</td><td>• 배합표 작성 및 점검
• 재료 준비 및 계량방법
• 재료의 성분 및 특징
• 기초 재료과학
• 재료의 영양학적 특성</td></tr>
<tr><td rowspan="5">과자류 제품 제조</td><td>반죽 및 반죽관리</td><td>• 반죽법의 종류 및 특징
• 반죽의 결과 온도
• 반죽의 비중</td></tr>
<tr><td>충전물 · 토핑물 제조</td><td>• 재료의 특성 및 전처리
• 충전물 · 토핑물 제조방법 및 특징</td></tr>
<tr><td>패닝(팬닝)</td><td>• 분할 패닝방법</td></tr>
<tr><td>성형</td><td>• 제품별 성형방법 및 특징</td></tr>
<tr><td>반죽 익히기</td><td>• 반죽 익히기 방법의 종류 및 특징
• 익히기 중 성분 변화의 특징</td></tr>
<tr><td rowspan="2">제품저장관리</td><td>제품의 냉각 및 포장</td><td>• 제품의 냉각방법 및 특징
• 포장재별 특성
• 불량제품 관리</td></tr>
<tr><td>제품의 저장 및 유통</td><td>• 저장방법의 종류 및 특징
• 제품의 유통 · 보관방법
• 제품의 저장 · 유통 중의 변질 및 오염원 관리방법</td></tr>
<tr><td rowspan="4">위생안전관리</td><td>식품위생 관련 법규 및 규정</td><td>• 식품위생법 관련 법규
• HACCP 등의 개념 및 의의
• 공정별 위해요소 파악 및 예방
• 식품첨가물</td></tr>
<tr><td>개인위생 관리</td><td>• 개인위생 관리
• 식중독의 종류, 특성 및 예방방법
• 감염병의 종류, 특징 및 예방방법</td></tr>
<tr><td>환경위생 관리</td><td>• 작업환경 위생관리
• 소독제
• 미생물의 종류와 특징 및 예방방법
• 방충 · 방서 관리</td></tr>
<tr><td>공정 점검 및 관리</td><td>• 공정의 이해 및 관리
• 설비 및 기기</td></tr>
</table>

제빵기능사 출제기준

필기과목명	주요항목	세부항목	세세항목
빵류 재료, 제조 및 위생관리	재료 준비	재료 준비 및 계량	• 배합표 작성 및 점검 • 재료 준비 및 계량방법 • 재료의 성분 및 특징 • 기초 재료과학 • 재료의 영양학적 특성
	빵류 제품 제조	반죽 및 반죽관리	• 반죽법의 종류 및 특징 • 반죽의 결과 온도 • 반죽의 비용적
		충전물 · 토핑물 제조	• 재료의 특성 및 전처리 • 충전물 · 토핑물 제조방법 및 특징
		반죽 발효관리	• 발효 조건 및 상태관리
		분할하기	• 반죽 분할
		둥글리기	• 반죽 둥글리기
		중간발효	• 발효 조건 및 상태관리
		성형	• 성형하기
		패닝(팬닝)	• 패닝방법
		반죽 익히기	• 반죽 익히기 방법의 종류 및 특징 • 익히기 중 성분 변화의 특징
	제품저장관리	제품의 냉각 및 포장	• 제품의 냉각방법 및 특징 • 포장재별 특성 • 불량제품 관리
		제품의 저장 및 유통	• 저장 방법의 종류 및 특징 • 제품의 유통 · 보관방법 • 제품의 저장 · 유통 중의 변질 및 오염원 관리방법
	위생안전관리	식품위생 관련 법규 및 규정	• 식품위생법 관련 법규 • HACCP 등의 개념 및 의의 • 공정별 위해요소 파악 및 예방 • 식품첨가물
		개인위생 관리	• 개인위생 관리 • 식중독의 종류, 특성 및 예방방법 • 감염병의 종류, 특징 및 예방방법
		환경위생 관리	• 작업환경 위생관리 • 소독제 • 미생물의 종류와 특징 및 예방방법 • 방충 · 방서 관리
		공정 점검 및 관리	• 공정의 이해 및 관리 • 설비 및 기기

CONTENTS

목 차

빨 간 키

빨리보는 간단한 키워드

01 제과제빵 공통이론

■ 해썹(HACCP) 7원칙 12절차

준비 5단계	적용 7단계
• 절차 1 : 해썹(HACCP) 팀 구성 • 절차 2 : 제품설명서 작성 • 절차 3 : 용도 확인 • 절차 4 : 공정흐름도 작성 • 절차 5 : 공정흐름도 현장 확인	• 절차 6(원칙 1) : 위해요소 분석 • 절차 7(원칙 2) : 중요 관리점(CCP) 결정 • 절차 8(원칙 3) : 한계기준 설정 • 절차 9(원칙 4) : 모니터링 방법 설정 • 절차 10(원칙 5) : 개선조치 설정 • 절차 11(원칙 6) : 검증방법 설정 • 절차 12(원칙 7) : 기록 유지 및 문서관리

■ 식품첨가물의 종류와 용도

- 착색제 : 식품에 색소를 부여하거나 복원함
- 발색제 : 식품의 색소를 유지·강화함
- 유화제 : 물과 기름과 같이 섞이지 않는 물질을 균질하게 섞어주거나 이를 유지시킴
- 밀가루 개량제 : 제빵의 품질이나 색을 증진시킴
- 안정제 : 두 개 또는 그 이상의 섞이지 않는 성분이 균일한 분산 상태를 유지하도록 함
- 소포제 : 거품 생성을 방지하거나 감소시킴
- 산화 방지제 : 지방의 산패, 색상의 변화 등 산화로 인한 식품품질 저하를 방지하며 식품의 저장기간을 연장시킴
- 기포제 : 액체 또는 고체 식품에 기포를 형성시키거나 균일하게 분산되도록 함

■ 개인위생 안전관리

- 반지, 목걸이, 시계 등 장신구 착용 금지
- 영업자 및 종업원에 대한 건강진단 실시(1년에 1회)
- 영업자 위생교육 실시(1년 1회)
- 즉석식품에 위생장갑 착용

■ 식중독

<table>
<tr><td>세균성 식중독</td><td colspan="2">살모넬라, 장염 비브리오, 병원성 대장균, 여시니아, 캄필로박터 포도상구균, 보툴리누스, 웰치균, 세레우스 등</td></tr>
<tr><td>바이러스성 식중독</td><td colspan="2">노로바이러스, 로타바이러스, 장아데노바이러스, 아스트로바이러스 등</td></tr>
<tr><td rowspan="4">자연독 식중독</td><td>식물성 자연독</td><td>• 독버섯 : 무스카린, 코린, 발린
• 감자독 : 솔라닌
• 면실유 : 고시폴
• 대두 : 사포닌
• 청매 : 아미그달린
• 피마자 : 리신</td></tr>
<tr><td>동물성 자연독</td><td>• 복어독 : 테트로도톡신
• 섭조개, 대합조개 : 삭시톡신
• 바지락, 모시조개 : 베네루핀</td></tr>
<tr><td>곰팡이독</td><td>아플라톡신</td></tr>
<tr><td>화학성 식중독</td><td>• 허가되지 않은 유해첨가물
– 유해방부제 : 붕산, 포르말린, 우로트로핀, 승홍
– 인공감미료 : 둘신, 사이클라메이트, 페릴라틴, 에틸렌 글리콜 등
– 유해착색료 : 아우라민, 로다민 B
– 유해표백제 : 삼염화질소, 론갈리트
• 중금속에 의한 식중독
– 납 : 안료, 농약, 수도관의 납관 등에서 오염
– 수은 : 미나마타병을 일으키며 수은에 오염된 해산물을 통해 발병
– 카드뮴 : 이타이이타이병을 일으키며 오염된 음료수, 농작물을 통해 발병</td></tr>
</table>

■ 감염병

- 감염병의 3대 요소 : 병원체(병인), 환경, 인간(숙주)
- 경구 감염병의 분류
  - 세균에 의한 것 : 세균성 이질, 장티푸스, 파라티푸스, 콜레라, 성홍열, 디프테리아
  - 바이러스에 의한 것 : 감염성 설사증, 유행성 간염, 폴리오, 천열, 홍역
  - 원생동물에 의한 것 : 아메바성 이질

■ 교차오염 방지법

- 개인위생 관리를 철저히 함
- 손 씻기를 철저히 함
- 조리된 음식 취급 시 맨손으로 작업하는 것을 피함
- 화장실 출입 후 손을 청결히 함

■ 미생물

- 미생물 발육에 필요한 조건 : 영양소, 수분, 온도, 산소, 수소이온농도(pH)
- 미생물 증식 억제 수분활성도(Aw) : 세균(0.8 이하) > 효모(0.75 이하) > 곰팡이(0.7 이하)

■ 작업 환경위생 지침서 내용

- 작업장, 바닥 · 벽 · 천장, 환기시설, 용수, 화장실 등 작업장 주변 관리
- 작업장 및 매장의 온 · 습도 관리
- 화장실 및 탈의실 관리
- 방충 · 방서 안전관리
- 전기 · 가스 · 조명 관리(작업장 조도 220lx)
- 폐기물 및 폐수 처리시설 관리
- 시설 · 설비 위생 관리

■ 작업장 및 매장의 관리

- 작업장 관리 및 세척
  - 원재료는 바닥에서 15cm, 벽에서 15cm 떨어진 상태로 보관
  - 냉장이 필요한 재료는 4℃ 이하로 보관
  - 조명시설을 제외하고 바닥, 벽, 천장, 환기시설을 세척 · 건조 · 소독함
- 규정된 약제와 농도
  - 바닥 청소 : P3-Topax, 2~5%
  - 손걸레, 도구 : 주방용 세제, 0.2% 내외
  - 도구 소독 : 락스, 0.3~0.4% 내외
  - 기계, 기구류 : 차아염소산나트륨, 농도 200ppm
  - 채소, 과일류 : 차아염소산나트륨, 농도 100ppm
  - 피부, 상처 : 과산화수소 3% 수용액 사용

■ 공정 관리 지침서 작성

- 제품 설명서 작성하기
- 공정 흐름도 작성하기
- 위해요소 분석하기
- 중요 관리점 결정하기
- 중요 관리점에 대한 세부 관리 계획 수립하기

■ 탄수화물

- 탄소(C), 수소(H), 산소(O)로 구성
- 탄수화물은 1g당 4kcal의 에너지를 냄
- 분 류
  - 단당류 : 포도당, 과당, 갈락토스
  - 이당류 : 자당, 맥아당, 유당
  - 다당류 : 전분, 섬유소, 펙틴, 글리코겐, 덱스트린, 이눌린, 한천

■ 당류의 상대적 감미도

과당(175) > 전화당(130) > 자당(100) > 포도당(75) > 맥아당(32), 갈락토스(32) > 유당(16)

■ 지 방

- 탄소, 수소, 산소로 구성
- 지방은 1g당 9kcal의 에너지를 냄
- 분 류
  - 단순 지방 : 중성 지방, 납(왁스), 식용유
  - 복합 지방 : 인지질, 당지질, 지단백
  - 유도 지방 : 지방산, 콜레스테롤, 글리세린, 에르고스테롤

■ 단백질

- 탄소, 수소, 질소, 산소, 유황 등으로 구성
- 단백질은 1g당 4kcal의 에너지를 냄
- 분 류
  - 단순 단백질 : 알부민, 글로불린, 글루텔린, 프롤라민
  - 복합 단백질 : 핵단백질, 당단백질, 인단백질, 색소단백질, 금속단백질
  - 유도 단백질 : 메타단백질, 프로테오스, 펩톤, 폴리펩타이드, 펩타이드

■ 필수 아미노산

- 체내에서 생성할 수 없으며 반드시 음식물을 통해서 얻어지는 아미노산
- 필수 아미노산의 종류(8가지) : 라이신(Lysine), 트립토판(Tryptophan), 류신(Leucine), 페닐알라닌(Phenylalanine), 아이소류신(Isoleucine), 트레오닌(Threonine), 발린(Valine), 메티오닌(Methionine)

■ 효 소

탄수화물 분해효소	• 인버테이스 : 설탕을 포도당과 과당으로 분해 • 말테이스 : 맥아당을 포도당 2분자로 분해 • 락테이스 : 유당을 포도당과 갈락토스로 분해 • 아밀레이스 : 전분을 분해하는 효소 • 셀룰레이스 : 섬유소를 포도당으로 분해 • 이눌레이스 : 이눌린을 과당으로 분해
지방 분해효소	• 라이페이스 : 지방을 지방산과 글리세린으로 분해 • 스테압신 : 췌장에 존재하며 지방을 지방산과 글리세린으로 분해
단백질 분해효소	• 프로테이스 : 단백질을 펩톤, 폴리펩타이드, 펩타이드, 아미노산으로 분해 • 펩신 : 위액에 존재하는 단백질 분해효소 • 레닌 : 위액에 존재하는 단백질 응고효소 • 트립신 : 췌액에 존재하는 단백질 분해효소 • 펩티데이스 : 췌장에 존재하는 단백질 분해효소 • 에렙신 : 장액에 존재하는 단백질 분해효소

■ 밀가루

• 밀의 구조 : 껍질 14%, 배아 2~3%, 내배유 83%

• 단백질 함량에 따라 강력분, 중력분, 박력분으로 구분

• 밀가루 단백질로 글리아딘, 글루테닌, 알부민, 글로불린 등이 있음
※ 글루텐을 형성하는 단백질 : 글리아딘, 글루테닌

■ 이스트의 종류

• 생이스트
- 수분 함량이 68~83%이고 보존성이 낮음
- 소비기한은 냉장(0~7℃ 보관)에서 제조일로부터 약 2~3주
- 1g당 100억 이상의 살아 있는 효모가 존재함

• 드라이 이스트
- 수분 함량이 4~8%로 낮음
- 소비기한은 미개봉으로 약 1년이고, 개봉 후에는 서늘하고 어두운 곳에 보관함
- 드라이 이스트의 약 4~5배 양의 미지근한 물(35~43℃)과 약 1/5배 양의 설탕을 준비

■ 감미제의 기능

제빵에서의 기능	제과에서의 기능
• 발효가 진행되는 동안 이스트에 발효성 탄수화물 공급 • 이스트에 의해 소비되고 남은 당은 밀가루 단백질 중의 아미노산과 환원당으로 반응하여 껍질 색을 진하게 함(메일라드 반응) • 휘발성산과 알데하이드같은 화합물의 생성으로 풍미를 증진시킴 • 속결, 기공을 부드럽게 함 • 수분보유력이 있으므로 노화를 지연시키고 저장 기간을 증가시킴	• 감미제로 단맛이 나게 함 • 수분보유제로 노화를 지연하고 신선도를 오래 지속시킴 • 글루텐을 부드럽게 하고 기공, 조직 속을 부드럽게 하는 연화효과가 있음 • 캐러멜화 반응과 메일라드 반응에 의해 껍질 색이 진해짐 • 감미제 제품에 따라 독특한 향을 나게 함 • 윤활작용으로 흐름성, 퍼짐성, 절단성 등을 조절

■ 유지의 기능

• 제빵에서의 기능
  – 윤활작용 및 부피 증가
  – 식빵의 슬라이스를 돕고 풍미를 줌
  – 가소성과 신장성 향상
  – 빵의 노화 지연

• 제과에서의 기능 : 쇼트닝성, 공기 혼입, 크림화, 안정화, 식감과 저장성에 영향을 줌

■ 물

• 물의 경도 : 칼슘염과 마그네슘염을 탄산칼슘으로 환산한 양을 ppm으로 표시한 것

• 경도의 구분
  – 연수 : 60ppm 이하(증류수, 빗물 등)
  – 아연수 : 61~120ppm
  – 아경수 : 121~180ppm 미만(제빵에 가장 적합)
  – 경수 : 180ppm 이상(바닷물, 광천수, 온천수)

■ 소금의 기능

• 잡균 번식을 억제하여 방부효과가 있음

• 풍미(맛) 증가 및 빵의 껍질 색을 조절하여 갈색이 되게 함

• 글루텐을 강화하여 제품에 탄력을 줌

• 삼투압으로 이스트 활력에 영향

• 클린업단계 이후에 넣으면 흡수율 증가로 제품저장성을 높임

■ 우 유

- 완전식품으로 수분 87.5%, 고형물 12.5%로 고형물 중의 3.4%가 단백질
- 우유 단백질의 75~80%는 카제인으로 열에 강해 100℃에서도 응고되지 않음
- 믹싱 내구성을 향상시킴
- 빵의 속결을 부드럽게 함
- 완충작용으로 pH가 급격히 떨어지는 것을 방지
- 우유 속의 유당은 빵의 색을 잘 나오게 함
- 수분보유력이 있어서 노화를 지연시킴
- 밀가루에 부족한 필수 아미노산인 라이신과 칼슘 보충
- 풍미(맛)을 향상시킴

■ 생크림

- 유지방 함량이 30% 이상인 유크림, 18% 이상인 유가공크림, 50% 이상인 분말류 크림이 있음
- 3~7℃의 냉장 보관이 원칙이며, 빛이 들어오지 않는 곳에 밀봉하여 보관

■ 달 걀

- 껍질 10%, 흰자 60%, 노른자 30%로 구성
- 달걀의 수분량은 75%이며, 흰자 88%, 노른자 50%의 비율
- 흰자는 공기를 포집하여 팽창제의 역할을 하고, 노른자의 레시틴은 유화제 역할을 함
- 신선한 달걀의 조건
  - 껍질이 거칠고 난각 표면에 광택이 없으며 선명함
  - 밝은 불에 비추어 볼 때 밝고 노른자가 구형(공 모양)
  - 6~10%의 소금물에 담갔을 때 가라앉음
  - 달걀을 깼을 때 노른자가 바로 깨지지 않고 높이가 높음

■ 팽창제

- 베이킹파우더 : 위로 팽창하며, 반죽에 달걀과 유지 사용량이 많을 때에는 베이킹파우더의 양을 감소시킴
- 탄산수소나트륨 : 팽창 상태가 옆으로 퍼지고 제품의 색상이 나도록 도움
- 타르타르 크림(주석산) : 설탕에 첨가하고 끓이면 재결정을 막고, 기포를 강하게 해 줌

02 제빵기능사

■ 배합표

- 베이커스 퍼센트(Baker's%, B%) : 밀가루의 양 100을 기준으로 함
- Baker's%의 배합량 계산법
  - 밀가루 무게(g) = 밀가루 비율(%) × 총반죽 무게(g) / 총배합률(%)
  - 총반죽 무게(g) = 총배합률(%) × 밀가루 무게(g) / 밀가루 비율(%)

■ 제빵 주요 재료의 기능

밀가루	• 강력분 : 단백질 함량 11~14%(파이, 빵류 사용) • 중력분 : 단백질 함량 10.5%(국수, 우동 등 면류 사용) • 박력분 : 단백질 함량 7~9%(케이크류 사용) • 글루텐을 형성하여 발효 시 생성된 가스를 보유, 제품의 부피와 기초 골격을 이루게 함 • 껍질과 속의 색, 기질, 맛 등에 영향을 줌
이스트	• 탄산가스를 생산하여 팽창에 관여 • 독특한 풍미와 식감을 갖는 양질의 빵을 만듦 • 반죽 내에서 이스트가 발효 가능한 당(자당, 포도당, 과당, 맥아당 등)을 이용하여 에틸알코올, 탄산가스, 열, 산 등을 생성함
소 금	• 다른 재료의 향미를 나게 도와주며 감미를 조절함 • 반죽의 글루텐을 단단하게 함 • 캐러멜 온도를 낮추어 껍질 색을 도우므로 색이 짙게 됨
물	• 굽기 과정 중 내부 온도가 97~98℃까지 상승함 → 증기압 형성 • 공기를 팽창시켜 증발하도록 하여 부피 형성
설 탕	• 이스트가 이용할 수 있는 먹이 제공 • 갈변반응을 일으켜 껍질 색을 냄 • 산이나 휘발성 물질에 의하여 향 제공 • 수분 보유력에 의해 제품의 노화 지연
달 걀	• 영양이 증가함 • 향, 조직, 식감이 개선됨 • 색을 냄
유 지	• 반죽 팽창을 위한 윤활작용 • 식빵의 슬라이스를 도움 • 수분 보유력을 향상시켜 노화를 연장함
우 유	• 제품의 향과 풍미 및 영양가를 향상시킴 • 단백질과 젖당을 많이 함유하고 있어 빵 속을 부드럽게 하며 광택을 좋게 함 • 크림색을 띠게 하며 갈색화 반응에 의해 껍질 색을 좋게 함
이스트 푸드	물 조절제(경도 조절제), 이스트 영양분, 반죽 조절제(산화제) 역할
제빵 개량제	• 믹싱 시간 및 발효 시간 조절, 맛과 향 개선에 사용 • 반죽의 물리적 성질을 조절하고, 질소를 공급하며, 물의 경도 및 반죽의 pH 조절 • 빵의 부피 개선, 발효 촉진, 색의 개선, 풍미 보완, 노화 지연 등 빵의 품질을 향상

■ 반 죽

- 반죽의 목적
  - 재료를 고르게 분산시키고, 밀가루에 물을 흡수시켜 글루텐 단백질을 결합시키기 위함
  - 글루텐을 생성·발전시켜 반죽의 가소성, 탄력성, 점성, 신장성 등을 최적상태로 만듦
- 반죽의 단계
  - 픽업단계 : 데니시 페이스트리
  - 클린업단계 : 스펀지법의 스펀지 반죽
    ※ 유지 투입 시기, 소금 투입 시기(후염법)
  - 발전단계 : 하스 브레드(프랑스빵)
    ※ 반죽의 탄력성이 최대가 되며, 믹서의 최대 에너지가 요구
  - 최종단계 : 식빵, 단과자 빵(대부분의 빵류)
    ※ 신장성이 최대
  - 렛다운단계 : 햄버거 빵, 잉글리시 머핀

■ 반죽 흡수율과 시간에 영향을 미치는 요소

반죽 흡수율에 영향을 미치는 요소	반죽 시간에 영향을 미치는 요소
• 단백질 1% 증가 시 물 흡수율 1.5~2% 증가 • 손상전분 1% 증가 시 물 흡수율 2% 증가 • 설탕 5% 증가 시 물 흡수율 1% 감소 • 분유 1% 증가 시 물 흡수율 0.75~1% 증가 • 연수 사용 시 물 흡수량 감소 • 경수 사용 시 물 흡수량 증가 • 반죽 온도 5℃ 증가 시 물 흡수율 3% 감소 • 픽업단계에서 소금 투입 시 물 흡수량 8% 감소 • 클린업단계 이후 소금 투입 시 물 흡수량 증가	• 반죽 회전속도 • 소금 투입 시기(클린업단계 투입 시 시간 감소) • 설탕량이 많으면 반죽 시간 증가 • 분유, 우유양이 많으면 반죽 시간 증가 • 클린업단계에서 유지 투입 시 반죽 시간 감소 • 반죽 되기(되면 시간 감소) • 반죽 온도(높을수록 시간 감소) • pH 5.0에서 반죽 시간 증가 • 밀가루 단백질의 양이 많으면 반죽 시간 증가

■ 스트레이트법(직접법) 반죽 온도의 계산

- 마찰계수 = (반죽 결과 온도 × 3) − (실내 온도 + 밀가루 온도 + 사용할 물의 온도)
- 사용할 물 온도 = (반죽 희망 온도 × 3) − (실내 온도 + 밀가루 온도 + 마찰계수)
- 얼음 사용량 = 물 사용량 × (수돗물 온도 − 계산된 물의 온도) / (80 + 수돗물 온도)
- 조절하여 사용할 수돗물의 양 = 사용할 물의 양 − 얼음 사용량

■ 스펀지법 반죽 온도의 계산

- 마찰계수 = (반죽 결과 온도 × 4) − (실내 온도 + 밀가루 온도 + 사용할 물의 온도 + 스펀지 온도)
- 사용할 물의 온도 = (반죽 희망 온도 × 4) − (실내 온도 + 밀가루 온도 + 마찰계수 + 스펀지 온도)
- 얼음 사용량 = 물 사용량 × (수돗물 온도 − 계산된 물의 온도) / (80 + 수돗물 온도)
- 조절하여 사용할 수돗물의 양 = 사용할 물의 양 − 얼음 사용량

■ 스트레이트법 혼합

- 모든 원료를 한번에 넣고 혼합하는 공정으로 반죽이 최적의 탄성을 가질 때까지 혼합하는 방법
- 혼합 시간은 약 15~25분이며, 반죽의 온도는 보통 24~28℃, 발효 시간은 약 1~3시간임
- 발효 공정이 짧고 제빵 공정이 단순해 알기 쉽고, 재료의 풍미가 살아남
- 스트레이트법의 제빵 공정 : 반죽 → 1차 발효 → 분할 → 둥글리기 → 중간발효 → 성형 → 2차 발효 → 굽기 → 냉각 → 포장

■ 스펀지법 혼합

- 스펀지 반죽과 본 반죽 2번 이상의 공정으로 행하는 방법
- 온도 23~28℃, 상대습도 75~80%인 발효실에서 3~5시간 정도 발효를 진행시킴
- 발효의 안정성, 숙성에 의한 신전성 증가, 빵 향의 생성 등이 장점
- 스펀지법의 제조 공정 : 스펀지 반죽 → 스펀지 발효 → 본반죽 → 발효(플로어 타임) → 분할 → 둥글리기 → 벤치 타임 → 성형 → 2차 발효 → 굽기 → 냉각 → 포장
- 스펀지 발효
  - 아밀레이스 활성은 아밀로그래프에 의하여 측정
  - 아밀레이스는 기본적으로 제분 시 발생하는 손상전분을 맥아당과 같은 작은 성분으로 분해함

■ 제빵법에 따른 1차 발효 온도

- 스트레이트법 : 27~29℃
- 스펀지/도법 : 27~29℃(스펀지 반죽 24℃)
- 오버나이트 스펀지/도법 : 27~29℃
- 비상 반죽법 : 30℃
- 노타임법(냉동 반죽) : 27~32℃

■ 빵 제품별 2차 발효 조건

제 품	2차 발효 조건		
	온도(℃)	상대습도(%)	시간(hr)
식빵류, 과자빵류	40	85	50~60
데니시 페이스트리류	28~33	75~80	30~40
도넛류	34~38	75~80	30~45
하스 브레드류	30~33	75~80	60~70
증기류	38~40	75~80	40~50

■ 둥글리기의 목적

- 이완된 글루텐 조직에 긴장력을 되찾게 하고 항장력을 강화시켜 반죽의 표면을 매끄럽게 하고 탄력을 되찾아줌
- 가스를 균일하게 분산하여 반죽의 기공을 고르게 조절
- 표면에 막을 형성하여 끈적거림 방지
- 흐트러진 글루텐 구조 정돈

■ 중간발효의 목적

- 반죽의 신장성을 증가시켜 밀어 펴기를 용이하게 함
- 가스 발생으로 반죽의 유연성 회복
- 반죽 표면에 막이 형성되어 끈적거림 방지
- 손상된 글루텐 구조를 재정돈하고 회복시킴

■ 패 닝

- 팬의 온도는 32℃로 유지
- 팬의 이형유(팬 오일)는 발연점이 높아야 하며, 쇼트닝이나 면실유 등을 그대로 사용하기도 함
- 팬 오일은 반죽 무게의 0.1~0.2% 정도를 사용
- 반죽의 무게 = 틀의 부피 ÷ 비용적

■ 비용적

- 1g의 반죽을 굽는 데 필요한 틀의 부피를 나타내는 관계
- 제품에 따른 비용적(cm^3/g)

풀먼식빵	3.8~4.0
식 빵	3.4
스펀지 케이크	5.08
파운드 케이크	2.40
레이어 케이크	2.96
엔젤 푸드 케이크	4.71

■ 굽기 중 반죽 변화

- 오븐 팽창(Oven Spring) : 반죽 온도 49℃
- 전분의 호화 : 1차 호화(60℃), 2차 호화(75℃), 3차 호화(85~100℃)
  ※ 반죽 온도 54℃부터 밀가루 전분이 호화하기 시작
- 단백질 변성 : 반죽 온도가 75℃를 넘으면 단백질이 열변성을 일으켜 수분과의 결합능력이 상실되면서 단백질의 수분은 전분으로 이동하여 전분의 호화를 돕게 됨
- 효소작용 : 알파 아밀레이스의 활성은 68~95℃이고, 불활성화되는 온도 범위와 시간은 68~83℃에서 4분 정도임
- 향의 생성
- 껍질의 캐러멜화 반응(160℃ 이상)

■ 반죽 튀기기

- 튀김용 기름을 열전달의 매체로 가열하여 대류작용으로 반죽을 익혀서 색을 내는 것
- 튀김 기름의 온도는 180~190℃ 전후가 좋음
- 튀김 기름은 발연점이 높아야 함(200℃ 이상)
- 기름의 양은 튀김 용기의 30~40% 이상으로 함
- 튀김 기름의 유리지방산 함량은 보통 0.35~0.5%가 적당
- 튀김 기름의 질 저하 4대 요인 : 온도 또는 열, 수분 또는 물, 공기 또는 산소, 이물질

■ 데치기의 목적

- 조직의 연화로 맛있는 성분 증가
- 단백질 응고(육류, 어패류, 난류)
- 색을 고정시키거나 아름답게 함
- 불미성분 및 지방 제거
- 전분의 호화

■ 빵류 제품 충전물 준비

구분	내용
크 림	• 생크림 : 유지방 함량을 35~50%까지 다양하게 만들 수 있음 • 커스터드 크림 – 우유, 설탕, 전분(밀가루), 달걀, 유지 등을 넣어 가열·호화시켜 페이스트 상태로 만든 것 – 우유 100%에 대하여 설탕 30~35%, 밀가루와 옥수수 전분 6.5~14%, 난황 3.5%를 기본으로 함 • 버터크림 : 수직형 혼합기에 버터와 쇼트닝을 50:50으로 넣고 교반하면서 제조
조림앙금	• 생앙금 100(수분 60% 기준)에 대하여 설탕 65~75 정도를 넣고 반죽 • 농축시간은 적단팥의 경우 50~60분, 백단팥인 경우 40~50분 정도로 조정
잼 류	• 펙틴, 산, 당분의 세 가지 성분이 일정한 농도로 들어 있어야 적당하게 응고됨 • 젤리 형성에 필요한 펙틴의 함량은 1.0~1.5%가 적당 • 과일 중에 산이 부족할 때는 유기산을 넣어 0.27~0.5%(pH 3.2~3.5)가 되도록 함 • 젤리 형성에 필요한 당의 함량은 60~65%가 적당
버 터	• 빵에 바를 때는 가염버터, 제과·제빵 또는 요리에 사용할 때는 무염버터 사용 • 발효버터는 원료인 크림을 젖산발효하여 만듦
치 즈	• 젖소, 염소, 물소, 양 등 동물의 젖에 들어 있는 단백질을 응고시켜서 만듦 • 푸른곰팡이 타입 : 고르곤졸라, 로크포르, 푸른 당베르 등 • 흰곰팡이 타입 : 브리, 카망베르 등 • 비숙성(프레시) 타입 : 크림치즈, 모짜렐라, 마스카르포네 등 • 하드 타입 : 에멘탈, 그뤼에르, 콩테, 파마산 등 • 세미하드 타입 : 체다, 미몰레트

■ 냉 각

- 갓 구워낸 빵은 빵 속의 온도가 97~99℃
- 구운 직후 수분 함량은 껍질 12~15%, 빵 속 40~45%를 유지하는데, 이를 식혀 껍질 27%, 빵 속 38%로 낮춤

■ 냉각 방법

- 자연 냉각 : 제품을 냉각팬에 올려 실온에 두고 3~4시간 냉각
- 냉장고 : 0~5℃의 온도에서 냉각
- 냉동고 : -20℃ 이상으로 냉동하고, 급속 냉동은 -40℃ 이하로 함
- 냉각 컨베이어 : 냉각실에 22~25℃의 냉각공기를 불어넣어 냉각

■ 포 장

- 목적 : 빵의 저장성 증대, 미생물 오염 방지, 상품의 가치 향상
- 빵류 포장재 조건 : 위생적 안전성, 보호성, 작업성, 편리성, 효율성, 경제성, 환경친화성

03 제과기능사

■ 배합표

- 베이커스 퍼센트는 밀가루 비율 100%를 기준으로 표기하며, 트루 퍼센트는 전체 사용된 재료의 합을 100%로 표기함
- 배합량 계산법
  - 밀가루의 무게(g) = 밀가루 비율(%) × 총반죽의 무게(g) / 총배합률(%)
  - 각 재료의 무게(g) = 각 재료의 비율(%) × 밀가루 무게(g) / 밀가루 비율(%)
  - 총반죽 무게(g) = 총배합률(%) × 밀가루 무게(g) / 밀가루 비율(%)
  - 트루 퍼센트 = 각 재료 중량(g) / 총재료 중량(g) × 100

■ 제과 주요 재료의 기능

밀가루	• 단백질 함량에 따라 강력분, 중력분, 박력분으로 구분 • 제과용 밀가루 제품의 구조 형성으로 단백질 7~9%, 회분 0.4% 이하, pH 5.2 정도인 박력분을 사용 • 수분을 흡수하여 호화되어 제품의 구조를 형성 • 재료들을 결합시킴 • 제품의 부피, 껍질과 속의 색, 맛 등에 영향을 줌
설 탕	• 밀가루 단백질을 연화시켜 제품의 조직을 부드럽게 함(연화작용) • 제품에 단맛을 나게 하며 독특한 향을 내게 함(감미제 역할) • 수분 보유력을 가지고 있어서 노화를 지연시키고 신선도를 오래 유지함 • 쿠키반죽의 퍼짐률을 조절함(퍼짐성) • 갈변반응과 캐러멜화로 껍질 색을 내며 독특한 풍미를 만듦
소 금	• 설탕의 감미와 작용하여 풍미를 증가시키고 맛을 조절함 • 캐러멜화(껍질 색)의 온도를 낮추고 껍질 색을 조절함 • 잡균들의 번식을 억제하고 반죽의 물성을 좋게 함 • 재료들의 향미를 도와줌
달 걀	• 제품의 구조 형성 • 결합제 및 유화제 역할 • 제품에 수분 공급 • 굽기 중 5~6배의 부피로 늘어나는 팽창작용 • 쇼트닝 효과 • 노른자의 황색은 식욕을 돋움
유 지	• 쇼트닝 기능 • 공기 혼입 기능 • 크림화 기능 • 안정화 기능 • 가소성 유지 • 식감과 저장성 향상 • 신장성(파이 제조 시 반죽 사이에서 밀어 펴지는 성질)

우 유	• 수분 88%, 고형분 12%(단백질 3.4%, 유지방 3.6%, 유당 4.7%, 회분 0.7%) • 유당은 캐러멜화 작용으로 껍질에 착색시키고 제품의 향을 개선 • 수분의 보유력이 있어 노화를 지연시키고 신선도를 연장
팽창제	• 베이킹파우더 : 탄산가스를 발생하여 반죽의 부피를 팽창 • 암모늄염(소다) : 쿠키의 퍼짐성을 좋게 함 • 주석산 : 설탕의 재결정을 막고, 흰자의 기포를 강하게 함

■ 반죽형 반죽의 방법

- 크림법 : 유지와 설탕, 소금을 넣고 먼저 믹싱하는 방법(파운드 케이크, 쿠키 등)
- 블렌딩법 : 처음에 유지와 밀가루를 믹싱하여 유지가 밀가루 입자를 얇은 막으로 피복한 후 건조 재료와 액체 재료를 혼합하는 방법(데블스 푸드 케이크, 마블 파운드 등)
- 복합법 : 유지를 크림화하여 밀가루를 혼합한 후, 달걀 전란과 설탕을 휘핑하여 유지에 균일하게 혼합하는 방법과 달갈흰사와 노른자를 분리하여 노른자는 유지와 함께 크림화하고 흰자는 머랭을 올려 제조하는 방법이 있음
- 설탕물법 : 설탕과 물(2 : 1)의 시럽을 사용하는 믹싱법
- 1단계법 : 모든 재료를 한 번에 넣어 투입 후 믹싱하는 방법

■ 건포도의 전처리 방법

- 건포도의 12%에 해당하는 27℃의 물을 첨가하여 4시간 후에 사용
- 건포도가 잠길만한 물을 넣고 10분 이상 두었다가 가볍게 배수시켜 사용

■ 과자 반죽 온도 조절

- 마찰계수 = (반죽 결과 온도 × 6) − (실내 온도 + 밀가루 온도 + 설탕 온도 + 유지 온도 + 달걀 온도 + 물 온도)
- 사용할 물 온도 = (반죽 희망 온도 × 6) − (실내 온도 + 밀가루 온도 + 설탕 온도 + 유지 온도 + 달걀 온도 + 마찰계수)
- 얼음 사용량 계산법 = 사용할 물의 양 × (수돗물 온도 − 사용할 물 온도) / (80 + 수돗물 온도)
- 비중 = 같은 부피의 반죽 무게 / 같은 부피의 물의 무게

■ 제품별 비중

- 파운드 케이크 : 0.7~0.8
- 레이어 케이크 : 0.8~0.9
- 스펀지 케이크 : 0.45~0.55
- 롤케이크 : 0.4~0.45

■ 거품형 반죽

• 공립법 : 흰자와 노른자를 분리하지 않고 전란에 설탕을 넣어 함께 거품을 내는 방법
• 별립법 : 달걀을 노른자와 흰자를 분리하여 제조
• 시폰법 : 노른자는 거품을 내지 않고, 흰자는 머랭을 만들어 두 가지 반죽을 혼합하여 제조
• 머랭 : 달걀흰자에 설탕을 넣어서 거품을 낸 것으로 다양한 모양을 만들거나 크림용으로 광범위하게 사용

■ 다양한 반죽

• 슈 반죽 : 슈 크림, 에클레어, 살랑보, 를리지외즈, 시뉴, 파리브레스트 등
• 초콜릿 템퍼링 : 초콜릿을 45~55℃로 용해 → 25~27℃ 전후로 냉각 → 29~31℃로 작업
※ 중탕한 초콜릿의 온도를 떨어뜨리는 방법 : 대리석법, 접종법, 수랭법
• 설탕 공예 : 시럽 온도가 130~140℃가 되면 주석산을 7~8방울 넣음
※ 시럽의 최종 온도 165~170℃
• 마지팬 : 설탕과 물, 물엿을 115℃로 끓인 후 자른 아몬드 넣고 혼합

■ 팬 오일(이형유)의 조건

• 발연점이 높은 기름(210℃ 이상)
• 고온이나 장시간의 산패에 잘 견디는 안정성이 높은 기름
• 무색, 무미, 무취로 제품의 맛에 영향이 없어야 함
• 바르기 쉽고 골고루 잘 발라져야 함
• 고화되지 않아야 함

■ 쿠 키

• 반죽형 쿠키
- 드롭 쿠키 : 짜는 쿠키로 소프트 쿠키라고도 함(수분 함량 높음)
- 스냅 쿠키 : 반죽을 밀어 펴서 정형하며, 슈거 쿠키라고도 함(수분 함량 낮음)
- 쇼트브레드 쿠키 : 반죽을 밀어 펴서 정형하며, 유지 사용량이 많고 바삭바삭 함
• 거품형 쿠키
- 머랭 쿠키 : 밀가루는 흰자의 1/3 정도를 사용
- 스펀지 쿠키 : 짜는 형태의 쿠키로 수분 함량이 가장 높음
• 쿠키의 퍼짐률 = 직경 ÷ 두께

■ 퍼프 페이스트리

- 작업실 온도는 18℃로 유지함
- 반죽 휴지 : 비닐에 싸서 냉장(0~4℃)에서 20~30분
- 밀어 펴기, 접기는 일반적으로 3겹 4회 접기를 함
- 반죽 보관은 냉장고(0~5℃)에서 4~7일 가능
- -20℃ 이하의 냉동고 보관 가능

■ 오븐의 종류

- 데크 오븐 : 일반적으로 가장 많이 사용하며, 상하부 온도를 조절함
- 로터리 랙 오븐 : 오븐 속의 선반이 회전하여 구워지며, 대량 생산 공장에서 사용
- 터널 오븐 : 반죽이 들어가는 입구와 나오는 출구가 다르며, 다양한 제품을 대량 생산
- 컨벡션 오븐 : 강제 대류시키며 제품을 굽는 오븐

■ 굽기 중 색 변화

- 캐러멜화 반응(Caramelization) : 설탕이 갈색이 날 정도의 온도(160℃)로 가열하면 여러 단계의 화학 반응을 거쳐 보기 좋은 진한 갈색이 됨
- 메일라드 반응(Maillard Reaction) : 비효소적 갈변 반응으로 당류와 아미노산에 의한 변화

■ 튀김 기름의 조건

- 색이 연하고 투명하고 광택이 있는 것
- 냄새가 없고, 기름 특유의 원만한 맛을 가진 것
- 가열했을 때 냄새가 없고 거품의 생성이나 연기가 나지 않는 것
- 열안정성이 높은 것
- 토코페롤(항산화 효과)을 다량 함유한 것
- 발연점이 높을 것

■ 아이싱 장식

- 냉각된 과자류 제품의 표면을 적절한 재료로 씌우는 것
- 종류 : 퐁당, 광택제, 생크림, 버터크림, 커스터드 크림, 디플로메이트 크림, 초콜릿 가나슈, 초콜릿 글라사주, 마지팬, 설탕반죽

■ 포 장

- 포장의 기능 : 내용물의 보호, 취급의 편의, 판매의 촉진, 상품의 가치 증대와 정보 제공, 사회적 기능과 환경 친화적 기능
- 포장재 재질 : 플라스틱, 종이, 지기, 유리병, 사기 그릇, 알루미늄 등
- 포장 방법 : 함기 포장(상온 포장), 진공 포장, 밀봉 포장

■ 식품의 변질

- 부패 : 단백질 식품이 미생물에 의해서 분해되어 악취가 심하고 인체에 유해한 물질이 생성
- 변패 : 지방질이나 탄수화물 등의 성분들이 미생물에 의하여 변질
- 산패 : 지방(유지)이 산화되어 역한 냄새가 남
- 발효 : 탄수화물이 미생물의 분해를 거치면서 유기산, 알코올 등이 생성(인체에 이로움)

■ 저장 관리

- 실온 저장 관리
  - 건조 창고의 온도는 10~20℃, 상대습도 50~60%를 유지
  - 방충·방서시설, 통풍 및 환기시설을 구비
  - 주 1회 이상 청소 실시
- 냉장 저장 관리
  - 냉장 저장 온도는 0~10℃로 보통 5℃ 이하로 유지, 습도는 75~95%에서 저장
  - 냉장고 용량의 70% 이하로 식품 보관
  - 주기적으로 청소, 정리 정돈
- 냉동 저장 관리
  - 냉동 저장 온도는 -23~-18℃, 습도 75~95%에서 관리
  - 냉동고 용량의 70% 이하로 식품 보관
  - 정기적으로 성에를 제거하고 청소, 정리 정돈

MEMO

P/A/R/T

01

제과제빵류 제품 위생 안전관리

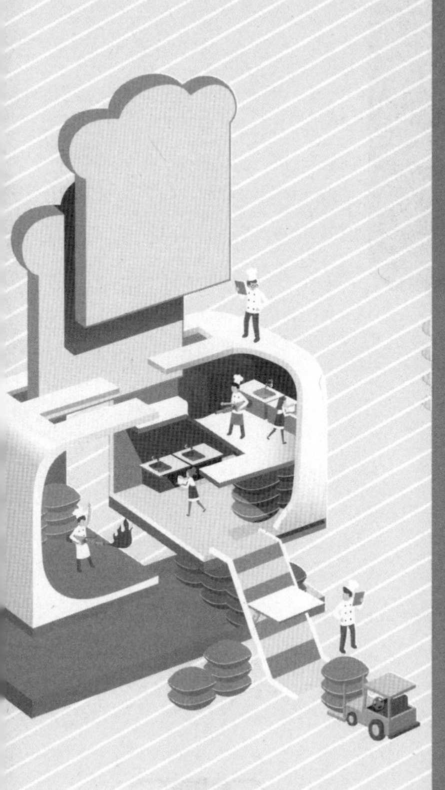

제과제빵
기능사
필기
한권으로 끝내기!

식품위생

제1절 식품위생 및 안전관리인증기준

(1) 식품위생의 개념 및 목적

① 식품위생의 개념

㉠ WHO(세계보건기구)의 정의 : 식품의 재배, 생산, 제조로부터 최종적으로 사람에 섭취되기까지의 모든 단계에 걸친 식품의 안전성, 건전성 및 완전무결성을 확보하기 위한 모든 필요한 수단을 말한다.

㉡ 식품위생법상의 정의 : 식품, 식품첨가물, 기구 또는 용기・포장을 대상으로 하는 음식에 관한 위생을 말한다.

② 식품위생의 목적 : 식품으로 인하여 생기는 위생상의 위해를 방지하고 식품영양의 질적 향상을 도모하며 식품에 관한 올바른 정보를 제공함으로써 국민 건강의 보호・증진에 이바지함을 목적으로 한다.

(2) HACCP(해썹)

① 정의 : HACCP은 위해요소 분석(HA ; Hazard Analysis)과 중요 관리점(CCP ; Critical Control Point)의 영문 약자로 위해요소중점관리기준을 말한다.

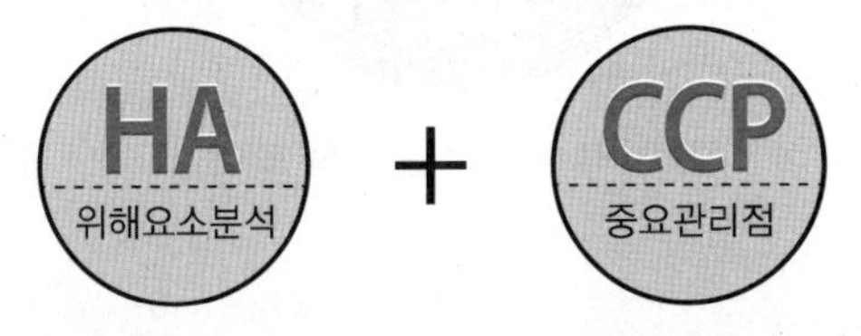

원료와 공정에서 발생 가능한 병원성 미생물 등 생물학적, 화학적, 물리적 위해요소 분석

위해요소를 예방, 제거 또는 허용수준으로 감소시킬 수 있는 공정이나 단계를 중점 관리

② 제 도

㉠ 식품을 만드는 과정에서 생물학적, 화학적, 물리적 위해요인들이 발생할 수 있는 상황을 과학적으로 분석하고 사전에 위해요인의 발생 여건들을 차단하여 소비자에게 안전하고 깨끗한 제품을 공급하기 위한 시스템적인 규정이다.

㉡ 위해 방지를 위한 사전예방적 식품안전관리체계이다.

③ 목적 : 안전한 식품 제조·가공을 위하여 원료에서 최종 제품에 이르기까지 모든 단계에서 인체의 건강을 해할 우려가 있는 위해요소를 확인하여 중점 관리하는 과학적인 위생관리시스템인 HACCP 제도를 활성화하기 위함이다.

④ HACCP 관련 행정처분 기준 등

㉠ 단계별 의무적용 기한 내 해썹을 인증 받지 않고 제품을 제조·판매 : 영업정지 7일
※「식품위생법」 제97조에 따라 3년 이하의 징역 또는 3천만원 이하의 벌금 부과 병행

㉡ 해썹 적용 업체가 아닌 업체의 영업자가 해썹 적용 업체의 명칭을 사용한 경우 : 과태료(500만원) 부과(「식품위생법」 제101조)

⑤ HACCP 7원칙 12절차

준비 5단계	적용 7단계
• 절차 1 : 해썹(HACCP) 팀 구성 • 절차 2 : 제품설명서 작성 • 절차 3 : 용도 확인 • 절차 4 : 공정흐름도 작성 • 절차 5 : 공정흐름도 현장 확인	• 절차 6(원칙 1) : 위해요소 분석 • 절차 7(원칙 2) : 중요 관리점(CCP) 결정 • 절차 8(원칙 3) : 한계기준 설정 • 절차 9(원칙 4) : 모니터링 방법 설정 • 절차 10(원칙 5) : 개선조치 설정 • 절차 11(원칙 6) : 검증방법 설정 • 절차 12(원칙 7) : 기록 유지 및 문서관리

[해썹(HACCP) 적용 품목 표시]

제2절 식품첨가물

(1) 식품첨가물의 정의

식품을 제조, 가공, 조리 또는 보존하는 과정에서 감미, 착색, 표백 또는 산화방지 등을 목적으로 식품에 사용되는 물질을 말한다. 식품첨가물의 규격과 사용 기준은 식품의약품안전처장이 정한다.

(2) 식품첨가물의 종류와 용도

종 류	용 도
산	산도를 높이거나 신맛을 줌
산도조절제	식품의 산도 또는 알칼리도를 조절함
고결방지제	식품의 구성성분이 서로 엉겨 덩어리를 형성하는 것을 방지함
소포제	거품 생성을 방지하거나 감소시킴
산화방지제 (항산화제)	• 지방의 산패, 색상의 변화 등 산화로 인한 식품품질 저하를 방지하며 식품의 저장기간을 연장시킴 • 종류로 다이부틸하이드록시톨루엔(BHT), 부틸하이드록시아니솔(BHA), 토코페롤(비타민 E), 에리토브산 등이 있음
착색제	• 식품에 색소를 부여하거나 복원하는 데 사용 • 종류로 캐러멜, 베타 – 카로틴 등이 있음
발색제	식품의 색소를 유지 · 강화시키는 데 사용
유화제	• 물과 기름과 같이 섞이지 않는 두 개 또는 그 이상의 물질을 균질하게 섞어주거나 이를 유지시킴 • 종류로 인지질, 글리세린, 레시틴 등이 있음
유화제 염류	가공치즈의 제조과정에서 지방이 분리되는 것을 방지하기 위해 단백질을 안정화시킴
응고제	과일이나 채소의 조직을 견고하게 유지시키고 겔화제와 상호작용하여 겔을 형성 · 강화함
향미증진제	식품의 맛이나 향미를 증진시킴
밀가루 개량제	• 제빵의 품질이나 색을 증진시키기 위해 밀가루나 반죽에 추가되는 식품첨가물 • 종류로 과황산암모늄, 브롬산칼륨, 이산화염소 등이 있음
기포제	액체 또는 고체 식품에 기포를 형성시키거나 균일하게 분산되도록 함
겔화제	겔 형성으로 식품에 물성을 부여함
광택제	식품의 표면에 광택을 내고 보호막을 형성함
습윤제	식품이 건조되는 것을 방지함
보존료(방부제)	• 미생물에 의한 변질을 방지하여 식품의 보존기간을 연장시킴 • 종류로 프로피온산칼슘, 프로피온산나트륨, 소브산, 디하이드로초산 등이 있음 • 프로피온산류는 빵, 양과자 보존료로 사용
추진제	식품용기로부터 식품에 주입하는 공기 이외의 가스
팽창제	가스를 방출하여 반죽의 부피를 증가시키는 식품첨가물(또는 혼합물)
안정제	두 개 또는 그 이상의 섞이지 않는 성분이 균일한 분산 상태를 유지하도록 함
살균제	표백분, 차아염소산나트륨 등
표백제	과산화수소, 무수아황산, 아황산나트륨 등

(3) 식품첨가물의 사용 목적

① 식품 외관, 기호성 향상

② 식품의 변질, 변패 방지

③ 식품의 품질을 개량하여 저장성 향상

④ 식품의 풍미 개선과 영양 강화

(4) 식품첨가물의 조건

① 소량으로도 효과가 클 것
② 독성이 없을 것
③ 사용이 편리하고 경제적일 것
④ 무미, 무취이고 자극성이 없을 것
⑤ 변질 미생물에 대한 증식 억제효과가 클 것
⑥ 공기, 빛, 열에 안정성이 있을 것
⑦ pH에 영향을 받지 않을 것

제3절 개인위생 안전관리

(1) 개인위생 안전

머리카락, 손톱, 피부 상처 등으로 인하여 식품에 위해를 일으킬 수 있는 것을 방지하고 위생복, 위생모, 장갑, 앞치마, 마스크 등의 위생 상태를 관리하는 것이다.

(2) 작업 종사자의 위생 관리

① 위생복, 위생모, 위생화 등을 항시 착용하여야 한다.
② 앞치마, 고무장갑 등을 구분하여 사용하고 매 작업 종료 시 세척, 소독을 실시하여야 한다.
③ 개인용 장신구 등을 착용하여서는 아니 된다.
④ 영업자 및 종업원에 대한 건강진단을 실시하여야 한다.
⑤ 전염성 상처나 피부병, 염증, 설사 등의 증상을 가진 식품 매개 질병보균자는 식품을 직접 제조, 가공 또는 취급하는 작업을 금지하여야 한다.

(3) 건강진단

① 식품 영업에 종사하는 사람은 1년에 1회씩 정기적으로 「식품위생법」에서 규정한 검사 항목에 대하여 건강진단을 받아야 한다(보건증 보관).
② 작업 중 칼에 베이거나 손에 상처, 곪은 상처 등이 생기면 상처 부위에 식중독을 유발할 수 있는 황색포도상구균의 오염 가능성이 있기 때문에 식품위생 책임자의 지시에 따른다.

(4) 개인위생 · 건강관리

① 손 위생 관리

㉠ 손은 모든 표면과 직접 접촉하는 부위이기 때문에 각종 세균과 바이러스를 전파시키는 역할을 한다.

㉡ 손 씻기는 각종 세균과 바이러스가 손을 통하여 전파되는 경로를 차단하는 중요한 과정이다.

㉢ 손 씻는 방법에 따라 손에 부착되는 균수 및 세균 제거율이 달라진다.

㉣ 식품 취급 관리자는 손 세척 요령에 따라 손과 팔을 세척하여야 하며, 작업 중 2시간마다 손 세척을 한다.

② 손 세척을 해야 하는 경우

㉠ 음식물을 만지기 전

㉡ 기구나 설비를 사용하기 전후

㉢ 원재료 식품의 취급 전후

㉣ 더러워진 작업장의 표면을 접촉한 후

㉤ 작업공정이 바뀌거나 손이 비위생적인 곳에 접촉한 후

㉥ 오염 작업구역에서 비오염 작업구역으로 이동하는 경우

㉦ 재채기, 기침을 한 후

㉧ 귀, 코, 입, 머리와 같은 신체 부위를 접촉한 후

㉨ 담배를 피우거나 껌을 씹은 후

㉩ 화장실에 다녀온 후

㉪ 쓰레기나 청소도구를 만진 경우

적중예상문제

01 **한국의 안전관리인증기준 HACCP(해썹)은 식품, 축산물, 사료의 세 종류로 나뉘는데 식품과 축산물을 관리하는 곳은?**

① 농림축산식품부
② 식품의약품안전처
③ 보건복지부
④ 한국산업인력공단

해설 한국의 해썹(HACCP)은 식품, 축산물, 사료의 세 종류로 나뉘며 식품과 축산물은 식품의약품안전처에서, 사료는 농림축산식품부에서 담당하여 관리하고 있다.

02 **식품위생법상 식품 영업에 종사하는 사람이 건강진단을 받아야 하는 기간은?**

① 3개월 ② 6개월
③ 10개월 ④ 12개월

해설 **건강진단 항목 등(식품위생 분야 종사자의 건강진단 규칙 제2조)**

- 건강진단을 받아야 하는 사람은 직전 건강진단 검진을 받은 날을 기준으로 매 1년마다 1회 이상 건강진단을 받아야 한다.
- 건강진단 항목(별표) : 장티푸스(식품위생 관련 영업 및 집단급식소 종사자만 해당), 폐결핵, 전염성 피부질환(한센병 등 세균성 피부질환을 말함)

03 **식품의 위해요소를 분석, 사전에 파악하여 예방하는 식품안전체계를 무엇이라 하는가?**

① 위 생 ② 안 전
③ 해 썹 ④ 예 방

해설 해썹(HACCP) 제도는 식품의 위생에 해로운 영향을 미칠 수 있는 위해요소를 분석하고, 위해요소를 제거하거나 안전성을 확보할 수 있는 단계에 중요 관리점을 설정하여 과학적이고 체계적으로 식품의 안전을 관리하는 제도이다.

04 **다음 중 제1급 감염병에 해당하는 것은?**

① 결 핵 ② 장티푸스
③ 디프테리아 ④ 말라리아

해설 **제1급 감염병(감염병의 예방 및 관리에 관한 법률 제2조제2호)**

에볼라바이러스병, 마버그열, 라싸열, 크리미안콩고출혈열, 남아메리카출혈열, 리프트밸리열, 두창, 페스트, 탄저, 보툴리눔독소증, 야토병, 신종감염병증후군, 중증급성호흡기증후군(SARS), 중동호흡기증후군(MERS), 동물인플루엔자 인체감염증, 신종인플루엔자, 디프테리아

1 ② 2 ④ 3 ③ 4 ③ 정 답

05 우리나라의 식품위생법에서 정하고 있는 내용이 아닌 것은?

① 건강기능식품의 검사
② 건강진단 및 위생교육
③ 조리사 및 영양사의 면허
④ 식중독에 관한 조사 보고

해설 건강기능식품의 검사는 식품위생법에 해당되지 않는다.

06 식품의 제조, 가공 또는 보존 시 식품에 첨가, 혼합, 침윤 등의 방법으로 사용되는 물질은?

① 화학적 합성품
② 식 품
③ 용기, 포장
④ 식품첨가물

해설 식품첨가물이란 식품의 외관, 향미, 조직 또는 저장성을 향상하기 위해 식품에 첨가되는 비영양 물질이다.

07 다음 중 유해한 합성착색료는?

① 수용성 안나토
② 베타카로틴
③ 이산화타이타늄
④ 아우라민

해설 유해성 착색료로 적색의 아우라민(단무지), 적색의 로다민 B(과자, 빙과류), 녹색의 말라카이트 그린(과자류, 알사탕) 등이 있다.

08 다음 중 핑크색 합성색소로서 유해한 것은?

① 아우라민(Auramine)
② P-나이트로아닐린(Nitroanilin)
③ 로다민(Rhodamine) B
④ 둘신(Dulcin)

해설 로다민(Rhodamine) B
염기성 색소로서 자외선 조사로 등적색의 형광 과자류, 알사탕, 생선묵에 널리 사용된 적이 있었다. 다량 섭취 시 구역질, 구토, 설사, 복통을 일으키며 전신이 착색되거나 색소뇨를 배설한다. 합성 타르색소 중 가장 독성이 강하며, 간장 및 신장에 강하게 장애를 일으키고, 혈액 및 신경에 대해서도 유해작용을 일으킨다.

09 다음 중 유해표백제로만 바르게 나열된 것은?

① 페릴라틴, P-나이트로-o-톨루이딘
② 론갈리트, 삼염화질소
③ 아우라민, 로다민 B
④ 둘신, 사이클라메이트

해설 유해표백제에는 론갈리트, 삼염화질소, 과산화수소, 아황산염 등이 있다.

10 다음 중 합성보존료가 아닌 것은?

① 디하이드로초산
② 소브산
③ 차아염소산나트륨
④ 프로피온산나트륨

해설 차아염소산나트륨은 살균료이며 음료수, 식기류, 기구, 손 등의 소독에 이용된다. 합성보존료는 안식향산, 소브산, 디하이드로초산, 프로피온산나트륨 등이다.

정 답 5 ① 6 ④ 7 ④ 8 ③ 9 ② 10 ③

11 합성보존료와 거리가 먼 것은?

① 안식향산(Benzoic Acid)
② 소브산(Sorbic Acid)
③ 부틸하이드록시아니솔(BHA)
④ 디하이드로초산(DHA)

해설 부틸하이드록시아니솔(BHA)은 산화방지제로 식품의 산화에 의한 변질 현상을 방지하기 위하여 사용되는 첨가물이다.

12 개인위생 안전관리 지침서를 구성하는 항목이 아닌 것은?

① 위생교육
② 건강진단
③ 교차오염
④ 작업 테이블

해설 **개인위생 안전관리 지침서의 항목** : 건강진단의 실시 여부, 위생교육 이수 여부, 손·위생복·위생화 등의 청결 상태, 교차오염 등

13 식품위생법에서 식품 등의 공전은 누가 작성, 보급하는가?

① 보건복지부장관
② 식품의약품안전처장
③ 국립보건원장
④ 시·도지사

해설 **식품 등의 공전(식품위생법 제14조)**
식품의약품안전처장은 다음의 기준 등을 실은 식품 등의 공전을 작성·보급하여야 한다.
- 식품 또는 식품첨가물의 기준과 규격
- 기구 및 용기·포장의 기준과 규격

14 위생장갑을 착용하고 작업을 해야 하는 경우는?

① 즉석식품 취급
② 고기류 취급
③ 빵 반죽
④ 케이크 굽기

해설 위생장갑은 즉석식품(Ready-to-eat Food)에만 사용한다.

15 다음 중 손을 씻고 헹굴 때 적당한 온수 온도는?

① 25℃
② 33℃
③ 43℃
④ 50℃

해설 손을 씻은 후 43℃의 온수로 깨끗이 헹군다.

16 해썹(HACCP)의 7원칙이 아닌 것은?

① 해썹 팀 구성
② 위해요소 분석
③ 한계기준 설정
④ 개선조치 설정

해설 **HACCP 7원칙**
- 위해요소 분석
- 중요 관리점(CCP) 결정
- 한계기준 설정
- 모니터링 방법 설정
- 개선조치 설정
- 검증방법 설정
- 기록 유지 및 문서관리

11 ③ 12 ④ 13 ② 14 ① 15 ③ 16 ① 정답

식중독

제1절 식중독

(1) 식중독의 의의

① 식중독의 정의

㉠ 식품 섭취로 인하여 인체에 유해한 미생물 또는 유독물질에 의하여 발생하였거나 발생한 것으로 판단되는 감염성 질환 또는 독소형 질환을 말한다(식품위생법 제2조제14호).

㉡ 급성 위장염을 주된 증상으로 하며 영양 섭취 불량에 의한 질병, 장티푸스, 세균성 이질, 콜레라와 같은 급성 감염병, 기생충증 및 외과적 질환은 포함하지 않는다.

② **발생 시기** : 세균의 발육이 왕성하여 부패되기 쉬운 6~9월 사이에 가장 많다.

③ **원인** : 장염 비브리오, 살모넬라, 포도상구균 등의 세균에 노출된 음식물을 섭취하여 발생한다.

④ **종류** : 세균성 식중독, 바이러스성 식중독, 원충성 식중독, 자연독 식중독, 화학적 식중독 등

(2) 식중독의 특징

① **세균성 식중독** : 세균성 식중독의 원인균에는 살모넬라, 장염 비브리오, 병원성 대장균, 여시니아, 캄필로박터 포도상구균, 보툴리누스균, 웰치균, 세레우스 등이 있다.

㉠ 감염형 식중독 : 세균이 직접적으로 식중독의 원인이 된다.

원인균	증상 및 잠복기	원 인	원인 식품	예방법
살모넬라균	• 증상 : 급성 위장염, 구토, 설사, 복통, 발열, 수양성 설사 • 잠복기 : 6~72시간	• 사람, 가축, 가금류, 설치류, 동물 등 • 주요 감염원 : 닭고기	• 달걀, 식육 및 그 가공품, 가금류, 닭고기, 생채소 등 • 2차 오염된 식품에서도 식중독 발생 • 광범위한 감염원	• 62~65℃에서 20분간 가열로 사멸 • 식육의 생식을 금하고 이들에 의한 교차오염 주의 • 올바른 방법으로 달걀 취급 및 조리 • 철저한 개인위생 준수
병원성 대장균	• 증상 : 구토, 설사, 복통, 발열, 발한, 혈변 • 5세 이하의 유아 및 노인, 면역체계이상자에게 특히 위험 • 잠복기 : 4~96시간	가축(소장), 사람	• 살균되지 않은 우유 • 덜 조리된 쇠고기 및 관련 제품	• 식품이나 음용수의 가열 • 철저한 개인위생 관리 • 주변 환경의 청결 유지 • 분변에 의한 식품오염 방지

원인균	증상 및 잠복기	원 인	원인 식품	예방법
장염 비브리오균	• 증상 : 복통과 설사, 원발성 비브리오 패혈증 및 봉소염 • 잠복기 : 8~24시간이며 발병되면 15~20시간 지속	게, 조개, 굴, 새우, 가재, 패주 등 갑각류	• 제대로 가열되지 않거나 열처리되지 않은 어패류 및 그 가공품, 2차 오염된 도시락, 채소 샐러드 등의 복합 식품 • 오염된 어패류에 닿은 조리기구와 손가락 등을 통한 교차오염	• 어패류의 저온 보관 • 교차오염 주의 • 환자나 보균자의 분변 주의 • 60℃에서 5분, 55℃에서 10분 가열 시 사멸하므로 식품을 가열 조리함

㉡ 독소형 식중독 : 세균이 분비하는 독소가 식중독의 원인이 된다.

원인균	증상 및 잠복기	원 인	원인 식품	예방법
포도상구균	• 증상 : 구토와 메스꺼움, 복부 통증, 설사, 독감 증상, 근육통, 일시적인 혈압과 맥박수의 변화 • 잠복기 : 2~4시간	• 사람 : 코, 피부, 머리카락, 감염된 상처 • 동 물	• 크림이 들어 있는 제빵 샌드위치, 우유 및 유제품 • 부적절하게 재가열되거나 보온된 조리 식품 • 김밥, 초밥, 도시락, 떡, 가공육(햄, 소시지 등), 어육제품 및 만두 등	• 화농성 질환이나 인두염에 걸린 사람의 식품 취급 금지 • 조리 종사자의 손 청결과 철저한 위생 복장 착용 • 식품 접촉 표면, 용기 및 도구의 위생적 관리
보툴리누스균	• 증상 : 구토, 변비 등의 위장장해, 복시, 시력 저하, 언어장애, 보행 곤란, 사망의 위험성 • 잠복기 : 12~36시간	토양, 물	• pH 4.6 이상 산도가 낮은 식품을 부적절한 가열 과정을 거쳐 진공 포장한 제품(통조림, 진공 포장팩)	적절한 병조림, 통조림 제품 사용

② 바이러스성 식중독

㉠ 기온의 영향을 받지 않아 겨울철에 주로 유행하고, 원인 식품에서 검출된 예가 없고 감염 경로가 매우 다양하다는 점 등에서 세균성 식중독과는 큰 차이를 보인다.

㉡ 바이러스성 식중독의 특징

원인균	증상 및 잠복기	원 인	원인 식품	예방법
노로 바이러스	• 증상 : 바이러스성 장염, 메스꺼움, 설사, 복통, 구토 • 어린이, 노인과 면역력이 약한 사람에게는 탈수증상 발생 • 잠복기 : 1~2일	• 사람의 분변, 구토물 • 오염된 물	• 샌드위치, 제빵류, 샐러드 등의 즉석식품 • 케이크 아이싱, 샐러드 드레싱 • 오염된 물에서 채취된 굴	• 철저한 개인위생 관리 • 인증된 유통업자 및 상점에서의 수산물 구입
로타 바이러스	• 증상 : 구토, 묽은 설사 • 영유아에게 감염되어 설사의 원인이 됨 • 잠복기 : 1~3일	• 사람의 분변과 입으로 주로 감염 • 오염된 물	• 물과 얼음 • 즉석식품 • 생채소나 과일	• 철저한 개인위생 관리 • 손에 의한 교차오염 주의 • 충분한 가열

③ 자연독 식중독

식물성 자연독	• 독미나리 : 시큐톡신 • 고사리 : 브라켄톡신 • 수수 : 두린 • 땅콩 : 아플라톡신 • 독버섯 : 무스카린, 코린, 발린 • 감자독 : 솔라닌 • 면실유 : 고시폴 • 대두 : 사포닌 • 청매, 은행, 살구씨 : 아미그달린 • 피마자 : 리신
동물성 자연독	• 복어독 : 테트로도톡신 • 섭조개, 대합조개 : 삭시톡신 • 바지락, 모시조개 : 베네루핀
화학성 식중독	• 허가되지 않은 유해첨가물 – 유해방부제 : 붕산, 포르말린, 우로트로핀, 승홍 – 인공감미료 : 둘신, 사이클라메이트, 페릴라틴, 에틸렌 글리콜 등 – 유해착색료 : 아우라민, 로다민 B – 유해표백제 : 삼염화질소, 론갈리트 • 중금속에 의한 식중독 – 납 : 안료, 농약, 수도관 등에서 오염. 혈색소 감소, 신장장애, 호흡장애 등의 증상 – 수은 : 미나마타병을 일으키며 수은에 오염된 해산물을 통해 발병함. 구토, 복통, 위장장애, 전신경련 등의 증상 – 카드뮴 : 이타이이타이병을 일으키며 오염된 음료수, 농작물을 통해 발병함. 신장장애, 골연화증 등의 증상 – 비소 : 밀가루 등으로 오인하고 섭취하여 발병함. 증상으로 구토, 위통, 경련을 일으키는 급성중독과 습진성 피부질환 등이 있음

(3) 식중독 예방법

① 냉장고에 있는 음식물도 주의하고 소비기한 및 상태를 꼭 확인한다.

② 행주, 도마, 식기 등은 끓는 물로 살균한다.

③ 조리 전후 비누를 사용하여 30초 이상 손 씻기를 한다.

④ 장기간 실온에 방치되었거나 자동차 트렁크 등에 보관된 음식은 먹지 않는다.

(4) 식품 안전관리 방법

① 조리 전과 생육, 생선, 달걀을 만진 후에는 손세정제를 사용하여 30초 이상 손을 씻는다.

② 채소류를 포함한 음식물은 가능한 내부까지 완전히 익도록 충분히 가열 조리한다.

더 알아보기 유해 금속과 용기의 관계

• 카드뮴 : 법랑
• 구리 : 놋그릇
• 납 : 도자기, 통조림 내면
• 주석 : 통조림 내면 도금

제2절 식품과 감염병

(1) 감염병

① 정의 : 세균, 바이러스, 원충 등의 병원체가 인간이나 동물의 호흡기계, 소화기계, 피부로 침입하여 증식함으로써 일어나는 질병이다.

② 감염병의 3대 요소 : 병원체(병인), 환경, 인간(숙주)

③ 감염병의 발생 과정

㉠ 병원체 : 병의 원인이 되는 미생물로 세균, 리케차, 바이러스, 원생동물 등이 있다.

㉡ 병원소 : 병원체가 증식하고 생존을 계속하면서 인간에게 전파될 수 있는 상태로 저장되는 장소이다. 건강보균자, 감염된 가축, 토양 등이 있다.

㉢ 새로운 숙주에의 침입 : 소화기, 호흡기, 피부점막 등을 통해 침입하는 것이다.

(2) 경구 감염병(소화기계 감염병)

① 정의 : 식품, 손, 물, 위생동물(파리, 바퀴벌레, 쥐 등), 식기류 등에 의해 세균이 입을 통하여(경구 감염) 체내로 침입하는 소화기계 감염병이다.

② 경구 감염병의 조건 : 환자, 보균자와 접촉한 사람, 매개물, 토양, 오염된 음식에 의하여 전파된다.

③ 경구 감염병의 분류

㉠ 세균에 의한 것 : 세균성 이질, 장티푸스, 파라티푸스, 콜레라, 성홍열, 디프테리아

㉡ 바이러스에 의한 것 : 감염성 설사증, 유행성 간염, 폴리오, 천열, 홍역

㉢ 원생동물에 의한 것 : 아메바성 이질

(3) 경구 감염병 종류별 특징

① 장티푸스

㉠ 장티푸스균에 의해 발생한다(발육 최적 온도 37℃, 최적 pH 7.0).

㉡ 환자, 보균자와의 직접 접촉과 식품을 매개로 한 간접 접촉으로 발병한다.

㉢ 잠복기는 6~14일 정도이며 열에 약하다.

㉣ 두통, 오한, 40℃ 전후의 고열, 백혈구의 감소 등을 일으키는 급성 전신 감염 질환이다.

② 세균성 이질

㉠ 열에 약하여 60℃에서 10분간 가열로 사멸하나 저온에서 강하다.

㉡ 잠복기는 2~3일이다.

㉢ 환자, 보균자의 변에 의해 오염된 물, 우유, 식품, 파리가 가장 큰 매개체이다.

㉣ 오한, 발열, 식욕 부진, 구토, 설사, 하복통 등을 일으킨다.

③ 콜레라

㉠ 비브리오콜레라균에 의해 발생하며, 가열(56℃에서 15분)하면 사멸한다.

㉡ 비브리오콜레라균은 저온에서 저항력이 있어 20~27℃에서 40~60일 정도 생존한다.

㉢ 환자의 분변, 구토물에 균이 배출되어 해수, 음료수, 식품, 특히 어패류를 오염시키고 경구적으로 감염된다.

㉣ 쌀뜨물 같은 변을 하루에 10~30회 배설하고 구토, 갈증, 피부 건조, 체온 저하 등을 일으킨다.

㉤ 잠복기는 보통 1~3일 정도이며, 사망 원인은 대부분 탈수증이다.

④ 파라티푸스

㉠ 병원체는 살모넬라파라티피 A, B, C균이며 잠복 기간은 5일 정도이다.

㉡ 장티푸스와 감염원 및 감염경로가 같다.

㉢ 증상이 장티푸스와 유사하나, 경과가 짧고 증상이 가벼우며 치사율도 낮다.

⑤ 디프테리아

㉠ 환자, 보균자의 인후 분비물에 의한 비말감염과 오염된 식품을 통하여 경구적으로 감염된다.

㉡ 편도선 이상, 발열, 심장장애, 호흡 곤란 등을 일으킨다.

⑥ 성홍열

㉠ 발적독소를 생성하는 용혈성 연쇄상구균에 의해 발생한다.

㉡ 환자, 보균자와의 직접 접촉, 이들의 분비물에 오염된 식품을 통하여 경구적으로 감염된다.

㉢ 발열, 두통, 인후통, 발진 등을 일으킨다.

⑦ 급성 회백수염(소아마비, 폴리오)

㉠ 폴리오바이러스가 입을 통하여 침입하여 인후점막에서 증식하다가 전신으로 퍼진다.

㉡ 처음에는 감기 증상으로 시작하여 구토, 두통, 위장 증세, 뇌증상, 근육통, 사지마비를 일으킨다.

㉢ 감염되기 쉬운 연령은 1~2세이며 잠복기는 7~12일 정도이다.

㉣ 가장 적절한 예방법은 예방접종이다.

⑧ 유행성 간염

㉠ 간염바이러스이며, 감염원인 환자의 분변을 통한 경구 감염, 손에 의한 식품의 오염, 물의 오염 등으로 감염된다.

㉡ 잠복기가 20~25일로 경구 감염병 중에서 가장 길다.

㉢ 발열, 두통, 복통, 식욕 부진, 황달 등의 증상이 나타난다.

⑨ 감염성 설사증

㉠ 감염원은 환자의 분변이며, 식품이나 음료수를 거쳐 경구 감염된다.

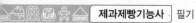

㉡ 바이러스가 함유된 수양변은 미량으로도 감염시킬 수 있다.

㉢ 복부 팽만감, 메스꺼움, 구갈, 심한 수양성 설사 등을 일으킨다.

⑩ 천 열

㉠ 감염원은 환자, 보균자 또는 쥐의 배설물이며, 식품, 음료수를 거쳐 경구 감염된다.

㉡ 39~40℃의 열이 수일 사이를 두고 오르내리는 특수한 발열 증상이 나타나며, 발진이 국소 또는 전신에 생기고 2~3일 후 없어진다.

(4) 인수공통감염병

인간과 척추동물 사이에 자연적으로 전파되는 질병으로 같은 병원체에 의해 똑같이 발생하는 감염병이다. 병원체가 세균성인 것으로 탄저, 결핵, 살모넬라, 이질, 브루셀라, 리스테리아, 탄저병 등이 있고, 병원체가 바이러스성인 것은 광견병, 일본뇌염, 뉴캐슬병, 황열 등이 있다.

① 탄저병

㉠ 소, 말, 양 등의 포유동물로부터 감염되며 잠복기는 4일 이내이다.

㉡ 원인균이 내열성 포자를 형성하기 때문에 병든 가축의 사체를 소각 처리해야 한다.

② 파상열(브루셀라증)

㉠ 브루셀라균균에 의해 감염되며 사람에게는 열성질환을, 동물에게는 감염성 유산을 일으킨다.

㉡ 결핵, 말라리아와 유사하며 38~40℃의 고열이 나는데, 발열 현상이 2~3주 동안 일정한 간격을 두고 나타나기 때문에 파상열이라 한다.

③ 결 핵

㉠ 병원체 결핵균에 의해 발생하며 사람, 소, 조류에 감염된다.

㉡ 병에 걸린 동물의 젖(우유)을 통해 경구적으로 감염시킨다.

④ 야토병

㉠ 병원체 야토균에 의해 발생하며 산토끼, 양이나 설치류 동물에서 감염된다.

㉡ 동물은 이, 진드기, 벼룩에 의해 전파되고, 사람은 병에 걸린 토끼고기, 모피에 의해 피부 점막에 균이 침입되거나 경구적으로 감염된다.

㉢ 오한, 발열 등이 나타나며 균이 침입된 부위에 농포·궤양이 생기고 임파선이 붓는다.

⑤ 돈단독

㉠ 돼지 등 가축의 장기나 고기를 다룰 때 피부의 창상으로 균이 침입하거나 경구 감염된다.

㉡ 소, 말, 양, 닭에서 볼 수 있다.

⑥ Q열

㉠ 동물의 생젖을 마시거나 병에 걸린 동물의 조직이나 배설물에 접촉하면 감염된다.

㉡ 예방법으로 우유 살균, 흡혈곤충 박멸, 치료제 클로람페니콜 사용 등이 있다.

⑦ 리스테리아증

㉠ 감염된 동물과의 접촉, 오염된 식육·유제품 등의 섭취 등으로 감염된다.

㉡ 주로 냉동된 육류에서 발생하며 저온에서도 생존력이 강하다.

㉢ 수막염이나 임신부의 자궁 내 패혈증을 일으킨다.

⑧ 유행성 출혈열

㉠ 세계적으로 분포되어 있는 것으로 소, 개, 돼지, 쥐 등이 감염된다.

㉡ 동물의 요나 오염된 하천이나 토양에 접촉하거나 피부의 상처를 통하여 감염된다.

㉢ 잠복기는 5~6일이며, 증상으로 39~40℃의 고열, 오한, 전율, 두통, 요통, 근육통, 불면, 식욕감퇴 등이 나타난다.

더 알아보기 감염병의 예방대책

• 감염병 발생 시 대책
- 식중독과 마찬가지로 의사는 진단 즉시 행정기관(관할 시·군 보건소장)에 신고한다.
- 행정기관에서는 역학조사와 함께 환자와 보균자를 격리하고, 접촉자에 대한 진단과 검변을 실시한다.
- 환자나 보균자의 배설물, 오염물의 소독 등 방역조치를 취한다.
- 추정 원인식품을 수거하여 검사기관에 보낸다.

• 숙주(보균자)에 대한 예방대책
- 건강 유지와 저항력의 향상에 노력하여 숙주의 감수성을 낮춘다.
- 의식전환운동, 계몽활동, 위생교육 등을 정기적으로 실시한다.
- 백신이 개발된 감염병은 반드시 예방접종을 실시한다.
- 예방접종은 경구 감염병의 종류에 따라 3회 실시하기도 한다.
- 환자가 발생하면 접촉자의 대변을 검사하고 보균자를 관리한다.

• 병원체(병인)에 대한 예방대책
- 식품은 냉동보관한다.
- 보균자의 식품 취급을 금한다.
- 감염원이나 오염물을 소독한다.
- 환자 및 보균자가 발견되면 격리 조치를 취한다.
- 오염이 의심되는 추정 원인식품은 수거하여 검사기관에 보낸다.

• 환경에 대한 예방대책
- 음료수를 위생적으로 보관한다.
- 식품 취급자의 개인위생을 철저히 관리한다.
- 일반 및 유흥음식점 종사자에게 1년에 한 번씩 건강검진을 받게 한다.

• 인수공통감염병의 예방대책
- 우유의 멸균처리를 철저히 한다.
- 병에 걸린(이환) 동물의 고기는 폐기처분한다.
- 가축의 예방접종을 실시한다.
- 외국으로부터 유입되는 가축은 항구나 공항 등에서 검역을 철저히 한다.

(5) 기생충 감염

① 채소로 감염되는 기생충

㉠ 회충 : 소장에서 기생하며 경구로 감염된다.

㉡ 요충 : 대장에서 기생하며 경구로 감염된다. 항문 주위에 소양증이 생긴다.

㉢ 편충 : 대장에서 기생하며 경구로 감염된다.

㉣ 구충 : 소장에서 기생하며 경피 또는 경구로 감염된다.

㉤ 동양모양선충 : 소장에서 기생하며 경구로 감염된다.

② 어패류로 감염되는 기생충

종 류	제1중간숙주	제2중간숙주
간디스토마(간흡충)	왜우렁이	담수어
페디스토마(폐흡충)	다슬기	가재, 민물 게
요코카와흡충	다슬기	담수어, 잉어, 은어
긴촌충(광절열두조충)	물벼룩	연어, 송어
아니사키스	크릴새우	연안어류

③ 수육으로 감염되는 기생충

㉠ 무구조충 : 소

㉡ 유구조충 : 돼지

㉢ 톡소플라스마 : 고양이, 돼지, 개

㉣ 섬모충 : 돼지, 개

④ 기생충 예방법

㉠ 육류, 어패류를 날것으로 먹지 않는다.

㉡ 야채는 희석시킨 중성세제로 세척 후 흐르는 물에 5회 이상 씻는다.

㉢ 개인위생 관리를 철저히 하며 조리기구는 잘 소독하여 사용한다.

제3절 식중독 예방

(1) 식중독 예방관리

① 개인위생 관리

㉠ 작업 시작 전, 작업 공정이 바뀔 때, 화장실 이용 후, 배식전시 후

㉡ 깨끗한 복장 유지

㉢ 부적절한 손 위생 관리로 인한 교차오염 예방

㉣ 주변 환경 관리

㉤ 위생교육 및 훈련 실시

② 식중독 예방 3대 요령

㉠ 손 씻기 : 세정제를 사용하여 흐르는 물로 30초 이상 씻는다.

㉡ 익혀 먹기 : 음식물은 중심부 온도 85℃에서 1분 이상 조리하여 속까지 충분히 익혀 먹는다.

㉢ 끓여 먹기 : 물은 끓여서 먹는다.

※ 식품안전나라 홈페이지(www.foodsafetykorea.go.kr)를 통해 식중독 자가진단뿐만 아니라 보건소 찾기, 식중독 이해, 식중독 예방법, 식중독 대처 요령 및 관련 동영상 정보를 확인할 수 있다.

(2) 교차오염 관리

① 교차오염 : 미생물에 오염된 사람이나 식품으로 인해 다른 식품이 오염되는 것을 말한다.

② 교차오염 방지법

㉠ 개인위생 관리를 철저히 한다.

㉡ 손 씻기를 철저히 한다.

㉢ 조리된 음식 취급 시 맨손으로 작업하는 것을 피한다.

㉣ 화장실 출입 후 손을 청결히 한다.

(3) 식중독 대처방법

① 식중독이 의심되면 즉시 진단을 받는다.

② 의사는 환자의 식중독이 확인되는 대로 관할 보건소장 등의 행정기관에 보고한다.

③ 행정기관은 신속하게 상부 행정기관에 보고하는 동시에 추정 원인 식품을 수거하여 검사기관에 보낸다.

④ 역학조사를 실시해 원인 식품과 감염 경로를 파악하여 식중독의 확대를 막는다.

⑤ 이에 수집된 자료는 예방대책 수립에 활용한다.

현장 조치	후속 조치	예방 사후 관리
• 건강진단 미실시자, 질병에 걸린 환자 조리 업무 중지 • 영업 중단 • 오염시설 사용 중지 및 현장 보존	• 질병에 걸린 환자 치료 및 휴무 조치 • 추가 환자 정보 제공 • 시설 개선 즉시 조치 • 전처리, 조리, 보관, 해동 관리 철저	• 작업 전 종사자 건강 상태 확인 • 주기적 종사자 건강진단 실시 • 위생교육 및 훈련 강화 • 조리 위생 수칙 준수 • 시설, 기구 등 주기적 위생 상태 확인

(4) 법정 감염병(감염병예방법 제2조)

① **제1급 감염병** : 생물테러감염병 또는 치명률이 높거나 집단 발생의 우려가 커서 발생 또는 유행 즉시 신고하여야 하고, 음압격리와 같은 높은 수준의 격리가 필요한 감염병을 말한다.

> 에볼라바이러스병, 마버그열, 라싸열, 크리미안콩고출혈열, 남아메리카출혈열, 리프트밸리열, 두창, 페스트, 탄저, 보툴리눔독소증, 야토병, 신종감염병증후군, 중증급성호흡기증후군(SARS), 중동호흡기증후군(MERS), 동물인플루엔자 인체감염증, 신종인플루엔자, 디프테리아

② **제2급 감염병** : 전파 가능성을 고려하여 발생 또는 유행 시 24시간 이내에 신고하여야 하고, 격리가 필요한 감염병을 말한다.

> 결핵, 수두, 홍역, 콜레라, 장티푸스, 파라티푸스, 세균성이질, 장출혈성대장균감염증, A형간염, 백일해, 유행성이하선염, 풍진, 폴리오, 수막구균 감염증, b형헤모필루스인플루엔자, 폐렴구균 감염증, 한센병, 성홍열, 반코마이신내성황색포도알균(VRSA) 감염증, 카바페넴내성장내세균속균종(CRE) 감염증, E형간염

③ **제3급 감염병** : 그 발생을 계속 감시할 필요가 있어 발생 또는 유행 시 24시간 이내에 신고하여야 하는 감염병을 말한다.

> 파상풍, B형간염, 일본뇌염, C형간염, 말라리아, 레지오넬라증, 비브리오패혈증, 발진티푸스, 발진열, 쯔쯔가무시증, 렙토스피라증, 브루셀라증, 공수병, 신증후군출혈열, 후천성면역결핍증(AIDS), 크로이츠펠트-야콥병(CJD) 및 변종크로이츠펠트-야콥병(vCJD), 황열, 뎅기열, 큐열, 웨스트나일열, 라임병, 진드기매개뇌염, 유비저, 치쿤구니야열, 중증열성혈소판감소증후군(SFTS), 지카바이러스 감염증

④ **제4급 감염병** : 제1급 감염병부터 제3급 감염병까지의 감염병 외에 유행 여부를 조사하기 위하여 표본감시 활동이 필요한 감염병을 말한다.

> 인플루엔자, 매독, 회충증, 편충증, 요충증, 간흡충증, 폐흡충증, 장흡충증, 수족구병, 임질, 클라미디아감염증, 연성하감, 성기단순포진, 첨규콘딜롬, 반코마이신내성장알균(VRE) 감염증, 메티실린내성황색포도알균(MRSA) 감염증, 다제내성녹농균(MRPA) 감염증, 다제내성아시네토박터바우마니균(MRAB)감염증, 장관감염증, 급성호흡기감염증, 해외유입기생충감염증, 엔테로바이러스감염증, 사람유두종바이러스 감염증

적중예상문제

01 식중독이 가장 많이 발생하는 시기는?

① 1~3월
② 4~6월
③ 6~9월
④ 10~12월

해설 식중독이 가장 많이 발생하는 시기는 6~9월이다.

02 채소를 통해 감염되는 대표적인 기생충은?

① 광절열두조충
② 선모충
③ 회 충
④ 페디스토마

해설 **식품으로 인하여 감염되는 기생충** : 회충, 편충, 십이지장충, 동양모양선충

03 포도상구균에 의한 식중독 예방책으로 적절하지 않은 것은?

① 조리장을 깨끗이 한다.
② 섭취 전에 60℃ 정도로 가열한다.
③ 멸균된 기구를 사용한다.
④ 화농성 질환자의 조리 업무를 금지한다.

해설 포도상구균인 엔테로톡신은 열에 강하여 120℃에서 20분 이상 가열하여도 파괴되지 않는다.

04 다음 중 감염형 식중독과 관계가 없는 것은?

① 살모넬라균 ② 병원성 대장균
③ 포도상구균 ④ 장염 비브리오균

해설 감염형 식중독에는 장염 비브리오, 살모넬라, 병원성 대장균, 캄필로박터 등이 있다.

05 다음 중 식중독 증상이 신경 친화성이며, 치사율이 상당히 높은 것은?

① 포도상구균 식중독
② 보툴리누스 식중독
③ 살모넬라 식중독
④ 대장균 식중독

해설 **보툴리누스 식중독**
세균성 식중독 중 치사율이 가장 높다(30~80%). 발병은 식후 12~36시간에 일어나지만 2~4시간 이내에 신경 증상이 나타나기도 한다.

06 냉동된 육류 등 저온에서도 생존력이 강하고 수막염이나 임신부의 자궁 내 패혈증 등을 일으키는 식중독균은?

① 대장균 ② 살모넬라균
③ 리스테리아균 ④ 포도상구균

해설 **리스테리아균**
아이스크림이나 수산 냉동식품 등에서 검출되는 그람양성균인 리스테리아 모노사이토제네스(*Listeria monocytogenes*)가 식중독균으로 알려져 있으며, 일반 병원균이 발육할 수 없는 5℃에서도 증식할 수 있는 특성을 가지고 있다.

정 답 1 ③ 2 ③ 3 ② 4 ③ 5 ② 6 ③

07 세균, 곰팡이, 효모, 바이러스의 일반적 성질에 대한 설명 중 옳은 것은?

① 세균은 주로 출아법으로 그 수를 늘리며 술의 제조에 많이 사용한다.
② 효모는 주로 분열법으로 그 수를 늘리며 식품 부패에 가장 많이 관여하는 미생물이다.
③ 곰팡이는 주로 포자에 의하여 그 수를 늘리며 빵, 밥 등의 부패에 많이 관여하는 미생물이다.
④ 바이러스는 주로 출아법으로 그 수를 늘리며 효모와 유사하게 식품의 부패에 관여하는 미생물이다.

08 다음 중 바이러스(Virus)에 의해 일어나는 질병은?

① 유행성 간염 ② 브루셀라병
③ 발진티푸스 ④ 탄저병

해설 브루셀라병은 감염으로 발생되는 인수공통감염병이고, 발진티푸스는 리케차, 탄저병은 탄저균에 감염되어 발생하는 급성 감염 질환이다.

09 아플라톡신은 다음 중 어느 것과 가장 관계가 있는가?

① 감자독 ② 효모독
③ 세균독 ④ 곰팡이독

해설 아플라톡신(Aflatoxin)
농작물에 자라는 실 모양의 곰팡이가 만드는 독성 물질로, 주로 식품 원료의 생산, 보관, 운반 단계에서 곰팡이에 오염되어 생긴다. 지속적으로 섭취하면 출혈, 급성 간 손상, 부종 등을 일으킨다.

10 다음 중 곰팡이독이 아닌 것은?

① 아플라톡신
② 오크라톡신
③ 삭시톡신
④ 파툴린

해설 삭시톡신(Saxitoxin)은 섭조개, 대합 조개류의 독성분이다.

11 증상은 장티푸스나 야토병과 비슷하나, 주기적으로 반복되어 열이 나므로 파상열이라고 부르는 인수공통감염병은?

① Q열
② 결 핵
③ 브루셀라병
④ 돈단독

해설 ① Q열 : 리케차의 하나인 콕시엘라 부르네티(*Coxiella burnetii*)에 의하여 일어나는 감염병으로, 가축을 매개로 감염되며 사람·동물의 열성 감염병이다.
② 결핵 : 결핵균에 의해서 발생하는 감염병으로 드물게는 우형 결핵균에 감염되기도 한다.
④ 돈단독 : 단독균의 감염, 피부병변(다이아몬드형)을 동반하는 패혈증형과 비화농성 관절염, 심내막염, 유산 등의 증상을 나타낸다.

12 다음 중 병원체가 바이러스인 질병은?

① 폴리오
② 결 핵
③ 디프테리아
④ 성홍열

해설 **바이러스성 감염병** : 폴리오(소아마비), 감염성 설사, 유행성 간염 등

정답 7 ③ 8 ① 9 ④ 10 ③ 11 ③ 12 ①

13 **다음 중 경구 감염병이 아닌 것은?**

① 콜레라
② 이 질
③ 발진티푸스
④ 유행성 간염

해설 발진티푸스는 고열과 발진이 주증세인 열성·급성의 감염병이다.

14 **세균에 의한 경구 감염병은?**

① 콜레라
② 유행성 간염
③ 폴리오
④ 진균독증

해설 세균성 감염에는 세균성 이질, 장티푸스, 파라티푸스, 콜레라 등이 있다.

15 **경구적으로 감염되며, 2~3일의 잠복기 이후에 복통, 설사, 발열 등이 일어나고, 10세 이하의 어린이가 최고의 이환율을 보이며 파리나 쥐가 매개체인 경구 감염병은?**

① 이 질 ② 장티푸스
③ 파라티푸스 ④ 콜레라

해설 ② 장티푸스 : 균에 오염된 식품이나 물, 비위생적으로 제조된 식품 내에서 세균이 잘 증식한다.
③ 파라티푸스 : 환자와 보균자의 대소변에 오염된 물 또는 음식물을 통해 감염되는데, 흔히 환자나 보균자의 손에 의해 오염된 조개류, 우유 및 유제품 등의 음식물에 의한다.
④ 콜레라 : 환자의 분변 또는 구토물에서 균이 배출되어 해수, 음료수, 식품, 특히 어패류를 오염시키고 경구적으로 감염된다.

16 **다음 중 잠복기가 가장 긴 것은?**

① 유행성 간염
② 디프테리아
③ 페스트
④ 세균성 이질

해설 ① 유행성 간염 : 감염성 15~40일, 혈청성 50~180일
② 디프테리아 : 3~5일
③ 페스트 : 림프절 페스트와 패혈증 페스트의 잠복기는 1~6일, 폐 페스트의 잠복기는 1~3일
④ 세균성 이질 : 2~3일

17 **병원체가 음식물, 손, 식기, 완구, 곤충 등을 통하여 입으로 침입하여 감염을 일으키는 것 중 바이러스에 의한 것은?**

① 이 질 ② 폴리오
③ 장티푸스 ④ 콜레라

해설 바이러스성 감염에는 폴리오(소아마비, 급성 회백수염), 감염성 설사증, 천열, 유행성 간염 등이 있다.

18 **감염병 중 잠복기가 가장 짧은 것은?**

① 후천성 면역결핍증
② 광견병
③ 콜레라
④ 매 독

해설 ③ 콜레라 : 수 시간~5일
① 후천성 면역결핍증 : HIV 항체의 경우 감염 후 3~20주 또는 수년 후, 혈액은 감염 후 3주 후 확인 가능
② 광견병 : 1~3개월
④ 매독 : 10일~3개월, 평균 3주

정 답 13 ③ 14 ① 15 ① 16 ① 17 ② 18 ③

19 식중독에서 나타나는 일반적 증상과 가장 거리가 먼 것은?

① 두 통 ② 구 토
③ 복 통 ④ 사 망

해설 식중독에 걸리면 일반적으로 설사, 복통, 구토, 메스꺼움 등이 나타난다.

20 기구, 용기, 포장재에서 용출되는 유독 성분은?

① 아질산염
② 테트리메틸납
③ 시안화합물
④ 폴리비닐화합물

해설 기구, 용기, 포장재에 사용된 폴리비닐화합물은 포장재의 코팅 성분, 가소제 성분 등이 포장된 식품 내에 영향을 미친다.

21 미나마타병은 중금속에 오염된 어패류를 섭취하여 발생되는데 그 원인이 되는 금속은?

① 수은(Hg)
② 카드뮴(Cd)
③ 납(Pb)
④ 아연(Zn)

해설 수은에 의한 중독은 널리 알려져 있다. 수은 증기는 중추신경에 치명적이며 심적・정서적 불안을 일으킨다. 일본에서 발생한 미나마타병은 공장 폐수에서 배출된 수은이 어패류에 축적되어서 발생한 사고이다.

22 밀가루 등으로 오인하여 식중독을 유발하며 습진성 피부질환 등의 증상을 보이는 것은?

① 수 은 ② 비 소
③ 납 ④ 아 연

해설 비소의 흰 가루가 설탕이나 밀가루 등의 음식 재료와 혼동되는 경우가 있다.

23 겨울철에 주로 유행하는 식중독은?

① 바이러스성 식중독
② 살모넬라 식중독
③ 세균성 식중독
④ 자연독 식중독

해설 겨울철에 주로 유행하는 식중독은 바이러스성 식중독이다.

24 과산화수소의 주사용 목적은?

① 보존료 ② 표백제
③ 살균료 ④ 산화방지제

해설 과산화수소는 표백제이다.

25 다음 중 인수공통감염병이 아닌 것은?

① 탄저병 ② 장티푸스
③ 결 핵 ④ 야토병

해설 인수공통감염병의 종류에는 결핵, 탄저, 야토병, 돈단독, 유행성 출혈열, Q열, 브루셀라증 등이 있다.

정답 19 ④ 20 ④ 21 ① 22 ② 23 ① 24 ② 25 ②

26 **원인균은 바실루스 안트라시스이며, 수육을 조리하지 않고 섭취하였거나 피부 상처 부위로 감염되기 쉬운 인수공통감염병은?**

① 야토병　② 탄 저
③ 브루셀라병　④ 돈단독

해설 바실루스 안트라시스(*Bacillus anthracis*)는 탄저균의 공식 명칭이며, 보통 흙 속에 있는 탄저균이 가축을 통해 사람에게 감염된다.

27 **산양, 양, 돼지, 소가 감염되면 유산을 일으키고, 주증상은 발열이며 고열이 2~3주 주기적으로 일어나는 인수공통감염병은?**

① 광우병
② 공수병
③ 파상열
④ 신증후군출혈열(유행성 출혈열)

해설 파상열은 인간에게는 고열을, 동물에게는 유산을 일으키는 세균성 인수공통감염병이다.

28 **다음 중 결핵의 중요한 감염원이 될 수 있는 것은?**

① 토끼고기
② 양고기
③ 돼지고기
④ 불완전 살균 우유

해설 결핵의 감염원으로는 개방성 환자, 결핵에 감염된 소의 우유 제품 등이 있다.

29 **다음 중 사람과 동물이 같은 병원체에 의하여 발생되는 감염병과 가장 거리가 먼 것은?**

① 탄저병　② 결 핵
③ 동양모양선충　④ 브루셀라증

해설 인수공통감염병은 사람과 동물이 같은 병원체에 의하여 발생하는 질병으로 탄저병, 파상열, 결핵, 야토병(토끼), 돈단독(돼지), 비저, 렙토스피라증, Q열, 광견병, 페스트 등이 있다.

30 **다음 감염병 중 쥐를 매개체로 감염되는 질병이 아닌 것은?**

① 돈단독증
② 쯔쯔가무시증
③ 신증후군출혈열(유행성 출혈열)
④ 렙토스피라증

해설 돈단독증은 돼지를 비롯하여 양, 소, 말, 닭 등에서 발생하는 단독(丹毒) 특유의 피부염과 패혈증을 일으키는 것으로 관절염이나 심장장애가 주가 되는 경우가 많다.

31 **식기나 기구의 오용으로 구토, 경련, 설사, 골연화증 등의 증상을 일으키며 이타이이타이병의 원인이 되는 유해성 금속 물질은?**

① 비소(As)　② 아연(Zn)
③ 카드뮴(Cd)　④ 수은(Hg)

해설 만성 카드뮴에 의한 고통스러운 병을 일본에서 '이타이이타이병(아프다 아프다 병)'이라고 부른다. 카드뮴 함량이 높은 것을 오래 섭취하면 심한 콩팥장애와 위병, 뼈의 약화 등을 일으킨다.

정 답　26 ②　27 ③　28 ④　29 ③　30 ①　31 ③

32 **식중독의 원인이 될 수 있는 것과 거리가 먼 것은?**

① Pb(납) ② Ca(칼슘)
③ Hg(수은) ④ Cd(카드뮴)

해설 유해 금속에는 비소(As), 안티몬(An), 구리(Cu), 플루오린(F), 납(Pb), 아연(Zn), 카드뮴(Cd, 이타이이타이병), 수은(Hg, 미나마타병), 크로뮴(Cr), 주석(Sn), 은(Ag) 등이 있다.

33 **적혈구의 혈색소 감소, 체중 감소 및 신장장애, 칼슘 대사 이상과 호흡장애를 유발하는 유해성 금속 물질은?**

① 구리(Cu)
② 아연(Zn)
③ 카드뮴(Cd)
④ 납(Pb)

해설 만성적 납 중독은 신경상의 문제, 적혈구의 혈색소 감소, 체중 감소 및 신장장애, 칼슘 대사 이상, 콩팥 질환 및 빈혈, 두통, 현기증 등을 일으킨다. 납은 뼈에 축적되는데, 차량의 배기가스, 상수도 물에도 들어 있다.

34 **요소수지 용기에서 이행될 수 있는 대표적인 유독 물질은?**

① 에탄올
② 폼알데하이드
③ 알루미늄
④ 주 석

해설 합성수지 중의 페놀수지, 요소수지, 멜라닌수지 등은 열경화성 수지로서 제조 시 가열·가압 조건이 부족할 때는 미반응 원료인 페놀, 폼알데하이드가 유리되어 용출되는 경우가 있다.

35 **유해 금속과 식품 용기의 관계가 잘못 연결된 것은?**

① 주석 – 유리식기
② 구리 – 놋그릇
③ 카드뮴 – 법랑
④ 납 – 도자기

해설 주석은 통조림 식품 용기로 내면 도장관에 쓰인다.

36 **쥐나 곤충류에 의해서 발생될 수 있는 식중독은?**

① 살모넬라 식중독
② 클로스트리듐 보툴리눔 식중독
③ 포도상구균 식중독
④ 장염 비브리오 식중독

해설 살모넬라 식중독은 쥐의 분변이나 곤충류(바퀴벌레, 파리 등)에 의해서 발생한다.

37 **파리 및 모기 구제의 가장 이상적인 방법은?**

① 살충제를 뿌린다.
② 발생지를 제거한다.
③ 음식물을 잘 보관한다.
④ 유충을 구제한다.

해설 **파리 및 모기의 물리적 방제**
도시에서는 발생 원인의 제거, 지형에 따른 배수·매몰 또는 방류, 빈 깡통, 헌 타이어, 기타 인공용기나 물이 고일만한 장소를 잘 관리하면 모기의 밀도를 상당히 줄일 수 있다.

정답 32 ② 33 ④ 34 ② 35 ① 36 ① 37 ②

38 식중독 발생 시 조치사항으로 적절하지 않은 것은?

① 환자의 상태를 메모한다.
② 구청에 신고한다.
③ 식중독 의심이 있는 환자는 의사의 진단을 받게 한다.
④ 먹던 음식물은 전부 버린다.

해설 ④ 먹던 음식물은 검사 자료로 보관한다.
식중독 발생 시 발생보고 체계
의사 → 시장·군수·구청장 → 시·도지사 및 식품의약품안전처장

39 다음 중 소독이 뜻하는 것은?

① 모든 미생물을 전부 사멸시키는 것
② 물리 또는 화학적 방법으로 병원체를 파괴시키는 것
③ 병원성 미생물을 죽여서 감염의 위험성을 제거하는 것
④ 오염된 물질을 깨끗이 닦아 내는 것

해설 소독은 감염 예방을 위해 병원균을 죽이는 일로, 병원미생물을 활동하지 못하게 하거나 제거하여 감염을 방지하는 일을 말한다.

40 소독력이 매우 강한 일종의 표면 활성제로서 공장이나 종업원의 손을 소독할 때나 용기 및 기구의 소독제로 알맞은 것은?

① 석탄산액　② 과산화수소
③ 역성 비누　④ 크레졸

해설 역성 비누는 소독력은 강하나 세정력은 거의 없기 때문에 조리 기구나 손의 소독에 적합하다. 석탄산액은 오물, 과산화수소는 식품, 크레졸은 배설물 소독에 적합하다.

41 과산화수소의 사용 목적으로 가장 알맞은 것은?

① 보존료
② 발색제
③ 살균제
④ 산화방지제

해설 과산화수소는 표백제와 동일한 역할을 함과 동시에 세균이나 부패 미생물을 살균하는 효과를 가지고 있는 살균제의 일종이다.

42 식품첨가물 중 표백제가 아닌 것은?

① 소브산칼륨
② 과산화수소
③ 산성 아황산나트륨
④ 차아황산나트륨

해설 **표백제**
식품을 가공, 제조할 때 색소 퇴색·착색으로 인한 품질 저하를 막기 위하여 미리 색소를 파괴시킴으로써 완성된 식품의 색을 아름답게 하기 위하여 사용하는 것으로, 무수아황산, 아황산나트륨, 산성 아황산나트륨, 과산화수소 등이 있다.

43 자연독 식중독 중 맞게 짝지어진 것은?

① 독버섯 – 무스카린
② 감자독 – 고시폴
③ 면실유 – 사포닌
④ 대두 – 리신

해설 ② 감자독 : 솔라닌
③ 면실유 : 고시폴
④ 대두 : 사포닌

정답 38 ④ 39 ③ 40 ③ 41 ③ 42 ① 43 ①

미생물

제1절 미생물의 종류

(1) 세균(Bacteria)

① 형태에 따른 분류

㉠ 구균 : 공 모양 균으로 단구균, 쌍구균, 사련구균, 팔련구균, 연쇄상구균, 포도상구균 등이 있음

㉡ 나선균 : 나사 모양의 나선 형태와 입체적인 S형 균의 총칭

㉢ 간균 : 약간 긴 구형으로 결핵균 등이 있음

② 종 류

㉠ 락토바실루스(*Lactobacillus*) 속 : 간균, 젖산균, 젖산(유산) 음료의 발효균으로 이용

㉡ 바실루스(*Bacillus*) 속

- 호기성 간균으로 아포를 형성함
- 열 저항성이 강하고 토양 등 자연계에 많음
- 전분과 단백질을 분해 작용하는 부패세균, 로프균(빵의 점조성 원인)이 속함

㉢ 비브리오(*Vibrio*) 속 : 무아포, 혐기성 간균으로 콜레라균, 장염 비브리오균 등이 있음

㉣ 리케차(*Rickettsia*) : 구형, 간형, 세균과 바이러스 중간 형태, 발진열, 발진티푸스 등

(2) 곰팡이(Mold)

① 진핵세포를 가진 다세포 생물이며, 실처럼 보인다고 하여 사상균이라고도 한다.

② 무성 포자나 유성 포자를 형성하며 균사 또는 포자에 의해 증식한다.

③ 술, 된장, 간장, 치즈 등 발효식품에 유익하게 이용되지만 유독물질(곰팡이독, Mycotoxin)을 생산하기도 한다.

④ 세균보다 증식 속도가 느리고 세균이 증식하지 못하는 건조식품에서 증식하며, 당이나 식염 농도가 높은 식품에서도 증식한다.

(3) 효모(Yeast)

① 단세포의 진균으로 구형, 난형, 타원형 등 여러 형태가 있다.

② 세균보다 크기가 크고, 출아증식에 의해 무성생식하며 운동성이 없다.

③ 술, 발효빵 등의 발효식품 제조에 이용된다.

(4) 바이러스(Virus)

① 미생물 중 가장 작고 살아있는 세포에서만 증식한다.

② 형태와 크기가 일정하지 않아 순수 배양이 불가능하다.

③ 경구 감염병의 원인이 되기도 한다.

(5) 스피로헤타(Spirochaeta)

① 형태는 나선형이다.

② 단세포와 다세포 생물의 중간이다.

③ 운동성이 있고 매독의 병원체가 있다.

④ 종류로 천연두, 인플루엔자, 일본뇌염, 광견병, 간염, 소아마비(폴리오) 등이 있다.

제2절 미생물의 발육

(1) 미생물 발육에 필요한 조건

① **영양소** : 탄소원, 질소원, 무기염류, 발육소 등

② **수 분**

㉠ 미생물 몸체를 구성하는 성분이 되며, 생리 기능을 조절하는 데 필요하다.

㉡ 일반 세균은 60~70%, 곰팡이는 80~85%에서 잘 자라고 일반 세균은 15% 이하, 곰팡이는 13% 이하이면 증식이 억제된다.

㉢ 미생물 증식이 억제되는 수분활성도 : 세균(0.8 이하) > 효모(0.75 이하) > 곰팡이(0.7 이하)

③ **온 도**

㉠ 저온균 발육 가능 온도 : 0~25℃(최적 온도 15~20℃) → 수중 세균

㉡ 중온균 발육 가능 온도 : 15~55℃(최적 온도 25~37℃) → 병원성 세균이나 식품부패 세균

㉢ 고온균 발육 가능 온도 : 40~70℃(최적 온도 50~60℃) → 온천수 세균

④ **산 소**

㉠ 편성 호기성 세균 : 반드시 산소가 있어야 발육할 수 있다.

㉡ 통성 호기성 세균 : 호기적 조건과 혐기적 조건에서 모두 발육이 가능하다.

㉢ 편성 혐기성 세균 : 산소가 있으면 발육에 장해를 받는다.

㉣ 통성 혐기성 세균 : 산소가 있어도 발육하지 않는 균이다(공기 중 산소가 필요하지 않음).

⑤ 수소이온농도(pH)

㉠ 부패 세균은 pH 5.5 이하에서 발육이 저해된다.

㉡ 곰팡이는 pH 2.0~8.5, 효모는 pH 4.0~8.5로 산성 영역에서 증식이 잘된다.

㉢ 일반 세균은 pH 6.5~7.5(중성 내지 약알칼리성)에서 잘 발육한다.

(2) 미생물 번식의 통제

① 젖산 또는 구연산을 첨가하여 산성도를 높인다.

② 설탕, 소금, 알코올 또는 산을 식품에 첨가하여 수분활성도를 높인다.

③ 진공포장을 하여 산소를 제거한다.

④ 식품을 냉동하거나 5℃ 이하 냉장 보관한다(미생물이 잘 번식하는 온도 5~57℃).

CHAPTER 03

적중예상문제

01 **다음 중 세균의 오염 경로가 될 수 없는 환경은?**

① 상수도가 공급되지 않는 지역에서의 세척수나 음료수
② 습도가 낮은 지역에서 냉동 보관 중인 식품
③ 어항이나 포구 주변에서 잡은 물고기
④ 분뇨 처리가 미비한 농촌 지역의 채소나 열매

해설 습도가 낮은 지역에서 냉동 보관 중인 식품은 세균의 오염 경로가 될 수 없다.

02 **부패 미생물이 번식할 수 있는 최저의 수분활성도(Aw)의 순서가 바르게 나열된 것은?**

① 세균 > 곰팡이 > 효모
② 세균 > 효모 > 곰팡이
③ 효모 > 곰팡이 > 세균
④ 효모 > 세균 > 곰팡이

해설 미생물 증식 억제 수분활성도는 세균은 0.8 이하, 효모는 0.75 이하, 곰팡이는 0.7 이하이다.

03 **식품의 수분을 생각할 때 통상의 수분 함량(%) 이외에 식품의 보존성, 미생물의 생육과 밀접한 관계를 갖고 있는 것은?**

① 수소이온농도
② 수분활성도
③ 비 열
④ 비 중

해설 수분활성도는 식품 저장 시 미생물의 증식에 있어서 수분 함량보다 더 중요한 의미를 갖는다.

04 **부패 진행의 순서로 옳은 것은?**

① 아미노산 → 펩타이드 → 펩톤 → 아민, 황화수소, 암모니아
② 아민 → 펩톤 → 아미노산 → 펩타이드, 황화수소, 암모니아
③ 펩톤 → 펩타이드 → 아미노산 → 아민, 황화수소, 암모니아
④ 황화수소 → 아미노산 → 아민 → 펩타이드, 펩톤, 암모니아

해설 **식품의 부패 과정**
단백질 → 펩톤 → 폴리펩타이드 → 아미노산 → 황화수소, 암모니아, 아민, 메탄

정 답 1② 2② 3② 4③

05 미생물의 감염을 감소시키기 위한 작업장 위생의 내용과 거리가 먼 것은?

① 소독액으로 벽, 바닥, 천장을 세척한다.
② 빵 상자, 수송 차량, 매장 진열대는 항상 온도를 높게 관리한다.
③ 깨끗하고 뚜껑이 있는 재료 용기를 사용한다.
④ 적절한 환기시설과 조명시설을 갖춘 저장실에 재료를 보관한다.

해설 ② 빵 상자, 수송 차량, 매장 진열대는 적당한 온도를 유지해야 한다.

06 식품의 부패 방지와 모두 관계가 있는 것은?

① 방사선, 조미료 첨가, 농축
② 가열, 냉장, 중량
③ 탈수, 식염 첨가, 외관
④ 냉동, 보존료 첨가, 자외선 조사

해설 미생물 번식을 통제하기 위해 식품을 냉동 보관하거나 젖산, 구연산 등을 첨가한다.

07 미생물 번식에 필요한 온도는?

① 0~21℃
② 3~68℃
③ 5~57℃
④ 21~74℃

해설 미생물은 5~57℃의 온도에서 잘 번식한다.

08 일반적으로 미생물 번식에 필요한 조건이 아닌 것은?

① 수 분
② 단백질
③ 산 소
④ 높은 산성도

해설 젖산 또는 구연산을 식품에 첨가하여 산성도를 높이면 미생물 번식이 통제된다.

5 ② 6 ④ 7 ③ 8 ④ 정 답

CHAPTER 04

환경위생 안전관리

제1절 작업장 환경위생

(1) 작업장 위생 안전관리

① **작업장** : 내수성, 내열성, 내약품성, 항균성, 내부식성 등 세척·소독이 용이한 재질을 사용한다.

② **바닥, 벽, 천장**

㉠ 생산 환경 조건에 적합하고, 내구성 및 내수성이 있으며, 세정이 용이한 것으로 한다.

㉡ 환경이나 식품을 오염시키지 않는 자제로 마감한다.

③ **환기시설** : 수증기, 오염 공기, 악취 등 축적되는 것을 방지하기 위하여 환기시설이 구비되어야 한다.

④ **건물 및 설비** : 위생적인 작업을 쉽게 할 수 있도록 설계한다.

⑤ **용수** : 유해물질, 소독제 등에 의한 오염이 있을 수 있으므로 상수도를 사용하도록 한다.

⑥ **화장실**

㉠ 생산 장소에 근접하여야 한다.

㉡ 화장실의 구조는 수세식이어야 하고 벽면은 타일로 한다.

㉢ 냉·온수설비, 세척제, 손 건조기 또는 종이 타월을 구비하고, 전용 신발을 비치한다.

(2) 방충·방서 관리

구 분	점검 내용
방 충	쓰레기통 등에 해충의 흔적이 없는가?
	벽이나 천장의 모서리, 구석진 곳에 해충의 흔적이 없는가?
	기기류, 에어컨 밑의 따뜻한 곳에 해충의 흔적이 없는가?
	음습한 곳에 바퀴벌레 등의 서식 흔적이 없는가?
방 서	벽의 아랫부분, 어두운 곳에 쥐의 배설물 등이 발견되는가?
	쥐가 갉아 먹은 원료나 제품이 발견되는가?
	배선 등을 쥐가 갉아 먹은 흔적은 없는가?
	작업장 주변에 쥐가 서식 가능한 구멍이 발견되는가?
	식품과 직접 접촉하는 기계 설비류의 보호는 적절히 관리되고 있는가?

* 작업장의 방충·방서 금속망은 30메시(mesh)
* 배수구 트랩에 0.8cm 이하 그물망 설치
* 시설 바닥 콘크리트 두께는 10cm 이상, 벽은 15cm 이상
* 문틈은 0.3cm 이하, 창 하부에서 지상까지 간격은 90cm 이상

(3) 안전관리

작업장 내 소화기를 설치하고, 화재경보기가 잘 작동되는지 점검하며, 비상구를 표시하여 안전을 기한다.

[FAO(세계식량농업기구)의 심각성 평가 기준]

구 분	위해요소
높 음	*Clostridium botulinum*, *Salmonella typhi*, *Listeria monocytogenes*, *Escherichia coli* 0157:H7, *Vibrio cholerae*, *Vibrio vulnificus*, paralytic shellfish poisoning, amnesic shellfish poisoning, 유리 조각, 금속성 이물 등
보 통	*Brucella* spp., *Campylobacter* spp., *Salmonella* spp., *Shigella* spp., *Streptococcus* type A, *Yersinia enterocolitica*, *hepatitis A virus*, mycotoxins, ciguatera toxin, 항생물질, 잔류 농약, 중금속, 플라스틱, 돌, 뼛조각 등의 경질 이물
낮 음	*Bacillus* spp., *Clostridium perfringens*, *Staphylococcus aureus*, Norwalk virus, most parasites, histamine-like substances, 허용 외 식품첨기물, 머리카락, 비닐, 지푸라기 등의 연질 이물

출처 : 손문기, 박일규, 고광석, 최용훈, 하재욱, 강승극, 전영신, 이해은, 홍성삼, 정보용, 박현진(2011). 「소규모업체를 위한 과자 해썹(HACCP) 관리」. 식품의약품안전처. p. 16.

제2절 작업장 관리 및 소독

(1) 작업장 관리

① 원료 처리실

㉠ 원재료는 바닥에서 15cm, 벽에서 15cm 떨어진 상태로 보관한다.

㉡ 냉장이 필요한 재료는 4℃ 이하로 보관한다.

② 제조 가공실

㉠ 청결 구역은 가열(굽기) 공정 이후부터 내포장 공정까지가 해당된다. 분리가 어려울 경우 청결 구역의 위치를 정하여 바닥 등에 선을 이용하여 구분한다.

㉡ 이 경우에는 청결 구역 작업과 다른 작업이 동시에 이루어지지 않도록 시간차를 두어 교차오염이 발생하지 않도록 관리한다.

③ 포장실

㉠ 포장 공정은 가장 청결한 상태로 관리되어야 하는 공정이다.

㉡ 병원성 대장균, 황색포도상구균 등의 식중독균을 오염시킬 수 있으므로 종업원은 반드시 개인위생을 준수하고 수시로 손 세척, 소독을 실시한다.

㉢ 종사자는 마스크를 착용하고 필요시 1회용 장갑 등을 착용하여 작업하도록 한다.

(2) 살균 및 소독

① 살균 : 미생물을 사멸시키는 것을 말한다.

㉠ 멸균 : 모든 미생물을 사멸시켜 완전한 무균상태로 만드는 것

㉡ 소독 : 감염병 감염을 방지할 목적으로 병원균을 멸살하는 것

㉢ 방부 : 식품 내 미생물의 성장, 증식을 억제하여 부패, 발효를 저지시키는 것

② 소독 방법

물리적 방법 (열처리법)	• 건열멸균법 : 170℃에서 1~2시간 가열하는 방법 → 유리기구, 주사침 등 소독 • 고압증기멸균법 : 121℃에서 20분 살균하는 방법 → 통조림, 거즈 등 소독 • 저온장시간살균법 : 61~65℃에서 30분 가열하는 방법으로, 영양소 파괴가 가장 적음 → 유제품, 건조과일 등 소독 • 고온단시간살균법 : 70~75℃에서 15~30초 살균하는 방법 → 우유 등 소독 • 초고온단시간살균법 : 130~140℃에서 0.5~5초간 살균하는 방법으로 영양 손실이 적음
물리적 방법 (비가열처리법)	• 자외선멸균법 : 2,500~2,800Å(250~280nm)의 자외선 사용(살균력 높음) • 방사선멸균법 : ^{60}Co(코발트60) 등의 방사선을 방출하는 물질조사
화학적 방법 (소독약)	• 염소 : 수돗물 소독에 이용하며, 금속의 부식으로 트라이할로메탄이 발생 가능 • 차아염소산나트륨 : 음료수, 조리기구, 조리시설 등 소독 – 기계, 기구류 : 200ppm – 채소, 과일류 : 100ppm • 석탄산(페놀) : 소독, 살균제의 지표로 3% 수용액 → 손, 의류, 오물, 조리기구 등 소독 • 역성비누 : 원액을 200~400배 희석 → 손, 식품, 조리기구 등 소독 • 과산화수소 : 3% 수용액 → 피부, 상처 소독 • 알코올 : 70% 수용액 → 금속, 유리, 조리기구, 손소독제 소독 • 크레졸 비누액 – 석탄산보다 소독력이 2배 강함 – 50% 비누액에 1~3% 수용액을 섞음 – 오물, 손 소독 등에 사용 • 포르말린 : 30~40% 수용액 → 오물 소독에 사용

CHAPTER 04

적중예상문제

01 다음 중 작업 환경위생 지침서의 내용에 해당되지 않는 것은?

① 작업장 주변 관리
② 작업장 및 매장의 온·습도 관리
③ 전기·가스·조명 관리
④ 쓰레기장 관리

해설 **작업 환경위생 지침서 내용**
- 작업장, 바닥·벽·천장, 환기시설, 용수, 화장실 등 작업장 주변 관리
- 작업장 및 매장의 온·습도 관리
- 화장실 및 탈의실 관리
- 방충·방서 안전 관리
- 전기·가스·조명 관리
- 폐기물 및 폐수 처리시설 관리
- 시설·설비 위생 관리

02 제과·제빵 공정상의 계량, 반죽, 조리, 정형 등의 작업장 표준 조도로 가장 적합한 것은?

① 110lx
② 220lx
③ 330lx
④ 440lx

해설 계량, 반죽, 조리, 정형 등의 작업장 표준 조도는 약 200lx가 적합하다.

03 제과·제빵 공정상의 장식(수작업), 마무리 작업의 작업장 조도 기준으로 알맞은 것은?

① 200lx
② 300lx
③ 400lx
④ 500lx

해설 공정상의 장식(수작업), 마무리 작업의 작업장 표준 조도는 500lx이다.

04 작업장 문과 창문의 소독 및 세정 방법으로 옳지 않은 것은?

① 락스를 사용하여 면걸레로 닦는다.
② 소독된 면걸레를 사용하여 다시 한 번 닦아 낸다.
③ 젖은 면걸레로 세제와 이물질을 제거한다.
④ 세제를 사용하여 면걸레로 이물질과 때를 제거한다.

해설 **작업장 문과 창문의 소독 및 세정 방법**
- 세제를 사용하여 면걸레로 이물질과 때를 제거한다.
- 젖은 면걸레로 세제와 이물질을 제거한다.
- 소독된 면걸레로 다시 한번 닦아 낸다.

1 ④ 2 ② 3 ④ 4 ① 정답

05 **작업장 창의 면적은 바닥 면적을 기준으로 몇 %가 적당한가?**

① 10%
② 20%
③ 30%
④ 40%

해설 창의 면적은 바닥 면적을 기준으로 하여 30% 정도가 좋다.

06 **작업장의 주변 방충, 방서용 금속망은 몇 메시가 적당한가?**

① 10메시(mesh)
② 20메시(mesh)
③ 30메시(mesh)
④ 40메시(mesh)

해설 작업장의 방충, 방서용 금속망은 30메시(mesh)가 적당하다.

07 **다음 중 세척 도구의 세척 및 소독 방법으로 알맞지 않은 것은?**

① 물로 2회 이상 세척한다.
② 세제를 묻힌 수세미를 사용하여 이물질을 제거한다.
③ 소독수를 분무한다.
④ 락스물을 이용하여 소독한다.

해설 **세척 도구의 세척 및 소독 방법**

- 세제를 묻힌 수세미를 사용하여 이물질을 제거한다.
- 물로 2회 이상 세척한다.
- 소독수를 분무한다.

08 **기계, 기구류 살균소독제인 차아염소산나트륨의 알맞은 농도는?**

① 100ppm
② 200ppm
③ 300ppm
④ 400ppm

해설 **살균소독제 농도**

차아염소산나트륨	• 기계, 기구류 : 200ppm • 채소, 과일류 : 100ppm
알코올	• 도마, 손, 기구 : 70%
아이오딘	• 도마, 칼 : 25ppm

정 답 5 ③ 6 ③ 7 ④ 8 ②

09 원료 처리실(재료창고)의 원재료는 바닥으로부터 어느 정도의 간격을 두고 보관해야 하는가?

① 5cm ② 10cm
③ 15cm ④ 20cm

해설 원재료는 바닥에서 15cm, 벽에서 15cm 떨어진 상태로 보관한다.

10 도마, 장갑, 손 및 기구류를 소독할 때 알코올의 적합한 농도는?

① 40% ② 50%
③ 60% ④ 70%

해설 손, 도마, 기구류의 알코올 소독제 농도는 70%이다.

11 다음 중 냉장실에 보관하는 온도로 적당한 것은?

① 1℃ ② 4℃
③ 7℃ ④ 10℃

해설 냉장실 보관 온도는 4℃이다.

12 작업장 세척 및 소독 방법으로 알맞지 않은 것은?

① 빗자루나 진공청소기로 찌꺼기, 이물 등을 제거한다.
② 조명시설을 제외하고 세제를 사용하여 세척 후 헹군다.
③ 조명시설을 제외하고 건조한다.
④ 조명시설을 소독제를 사용하여 분무, 소독한다.

해설 **작업장 세척 및 소독 방법**
- 빗자루나 진공청소기로 이물을 제거한다.
- 조명시설을 제외하고 세제를 사용하여 세척 후 헹군다.
- 조명시설을 제외하고 건조한다.
- 조명시설을 제외하고 소독제를 사용하여 분무, 소독한다.

13 식품안전관리 중 심각성이 높은 이물질은?

① 유리 조각
② 머리카락
③ 비 닐
④ 돌

해설 **심각성 평가 기준**
- 심각성 높음 : 유리 조각, 금속성 이물
- 심각성 보통 : 항생물질, 잔류 농약, 중금속, 플라스틱, 돌, 뼛조각 등
- 심각성 낮음 : 허용 외 식품첨가물, 머리카락, 비닐, 지푸라기 등

9 ③ 10 ④ 11 ② 12 ④ 13 ① 정 답

식품위생법

제1절 총 칙

(1) 목 적

이 법은 식품으로 인하여 생기는 위생상의 위해(危害)를 방지하고 식품영양의 질적 향상을 도모하며 식품에 관한 올바른 정보를 제공함으로써 국민 건강의 보호·증진에 이바지함을 목적으로 한다.

(2) 정 의

① **식품** : 모든 음식물(의약으로 섭취하는 것은 제외)을 말한다.

② **식품첨가물** : 식품을 제조·가공·조리 또는 보존하는 과정에서 감미(甘味), 착색(着色), 표백(漂白) 또는 산화방지 등을 목적으로 식품에 사용되는 물질을 말한다. 이 경우 기구(器具)·용기·포장을 살균·소독하는 데에 사용되어 간접적으로 식품으로 옮아갈 수 있는 물질을 포함한다.

③ **화학적 합성품** : 화학적 수단으로 원소 또는 화합물에 분해 반응 외의 화학 반응을 일으켜서 얻은 물질을 말한다.

④ **기구** : 다음의 어느 하나에 해당하는 것으로서 식품 또는 식품첨가물에 직접 닿는 기계·기구나 그 밖의 물건(농업과 수산업에서 식품을 채취하는 데에 쓰는 기계·기구나 그 밖의 물건 및 위생용품은 제외)을 말한다.

㉠ 음식을 먹을 때 사용하거나 담는 것

㉡ 식품 또는 식품첨가물을 채취·제조·가공·조리·저장·소분(완제품을 나누어 유통을 목적으로 재포장하는 것)·운반·진열할 때 사용하는 것

⑤ **용기·포장** : 식품 또는 식품첨가물을 넣거나 싸는 것으로서 식품 또는 식품첨가물을 주고받을 때 함께 건네는 물품을 말한다.

⑥ **공유주방** : 식품의 제조·가공·조리·저장·소분·운반에 필요한 시설 또는 기계·기구 등을 여러 영업자가 함께 사용하거나, 동일한 영업자가 여러 종류의 영업에 사용할 수 있는 시설 또는 기계·기구 등이 갖춰진 장소를 말한다.

⑦ **위해** : 식품, 식품첨가물, 기구 또는 용기·포장에 존재하는 위험요소로서 인체의 건강을 해치거나 해칠 우려가 있는 것을 말한다.

⑧ **영업** : 식품 또는 식품첨가물을 채취 · 제조 · 가공 · 조리 · 저장 · 소분 · 운반 또는 판매하거나 기구 또는 용기 · 포장을 제조 · 운반 · 판매하는 업(농업과 수산업에 속하는 식품 채취업은 제외)을 말한다.

⑨ **영업자** : 영업허가를 받은 자나 영업신고를 한 자 또는 영업등록을 한 자를 말한다.

⑩ **식품위생** : 식품, 식품첨가물, 기구 또는 용기 · 포장을 대상으로 하는 음식에 관한 위생을 말한다.

⑪ **집단급식소** : 영리를 목적으로 하지 아니하면서 특정 다수인에게 계속하여 음식물을 공급하는 다음의 어느 하나에 해당하는 곳의 급식시설로서 대통령령으로 정하는 시설을 말한다.
- ㉠ 기숙사
- ㉡ 학교, 유치원, 어린이집
- ㉢ 병 원
- ㉣ 「사회복지사업법」 제2조제4호의 사회복지시설
- ㉤ 산업체
- ㉥ 국가, 지방자치단체 및 「공공기관의 운영에 관한 법률」 제4조제1항에 따른 공공기관
- ㉦ 그 밖의 후생기관 등

⑫ **식중독** : 식품 섭취로 인하여 인체에 유해한 미생물 또는 유독물질에 의하여 발생하였거나 발생한 것으로 판단되는 감염성 질환 또는 독소형 질환을 말한다.

⑬ **식품이력추적관리** : 식품을 제조 · 가공단계부터 판매단계까지 각 단계별로 정보를 기록 · 관리하여 그 식품의 안전성 등에 문제가 발생할 경우 그 식품을 추적하여 원인을 규명하고 필요한 조치를 할 수 있도록 관리하는 것을 말한다.

(3) 식품 등의 취급

① 누구든지 판매(판매 외의 불특정 다수인에 대한 제공을 포함)를 목적으로 식품 또는 식품첨가물을 채취 · 제조 · 가공 · 사용 · 조리 · 저장 · 소분 · 운반 또는 진열을 할 때에는 깨끗하고 위생적으로 하여야 한다.

② 영업에 사용하는 기구 및 용기 · 포장은 깨끗하고 위생적으로 다루어야 한다.

③ ① 및 ②에 따른 식품, 식품첨가물, 기구 또는 용기 · 포장의 위생적인 취급에 관한 기준은 총리령으로 정한다.

더 알아보기 식품위생의 대상 범위

식품, 식품첨가물, 기구, 용기, 포장

제2절 영 업

(1) 영업의 종류

① 식품제조・가공업, 즉석판매제조・가공업, 식품첨가물제조업, 식품운반업, 식품소분・판매업, 식품보존업, 용기・포장류제조업, 식품접객업, 공유주방 운영업

② 영업의 세부종류와 그 범위는 대통령령으로 정한다.

(2) 식품접객업의 종류

① **휴게음식점영업** : 주로 다류, 아이스크림류 등을 조리・판매하거나 패스트푸드점, 분식점 형태의 영업 등 음식류를 조리・판매하는 영업

② **일반음식점영업** : 음식류를 조리・판매하는 영업

③ **단란주점영업** : 주로 주류를 조리・판매하는 영업

④ **유흥주점영업** : 주로 주류를 조리・판매하는 영업

⑤ **위탁급식영업** : 집단급식소를 설치・운영하는 자와의 계약에 따라 그 집단급식소에서 음식류를 조리하여 제공하는 영업

⑥ **제과점영업** : 주로 빵, 떡, 과자 등을 제조・판매하는 영업으로서 음주행위가 허용되지 아니하는 영업

(3) 허가를 받아야 하는 영업

영 업	허가관청
식품조사처리업	식품의약품안전처장
단란주점영업	특별자치시장・특별자치도지사 또는 시장・군수・구청장
유흥주점영업	특별자치시장・특별자치도지사 또는 시장・군수・구청장

적중예상문제

01 **식품위생행정을 과학적으로 뒷받침하는 중앙기구로 시험 · 연구업무를 수행하는 기관은?**

① 시 · 도 위생과
② 국립의료원
③ 식품의약품안전처
④ 경찰청

해설 식품위생행정은 과학기술행정이므로 과학적(실험적)인 근거를 뒷받침하기 위해 조사, 연구, 감사업무가 따르게 되며, 이 업무는 「식품위생법」에 그 기초를 두고 식품의약품안전처에서 지휘 · 감독한다.

02 **판매를 목적으로 하는 식품에 사용하는 기구, 용기, 포장의 기준과 규격을 정하는 기관은?**

① 농림축산식품부
② 산업통상자원부
③ 보건소
④ 식품의약품안전처

해설 **기구 및 용기 · 포장에 관한 기준 및 규격(식품위생법 제9조제1항)**
식품의약품안전처장은 국민보건을 위하여 필요한 경우에는 판매하거나 영업에 사용하는 기구 및 용기 · 포장에 관하여 다음의 사항을 정하여 고시한다.
- 제조 방법에 관한 기준
- 기구 및 용기 · 포장과 그 원재료에 관한 규격

03 **일반 집단급식소 중 모범업소를 지정할 수 있는 권한을 가진 사람은?**

① 관할 시장
② 관할 경찰서장
③ 관할 보건소장
④ 관할 세무서장

해설 **위생등급(식품위생법 제47조제1항)**
식품의약품안전처장 또는 특별자치시장 · 특별자치도지사 · 시장 · 군수 · 구청장은 총리령으로 정하는 위생등급 기준에 따라 위생관리 상태 등이 우수한 식품 등의 제조 · 가공업소, 식품접객업소 또는 집단급식소를 우수업소 또는 모범업소로 지정할 수 있다.

04 **영업 및 허가관청의 연결로 잘못된 것은?**

① 단란주점영업 – 시장 · 군수 · 구청장
② 식품첨가물제조업 – 식품의약품안전처장
③ 식품조사처리업 – 시 · 도지사
④ 유흥주점영업 – 시장 · 군수 · 구청장

해설 **허가를 받아야 하는 영업 및 허가관청(식품위생법 시행령 제23조)**
- 식품조사처리업 : 식품의약품안전처장
- 단란주점영업과 유흥주점영업 : 특별자치시장 · 특별자치도지사 또는 시장 · 군수 · 구청장

정답 1 ③ 2 ④ 3 ① 4 ③

05 식품위생법의 목적과 가장 거리가 먼 것은?

① 식품영양의 질적 향상 도모
② 감염병에 관한 예방 관리
③ 국민 건강의 보호 · 증진에 기여
④ 식품으로 인한 위생상의 위해 방지

해설 목적(식품위생법 제1조)
이 법은 식품으로 인하여 생기는 위생상의 위해(危害)를 방지하고 식품영양의 질적 향상을 도모하며 식품에 관한 올바른 정보를 제공함으로써 국민 건강의 보호 · 증진에 이바지함을 목적으로 한다.

06 식품위생법상 집단급식소에 대한 설명 중 올바른 것은?

① 일시적으로 불특정 다수인에게 음식물을 공급하는 영리 급식시설
② 계속적으로 특정 다수인에게 음식물을 공급하는 비영리 급식시설
③ 일시적으로 불특정 다수인에게 음식물을 공급하는 비영리 급식시설
④ 계속적으로 특정 다수인에게 음식물을 공급하는 영리 급식시설

해설 정의(식품위생법 제2조제12호)
집단급식소란 영리를 목적으로 하지 아니하면서 특정 다수인에게 계속하여 음식물을 공급하는 기숙사, 학교, 유치원, 어린이집, 병원, 사회복지시설, 산업체, 국가, 지방자치단체 및 공공기관, 그 밖의 후생기관 등 중 어느 하나에 해당하는 곳의 급식시설로서 대통령령으로 정하는 시설을 말한다.

07 식품위생 수준 및 자질의 향상을 위하여 조리사 및 영양사에게 교육을 받을 것을 명할 수 있는 자는?

① 보건복지부장관
② 식품의약품안전처장
③ 보건소장
④ 시장 · 군수 · 구청장

해설 교육(식품위생법 제56조제1항)
식품의약품안전처장은 식품위생 수준 및 자질의 향상을 위하여 필요한 경우 조리사와 영양사에게 교육(조리사의 경우 보수교육을 포함)을 받을 것을 명할 수 있다. 다만, 집단급식소에 종사하는 조리사와 영양사는 1년마다 교육을 받아야 한다.

08 집단식중독이 발생하였을 때의 조치사항으로 부적합한 것은?

① 시장 · 군수 · 구청장에 신고한다.
② 의사 처방전이 없더라도 항생물질을 즉시 복용시킨다.
③ 원인식을 조사한다.
④ 원인을 조사하기 위해 환자의 가검물을 보관한다.

해설 ② 의사의 처방 없이 항생물질을 복용시켜서는 안 된다.

정 답 5 ② 6 ② 7 ② 8 ②

09 조리사가 타인에게 면허를 대여하여 사용하게 한 때 1차 위반 시 행정처분기준은?

① 업무정지 1월 ② 업무정지 2월
③ 업무정지 3월 ④ 면허취소

해설 **행정처분기준(식품위생법 시행규칙 [별표 23])**
면허를 타인에게 대여하여 사용하게 한 경우
- 1차 위반 : 업무정지 2개월
- 2차 위반 : 업무정지 3개월
- 3차 위반 : 면허취소

10 식품첨가물 공전은 누가 작성하는가?

① 대통령
② 국무총리
③ 식품의약품안전처장
④ 한국과학기술원장

해설 식품첨가물 공전은 「식품위생법」 제14조에 근거하여 식품의약품안전처장이 식품 또는 식품첨가물의 규격기준 등을 수재하여 공시한 것이다.

11 식품의 조리에 사용하는 기구·용기의 기준과 규격을 정하는 기관은?

① 보건소
② 농림축산식품부
③ 환경부
④ 식품의약품안전처

해설 **기구 및 용기·포장에 관한 기준 및 규격(식품위생법 제9조제1항)**
식품의약품안전처장은 국민보건을 위하여 필요한 경우에는 판매하거나 영업에 사용하는 기구 및 용기·포장에 관하여 다음의 사항을 정하여 고시한다.
- 제조 방법에 관한 기준
- 기구 및 용기·포장과 그 원재료에 관한 규격

12 식중독 발생 시 즉시 취해야 할 행정적 조치는?

① 식중독 발생신고
② 원인 식품의 폐기처분
③ 연막 소독
④ 역학조사

해설 **식중독에 관한 조사 보고(식품위생법 제86조제1항)**
다음의 어느 하나에 해당하는 자는 지체 없이 관할 특별자치시장·시장·군수·구청장에게 보고하여야 한다. 이 경우 의사나 한의사는 대통령령으로 정하는 바에 따라 식중독 환자나 식중독이 의심되는 자의 혈액 또는 배설물을 보관하는 데에 필요한 조치를 하여야 한다.
- 식중독 환자나 식중독이 의심되는 자를 진단하였거나 그 사체를 검안(檢案)한 의사 또는 한의사
- 집단급식소에서 제공한 식품 등으로 인하여 식중독 환자나 식중독으로 의심되는 증세를 보이는 자를 발견한 집단급식소의 설치·운영자

13 조리사 면허의 취소처분을 받고 그 취소된 날로부터 얼마가 경과되어야 면허를 받을 자격이 있는가?

① 1개월 ② 3개월
③ 6개월 ④ 1년

해설 **결격사유(식품위생법 제54조제4호)**
조리사 면허의 취소처분을 받고 그 취소된 날부터 1년이 지나지 아니한 자는 조리사 면허를 받을 수 없다.

9 ② 10 ③ 11 ④ 12 ① 13 ④ 정 답

14 우리나라 식품위생행정을 담당하는 기관은?

① 환경부
② 노동부
③ 식품의약품안전처
④ 행정안전부

해설 우리나라의 식품위생행정은 중앙기구로서 식품의약품안전처가 존재하여 식품안전정책, 사고 대응 등을 총괄적으로 수행한다.

15 조리사 면허의 취소처분을 받았을 때 면허증 반납은 누구에게 하는가?

① 특별자치시장 · 특별자치도지사 · 시장 · 군수 · 구청장
② 보건소장
③ 식품의약품안전처장
④ 보건복지부장관

해설 **조리사 면허증의 반납(식품위생법 시행규칙 제82조)**
조리사가 그 면허의 취소처분을 받은 경우에는 지체 없이 면허증을 특별자치시장 · 특별자치도지사 · 시장 · 군수 · 구청장에게 반납하여야 한다.

16 식품위생법령상 집단급식소는 상시 1회 몇 인 이상에게 식사를 제공하는 급식소를 의미하는가?

① 20인 ② 30인
③ 40인 ④ 50인

해설 **집단급식소의 범위(식품위생법 시행령 제2조)**
집단급식소는 1회 50명 이상에게 식사를 제공하는 급식소를 말한다.

17 식품 등의 표시기준상 소비기한의 정의는?

① 해당 식품의 품질이 유지될 수 있는 기한을 말한다.
② 제품의 제조일로부터 소비자에게 판매가 허용되는 기한을 말한다.
③ 제품의 출고일로부터 대리점으로의 유통이 허용되는 기한을 말한다.
④ 표시된 보관방법을 준수할 경우 섭취하여도 안전에 이상이 없는 기한을 말한다.

해설 소비기한이라 함은 식품 등에 표시된 보관방법을 준수할 경우 섭취하여도 안전에 이상이 없는 기한을 말한다(식품 등의 표시기준).

18 식품접객업소의 조리판매 등에 대한 기준 및 규격에 의한 조리용 칼 · 도마, 식기류의 미생물 규격은?(단, 사용 중의 것은 제외한다)

① 살모넬라 음성, 대장균 양성
② 살모넬라 음성, 대장균 음성
③ 황색포도상구균 양성, 대장균 음성
④ 황색포도상구균 음성, 대장균 양성

해설 **식품접객업소(집단급식소 포함)의 조리식품 등에 대한 기준 및 규격(식품공전)**
칼 · 도마 및 숟가락, 젓가락, 식기, 찬기 등 음식을 먹을 때 사용하거나 담는 것(사용 중인 것은 제외)의 규격은 다음과 같다.
• 살모넬라 : 음성이어야 한다.
• 대장균 : 음성이어야 한다.

정 답 14 ③ 15 ① 16 ④ 17 ④ 18 ②

19 **식품접객업 중 음주행위가 허용되지 않는 영업은?**

① 일반음식점영업
② 단란주점영업
③ 휴게음식점영업
④ 유흥주점영업

해설 **휴게음식점영업(식품위생법 시행령 제21조제8호가목)**
주로 다류(茶類), 아이스크림류 등을 조리·판매하거나 패스트푸드점, 분식점 형태의 영업 등 음식류를 조리·판매하는 영업으로서 음주행위가 허용되지 아니하는 영업

20 **다음은 식품위생법상 교육에 관한 내용이다. ( ) 안에 알맞은 내용을 순서대로 나열한 것은?**

> ( )은 식품위생 수준 및 자질의 향상을 위하여 필요한 경우 조리사와 영양사에게 교육을 받을 것을 명할 수 있다. 다만, 집단급식소에 종사하는 조리사와 영양사는 ( )마다 교육을 받아야 한다.

① 식품의약품안전처장, 1년
② 식품의약품안전처장, 3년
③ 보건복지부장관, 1년
④ 보건복지부장관, 2년

해설 **교육(식품위생법 제56조제1항)**
식품의약품안전처장은 식품위생 수준 및 자질의 향상을 위하여 필요한 경우 조리사와 영양사에게 교육(조리사의 경우 보수교육을 포함)을 받을 것을 명할 수 있다. 다만, 집단급식소에 종사하는 조리사와 영양사는 1년마다 교육을 받아야 한다.

21 **질병으로 인하여 죽은 동물의 고기·뼈·젖·장기 또는 혈액을 식품으로 판매하거나 판매할 목적으로 채취·수입·가공·사용·조리·저장 또는 운반하거나 진열하지 못하는 질병과 관련이 없는 것은?**

① 리스테리아병
② 살모넬라병
③ 선모충증
④ 아니사키스

해설 **판매 등이 금지되는 병든 동물고기 등(식품위생법 시행규칙 제4조)**
- 도축이 금지되는 가축전염병
- 리스테리아병, 살모넬라병, 파스튜렐라병 및 선모충증

22 **식품위생법령상 조리사를 두어야 하는 영업자 및 운영자는?**

① 집단급식소 운영자 자신이 조리사로서 직접 음식물을 조리하는 경우
② 1회 급식인원 100명 미만의 산업체인 경우
③ 조리사의 면허를 받은 영양사
④ 복어를 조리·판매하는 영업자

해설 **조리사를 두어야 하는 식품접객업자(식품위생법 시행령 제36조)**
식품접객업 중 복어독 제거가 필요한 복어를 조리·판매하는 영업을 하는 자는 조리사를 두어야 한다. 이 경우 해당 식품접객업자는 「국가기술자격법」에 따른 복어 조리 자격을 취득한 조리사를 두어야 한다.

19 ③ 20 ① 21 ④ 22 ④ 정 답

공정 안전관리

제1절 공정 관리 지침서

(1) 공정별 위해요소 및 중요 관리점

① 공정 관리

㉠ 제품 설명서와 공정 흐름도를 작성하고 위해요소 분석을 통해 중요 관리점을 결정한다.

㉡ 결정된 중요 관리점에 대한 세부적인 관리 계획을 수립하여 공정 관리한다.

② 위해요소(Hazard) : 「식품위생법」에서 정하고 있는 인체의 건강을 해할 우려가 있는 생물학적, 화학적 또는 물리적 인자나 조건을 말한다.

㉠ 생물학적 위해요소

- 원·부자재, 공정에 내재하면서 인체의 건강을 해할 우려가 있는 리스테리아 모노사이토제네스, 대장균 O157:H7, 대장균, 대장균군, 효모, 곰팡이, 기생충, 바이러스 등이 있다.
- 제과에서 발생할 수 있는 황색포도상구균, 살모넬라, 병원성 대장균 등의 식중독균이 있다.

㉡ 화학적 위해요소 : 중금속, 농약, 항생물질, 항균물질, 사용 기준 초과 식품첨가물 등이 있다.

㉢ 물리적 위해요소

- 돌 조각, 유리조각, 쇳조각, 플라스틱 조각, 머리카락 등이 있다.
- 제과에서 발생할 수 있는 금속 조각, 비닐, 노끈 등의 이물이 있다.

③ 중요 관리점(CCP ; Critical Control Point) : 위해요소 중점 관리 기준을 적용하여 식품의 위해요소를 예방·제거하거나 허용 수준 이하로 감소시켜 해당 식품의 안전성을 확보할 수 있는 중요한 단계·과정 또는 공정을 말한다.

(2) 공정 관리 지침서 작성

① 제품 설명서 작성하기

② 공정 흐름도 작성하기

③ 위해요소 분석하기

④ 중요 관리점 결정하기

⑤ 중요 관리점에 대한 세부 관리 계획 수립하기

적중예상문제

01 **식품의 위해요소를 예방·제거하거나 식품의 안전성을 확보할 수 있는 중요한 단계·과정 또는 공정은?**

① 공정 관리
② 식품위생
③ 중요 관리점(CCP)
④ 위해요소(Hazard)

해설 중요 관리점(CCP ; Critical Control Point)은 위해요소 중점 관리 기준을 적용하여 식품의 위해요소를 예방·제거하거나 허용 수준 이하로 감소시켜 해당 식품의 안전성을 확보할 수 있는 중요한 단계, 과정 또는 공정을 말한다.

02 **제과·제빵에서 공정 관리 지침서를 작성하는 데 해당되지 않는 것은?**

① 제품 설명서 작성
② 공정 흐름도 작성
③ 위해요소 분석
④ 매출, 원가 분석

해설 **공정 관리 지침서 작성**

- 제품 설명서 작성하기
- 공정 흐름도 작성하기
- 위해요소 분석하기
- 중요 관리점 결정하기
- 중요 관리점에 대한 세부 관리 계획 수립하기

03 **제과·제빵 제조 포장 단위 중 완제품의 최소 단위가 아닌 것은?**

① 개 수
② 용 량
③ 중 량
④ 부 피

해설 제조 포장 단위는 판매되는 완제품의 최소 단위를 중량, 용량, 개수 등으로 기재한다.

04 **제과·제빵 공장 도면으로 총면적을 일반 구역과 청결 구역으로 설정하는데, 이때 청결 구역에 해당되지 않는 것은?**

① 성형실
② 가열실
③ 냉각실
④ 내포장실

해설 공장 도면으로 총면적을 일반 구역과 청결 구역으로 설정한다. 일반 구역은 투입실, 계량실, 배합실, 성형실, 포장재 보관실, 외포장실 등이고, 청결 구역은 가열실, 냉각실, 내포장실 등이다.

정답 1 ③ 2 ④ 3 ④ 4 ①

05 제과에서 발생할 수 있는 생물학적 위해요소가 아닌 것은?

① 황색포도상구균
② 살모넬라
③ 병원성 대장균
④ 중금속

해설 제과에서 발생할 수 있는 생물학적 위해요소로는 황색포도상구균, 살모넬라, 병원성 대장균 등의 식중독균이 있다.

06 원・부자재 공정에 내재하면서 인체에 건강을 해할 수 있는 생물학적 위해요소에 해당되지 않는 것은?

① 대장균
② 효 모
③ 식품첨가물
④ 기생충

해설 **생물학적 위해요소(Biological Hazards)**
원・부자재, 공정에 내재하면서 인체의 건강을 해할 우려가 있는 리스테리아 모노사이토제네스, 대장균 O157:H7, 대장균, 대장균군, 효모, 곰팡이, 기생충, 바이러스 등이 있다.

07 공정 관리 한계 기준 이탈 시의 개선조치 중 생물학적 위해요소가 아닌 것은?

① 시설 개・보수를 실시한다.
② 원・부재료 협력업체의 시험 성적서를 확인한다.
③ 보관, 가열, 포장 등의 온도, 시간 등의 가공 조건 준수를 확인한다.
④ 화학물질을 취급하는 종업원의 적절한 교육・훈련 등을 실시한다.

해설 **공정 관리 한계 기준 이탈 시 개선조치(생물학적 위해요소)**
- 시설 개・보수를 실시한다.
- 원・부재료 협력업체의 시험 성적서를 확인한다.
- 입고되는 원・부재료를 검사한다.
- 보관, 가열, 포장 등의 온도, 시간 등의 가공 조건 준수를 확인한다.
- 시설・설비, 종업원 등에 대한 적절한 세척・소독을 실시한다.
- 공기 중에 식품 노출을 최소화한다.
- 종업원에 대한 위생교육 등을 실시한다.

08 제과제빵 공정별 개선조치에 해당되지 않는 것은?

① 판매수량
② 냉 각
③ 성 형
④ 입 고

해설 **공정별 개선조치** : 입고・보관, 계량, 배합・반죽, 성형, 가열 후 청결 제조 공정, 냉각

정 답 5 ④ 6 ③ 7 ④ 8 ①

MEMO

PART

02

재료 과학

제과제빵
기능사
필기
한권으로 끝내기!

합격의 공식
SD에듀

기초 재료 과학

제1절 탄수화물(당질)

(1) 탄수화물의 성질 및 기능

성 질	• 탄소(C), 수소(H), 산소(O)의 3원소로 구성된 유기화합물 • 분자 1개 이상의 수산기(-OH)와 카복시기(-COOH)를 가지고 있음 • 1일 적정섭취량 : 총열량의 55~70%
기 능	• 1g당 4kcal의 에너지 발생 • 간에서 지방의 완전대사를 도와줌 • 탄수화물 부족 시 지방과 단백질이 에너지원으로 사용 • 식이섬유는 장운동을 촉진시켜 변비 예방 • 중추신경 유지, 혈당량 유지

(2) 탄수화물의 분류 및 특성

① 단당류 : 더 이상 가수분해되지 않는 가장 단순한 탄수화물이다.

㉠ 포도당(Glucose) : 과일에 함유되어 있으며, 동물의 혈액 내에 0.1% 존재하고 체내 글리코겐 형태로 저장된다.

㉡ 과당(Fructose) : 감미도가 가장 높으며(175), 용해성이 좋다. 꿀, 과일에 다량 함유되어 있다.

㉢ 갈락토스(Galactose) : 유당(젖당)의 구성성분으로 감미도가 낮고, 물에 잘 녹지 않는다.

② 이당류 : 단당류 2분자가 결합된 당류이다.

㉠ 자당(설탕, Sucrose) : 효소 인버테이스(인버타제)에 의해 포도당+과당으로 가수분해되는 비환원당이며, 상대적 감미도의 측정 기준이 된다(감미도 100).

㉡ 맥아당(엿당, Maltose) : 효소 말테이스(말타아제)에 의해 포도당+포도당으로 가수분해되며, 발아한 보리(엿기름) 중에 다량 함유되어 있다.

㉢ 유당(젖당, Lactose) : 효소 락테이스(락타아제)에 의하여 포도당+갈락토스로 가수분해되며, 이스트에 의해 분해되지 않는 당이다.

③ 다당류 : 여러 개의 단당류가 결합된 고분자 화합물로 단맛이 없다.

㉠ 전분(녹말, Starch) : 곡류, 고구마, 감자 등에 존재하는 식물의 에너지원으로 이용되는 저장 탄수화물이다.

㉡ 섬유소(Cellulose) : 해조류, 채소류에 많고, 구성 탄수화물로 초식동물만 에너지원으로 사용한다.

ⓒ 펙틴(Pectin) : 과일류의 껍질에 다량 존재하며 젤리나 잼을 만드는 데 점성을 갖게 한다.

ⓔ 글리코겐(Glycogen) : 동물의 에너지원으로 이용되며, 간이나 근육에서 합성, 저장되어 있다.

ⓜ 덱스트린(Dextrin) : 전분 형태의 탄수화물이 분해되기 이전의 모든 중간산물의 총칭이다.

ⓑ 이눌린(Inulin) : 과당의 결합체로 돼지감자에 많이 존재한다.

ⓢ 한천(Agar) : 홍조류의 한 종류인 우뭇가사리에서 추출하며, 펙틴과 같은 안정제로 사용된다.

더 알아보기 당류의 상대적 감미도

과당(175) > 전화당(130) > 자당(100) > 포도당(75) > 맥아당(32), 갈락토스(32) > 유당(16)

(3) 전분(녹말)

① 전분은 다당류로 옥수수, 보리 등의 곡류와 감자, 고구마, 타피오카 등의 뿌리에 존재한다.

② 아밀로스와 아밀로펙틴의 두 가지 구조 형태로 이루어져 있다.

[아밀로스, 아밀로펙틴의 비교]

항 목	아밀로스	아밀로펙틴
분자량	적 음	많 음
포도당 결합 형태	α-1,4(직쇄상 구조)	α-1,4(직쇄상 구조) α-1,6(측쇄상 구조)
아이오딘 용액 반응	청색 반응	적자색 반응
호 화	빠 름	느 림
노 화	빠 름	느 림

* 찹쌀과 찰옥수수는 100% 아밀로펙틴, 찰진 질감을 가진다.
* 밀가루는 아밀로펙틴 72~83%, 아밀로스 17~28%로 구성되어 있다.
* 대부분의 천연 전분은 아밀로펙틴 구성비가 높다.

③ 전분의 호화

㉠ 덱스트린화, 젤라틴화, α화라고도 한다.

㉡ 전분에 물을 넣고 가열하면 수분을 흡수하면서 팽윤되며 점성이 커지는데, 투명도도 증가하여 반투명의 α-전분 상태가 된다(밥, 떡, 과자, 빵 등).

생전분 + 물 —(가 열)→ α-전분(호화) ——→ β-전분(노화)

㉢ 수분이 많을수록 호화를 촉진한다.

㉣ pH가 높을수록(알칼리성) 호화를 촉진한다.

㉤ 전분현탁액에 적당량의 수산화나트륨을 가하면 가열하지 않아도 호화될 수 있다.

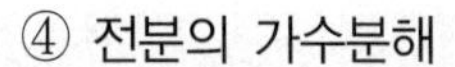

④ 전분의 가수분해

㉠ 전분에 묽은 산을 넣고 가열하면 쉽게 가수분해되어 당화된다.

㉡ 전분에 효소를 넣고 호화 온도(55~60℃)를 유지시켜도 가수분해되어 당화된다.

㉢ 전분을 가수분해하는 과정에서 생성된 최종 산물로 만드는 식품과 당류

- 물엿 : 옥수수 전분을 가수분해하여 부분적으로 당화시켜 만든 것이다.
- 포도당 : 전분을 가수분해하여 얻은 최종 산물로 설탕을 사용하는 배합에 설탕의 일부분을 포도당으로 대체하면, 재료비도 절약하고 황금색으로 착색되어 껍질 색도 좋아진다.
- 이성화당 : 전분당 분자의 분자식은 변화시키지 않으면서 분자구조를 바꾼 당이다.

⑤ 전분의 노화

㉠ 빵 껍질의 변화, 빵의 풍미 저하, 내부 조직의 수분 보유 상태 등이 변화하는 것이다.

㉡ 노화 방지법

- −18℃ 이하로 급랭하거나 수분 함량을 10% 이하로 조절한다.
- 아밀로스보다 아밀로펙틴이 노화가 늦다.
- 계면활성제는 표면장력을 변화시켜 빵, 과자의 부피와 조직을 개선하고 노화를 지연한다.
- 레시틴은 유화작용과 노화를 지연한다.
- 설탕, 유지의 사용량을 증가시키면 빵의 노화를 억제할 수 있다.
- 모노-다이-글리세라이드는 식품을 유화, 분산시키고 노화를 지연한다.

㉢ 전분의 노화 조건

- 수분 함량 : 30~60%
- 저장 온도 : −7~10℃

㉣ 노화가 일어나는 이유 : α-전분을 실온에 방치하면 전분 분자끼리의 결합이 전분과 물분자의 결합보다 크기 때문에 침전이 생기며 결정이 규칙성을 나타내게 된다.

제2절 지방(지질)

(1) 지방의 성질 및 기능

성 질	• 탄소, 수소, 산소로 구성된 유기화합물 • 3분자의 지방산과 1분자의 글리세린의 에스터(Ester, 에스테르) 결합 • 산, 알칼리, 효소에 의해 글리세롤과 지방산으로 분해 • 1일 적정섭취량 : 총열량의 20%
기 능	• 1g당 9kcal의 에너지 발생 • 지용성 비타민 A, D, E, K의 흡수, 운반을 도움 • 장 내 윤활제 역할, 변비 예방 • 내장기관 보호 • 피하지방은 체온조절

(2) 지방의 분류 및 특성

① **단순 지방** : 지방산과 알코올의 에스터 화합물이다.

㉠ 중성 지방

• 3분자의 지방산과 1분자의 글리세린으로 결합된 트라이글리세라이드이다.

• 상온에서 고체(지) 또는 액체(유)를 결정하는 성분인 포화 지방산과 불포화 지방산이 있다.

㉡ 납(왁스) : 고급 지방산과 고급 알코올이 결합된 상온에서 고체 형태인 단순 지방을 말한다.

㉢ 식용유 : 중성 지방으로 되어 있고 상온에서 액체 형태인 단순 지방이다.

② **복합 지방** : 지방산과 알코올 이외에 다른 분자군을 함유한 지방이다.

㉠ 인지질 : 난황, 콩, 간 등에 존재하며, 유화제로 쓰이고 노른자의 레시틴이 대표적이다.

㉡ 당지질 : 중성 지방과 당류가 결합된 것으로 뇌, 신경 조직에 존재한다.

㉢ 지단백 : 중성 지방, 단백질, 콜레스테롤과 인지질이 결합된 것이다.

③ **유도 지방** : 중성 지방, 복합 지방을 가수분해할 때 유도되는 지방이다.

㉠ 지방산 : 글리세린과 결합하여 지방을 구성한다.

㉡ 콜레스테롤 : 동물성 스테롤로 뇌, 골수, 신경계, 담즙, 혈액 등에 존재하며 비타민 D_3가 된다.

㉢ 글리세린(글리세롤) : 지방산과 함께 지방을 구성하고 있는 성분으로 흡습성, 안전성이 좋아 용매, 유화제로 작용한다.

㉣ 에르고스테롤 : 식물성 스테롤로 버섯, 효모, 간유 등에 함유되어 있으며 자외선에 의해 비타민 D_2가 된다.

(3) 지방의 구조

① 포화 지방산

㉠ 탄소와 탄소의 결합이 전자가 1개인 단일결합으로 이루어져 있다.

㉡ 산화되기 어렵고 융점이 높아 상온에서 고체 상태이다.

㉢ 동물성 유지에 다량 존재한다.

㉣ 종류로 부티르산, 카프르산, 미리스트산, 스테아르산, 팔미트산 등이 있다.

㉤ 포화 지방산의 탄소 수가 적을수록 유지의 녹는점인 융점이 낮아진다.

> **더 알아보기 부티르산의 특징**
> - 일명 낙산이라고 하며, 천연의 지방을 구성하는 산 중에서 탄소 수가 4개로 가장 적다.
> - 버터에 함유된 지방산으로 버터를 특징짓는다.
> - 자연계에 널리 분포되어 있는 지방산 중 융점이 가장 낮다.

② 불포화 지방산

㉠ 탄소와 탄소의 결합에 이중결합이 1개 이상 있는 지방산이다.

㉡ 산화되기 쉽고 융점이 낮아 상온에서 액체 상태이다.

㉢ 식물성 유지에 다량 함유되어 있다.

㉣ 종류로 올레산, 리놀레산, 리놀렌산, 아라키돈산 등이 있다.

㉤ 필수 지방산 : 체내에서 합성되지 않아 음식물에서 섭취해야 하는 지방산(리놀레산, 리놀렌산, 아라키돈산 등)

제3절 단백질

(1) 단백질의 성질 및 기능

성 질	• 수소, 질소, 산소, 유황 등의 원소로 구성된 유기화합물 • 질소는 평균 16%를 포함하고 있음 • 1일 적정섭취량 : 총열량의 10~20%
기 능	• 1g당 4kcal의 에너지 발생 • 체조직, 혈액단백질, 효소, 호르몬 등 구성 • 삼투압을 높게 유지시켜 체내 수분 균형조절 • 성장기에 더 많은 단백질이 요구됨 • 필수 아미노산인 트리토판으로부터 나이아신 합성

(2) 단백질 조직

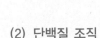

① 함황 아미노산 : 황을 포함하고 있는 아미노산으로 시스테인, 시스틴, 메티오닌 등

② 필수 아미노산

㉠ 체내에서 생성할 수 없으며 반드시 음식물을 통해서 얻어지는 아미노산

㉡ 성인 필수 아미노산(8가지) : 라이신(Lysine), 트립토판(Tryptophan), 류신(Leucine), 아이소류신(Isoleucine), 페닐알라닌(Phenylalanine), 트레오닌(Threonine), 메티오닌(Methionine), 발린(Valine)

㉢ 성장기 어린이에게는 히스티딘(Histidine)과 아르기닌(Arginine)이 필요하다.

> **더 알아보기 빵 반죽의 탄력(경화)과 신장(연화)에 영향을 미치는 아미노산**
>
> - 시스틴 : 밀가루 단백질을 구성하는 아미노산이다. 이황화 결합(–S–S–)을 갖고 있으므로 빵 반죽의 구조를 강하게 하고 가스 포집력을 증가시키며, 반죽을 다루기 좋게 한다.
> - 시스테인 : 밀가루 단백질을 구성하는 아미노산이다. 타이올기(–SH)를 갖고 있으므로 빵 반죽의 구조를 부드럽게 하여 글루텐의 신장성을 증가시키고 반죽 시간과 발효 시간을 단축시키며 노화를 방지한다.

(3) 단백질의 분류 및 특성

① 단순 단백질 : 가수분해에 의해 아미노산만이 생성되는 단백질로 용매에 따라 분류된다.

㉠ 알부민 : 물이나 묽은 염류에 녹고, 열과 강한 알코올에 응고됨

㉡ 글로불린 : 물에는 녹지 않으나, 묽은 염류 용액에 녹음

㉢ 글루텔린

- 물과 중성 용매에는 녹지 않으나 묽은 산, 알칼리에는 녹음
- 밀의 글루테닌이 해당하며, 70~80% 알코올에 절대 용해되지 않음

㉣ 프롤라민

- 물과 중성 용매에는 녹지 않으나 70~80%의 알코올, 묽은 산, 알칼리에 용해됨
- 밀의 글리아딘, 옥수수의 제인, 보리의 호르데인 등이 해당

② 복합 단백질 : 단순 단백질에 다른 물질이 결합되어 있는 단백질이다.

㉠ 핵단백질 : 세포의 활동을 지배하는 세포핵을 구성하는 단백질

㉡ 당단백질 : 탄수화합물과 단백질이 결합한 화합물로 일명 글루코프로테인이라고 함

㉢ 인단백질 : 단백질이 유기인과 결합한 화합물

㉣ 색소단백질 : 발색단을 가지고 있는 단백질 화합물로 일명 크로모단백질이라고 함

㉤ 금속단백질 : 철, 구리, 아연, 망가니즈 등과 결합한 단백질로 호르몬의 구성성분

③ 유도 단백질

㉠ 효소, 산, 알칼리, 열 등에 의한 분해로 얻어지는 단백질의 제1차, 제2차 분해산물

㉡ 메타단백질(메타프로테인), 프로테오스, 펩톤, 폴리펩타이드, 펩타이드 등이 있음

※ 펩타이드 : 아미노산과 아미노산 간의 결합으로 이루어진 단백질의 2차 구조

제4절 효 소

(1) 효소의 성질

① 생물체 속에서 일어나는 유기화학 반응의 촉매 역할을 한다.

② 효소는 유기 화합물인 단백질로 구성되었기 때문에 온도, pH, 수분 등의 영향을 받는다.

③ 효소는 어느 특정 기질에만 반응하는 선택성에 따라 분류된다.

(2) 효소의 분류 및 특성

① 탄수화물 분해효소

이당류 분해효소	• 인버테이스(Invertase, 인버타제) : 설탕을 포도당과 과당으로 분해하며 이스트에 존재함 • 말테이스(Maltase, 말타아제) – 장에서 분비되며 이스트에 존재함 – 맥아당을 포도당 2분자로 분해함 • 락테이스(Lactase, 락타아제) – 소장에서 분비하며 동물성 당인 유당을 포도당과 갈락토스로 분해함 – 단세포 생물인 이스트에는 락테이스가 없음
다당류 분해효소	• 아밀레이스(Amylase, 아밀라제) – 전분을 분해하는 효소로 다이아스테이스라고도 함 – 전분을 덱스트린 단위로 잘라 액화시키는 α–아밀레이스(액화효소, 내부아밀레이스)와 잘려진 전분을 맥아당 단위로 자르는 β–아밀레이스(당화효소, 외부아밀레이스)가 있음 • 셀룰레이스(Cellulase, 셀룰라제) : 식물의 형태를 만드는 구성 탄수화물인 섬유소를 포도당으로 분해함 • 이눌레이스(Inulase, 이눌라제) : 돼지감자를 구성하는 이눌린을 과당으로 분해함
산화효소	• 치메이스(Zymase, 치마제) : 포도당, 갈락토스, 과당과 같은 단당류를 에틸알코올과 이산화탄소로 산화시키는 효소로 제빵용 이스트에 존재함 • 퍼옥시데이스(Peroxydase, 퍼옥시다제) : 카로틴계의 황색 색소를 무색으로 산화시키며, 대두에 존재

② 지방 분해효소

㉠ 라이페이스(리파제) : 지방을 지방산과 글리세린으로 분해

㉡ 스테압신 : 췌장에 존재하며 지방을 지방산과 글리세린으로 분해

③ 단백질 분해효소

㉠ 프로테이스(프로테아제)

- 단백질을 펩톤, 폴리펩타이드, 펩타이드, 아미노산으로 분해
- 글루텐을 연화시켜 믹싱을 단축하고 내성도 약하게 됨

㉡ 펩신 : 위액에 존재하는 단백질 분해효소

㉢ 레닌 : 위액에 존재하는 단백질 응고효소

㉣ 트립신 : 췌액에 존재하는 단백질 분해효소

㉤ 펩티데이스(펩티다제) : 췌장에 존재하는 단백질 분해효소

㉥ 에렙신 : 장액에 존재하는 단백질 분해효소

더 알아보기

단백질인 효소가 손상되지 않는 온도 범위 내에서 매 10℃ 상승마다 효소의 활성은 약 2배가 된다. 제빵용 아밀레이스는 pH 4.6~4.8에서 맥아당 생성량이 가장 많으나 pH와 온도는 동시에 일어나는 사항이므로 적정 온도와 적정 pH가 되어야 최대 효과를 낸다.

제5절 비타민

(1) 비타민의 성질 및 기능

성 질	• 성장과 생명 유지에 필수적인 물질 • 대부분 조절제 역할 • 열량소로 작용하지 않음 • 반드시 음식물에서 섭취
기 능	• 탄수화물, 지방, 단백질 대사에 조효소 역할 • 신체기능을 조절하는 조절영양소 • 에너지를 발생하거나 체조직을 구성하지 못함

(2) 수용성 비타민

① 비타민 B_1(티아민)

㉠ 탄수화물 대사에서 조효소로 작용

㉡ 말초신경계의 기능에 관여

㉢ 결핍증 : 각기병, 식욕감퇴, 피로, 혈압저하, 체온저하, 부종 등

② 비타민 B_2(리보플라빈)

㉠ 성장 촉진작용

㉡ 피부, 점막보호

㉢ 결핍증 : 구순구각염, 설염 등

③ 비타민 B_3(나이아신)

㉠ 체내에서 필수 아미노산인 트립토판으로부터 나이아신 합성

㉡ 결핍증 : 펠라그라(피부병, 식욕부진, 설사, 우울증 등)

④ 비타민 B_6(피리독신)

㉠ 단백질 대사과정에서 보조효소로 작용

㉡ 결핍증 : 피부염

⑤ 비타민 B_9(엽산)

㉠ 헤모글로빈, 적혈구를 비롯한 세포의 생성 도움

㉡ 결핍증 : 빈혈, 장염, 설사 등

⑥ 비타민 C(아스코브산)

㉠ 산소의 산화능력을 비활성화시키는 기능

㉡ 항산화 작용의 보조제로 사용

㉢ 백혈구 면역활동 향상, 혈관 노화 방지효과

㉣ 결핍증 : 괴혈병, 상처회복 지연, 면역체계 손상 등

⑦ 판토넨산

㉠ 비타민 B의 복합체

㉡ 조효소 형성

㉢ 지질대사에 관여

(3) 지용성 비타민

① 비타민 A(레티놀)

㉠ 눈에 망막세포 구성

㉡ 피부 상피세포 유지기능

㉢ 결핍증 : 야맹증, 안구건조증, 피부 상피조직 각질화 등

② 비타민 D(칼시페롤)

㉠ 칼슘과 인의 흡수에 도움

㉡ 골격 형성에 도움

㉢ 결핍증 : 구루병, 골다공증, 골연화증 등

③ 비타민 E(토코페롤)

㉠ 항산화제

㉡ 생식기능 유지

㉢ 결핍증 : 불임증, 근육위축증 등

④ 비타민 K_1(필로퀴논)

㉠ 혈액응고에 관여

㉡ 장내세균이 인체 내에서 합성

㉢ 결핍증 : 혈액응고 지연

(4) 수용성 비타민과 지용성 비타민의 특징

수용성 비타민	지용성 비타민
• 포도당, 아미노산, 글리세린 등과 소화 흡수 • 체내에서 저장되지 않음 • 모세혈관으로 흡수 • 과잉 섭취 시 체외로 배출	• 지질과 소화 흡수 • 간장에서 운반되어 저장 • 섭취 과잉으로 인한 독성 유발 가능

제6절 무기질

(1) 무기질의 구성 및 기능

구 성	• 탄소, 수소, 질소를 제외한 나머지 원소 • 인체의 약 4~5% 차지
기 능	• 골격 구성에 큰 역할 • 근육의 이완, 수축 작용을 도움 • 체액의 pH 조절 및 완충 작용 • 삼투압 조절

(2) 주요 무기질

① 나트륨(Na) : 세포 외액의 양이온, 신경 자극 전달, 삼투압 조절, 산·염기 평형, 포도당 흡수

② 칼륨(K) : 수분·전해질·산·염기의 평형 유지, 근육의 수축과 이완 작용, 단백질 합성

③ 염소(Cl) : 체내 삼투압 유지, 수분 평형, 수소 이온과 결합, 위액 생성

④ 칼슘(Ca) : 골격 구성, 체내 대사 조절(혈액 응고, 신경 전달, 근육 수축 및 이완, 세포 대사)

⑤ 마그네슘(Mg) : 골격, 치아 및 효소의 구성성분으로 신경과 심근에 작용

적중예상문제

01 식품의 열량(kcal) 계산 공식으로 맞는 것은?(단, 각 영양소 양의 기준은 g 단위로 한다)

① (탄수화물의 양 + 단백질의 양) × 4 + (지방의 양 × 9)
② (탄수화물의 양 + 지방의 양) × 4 + (단백질의 양 × 9)
③ (지방의 양 + 단백질의 양) × 4 + (탄수화물의 양 × 9)
④ (탄수화물의 양 + 지방의 양) × 9 + (단백질의 양 × 4)

해설 탄수화물 1g은 약 4kcal, 지방 1g은 약 9kcal, 단백질 1g은 약 4kcal의 열량을 낸다.

02 다음 중 유당(Lactose)에 대한 설명으로 옳지 않은 것은?

① 포유동물의 젖에 함유되어 있다.
② 사람에 따라서 유당을 분해하는 효소가 부족하여 잘 소화시키지 못하는 경우가 있다.
③ 비환원당이다.
④ 유산균에 의하여 유산을 생성한다.

해설 ③ 유당은 환원당이다.

03 다음 당류 중 감미도가 가장 낮은 것은?

① 설 탕 ② 유 당
③ 전화당 ④ 포도당

해설 **상대적 감미도**
전화당(130) > 설탕(100) > 포도당(75) > 맥아당(32) > 유당(16)

04 아밀로펙틴은 아이오딘 용액에 의해 무슨 색으로 변하는가?

① 청 색 ② 적자색
③ 황 색 ④ 남 색

해설 아밀로스는 아이오딘 용액에 의해 청색 반응을, 아밀로펙틴은 아이오딘 용액에 의해 적자색 반응을 나타낸다.

05 다음 중 아밀로스(Amylose)의 특징이 아닌 것은?

① 일반 곡물 전분 속에 약 17~28% 존재한다.
② 비교적 적은 분자량을 가졌다.
③ 퇴화의 경향이 작다.
④ 아이오딘 용액에 청색 반응을 일으킨다.

해설 **아밀로스** : D-포도당이 α-1,4 결합으로 수백~수천 개가 연결되어 있는 곧은 사슬글루칸이다. 보통 녹말의 20~25%를 차지하며, 아밀로스 분자는 포도당 잔기 6~7개로 분자량이 적고, 아이오딘과 청색의 복합체를 형성한다.

정 답 1 ① 2 ③ 3 ② 4 ② 5 ③

06 **다당류 중 포도당으로만 구성되어 있는 탄수화물이 아닌 것은?**

① 셀룰로스
② 전 분
③ 펙 틴
④ 글리코겐

해설 펙틴은 다량의 포도당에 유리산, 암모늄, 칼륨, 나트륨염 등이 결합된 복합 다당류에 속한다.

07 **포화 지방산과 불포화 지방산에 대한 설명 중 옳은 것은?**

① 포화 지방산은 이중결합을 함유하고 있다.
② 포화 지방산은 할로겐이나 수소 첨가에 따라 불포화될 수 있다.
③ 코코넛 기름에는 불포화 지방산이 더 높은 비율로 들어 있다.
④ 식물성 유지에는 불포화 지방산이 더 높은 비율로 들어 있다.

해설 불포화 지방산은 식물성 유지에 다량 함유되어 있다.
③ 코코넛 기름은 90%가 포화 지방산으로 이루어져 있다.

08 **불포화 지방산에 대한 설명 중 틀린 것은?**

① 불포화 지방산은 산패되기 쉽다.
② 고도 불포화 지방산은 성인병을 예방한다.
③ 이중결합 2개 이상의 불포화 지방산은 모두 필수 지방산이다.
④ 불포화 지방산이 많이 함유된 유지는 실온에서 액상이다.

해설
- 불포화 지방산 : 올레산, 리놀레산, 아라키돈산, 리놀렌산 등
- 필수 지방산 : 리놀렌산, 아라키돈산, 리놀레산 등

09 **유지의 분해산물인 글리세린에 대한 설명으로 틀린 것은?**

① 자당보다 감미가 크다.
② 향미제의 용매로 식품의 색택을 좋게 하는 독성이 없는 극소수 용매 중의 하나이다.
③ 보습성이 뛰어나 빵류, 케이크류, 소프트 쿠키류의 저장성을 연장시킨다.
④ 물-기름의 유탁액에 대한 안정 기능이 있다.

해설 **글리세린**
서로 잘 혼합되지 않는 액체나 고체를 액체에 균일하게 분산시키기 위해 사용되는 첨가물로 마가린, 우유음료, 아이스크림, 케이크, 비스킷, 빵 등에 유화제 외에 여러 가지 용도로 사용되고 있다. 글리세린은 자당의 1/3의 감미가 있다.

6 ③ 7 ④ 8 ③ 9 ① 정 답

10 **다음 중 포화 지방산을 가장 많이 함유하고 있는 식품은?**

① 올리브유 ② 버 터
③ 콩기름 ④ 홍화유

해설 포화 지방산은 동물성 유지에 다량 존재하므로 우유로 만드는 버터에 가장 많이 함유되어 있다.

11 **지방의 산화를 가속시키는 요소가 아닌 것은?**

① 공기와의 접촉이 많다.
② 토코페롤을 첨가한다.
③ 높은 온도로 여러 번 사용한다.
④ 자외선에 노출시킨다.

해설 토코페롤은 항산화 작용이 강한 지용성 비타민인 비타민 E를 말한다. 항산화제는 유지의 산화적 연쇄반응을 방해함으로써 유지의 안정화를 가져온다.

12 **필수 아미노산이 아닌 것은?**

① 트레오닌
② 아이소류신
③ 발 린
④ 알라닌

해설 **필수 아미노산의 종류** : 라이신(Lysine), 트립토판(Tryptophan), 페닐알라닌(Phenylalanine), 류신(Leucine), 아이소류신(Isoleucine), 트레오닌(Threonine), 메티오닌(Methionine), 발린(Valine)

13 **단백질의 가장 주요한 기능은?**

① 체온 유지
② 유화작용
③ 체조직 구성
④ 체액의 압력 조절

해설 단백질의 주기능은 체조직 구성이다.

14 **단백질의 기본 구성 단위는?**

① 아미노산 ② 헤모글로빈
③ 글리세린 ④ 알부민

해설 아미노산은 단백질의 구성 단위이다.

15 **단백질의 기능이 아닌 것은?**

① 산·염기 균형
② 기호성 증진
③ 에너지원
④ 항원, 항체 합성

해설 단백질의 기능으로 호르몬, 효소와 항체 형성, 체액의 균형, 산·염기의 균형, 영양소 운반, 에너지 급원 등이 있다.

정 답 10 ② 11 ② 12 ④ 13 ③ 14 ① 15 ②

16 단백질 효율(PER)은 무엇을 측정하는 것인가?

① 단백질의 질
② 단백질의 열량
③ 단백질의 양
④ 아미노산 구성

해설 단백질 효율은 체중 증가량(g)/섭취 단백질(g)의 비로 구한다. 즉, 단백질 영양가를 실험동물의 체중 증가에 대한 효율로 평가하고자 하는 방법으로 단백질의 질을 측정한다.

17 지용성 비타민이 아닌 것은?

① 비타민 A ② 비타민 D
③ 비타민 E ④ 비타민 C

해설 ④ 비타민 C는 수용성 비타민이다.

18 효소에 대한 설명으로 틀린 것은?

① 생체 내의 화학반응을 촉진시키는 생체 촉매이다.
② 효소반응은 온도, pH, 기질 농도 등에 영향을 받는다.
③ β-아밀레이스를 액화효소, α-아밀레이스를 당화효소라 한다.
④ 효소는 특정 기질에 선택적으로 작용하는 기질 특이성이 있다.

해설 α-아밀레이스는 액화효소이고, β-아밀레이스는 당화효소이다.

19 설탕을 포도당과 과당으로 분해하는 효소는?

① 인버테이스(Invertase)
② 치메이스(Zymase)
③ 말테이스(Maltase)
④ 알파 아밀레이스(α-amylase)

해설 ② 치메이스 : 포도당과 과당을 이산화탄소와 에틸알코올로 분해
③ 말테이스 : 맥아당을 포도당과 포도당으로 분해
④ 알파 아밀레이스 : 전분을 덱스트린으로 분해

20 아밀레이스(Amylase)는 다음의 식품 성분 중 무엇을 분해하는가?

① 비타민
② 탄수화물
③ 지방질
④ 단백질

해설 아밀레이스는 전분을 분해하는 효소로 다이아스테이스라고 한다.

16 ① 17 ④ 18 ③ 19 ① 20 ② 정 답

21 단백질 분해효소가 아닌 것은?

① 라이페이스(Lipase)
② 브로멜린(Bromelin)
③ 파파인(Papain)
④ 피신(Ficin)

해설 라이페이스는 지방 분해효소이다.

22 과당이나 포도당을 분해하여 CO_2 가스와 알코올을 만드는 효소는?

① 말테이스
② 인버테이스
③ 프로테이스
④ 치메이스

해설 치메이스는 포도당, 갈락토스, 과당 등 단당류를 에틸알코올과 이산화탄소로 분해시키는 효소로 이스트에 있다.

23 효소를 구성하고 있는 주성분은?

① 탄수화물
② 지 방
③ 단백질
④ 비타민

해설 단백질은 여러 결합작용을 통하여 효소, 호르몬을 형성한다.

정 답 21 ① 22 ④ 23 ③

제과제빵 재료 일반

제1절 밀가루

(1) 밀가루의 특징

① 밀은 껍질 14%, 배아 2~3%, 내배유 83%로 이루어져 있다.
② 밀가루는 단백질 함량에 따라 강력분, 중력분, 박력분으로 구분한다.
③ 글리아딘과 글루테닌으로 반죽을 할 때 물과 결합하여 글루텐(Gluten)을 형성한다.
④ 글루텐은 발효 중에 생성되는 이산화탄소를 보유하는 역할을 하며 오븐에서 제품을 굽는 동안 글루텐 단백질의 열변성에 의해 빵의 단단한 구조를 형성하는 중요한 기능을 가진다.
⑤ 밀가루의 전분은 굽기 과정 중 전분의 호화 과정을 통해 구조 형성에 역할을 한다.
⑥ 밀가루 단백질은 빵의 부피, 색상, 기공, 조직 등 빵의 품질 특성을 결정짓는 중요한 역할을 한다.

(2) 밀가루의 분류 및 특징

① 밀가루의 분류

구 분	강력분	중력분	박력분
원 맥	경 질	중질(경질+연질)	연 질
단백질 함량	11~14%	9~11%	7~9%
점성과 탄력성	강 함	중 간	약 함
용 도	제빵용	다용도(빵, 국수, 케이크 등)	제과용

② 밀가루의 등급별 특성

등 급	회분 함량	효소 활성	섬유소 함량	밀가루 색상
1등급	0.45%	낮 다	0.2~0.3%	매우 희다
2등급	0.65%	보통이다	0.4~0.6%	희 다
3등급	0.90%	크 다	0.7~1.0%	약간 회색을 띤다
밀 분	1.20%	매우 크다	1.0~2.0%	회색을 띤다

출처 : 타케야 코우지(2017). 「새로운 제빵 기초 지식」. 비앤씨월드. p. 28.

③ 밀가루의 종류
㉠ 일반 밀 : 빵의 제조나 케이크, 쿠키 등에 적합한 품종도 육성되고 있다.
㉡ Club밀 : 글루텐이 약한 특성을 요구하는 일부 케이크와 페이스트리에 사용된다.
㉢ 듀럼밀 : 마카로니와 스파게티 등의 파스타를 만드는 데 이용된다.

(3) 밀가루의 성분

① 단백질

㉠ 밀가루 함량의 10~15%를 차지한다.

㉡ 글루텐은 탄성을 갖는 글루테닌과 점성을 갖는 글리아딘으로 이루어져 있다.

② 탄수화물

㉠ 밀가루 함량의 70%를 차지하며, 그 외 덱스트린, 셀룰로스, 당류, 펜토산이 있다.

㉡ 손상된 전분

- 장시간 발효하는 동안 가스 생산을 지탱해 줄 발효성 탄수화물 생성
- 흡수율을 높이고 굽기 과정 중에 적정 수준의 덱스트린 형성
- 손상된 전분의 적당한 함량 : 4.5~8%

③ **지방** : 제분 전에는 밀 전체의 2~4%, 배아는 8~15%, 껍질은 6% 정도 지방이 존재하며, 제분된 밀가루에는 1~2% 차지한다.

④ **회분** : 내배유 0.3%, 껍질 5%로 밀기울의 양을 판단하는 기준이다.

⑤ **수분** : 10~14%를 차지한다.

⑥ **조질 공정** : 껍질부와 배유 부분이 잘 분리될 수 있도록 하는 작업 공정이다.

㉠ 템퍼링(Tempering) : 밀의 원료에 적당한 양의 물을 가하여 일정 시간 방치한다.

㉡ 컨디셔닝(Conditioning) : 템퍼링의 온도를 높여서 효과를 높이는 방법이다.

(4) 밀가루 보관 시 주의사항

① 온도 18~24℃, 습도 55~65%에서 보관한다.

② 바닥에 깔판을 놓고 적재해야 한다.

③ 통풍이 잘되고 서늘한 곳에 보관한다.

④ 밀가루 보관 시 냄새가 강한 물건과의 접촉・보관을 피해야 한다.

⑤ 보관 창고는 항상 청결이 유지되도록 하고 해충의 침입에 유의하여야 한다.

제2절 이스트

(1) 이스트의 성질

① 이스트(Yeast, 효모)는 1857년 파스퇴르(L. Pateure)에 의해 발견되었으며, 출아법으로 증식한다. 발효의 최적 조건은 온도 28~32℃, pH 4.5~5.0이다.

② 이스트의 발효에 의해 탄산가스, 에틸알코올, 유기산 등을 생산하여 팽창과 풍미와 식감을 갖게 해 준다.

③ 제빵에 주로 사용하는 효모의 학명은 사카로마이세스 세레비시에(*Saccharomyces cerevisiae*)이다.

④ 최근에는 냉동반죽이 보편화되면서 냉동내성이 있는 세미 드라이 이스트 등 새로운 제품도 개발되고 있다.

(2) 이스트의 종류

① 생이스트(Fresh Yeast)

㉠ 수분 함량이 68~83%이고 보존성이 낮다.

㉡ 소비기한은 냉장(0~7℃ 보관)에서 제조일로부터 약 2~3주이다.

㉢ 생이스트는 1g당 100억 이상의 살아 있는 효모가 존재한다.

② 드라이 이스트(Dry Yeast)

㉠ 수분이 7~9%로 낮고, 입자 형태로 가공시킨 것이다.

㉡ 소비기한은 미개봉으로 약 1년이다.

㉢ 드라이 이스트의 약 4~5배 양의 미지근한 물(35~43℃)과 약 1/5배 양의 설탕을 준비한다. 미지근한 물에 먼저 설탕을 녹이고 드라이 이스트를 혼합한 후 10~15분간 수화시켜서 사용한다.

제3절 감미제

(1) 당의 성질

① 당은 이스트의 먹이로서 반죽의 풍미와 팽창을 돕고, 제품의 착색 및 빵의 조직과 촉감을 개량하며 빵의 노화를 지연시키는 역할을 한다.

② 대표적인 당류인 설탕은 사용량이 밀가루의 5%일 때 발효가 최대가 된다.

③ 빵의 색은 캐러멜화 반응(Caramel Reaction)과 메일라드 반응(Maillard Reaction, 마이야르 반응)에 의해서 진행된다. 빵 반죽 속에 들어 있는 설탕이 160℃에서 캐러멜화되며, 또한 반죽 속에 들어 있는 당과 아미노산이 열을 받아 메일라드 반응에 의해 갈변화 현상이 일어나게 된다.

④ 당류 사용량이 많은 고배합빵은 저배합빵보다 노화가 늦는데, 이는 당이 수분을 보유하는 흡수성이 있기 때문이다.

⑤ 이성화당, 전화당, 꿀 등은 설탕보다 흡습성이 커서 케이크나 카스텔라의 촉촉함을 향상시킨다.

(2) 당의 종류

① 설탕(자당)
- ㉠ 정제당 : 불순물과 당밀을 제거하여 만든 설탕
- ㉡ 함밀당 : 불순물만 제거하고 당밀이 함유되어 있는 설탕(흑설탕)

② 포도당과 물엿
- ㉠ 포도당 : 전분을 가수분해하여 만든 전분당
- ㉡ 물엿 : 포도당, 맥아당, 그 밖의 이당류, 덱스트린이 혼합된 반유동성 감미물질로 점성, 보습성이 뛰어나 제품의 조직을 부드럽게 할 목적으로 많이 사용함

③ 당 밀
- ㉠ 당밀이 다른 설탕들과 구분되는 구성성분으로 회분(무기질)이 있음
- ㉡ 제과에서 많이 사용하는 럼주는 당밀을 발효시켜 만듦
- ㉢ 제과·제빵에 당밀을 넣는 이유 : 당밀 특유의 단맛과 풍미, 노화 지연, 향료와의 조화

④ 맥아와 맥아시럽
- ㉠ 맥아 : 발아시킨 보리(엿기름)의 낱알
- ㉡ 맥아시럽 : 맥아분(엿기름)에 물을 넣고 열을 가하여 만듦

⑤ 유당 : 동물성 당류이므로 단세포 생물인 이스트에 의해 발효되지 않고, 잔류당으로 남아 갈변반응을 일으켜 껍질 색을 진하게 함

⑥ 기타 감미제
- ㉠ 아스파탐 : 감미도 설탕의 200배 감미
- ㉡ 올리고당 : 설탕 감미의 30%, 비피더스균 증식인자
- ㉢ 이성화당 : 포도당의 일부를 과당으로 이성화시킨 당으로 과당-포도당 혼합 상태
- ㉣ 꿀 : 감미, 수분보유력이 높고 향이 우수함
- ㉤ 천연 스테비아 : 감미가 설탕의 300배

(3) 감미제의 기능

① 제빵에서의 기능

㉠ 발효가 진행되는 동안 이스트에 발효성 탄수화물을 공급한다.

㉡ 아미노산과 환원당으로 반응하여 껍질 색을 진하게 한다(메일라드 반응).

㉢ 휘발성산, 알데하이드와 같은 화합물의 생성으로 풍미를 증진시킨다.

㉣ 속결, 기공을 부드럽게 한다.

㉤ 수분보유력이 있으므로 노화를 지연시키고 저장 기간을 증가시킨다.

② 제과에서의 기능

㉠ 감미제로 단맛이 나게 한다.

㉡ 수분보유제로 노화를 지연하고 신선도를 오래 지속시킨다.

㉢ 글루텐을 부드럽게 하고 기공, 조직 속을 부드럽게 하는 연화효과가 있다.

㉣ 캐러멜화 반응과 메일라드 반응에 의해 껍질 색이 진해진다.

㉤ 윤활작용으로 흐름성, 퍼짐성, 절단성 등을 조절한다.

제4절 유 지

(1) 유지의 기능

① 제빵에서는 윤활작용, 부피 증가, 식빵의 슬라이스를 돕고 풍미를 가져다 주며, 가소성과 신장성을 향상시키며, 빵의 노화를 지연시킨다.

② 제과에서는 쇼트닝성, 공기혼입, 크림화, 안정화, 식감과 저장성에 영향을 준다.

(2) 유지의 종류

구분	특징
버터 (Butter)	• 우유지방(80~85%)으로 제조 • 수분함량 14~17% • 가격이 높고, 풍미가 우수 • 가소성 범위가 좁고, 융점이 낮으며, 크림성이 부족함 • 유중수적형(W/O)
마가린 (Margarine)	• 버터 대용품으로 만듦 • 지방 80%, 주로 식물성 유지로 만듦 • 버터에 비해 가소성, 크림성이 우수 • 쇼트닝에 비해 융점이 낮고 가소성이 적음

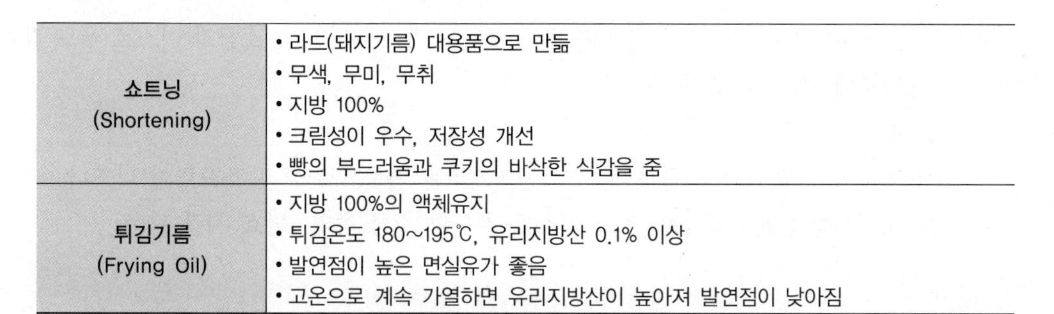

쇼트닝 (Shortening)	• 라드(돼지기름) 대용품으로 만듦 • 무색, 무미, 무취 • 지방 100% • 크림성이 우수, 저장성 개선 • 빵의 부드러움과 쿠키의 바삭한 식감을 줌
튀김기름 (Frying Oil)	• 지방 100%의 액체유지 • 튀김온도 180~195℃, 유리지방산 0.1% 이상 • 발연점이 높은 면실유가 좋음 • 고온으로 계속 가열하면 유리지방산이 높아져 발연점이 낮아짐

더 알아보기 **수중유적형(O/W)과 유중수적형(W/O)**

• 수중유적형 : 물속에 기름이 입자모양으로 분산(마요네즈, 우유, 아이스크림)
• 유중수적형 : 기름 속에 물이 입자모양으로 분산(버터, 마가린, 쇼트닝)

제5절 물

(1) 물의 기능

① 빵 반죽의 글루텐을 형성한다.
② 반죽의 온도조절을 한다.
③ 재료 분산, 효모와 효소 활성을 준다.

(2) 물의 경도

① 칼슘염과 마그네슘염을 탄산칼슘으로 환산한 양을 ppm으로 표시한 것이다.
② 경도의 구분
㉠ 연수 : 60ppm 이하(증류수, 빗물 등)
㉡ 아연수 : 61ppm 이상~120ppm 이하
㉢ 아경수 : 121ppm 이상~180ppm 미만
㉣ 경수 : 180ppm 이상(바닷물, 광천수, 온천수)

(3) 물의 영향과 조치

① 아경수 : 제빵에 가장 적합하다.
② 경 수
㉠ 반죽이 되고, 글루텐을 강화시켜 발효가 지연되며, 탄력성을 증가시킨다.

㉡ 조치사항 : 이스트 사용 증가와 발효 시간 연장, 맥아 첨가, 소금과 이스트 푸드 감소, 반죽에 물의 양 증가

③ 연 수

㉠ 반죽이 질고, 글루텐을 연화시켜 끈적거리는 반죽으로 오븐 스프링이 나쁘다.

㉡ 조치사항 : 흡수율 2% 감소, 이스트 푸드와 소금 증가, 발효 시간 단축

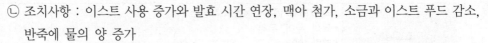

제6절 소금(식염)

(1) 소금의 효과

① 반죽의 글루텐을 단단하게 하여 반죽 시간을 증가시키는 효과가 있다.

② 글루텐이 형성된 후 식염을 첨가하게 되면 반죽 시간을 줄일 수 있다(후염법).

③ 소금의 일반적인 사용량은 1.75~2.25%이다.

(2) 소금의 기능

① 잡균 번식을 억제하여 방부효과가 있다.

② 빵의 껍질 색을 조절하여 갈색이 되게 한다.

③ 풍미 증가와 맛을 조절한다.

④ 글루텐을 강화하여 제품에 탄력을 준다.

⑤ 삼투압으로 이스트 활력에 영향을 준다.

⑥ 반죽의 흡수율을 감소시키므로 클린업단계 이후에 넣으면 흡수율 증가로 제품저장성을 높인다.

제7절 이스트 푸드 및 제빵 개량제

(1) 이스트 푸드(Yeast Food)

① 발효를 조절하고 빵의 품질을 향상시키기 위하여 첨가한다.

② 물 조절제, 이스트 조절제, 반죽 조절제(산화제)의 3가지로 구성되어 있다.

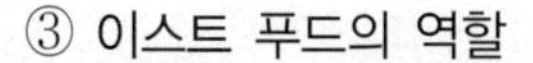

③ 이스트 푸드의 역할

㉠ 물 조절제(Water Conditioner) : 칼슘염, 마그네슘염 및 산염 등을 첨가하여 물을 아경수 상태로 만들고 pH를 조절하도록 한다.

㉡ 이스트 조절제(Yeast Conditioner) : 암모늄염을 함유시켜 이스트에 질소를 공급해 준다.

㉢ 반죽 조절제(Dough Conditioner) : 비타민 C와 같은 산화제를 첨가하여 단백질을 강화시킨다.

(2) 제빵 개량제

① 제빵 개량제는 믹싱 시간 조절, 발효 시간 조절, 맛과 향 개선에 사용된다.

② 반죽의 물리적 성질을 조절하고, 질소를 공급하며, 물의 경도 및 반죽의 pH를 조절한다.

③ 빵의 부피 개선, 발효 촉진, 색의 개선, 풍미 보완, 노화 지연 등 빵의 품질을 향상시킨다.

제8절 분유 및 활성 글루텐

(1) 분 유

① 제빵에서 분유를 사용하는 목적은 영양 강화 및 반죽의 pH 조절을 위함이다.

② 탈지분유(Nonfat Dry Milk)의 단백질에는 라이신의 함량이 많으며 칼슘도 풍부하게 함유되어 있다.

③ 아미노산과 단당류의 반응에 의한 갈색화 반응을 촉진시켜 겉껍질 색상에 영향을 준다.

④ 반죽의 글루텐을 강화시키며, 단백질에 의한 완충효과에 의해 발효가 저해 받는다.

⑤ 탈지분유의 사용량이 3% 미만일 경우에는 제품의 풍미에 영향을 미치지 않는다.

(2) 활성 글루텐(Vital Wheat Gluten)

① 밀의 단백질로서 단백질을 보강할 목적으로 사용된다.

② 1%의 활성 글루텐을 첨가하게 되면 0.6%의 단백질이 증가되며, 흡수는 15% 늘어난다.

③ 혼합과 발효내성을 증가시켜 주며, 단백질의 증가에 따라 제품의 부피가 증가한다.

제9절 우유와 유제품

(1) 우유의 성질 및 기능

① 우유는 영양가가 좋은 완전식품으로 수분 87.5%, 고형물 12.5%로 구성되어 있으며 고형물 중의 3.4%가 단백질이다.

② 우유 단백질의 75~80%는 카세인으로 열에 강해 100℃에서도 응고되지 않는다.

③ 우유 단백질에 의해 믹싱 내구성을 향상시킨다.

④ 글루텐의 기능을 향상시키며 빵의 속결을 부드럽게 한다.

⑤ 발효 시 완충작용으로 pH가 급격히 떨어지는 것을 방지한다.

⑥ 우유 속의 유당은 빵의 색을 잘 나오게 한다.

⑦ 수분보유력이 있어서 노화를 지연시킨다.

⑧ 영양을 향상시키며 밀가루에 부족한 필수 아미노산인 라이신(Lysin)과 칼슘을 보충한다.

⑨ 풍미(맛)를 향상시킨다.

(2) 우유의 구성

① 우유지방(Milk Fat, Butter Fat)

㉠ 우유는 원심분리하면 지방입자가 뭉쳐 크림이 된다.

㉡ 유지방에는 카로틴, 레시틴, 세파린, 콜레스테롤, 지용성 비타민 A・E・D 등이 들어 있다.

㉢ 지방 용해성 스테롤인 콜레스테롤을 0.071~0.43% 함유한다.

② 단백질 : 주 단백질인 카세인(약 3%)은 산과 효소 레닌에 의해 응고, 열에 의해 변성 응고된다.

③ 유당 : 제빵용 이스트에 발효되지 않는다.

④ 광물질(Mineral)

㉠ 우유 전체의 1/4를 차지하는 칼슘과 인은 영양학적으로 중요한 역할을 한다.

㉡ 구연산은 0.02% 정도 함유되어 있다.

⑤ 효소와 비타민

㉠ 지방 분해효소, 단백질 분해효소, 당 분해효소 등 효소는 많지만 대부분 불활성이다.

㉡ 비타민 A, 리보플라빈, 티아민은 풍부하지만 비타민 D・E는 결핍된다.

(3) 유제품

① 시유(Market Milk) : 일반 우유로 표준화, 균질화, 살균, 멸균, 포장, 냉장된 우유이다.

② 농축우유(Concentrated Milk)

㉠ 우유의 수분을 증발시켜 농축한 것으로 고형분 함량이 높고, 종류로 연유, 생크림 등이 있다.

㉡ 크림 : 우유를 교반시키면 비중의 차이로 지방입자가 뭉쳐지는데 이것을 농축시켜 만든 것이다.

종 류	유지방 함량
커피용, 조리용 생크림	16% 전후
휘핑용 생크림	35% 이상
버터용 생크림	80% 이상

㉢ 연 유

- 가당연유 : 우유에 40%의 설탕을 첨가하여 1/3 부피로 농축시킨 것
- 무가당연유 : 우유를 그대로 1/3 부피로 농축시킨 것

③ 분유(Dry Milk) : 우유의 수분을 제거해서 가루로 만든 것이다.

㉠ 전지분유 : 우유에서 수분을 제거한 분말 상태로 지방이 많다.

㉡ 탈지분유 : 우유에서 지방분을 제거한 것으로 유당이 50% 함유되어 있고 단백질, 회분 함량이 높다.

④ 치 즈

㉠ 우유나 그 밖의 유즙을 레닌과 젖산균을 넣어 카세인을 응고시킨 후 발효·숙성시켜 만든 것이다.

㉡ 자연 치즈, 가공 치즈 등이 있다.

더 알아보기 스펀지/도(Dough)법에서 분유를 스펀지에 첨가하는 경우

- 아밀레이스 활성이 과도한 경우
- 본반죽 발효 시간을 짧게 하는 경우
- 단백질 함량이 적고 약한 밀가루를 사용하는 경우

제10절 생크림 및 달걀

(1) 생크림

① 우유의 지방을 농축해서 만든 크림으로 유지방 함량이 30% 이상인 유크림, 18% 이상인 유가공크림, 50% 이상인 분말류 크림이 있다.

② 보통 유지방 함량이 30% 이상인 경우에 휘핑크림으로 이용하고 커피용인 경우 20~30%의 생크림을 사용한다.

③ 생크림은 3~7℃의 냉장 보관이 원칙이며 일반 시유보다는 보관 기간이 길다.

(2) 달 걀

① 달걀의 구성 비율

부 위	구성비	개략적인 비율
껍 질	10.3%	10%
전 란	89.7%	90%
노른자	30.5%	30%
흰 자	59.4%	60%

② 부위별 고형분과 수분의 비율

부위명	전 란	노른자	흰 자
고형분	25%	50%	12%
수 분	75%	50%	88%

③ 달걀의 기능

㉠ 결합제 : 단백질이 변성하여 농후화제가 된다(커스터드 크림, 푸딩).

㉡ 팽창제 : 단백질이 피막을 형성하여 믹싱 중의 공기를 포집하고, 미세한 공기는 열 팽창하여 케이크 제품의 부피를 크게 한다(스펀지 케이크, 엔젤 푸드 케이크 등).

㉢ 유화제 : 노른자의 레시틴은 기름과 수분을 잘 혼합시켜 제품을 부드럽게 한다(마요네즈, 케이크, 아이스크림 등).

㉣ 색 : 노른자의 황색은 식욕을 돋우는 속 색을 만든다.

㉤ 영양가 : 건강을 유지하고 성장에 필수 단백질, 지방, 무기질, 비타민을 함유한 완전식품이다.

④ 신선한 달걀의 조건

㉠ 껍질이 거칠고 난각 표면에 광택이 없고 선명하다.

㉡ 밝은 불에 비추어 볼 때 밝고 노른자가 구형(공 모양)이다.

㉢ 6~10%의 소금물에 담갔을 때 가라앉는다.

㉣ 달걀을 깼을 때 노른자가 바로 깨지지 않고 높이가 높다.

제11절 팽창제 및 향신료

(1) 팽창제

① 베이킹파우더(Baking Powder)

㉠ 탄산수소나트륨(소다)이 기본이 되고 산을 첨가하여 중화시킨 것이다.

㉡ 베이킹파우더의 팽창력은 이산화탄소에 의한 것이다.

㉢ 케이크, 쿠키에 사용된다.

② 탄산수소나트륨(중조)

㉠ 베이킹파우더의 주성분으로, 베이킹파우더 형태로 사용하거나 단독으로 사용한다.

㉡ 과다 사용 시 제품의 색상이 어두워지고, 소다 맛이 난다.

③ 암모늄염

㉠ 물이 있으면 단독으로 작용한다.

㉡ 산성산화물과 암모니아 가스를 발생한다.

㉢ 밀가루 단백질을 부드럽게 하는 효과를 낸다.

(2) 향신료(Spice)

① 향신료는 풍미를 향상시키고 제품의 보존성을 높여주는 기능을 한다.

② 향신료의 종류

㉠ 계피 : 열대성 상록수 나무껍질로 만든 향신료

㉡ 너트맥 : 과육을 일광 건조한 것

㉢ 생강 : 매운맛과 특유의 방향을 가짐

㉣ 정향 : 상록수 꽃봉오리를 따서 말린 것

㉤ 올스파이스 : 복숭아식물로 계피 너트맥의 혼합향

㉥ 카다몬 : 다년초 열매

㉦ 박하 : 박하속에 속한 식물의 잎사귀

㉧ 바닐라, 클로브, 민트, 사프란, 식용 양귀비씨, 후추, 코리안더, 캐러웨이 등

제12절 안정제

(1) 안정제의 기능

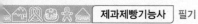

① 식품에서 점착성을 증가시키고 유화 안전성을 좋게 한다.

② 가공 시 선도 유지, 형체 보존에 도움을 주며 미각에 대해서도 점활성을 주어 촉감을 좋게 해 준다.

③ 글루텐, 아밀로펙틴, 펙틴, 아라비아 검, 트래거캔스 검, 카라기난, 알긴산, 한천, 우유의 카세인 등이 있다.

(2) 안정제의 종류

① 한천(Agar)

㉠ 해조류의 우뭇가사리로부터 얻으며, 끓는 물에서 잘 용해되어 0.5%의 저농도에서도 안정된 겔을 형성한다.

㉡ 산에 약하여 산성 용액에서 가열하면 당질의 연결이 끊어진다.

㉢ 젤리, 디저트, 과자류, 샐러드 드레싱, 유제품, 수프, 아이스크림, 통조림, 양갱 등에 이용한다.

㉣ 한천의 응고에 영향을 주는 요인

- 알칼리성에서 응고력이 강하다.
- 80~100℃에서 용해되고, 보통 실온 이상인 28~35℃에서 응고한다.
- 보통 1.0~1.5% 이상의 농도에서 겔을 형성한다.
- 농도가 높을수록 응고 온도가 높아진다.
- 설탕량의 증가에 따라 응고력이 증가한다.
- 응고력의 강도는 젤라틴의 7~8배이다.

② CMC(Carboxy Methyl Cellulose)

㉠ 셀룰로스의 유도체로, 찬물, 뜨거운 물 모두에 잘 녹는다.

㉡ 산에 대한 저항력이 약하고 pH 7에서 효과가 가장 좋다.

㉢ 다른 안정제에 비하여 값이 싸고 용해성이 좋으며 아이스크림, 셔벗, 초콜릿 우유, 인스턴트 라면, 빵, 맥주 등에 다양하게 이용하고 있다.

③ 젤라틴(Gelatin)

㉠ 동물의 껍질, 연골조직에서 얻으며, 끓는 물에 용해되며 냉각하면 단단하게 굳는다.

㉡ 1% 용액으로 사용하고, 완전히 용해시켜야 하며 산성 용액에서 가열하면 화학적으로 분해되어 겔화 능력을 상실하게 된다.

㉢ 젤리, 아이스크림, 통조림, 햄, 소시지, 비스킷, 캐러멜 등에 널리 사용한다.

㉣ 젤라틴의 응고에 영향을 주는 요인

- 온도 3~10℃에서 겔화된다.
- 1.5~2%의 농도에서 응고가 잘된다.
- pH 4.7 근처에서 응고력이 커지고 산을 더 넣으면 응고력이 약해진다.
- 염류는 젤라틴이 물 흡수를 막아 응고력을 높인다.
- 설탕은 젤라틴 응고력을 감소시킨다.
- 단백질 분해효소는 응고력을 약하게 한다.
- 젤라틴 용해 시 끓는 물을 사용하면 응고력이 약해진다.

④ 펙틴(Pectin)

㉠ 감귤류의 과피나 사과에서 얻으며, 제품의 품질 향상을 위하여 겔화제로 이용한다.

㉡ 메톡시기(-OCH_3)의 양에 따라 펙틴의 성질이 변한다.

㉢ 찬물에 잘 녹으며 5% 이상의 용액은 저어주는 것이 좋다.

제13절 양주 및 초콜릿

(1) 양 주

① 지방산을 중화하여 제품의 풍미를 높여 주고, 제품의 보존성을 높일 수 있다.

② 럼(Rum)은 사탕수수를 원료로 한 당밀을 발효시킨 증류주이다.

③ 그랑 마니에르(Grand Marnier)는 오렌지 껍질을 꼬냑에 담가 만드는데 초콜릿과 잘 어울린다.

④ 증류주 꼬냑(Cognac)과 과일향의 브랜디(Brandy), 쿠앵트로(Cointreau) 등은 과자류, 생크림 등에 이용된다.

⑤ 그 밖에 주재료가 오렌지, 레몬인 오렌지 큐라소(Orange Curacao), 체리의 과즙을 발효하고 증류시킨 키르슈(Kirsch), 스코틀랜드 위스키(Whisky) 등이 있다.

(2) 초콜릿

① 코코아

㉠ 카카오 가루, 카카오 빈을 볶아 빻은 뒤 카카오 버터 지방분을 뺀 나머지를 가루로 만든 것이다.

㉡ 코코아콩의 주성분 : 지방(코코아 버터는 총구성요소 55%), 알칼로이드, 탄수화물, 단백질, 유기산 및 미네랄이다.

② 초콜릿

㉠ 카카오 빈을 주원료로 하며 카카오 버터, 설탕, 유제품 등을 섞은 것이다.

㉡ 초콜릿의 원료로 카카오 메스, 카카오 버터, 설탕, 코코아, 유화제, 우유, 향 등이 있으며 1차, 2차 가공을 거쳐 초콜릿이 만들어진다.

㉢ 초콜릿은 온도 15~18℃, 습도 40~50%에서 보관하는 것이 적정하다.

③ 초콜릿의 지방 성분

㉠ 코코아 버터는 상온에서는 굳어진 결정을 하고 있지만 체온 가까이에서는 급히 녹는 성질이 있기 때문에, 먹을 때에 독특한 맛이 금방 퍼진다.

㉡ 코코아 버터는 일반 유지에 비해 산화되기 어려워 맛이 오래 보존된다.

④ 초콜릿의 종류

종류	설명
카카오 메스	• 카카오 빈에서 외피와 배아를 제거하고 잘게 부순 것으로, 비터 초콜릿이라고도 한다. • 다른 성분이 포함되어 있지 않아 카카오 빈 특유의 쓴맛이 그대로 살아 있다. • 식으면 굳고, 커버추어용이다.
다크 초콜릿	• 순수한 쓴맛의 카카오 메스에 설탕과 카카오 버터, 레시틴, 바닐라향 등을 섞어 만든 초콜릿으로, 다크 스위트, 세미 스위트, 비터 스위트로 구분된다. • 다크 스위트에는 최소 15% 이상, 세미·비터 스위트에는 35% 이상의 카카오 버터가 함유되어 있다.
밀크 초콜릿	• 다크 초콜릿의 구성성분에 분유를 더한 것으로, 가장 부드러운 맛의 초콜릿이다. • 유백색이므로 색이 옅어질수록 분유의 함량이 많다.
화이트 초콜릿	카카오 고형분과 카카오 버터 중 다갈색의 카카오 고형분을 빼고 카카오 버터에 설탕, 분유, 레시틴, 바닐라향을 넣어 만든 백색의 초콜릿이다.
가나슈용 초콜릿	• 카카오 메스에 카카오 버터를 넣지 않고 설탕만을 더한 것으로, 카카오 고형분이 갖는 강한 풍미를 살릴 수 있다. • 유지 함량이 적어 생크림같이 지방과 수분이 분리될 위험이 있는 재료와도 잘 어울린다.
코팅용 초콜릿 (파타글라세)	• 카카오 메스에서 카카오 버터를 제거한 다음 식물성 유지와 설탕을 넣어 만든 것이다. • 번거로운 템퍼링 작업 없이도 언제 어디서나 손쉽게 사용할 수 있다.

적중예상문제

01 밀가루의 구성성분 중 가장 높은 비율을 차지하는 것은?

① 수 분 ② 단백질
③ 회 분 ④ 전 분

해설 탄수화물이 밀가루 함량의 70%를 차지한다(전분, 덱스트린, 셀룰로스, 당류, 펜토산).

02 밀가루의 탄수화물 중 그 함유량이 가장 많은 것은?

① 아밀로스 ② 아밀로펙틴
③ 셀룰로스 ④ 펜토산

해설 밀가루는 70% 이상의 탄수화물을 함유하고 있고, 이것들은 대부분 전분의 형태로 공급되고 있다. 전분은 아밀로스(20%)와 아밀로펙틴(80%)의 두 가지 기본 형태로 되어 있다.

03 밀가루의 점성과 관계가 가장 깊은 것은?

① 글리아딘(Gliadin)
② 엘라스틴(Elastin)
③ 글로불린(Globulin)
④ 글루테닌(Glutenin)

해설 글리아딘은 점성, 유동성을 나타내는 단백질이다.

04 제과용 밀가루 제조에 사용되는 밀로 가장 좋은 것은?

① 경질 동맥 ② 경질 춘맥
③ 연질 동맥 ④ 연질 춘맥

해설 제과용 밀가루는 연질 동맥이다. 연질 춘맥은 봄에 재배한 밀이고, 연질 동맥은 겨울에 재배한 밀이다. 봄에 재배한 밀보다는 겨울에 재배한 밀이 단백질 함량이 낮아 제과용으로 더 적합하다.

05 빵 반죽의 특성인 글루텐을 형성하는 밀가루의 단백질 중 탄력성과 가장 관계가 깊은 것은?

① 알부민(Albumins)
② 글리아딘(Gliadins)
③ 글루테닌(Glutenins)
④ 글로불린(Globulins)

해설 글루텐 형성 단백질로 탄력성을 지배하는 것은 글루테닌이며, 글리아딘은 점성, 유동성을 나타내는 단백질이다.

06 밀가루 품질 규정 시 껍질(皮)의 혼합률은 어느 성분으로 측정하는가?

① 지 방 ② 섬유질
③ 회 분 ④ 비타민 B_1

해설 회분은 껍질에 많으며 회분 함량이 많을수록 밀가루의 등급은 낮다.

정 답 1④ 2② 3① 4③ 5③ 6③

07 **제과 · 제빵용 건조 재료 등과 팽창제 및 유지 재료를 알맞은 배합률로 균일하게 혼합한 원료는?**

① 프리 믹스
② 팽창제
③ 향신료
④ 밀가루 개량제

해설 프리 믹스는 케이크나 쿠키를 만들기 쉽도록 미리 밀가루, 설탕, 탈지분유 등 각종 반죽 재료를 알맞게 배합해 놓은 제품이다.

08 **밀가루에 탄수화물(당질)의 함량은?**

① 40%
② 50%
③ 60%
④ 70%

해설 **밀가루의 성분**
- 단백질 : 7~14%
- 탄수화물 : 70%
- 지방 : 1~2%
- 수분 : 10~14%

09 **분당이 저장 중 덩어리가 되는 것을 방지하기 위하여 옥수수 전분을 몇 % 정도 혼합하는가?**

① 3%
② 7%
③ 12%
④ 15%

해설 분당 덩어리 방지제 : 3%의 전분 혼합

10 **맥아는 아밀레이스가 풍부하게 들어 있어 식혜나 맥아엿 또는 맥주를 만드는 데 사용된다. 이 같은 맥아를 만드는 데 주로 사용되는 곡류는?**

① 보 리 ② 쌀
③ 밀 ④ 콩

해설 보리가 발아하여 맥아를 생성할 때 맥아당이 생성된다.

11 **케이크 도넛에 대두분을 사용하는 목적이 아닌 것은?**

① 흡유율 증가
② 영양소 보강
③ 껍질 색 개선
④ 식감의 개선

해설 대두분은 밀가루에 부족한 아미노산을 함유하고 있으며, 빵의 영양가를 높이고 맛과 구운 색을 향상시켜 신선함을 오래 유지시킨다.

12 **다음 제과제빵 재료의 설명으로 틀린 것은?**

① 땅콩가루는 필수 아미노산 함량이 높아 영양 강화식품의 중요한 자원이 된다.
② 호밀가루는 탄력성과 신장성이 높다.
③ 감자가루는 이스트의 성장을 촉진시키는 영양제로 사용된다.
④ 보리가루는 섬유질이 많아 건강빵을 만들 때 주로 이용된다.

해설 호밀가루는 글루텐을 만드는 단백질의 함량이 25.7%에 불과해 탄력성과 신장성이 떨어진다.

7 ① 8 ④ 9 ① 10 ① 11 ① 12 ② 정 답

13 다음 중 일반적인 생이스트의 적정 저장 온도는?

① −15℃
② −10∼−5℃
③ 0∼5℃
④ 15∼20℃

해설 생이스트 저장온도는 냉장실 온도가 적합하다.

14 이스트 푸드에 관한 사항 중 틀린 것은?

① 물 조절제 – 칼슘염
② 이스트 영양분 – 암모늄염
③ 반죽 조절제 – 산화제
④ 이스트 조절제 – 글루텐

해설 이스트 조절제는 이스트의 영양분인 암모늄염이 작용하는 성분이다.

15 제빵용 이스트에 들어 있지 않은 효소는?

① 치메이스 ② 인버테이스
③ 락테이스 ④ 말테이스

해설 락테이스는 유당을 분해하는 효소로 이스트에 들어 있지 않다.

16 이스트의 3대 기능과 가장 거리가 먼 것은?

① 팽창 작용 ② 향 개발
③ 반죽 발전 ④ 저장성 증가

해설 이스트는 단순히 반죽 내에서 탄산가스만을 생산하여 팽창에만 관여하는 것이 아니고 독특한 풍미와 식감을 갖는 양질의 빵을 만든다.

17 물 100g에 설탕 25g을 녹이면 당도는 얼마나 되는가?

① 20% ② 30%
③ 40% ④ 50%

해설 $$당도(\%) = \frac{용질}{용질+용매} \times 100 = \frac{25}{25+100} \times 100 = 20\%$$

18 제과에서 설탕류가 갖는 주요 기능이 아닌 것은?

① 감미제
② 수분보유제
③ 물의 경도 조절
④ 껍질 색 제공

해설 설탕류의 기능
- 제빵에서의 기능 : 이스트의 먹이, 메일라드 반응
- 제과에서의 기능 : 수분보유제, 연화효과, 캐러멜화

정답 13 ③ 14 ④ 15 ③ 16 ④ 17 ① 18 ③

19 **설탕에 대한 설명으로 틀린 것은?**

① 설탕은 과당보다 용해성이 크다.
② 퐁당이란 설탕의 결정성을 이용한 것이다.
③ 설탕이 이스트에 의해 발효된 후 남은 잔류당은 굽기 공정에서 전화된다.
④ 빵의 굽기 공정에서 일어나는 껍질의 착색은 주로 메일라드 반응에 의한 것으로 볼 수 있다.

해설 물에 잘 녹는 성질을 용해성이라고 하며, 과당은 설탕보다 용해성이 크다.

20 **캐러멜화를 일으키는 것은?**

① 비타민 ② 지 방
③ 설 탕 ④ 당 류

해설 캐러멜화는 설탕의 변화를 말한다.

21 **당류의 감미도가 강한 순서부터 나열된 것은?**

① 설탕 > 포도당 > 맥아당 > 유당
② 포도당 > 설탕 > 맥아당 > 유당
③ 설탕 > 포도당 > 유당 > 맥아당
④ 유당 > 맥아당 > 포도당 > 설탕

해설 **상대적 감미도**
설탕(100) > 포도당(75) > 맥아당(32) > 유당(16)

22 **다음 중 캔디의 재결정을 막기 위해 사용되는 원료가 아닌 것은?**

① 물 엿 ② 과 당
③ 설 탕 ④ 전화당

해설 ③ 설탕은 재결정이 용이하다.

23 **버터의 독특한 향미와 관계가 있는 물질은?**

① 모노글라이세라이드(Monoglyceride)
② 지방산(Fatty Acid)
③ 다이아세틸(Diacetyl)
④ 캡사이신(Capsaicin)

해설 버터향을 내는 물질은 다이아세틸이다.

24 **버터크림 제조 시 당액의 온도로 가장 알맞은 것은?**

① 80~90℃ ② 98~104℃
③ 114~118℃ ④ 150~155℃

해설 버터크림 제조 시 시럽 온도는 114~118℃가 적당하다.

19 ① 20 ③ 21 ① 22 ③ 23 ③ 24 ③ 정 답

25 **다음 중 유지의 산패 원인이 아닌 것은?**

① 고온으로 가열한다.
② 햇빛이 잘 드는 곳에 보관한다.
③ 토코페롤을 첨가한다.
④ 수분이 많은 식품을 넣고 튀긴다.

해설 토코페롤은 유지의 천연 항산화제이다.

26 **유지에 있어 어느 한도 내에서 파괴되지 않고 외부의 힘에 따라 변형될 수 있는 성질은?**

① 가소성 ② 연화성
③ 발연성 ④ 연소성

해설 유지의 가소성이란 고온에서도 고체 모양을 유지하지만 저온에서도 너무 단단하지 않게 조절되는 것이다.

27 **다음 식품 중 콜레스테롤 함량이 가장 높은 것은?**

① 식 빵 ② 국 수
③ 밥 ④ 버 터

해설 버터는 지방 함유량(80% 이상)이 많은 식품으로 콜레스테롤 함량이 높다.

28 **유지의 산패 정도를 나타내는 값이 아닌 것은?**

① 산 가
② 유화가
③ 아세틸가
④ 과산화물가

해설 ① 산가 : 유지 분자들의 가수 분해에 의해서 형성된 유리 지방산 함량의 척도이다.
③ 아세틸가 : 한 유지 속에 존재하는 수산기(–OH)를 가진 지방산의 함량을 표시하는 척도이다.
④ 과산화물가 : 유지 중에 존재하는 과산화물의 함량을 측정하여 유지의 산패를 검출하거나 유도기간의 길이를 측정하는 데 이용된다.

29 **일시적 경수에 대하여 바르게 설명한 것은?**

① 끓임으로써 물의 경도가 제거되는 물
② 황산염에 기인하는 물
③ 끓여도 경도가 제거되지 않는 물
④ 보일러에 쓰면 좋은 물

해설 일시적 경수는 끓이면 아경수로 사용이 가능하다(시냇물).

30 **물의 경도를 높여 주는 작용을 하는 재료는?**

① 이스트 푸드
② 이스트
③ 설 탕
④ 밀가루

해설 이스트 푸드 성분 중 칼슘염, 마그네슘염은 물의 경도를 높여 제빵에 적합한 물로 조절한다.

정 답 25 ③ 26 ① 27 ④ 28 ② 29 ① 30 ①

31 빵 제조 시 연수를 사용할 때의 적절한 처방은?

① 끓여서 여과
② 이스트 양 증가
③ 미네랄 이스트 푸드 사용 증가
④ 소금양 감소

해설 연수는 글루텐을 약화시켜 연하고 끈적거리는 반죽을 만들므로 흡수율을 2% 정도 줄여야 하며, 가스 보유력이 적으므로 이스트 푸드와 소금을 증가시킨다.

32 영구적 경수(센물)를 사용할 때 취해야 할 조치로 틀린 것은?

① 소금 증가
② 효소 강화
③ 이스트 증가
④ 광물질 이스트 푸드의 감소

해설 영구적 경수(센물)를 사용할 때 취해야 할 조치로는 이스트 증가, 발효 시간 증가, 발효 온도 증가, 맥아 첨가, 가수량 증가, 이스트 푸드 감소 등이 있다.

33 영구적 경수는 주로 어떤 물질에서 기인하는가?

① $CaSO_4$, $MgSO_4$
② $CaSO_3$, Ma_2SO_3
③ Na_2CO_3, Na_2SO_4
④ $CaSO_4$, $MgSO_3$

해설 영구적 경수에는 칼슘과 마그네슘이 각각 $CaSO_4$, $MgSO_4$ 형태로 존재해 쉽게 연수로 변하지 않는다.

34 다음 중 제빵에 사용하는 물로 가장 적합한 형태는?

① 아경수 ② 알칼리수
③ 증류수 ④ 염 수

해설 제빵에 사용하는 물
- 물을 경도에 따라서 분류하면 연수(1~60ppm), 아연수(61~120ppm), 아경수(121~180ppm), 경수(180ppm 이상) 등으로 구분할 수 있다.
- 제빵에서 물의 경도는 발효 및 반죽에 지대한 영향을 미치게 되며, 빵을 만들기에 적합한 물은 아경수이다.

35 발효의 설명으로 잘못된 것은?

① 스펀지 도법(Sponge Dough Method) 중 스펀지 발효 온도는 27℃가 좋다.
② 반죽에 설탕이 많이 들어가면 발효가 저해된다.
③ 소금은 약 1% 이상이면 발효를 지연시킨다.
④ 중간발효 시간은 보통 10~20분이며, 온도는 35~37℃가 적당하다.

해설 중간발효 온도는 26~29℃로, 1차 발효실 조건과 같다.

36 식염이 반죽의 물성 및 발효에 미치는 영향에 대한 설명으로 틀린 것은?

① 흡수율이 감소한다.
② 반죽 시간이 길어진다.
③ 껍질 색상을 더 진하게 한다.
④ 프로테이스의 활성을 증가시킨다.

해설 프로테이스는 단백질 분해효소로서 온도, pH, 수분의 영향을 받으나 소금의 영향은 받지 않는다.

31 ③ 32 ① 33 ① 34 ① 35 ④ 36 ④ 정 답

37 **일반적으로 반죽에 소금을 사용하는 양은?**

① 0.15~1.75%
② 1.75~2.25%
③ 2.25~3.0%
④ 3.0~3.5%

38 **이스트 푸드에 관한 설명 중 틀린 것은?**

① 물 조절제 – 마그네슘염
② 반죽 조절제 – 산화제
③ 이스트 조절제 – 암모늄염
④ 이스트 조절제 – 비타민 C

해설 이스트 조절제(영양 공급 기능) : 염화암모늄, 황산암모늄

39 **다음 중 이스트 푸드의 충전제로 사용되는 것은?**

① 분 유　② 전 분
③ 설 탕　④ 산화제

해설 이스트 푸드의 충전제로는 전분이 사용된다.

40 **이스트 푸드의 성분 중 산화제로 작용하는 것은?**

① 아조다이카본아마이드
② 염화암모늄
③ 황산칼슘
④ 전 분

해설 염화암모늄은 팽창제, 황산칼슘은 강화제에 속한다.

41 **이스트 푸드의 구성성분이 아닌 것은?**

① 칼슘염　② 벤 젠
③ 암모늄염　④ 인산염

해설 벤젠은 무색의 액체이며, 가솔린의 한 성분으로 유독성 물질이다.

42 **이스트 푸드의 구성성분 중 칼슘염의 주 기능은?**

① 이스트의 성장에 필요하다.
② 반죽에 탄성을 준다.
③ 오븐 팽창이 커진다.
④ 물 조절제의 역할을 한다.

해설 이스트 푸드의 구성성분인 칼슘염은 주로 물 조절제의 역할을 한다.

43 **제빵에서 소금이 하는 역할에 대한 설명 중 틀린 것은?**

① 글루텐을 단단하게 한다.
② 방부 효과가 있다.
③ 빵 내부를 하얗게 한다.
④ 풍미를 좋게 한다.

해설 소금은 혼합하는 동안 글루텐에 작용하여 글루텐을 단단하게 하고, 젖산균의 번식을 억제하여 빵 맛이 시큼해지지 않도록 한다. 또한 짠맛을 주면서 동시에 다른 재료의 맛을 향상시킨다.

정 답　37 ②　38 ④　39 ②　40 ①　41 ②　42 ④　43 ③

44 다음 중 우유 단백질의 응고에 관여하지 않는 것은?

① 산 ② 레 닌
③ 가 열 ④ 라이페이스

해설 라이페이스는 지방 분해효소이다.

45 우유의 특성에 대한 설명 중 틀린 것은?

① 유지방 함량은 보통 3~4% 정도이다.
② 당으로는 글루코스(Glucose)가 가장 많이 존재한다.
③ 주요 단백질은 카세인(Casein)이다.
④ 우유의 비중은 평균 1.032이다.

해설 우유의 탄수화물의 주성분은 유당(Lactose)으로 약 4.1~5.0% 함유되어 있고, 그 외에 미량으로 글루코스(0.07%), 갈락토스(0.02%), 올리고당(0.004%) 등이 존재한다.

46 다음 중 우유의 응고에 관여하고 있는 금속 이온은?

① Mg^{2+}(마그네슘)
② Mn^{2+}(망가니즈)
③ Ca^{2+}(칼슘)
④ Cu^{2+}(구리)

해설 우유에 산을 가하면 산은 칼슘과 결합하여, 카세인이 응고되어 침전한다.

47 과자와 빵에서 우유가 미치는 영향 중 틀린 것은?

① 영양을 강화시킨다.
② 보수력이 없어서 쉽게 노화된다.
③ 겉껍질 색깔을 강하게 한다.
④ 이스트에 의해 생성된 향을 착향시킨다.

해설 우유의 기능
- 제빵 : 빵의 속결을 부드럽게 하고 글루텐의 기능을 향상시키며 우유 속의 유당은 빵의 색을 잘 나오게 한다.
- 제과 : 제품의 향을 개선하고 껍질 색과 수분의 보유력을 높인다.

48 분유의 용해도에 영향을 주는 요소로 볼 수 없는 것은?

① 건조 방법 ② 저장 기간
③ 원유의 신선도 ④ 단백질 함량

해설 분유의 용해도에 영향을 주는 요소에는 건조 방법, 저장 기간, 원유의 신선도 등이 있다.

49 탈지분유 성분 중 가장 많은 것은?

① 유 당 ② 단백질
③ 회 분 ④ 지 방

해설 분 유
- 전지분유 : 우유에서 수분을 제거한 분말 상태로 지방이 많다.
- 탈지분유 : 우유에서 지방분을 제거한 것으로 유당이 50% 함유되어 있고 단백질, 회분 함량이 높다.

정답 44 ④ 45 ② 46 ③ 47 ② 48 ④ 49 ①

50 달걀의 가장 적당한 수분 함량은?

① 50% ② 75%
③ 88% ④ 90%

해설 **달걀** : 수분 75%, 고형분 25%

51 달걀이 오래되면 어떠한 현상이 나타나는가?

① 비중이 무거워진다.
② 점도가 감소한다.
③ pH가 떨어져 산패된다.
④ 껍질이 두꺼워진다.

해설 달걀이 오래되면 6% 농도의 식염수에 넣었을 때 뜨며, 껍질이 매끄럽고 광택이 나며, 점도가 감소한다.

52 다음 중 신선한 달걀은?

① 8% 식염수에 뜬다.
② 흔들었을 때 소리가 난다.
③ 난황 계수가 0.1 이하이다.
④ 껍질에 광택이 없고 거칠다.

해설 **신선한 달걀**
- 껍질이 거칠고, 표면에 광택이 없고 선명하다.
- 밝은 불에 비추어 볼 때 밝고 노른자가 구형(공 모양)이다.
- 6~10%의 소금물에 담갔을 때 가라앉는다.
- 달걀을 깼을 때 노른자가 바로 깨지지 않고 높이가 높다.

53 달걀흰자의 조성과 가장 거리가 먼 것은?

① 오브알부민 ② 콘알부민
③ 라이소자임 ④ 카로틴

해설 **달걀의 구성**
- 흰자 : 오브알부민, 콘알부민, 오보뮤코이드, 글로불린, 오보뮤신, 아비딘, 라이소자임 등
- 노른자 : 트라이글라이세라이드, 인지질, 콜레스테롤, 비타민, 칼슘 등

54 달걀흰자의 약 13%를 차지하며 철과의 결합 능력이 강해서 미생물이 이용하지 못하게 하는 항세균 물질은?

① 오브알부민(Ovalbumin)
② 콘알부민(Conalbumin)
③ 오보뮤코이드(Ovomucoid)
④ 아비딘(Avidin)

해설 **콘알부민** : 흰자의 13%를 차지하는 항세균 물질

55 달걀의 특징적 성분으로 지방의 유화력이 강한 성분은?

① 레시틴
② 스테롤
③ 세팔린
④ 아비딘

해설 레시틴은 달걀노른자 속에 있으며 유화제 역할을 하는 물질이다.

정답 50 ② 51 ② 52 ④ 53 ④ 54 ② 55 ①

56 활성 건조 이스트를 수화시킬 때 가장 적당한 물의 온도는?

① 10~13℃
② 20~23℃
③ 30~33℃
④ 40~43℃

해설 활성 건조 이스트(Active Dry Yeast)는 이스트 양의 5배 되는 35~43℃의 더운 물에 10분가량 수화시켰다가 생이스트처럼 쓴다.

57 베이킹파우더에 전분을 사용하는 목적과 가장 거리가 먼 것은?

① 격리 효과
② 흡수제
③ 중화 작용
④ 취급과 계량에 용이

해설 베이킹파우더에 전분을 사용하면 탄산수소나트륨(중조)과 산재료의 격리 효과가 있고, 흡수제 역할을 하며 취급과 계량에 용이하다.

58 다음 중 함께 계량할 때 가장 문제가 되는 재료는?

① 소금, 설탕
② 밀가루, 반죽 개량제
③ 이스트, 소금
④ 밀가루, 호밀가루

해설 소금은 이스트와 직접 닿으면 활성화를 억제하기 때문에 서로 닿지 않게 배합한다.

59 베이킹파우더에 들어 있는 다음 산성 물질 중 가장 작용이 빠른 것은?

① 주석산
② 제일인산칼슘
③ 소명반
④ 산성 피로인산나트륨

해설 **작용 속도가 빠른 산작용제 순서**
주석산 > 산성 인산칼륨 > 피로인산칼륨, 피로인산소다 > 인산알루미늄소다 > 황산알루미늄소다

60 베이킹파우더가 반응을 일으키면 주로 발생되는 가스는?

① 질소가스
② 암모니아 가스
③ 탄산가스
④ 산소가스

해설 **베이킹파우더**
탄산수소나트륨(중조)을 주성분으로 하여 각종 산성제를 배합하고 완충제로서 전분을 첨가한 팽창제이다. 이때 탄산수소나트륨과 산성제가 화학 반응을 일으켜 이산화탄소(탄산가스)를 발생시키고 기포를 만들어 반죽을 부풀린다.

56 ④ 57 ③ 58 ③ 59 ① 60 ③ 정답

61 식품 향료에 대한 설명 중 틀린 것은?

① 자연 향료는 자연에서 채취한 후 추출·정제·농축·분리 과정을 거쳐 얻는다.
② 합성 향료는 석유 및 석탄류에 포함되어 있는 방향성 유기 물질로부터 합성하여 만든다.
③ 조합 향료는 천연 향료와 합성 향료를 조합하여 양자 간의 문제점을 보완한 것이다.
④ 식품에 사용하는 향료는 첨가물이지만 품질 규격 및 사용법을 준수하지 않아도 된다.

62 식품 향료에 관한 설명 중 틀린 것은?

① 수용성 향료(Essence)는 내열성이 약하다.
② 유성 향료(Essential Oil)는 내열성이 강하다.
③ 유화 향료(Emulsified Flavor)는 내열성이 좋지 않다.
④ 분말 향료(Powdered Flavor)는 향료의 휘발 및 변질을 방지하기 쉽다.

해설 유화 향료(Emulsified Flavor)
내열성이고 물에도 잘 섞이므로 내열성이 없는 수용성 향료나 수분이 많은 식품에는 사용할 수 없는 유성 향료 대신 사용할 수 있어서 사용 범위가 넓다.

63 다음 중 버터크림에 사용하기에 알맞은 향료는?

① 오일 타입 ② 에센스 타입
③ 농축 타입 ④ 분말 타입

해설 수용성 향료 및 유화 향료는 청량음료에 쓰이고 유성 향료는 과자의 크림이나 버터, 치즈 등에 쓰이며 분말 향료는 햄, 소시지, 분말주스 등에 쓰인다.

64 다음 형태의 향료 중 굽는 케이크 제품에 사용하면 휘발하여 향의 보존이 가장 약한 것은?

① 분말 향료
② 유제로 된 향료
③ 알코올성 향료
④ 비알코올성 향료

해설 알코올성 향료는 굽기 중 휘발성이 크므로 아이싱과 충전물 제조에 적당하다.

65 제과·제빵, 아이스크림 등에 널리 사용되는 바닐라에 대한 설명 중 맞지 않는 것은?

① 바닐라향은 조화된 향미를 가지므로 식품의 기본 향으로 널리 이용된다.
② 바닐라는 열대 지방이 원산지로 바닐라 빈을 발효, 건조시킨 것이다.
③ 바닐라 에센스는 수용성 제품에 사용한다.
④ 바닐라는 안정제의 역할을 한다.

해설 ④ 바닐라는 향료이다.

정답 61 ④ 62 ③ 63 ① 64 ③ 65 ④

66 수용성 향료(Essence)에 관한 설명 중 틀린 것은?

① 수용성 향료(Essence)에는 천연 물질을 에탄올로 추출한 것이 있다.
② 수용성 향료(Essence)에는 조합 향료를 에탄올로 추출한 것이 있다.
③ 수용성 향료(Essence)는 고농도 제품을 만들기 어렵다.
④ 수용성 향료(Essence)는 내열성이 강하다.

해설 **수용성 향료(Water Soluble Flavor)**
보통 에센스(Essence)로 불리는 수용성 향료는 가볍고 신선하며 우아한 향을 부여하지만 내열성이 부족하기 때문에 주로 드링크류, 음료, 빙과류 등에 많이 사용된다.

67 다음 중 찬물에 잘 녹는 것은?

① 한천(Agar)
② 씨엠씨(CMC)
③ 젤라틴(Gelatin)
④ 펙틴(Pectin)

해설 ② 씨엠씨(CMC) : 냉수에서 쉽게 팽윤되지만 산에서는 저항성이 약하다.
① 한천(Agar) : 냉수에는 녹지 않으나 온수에는 매우 잘 녹는다.
③ 젤라틴(Gelatin) : 끓는 물에 용해되고 냉각되면 단단하게 굳는다.
④ 펙틴(Pectin) : 흡습성이 강하고, 물에서는 친수성 교질 용액을 형성하며 그 외관상 점도는 매우 크다.

68 동물의 가죽이나 뼈 등에서 추출하며 안정제나 제과 원료로 사용되는 것은?

① 젤라틴 ② 한 천
③ 펙 틴 ④ 카라기난

해설 **젤라틴**
젤(Gel)을 형성하는 성질을 지닌 동물성 단백질의 한 성분으로 안정제나 제과 원료, 산업적으로 매우 다양하게 이용된다. 소화가 잘되는 순수한 단백질 식품이지만 영양적으로 몇가지 아미노산이 결핍된 불완전 단백질이다.

69 다음 안정제 중 무스나 바바로아의 사용에 알맞은 것은?

① 젤라틴 ② 한 천
③ 펙 틴 ④ CMC

해설 바바로아는 무스와 같이 젤라틴을 이용해 차게 굳히는 제품이다.

70 과즙, 향료를 사용하여 만드는 젤리의 응고를 위한 원료 중 맞지 않는 것은?

① 젤라틴 ② 펙 틴
③ 레시틴 ④ 한 천

해설 **레시틴**
- 유화제로 쓰인다.
- 인체의 모든 살아 있는 세포가 필요로 하는 지질의 한 종류이다.
- 영양소의 통로를 조절하는 세포막과 근육과 신경 세포 등이 레시틴으로 구성되어 있다.
- 뇌를 둘러싸고 있는 보호막도 레시틴으로 구성되어 있다.

정답 66 ④ 67 ② 68 ① 69 ① 70 ③

71 아이싱에 사용하는 재료 중 안정제의 기능을 하는 것과 거리가 먼 것은?

① 펙 틴
② 밀 전분
③ 옥수수 전분
④ 소 금

해설 안정제로는 젤라틴, 한천, 펙틴, 전분 등이 많이 쓰이며, 그 외 알긴산, 씨엠씨(CMC ; Carboxy Methyl Cellulose), 로커스트 빈 검, 트래거캔스 검 등이 있다.

72 제과·제빵에서 안정제의 기능을 설명한 것으로 적절하지 않은 것은?

① 파이 충전물의 농후화제 역할을 한다.
② 흡수제로 노화 지연 효과가 있다.
③ 아이싱의 끈적거림을 방지한다.
④ 토핑물을 부드럽게 만든다.

해설 안정제의 기능
- 아이싱의 끈적거림 방지
- 아이싱의 부서짐 방지
- 머랭의 수분 배출 억제
- 무스 케이크 제조
- 파이 충전물의 농후화제
- 흡수제로 노화 지연 효과

73 다음 중 소과류(小果類)에 속하지 않는 것은?

① 체리(Cherry)
② 라즈베리(Raspberry)
③ 블루베리(Blueberry)
④ 레드 커런트(Red Currant)

해설 체리는 핵과류이다. 소과류란 베리류라 불리는 것으로 과즙이 많은 것이 특징이며, 목딸기류, 라즈베리, 블루베리, 레드 커런트 등이 있다.

74 다음 중 핵과류(核果類)에 속하지 않는 것은?

① 복숭아(Peach)
② 살구(Apricot)
③ 자두(Plum)
④ 포도(Grape)

해설
- 핵과류 : 내과피(內果皮)가 단단한 핵을 이루고 그 속에 씨가 들어 있으며, 중과피가 과육을 이루고 있는 것이다. 씨방이 성장 발달해서 결실한 것으로, 복숭아, 매실, 살구, 자두 등이 이에 속한다.
- 장과류(漿果類) : 꽃 턱이 두꺼운 주머니 모양이고 육질이 부드러우며 즙이 많은 과일이다. 중과피와 내과피로 구성되어 있으며 포도, 무화과, 딸기, 바나나, 파인애플 등이 이에 속한다.

정 답 71 ④ 72 ④ 73 ① 74 ④

75 **제과에 많이 쓰이는 럼주는 무엇을 원료로 하여 만든 술인가?**

① 옥수수 전분 ② 포도당
③ 당 밀 ④ 타피오카

해설 럼은 원래는 서인도 제도의 설탕 당밀을 발효시켜 증류해서 만드는 화주이다. 본래 무색이나 태운 설탕(Caramal)을 넣어 숙성되는 동안 연한 갈색으로 변색된다.

76 **다음 혼성주 중 오렌지 성분을 원료로 하여 만들지 않는 것은?**

① 그랑 마니에르(Grand Marnier)
② 마라스키노(Maraschino)
③ 쿠앵트로(Cointreau)
④ 큐라소(Curacao)

해설 마라스키노(Maraschino)
이탈리아 럭사도(Luxardo) 회사가 원조이며 검은 버찌가 주원료이고 씨에서 성분을 추출·제조한다. 유고의 알마쟈 주변에서 생산되며 시럽, 무스케이크, 버터크림에 사용된다.

77 **발효 중 초산균은 어떤 물질을 초산으로 전환시키는가?**

① 알코올
② 탄산가스
③ 유 당
④ 유 산

해설 초산균은 알코올을 초산으로 전환시킨다. 초산은 유산보다 약산이고 아주 적게 전환된다.

78 **과실이 익어 감에 따라 어떤 효소의 작용에 의해 수용성 펙틴이 생성되는가?**

① 펙틴 라이에이스
② 아밀레이스
③ 프로토펙틴 가수분해효소
④ 브로멜린

해설 프로토펙틴 가수분해효소는 프로토펙틴을 가수분해하여 수용성의 펙틴이나 펙틴산으로 변환시킨다.

79 **초콜릿 제품을 생산하는 데 필요한 기구로 알맞은 것은?**

① 디핑 포크(Dipping Forks)
② 파리샨 나이프(Parisienne Knife)
③ 파이 롤러(Pie Roller)
④ 워터 스프레이(Water Spray)

해설 디핑 포크는 초콜릿을 좀 더 깔끔한 형태로 만들 수 있도록 도와주는 도구로서 초콜릿을 건질 때나 코팅할 때 이 도구를 사용하면 깨끗하게 만들 수 있다.

80 **초콜릿의 맛을 크게 좌우하는 가장 중요한 요인은?**

① 카카오 버터 ② 카카오 단백질
③ 코팅 기술 ④ 코코아 껍질

해설 초콜릿의 지방 성분인 카카오 버터는 상온에서는 굳어진 결정을 하고 있지만 체온 가까이에서는 급히 녹는 성질이 있기 때문에, 먹을 때에 독특한 맛이 금방 퍼진다. 또한 카카오 버터는 일반 유지에 비해 산화되기 어려워 맛이 오래 보존된다.

75 ③ 76 ② 77 ① 78 ③ 79 ① 80 ① 정답

81 **카카오 버터는 초콜릿에 함유된 유지이다. 카카오 버터는 그 안정성이 떨어져 초콜릿의 블룸 현상의 원인이 되고 있다. 이를 방지하기 위한 공정을 무엇이라 하는가?**

① 콘 칭 ② 템퍼링
③ 발 효 ④ 선 별

해설 **템퍼링**
초콜릿을 사용하기에 적합한 상태로 녹이는 과정을 템퍼링이라고 한다. 이 과정을 거친 초콜릿은 결정이 안정되어 블룸 현상이 일어나지 않고 광택이 있으며 몰드에서 잘 분리되고 보관 기간 또한 늘어난다.

82 **초콜릿 템퍼링 시 초콜릿에 물이 들어갔을 경우 발생하는 현상이 아닌 것은?**

① 쉽게 굳는다.
② 광택이 나빠진다.
③ 블룸이 발생하기 쉽다.
④ 보존성이 짧아진다.

해설 템퍼링 시 물이 들어가면 광택이 나빠지고 슈거 블룸의 원인이 된다.

83 **유화 쇼트닝을 60% 사용한 옐로 레이어 케이크 배합에 32%의 초콜릿을 넣어 초콜릿 케이크를 만들 때 원래의 쇼트닝 60%는 얼마로 조절해야 하는가?**

① 48%
② 54%
③ 60%
④ 72%

해설
- 카카오 버터 = 초콜릿 × 0.375
  = 32% × 0.375 = 12%
- 조절 쇼트닝 = 원래 쇼트닝 − 초콜릿의 쇼트닝
  = 60 − 6 = 54%

84 **코코아 20%에 해당하는 초콜릿을 사용하여 케이크를 만들려고 할 때 초콜릿 사용량은?**

① 16%
② 20%
③ 28%
④ 32%

해설 초콜릿은 62.5%(5/8)가 코코아, 37.5%(3/8)가 카카오 버터로 구성되어 있으므로
20% : x = 62.5% : 100
∴ x = 2,000 ÷ 62.5 = 32%

정 답 81 ② 82 ① 83 ② 84 ④

MEMO

P/A/R/T

03

생산 작업 준비

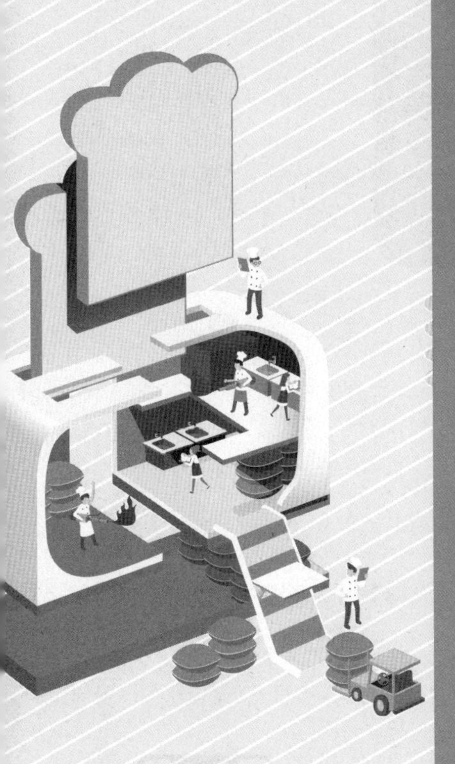

제과제빵
기능사
필기
한권으로 끝내기!

작업환경 점검

제1절 소독제

(1) 소독 및 소독제

① 소독 방법에는 물리적 소독과 화학적 소독이 있으며, 화학적 소독에 사용되는 소독제는 염소계, 4급 암모늄계, 에탄올계, 과산화물계 등이 있다.

② 소독제는 살균력이 강하고 불쾌한 냄새가 나지 않아야 하며 부식성과 표백성이 작고 가격이 저렴하여 경제성이 있어야 한다.

③ 사용법이 간편하고 안전하며 침투력이 강하고 유기물의 존재 여부에 관계없이 소독 작용이 강해야 한다.

(2) 소독제 사용 시 주의사항

① 식품첨가물로 고시된 제품인지 확인한다(식품의약품안전처 승인).

② 마스크와 장갑 등 개인 보호 장비를 착용하고 사용한다.

③ 소독제를 희석할 때는 계량 도구를 사용하고 물로만 희석한다.

④ 사용 중인 소독제를 보관할 때는 뚜껑을 밀폐하고 서늘한 장소에 보관한다.

더 알아보기 작업실 바닥 살균

- 살균 전 바닥이 충분히 청결한지 확인한다.
- 바닥에 물기가 없는 것을 확인한다.
- 사용할 소독제의 농도를 작업지시서에 맞춰 희석한다.
- 바닥의 살균 소독제로 70% 알코올 또는 차아염소산나트륨 200mg/L를 분무하고 건조한다.

제2절 작업대 청결

(1) 작업대 재질

① 나무(Wooden Type)

㉠ 중량과 경제적인 면이 가벼운 장점이 있고 열전도율이 낮아 제빵작업에 많이 사용된다.

㉡ 박테리아와 습기에 대한 오염, 음식의 냄새와 얼룩의 흡수, 마모에 취약하므로 활용성이 낮고 위생적 가치가 떨어진다.

㉢ 습기에 저항성이 있는 합판, 견고성이 필요한 곳에는 단풍나무 등을 사용할 수 있다.

② 스테인리스(Stainless Steel Type)

㉠ 표면이 매끄럽고 녹이 발생하지 않는 내식성이 뛰어나다.

㉡ 열에 잘 견디는 내열성과 외부 충격에 강한 내구성을 두루 갖추고 있어 작업대에 가장 보편적으로 사용한다.

③ 대리석(Marble Type)

㉠ 결정질의 석회암의 대표적인 석재로, 결정이 작고 혼합물이 없는 백색의 것이 품질이 좋다.

㉡ 질이 치밀하고 견고하여 주로 초콜릿이나 제과용으로 많이 사용되나 열과 산에는 약하고 깨질 수 있으므로 조심하여 사용한다.

(2) 작업대 점검

① 작업대 이음새 부분에 곰팡이 등이 끼어 있는지 확인한다.

② 소독제를 사용하기 전에 장갑을 착용한다.

③ 70% 알코올을 건조한 작업대에 분무한 후 닦아 내지 않고 자연 건조한다.

(3) 작업대 살균

① 살균하기 전 작업대가 충분히 청결한지 확인한다.

② 사용할 소독제의 농도를 작업지시서에 맞춰 희석한다.

③ 70% 알코올을 건조한 작업대에 분무한 후 5분간 유지하여 살균 소독 또는 차아염소산나트륨 200mg/L 용액을 분무한 후 5분간 유지하여 살균 소독하고 자연 건조한다.

(4) 작업장 조도

작업 내용	표준조도(lx)	한계조도(lx)
포장, 장식 등 수작업 마무리작업	500	500~700
계량, 반죽, 조리, 정형	200	150~300
기계작업의 굽기, 포장, 장식작업	100	70~150
발 효	50	30~70

CHAPTER 01

적중예상문제

01 작업실 바닥재로 적합하지 않은 것은?

① 나 무 ② 타 일
③ 우레탄 ④ 유클리트

해설 작업실 바닥은 타일 바닥을 가장 많이 사용하며 나무는 적합하지 않다.

02 소독제를 사용할 때는 살균력이 강하고 불쾌한 냄새가 나지 않아야 하는데 소독제가 갖추어야 하지 않아도 되는 것은?

① 간편성 ② 안전성
③ 경제성 ④ 기호성

해설 소독제는 부식성과 표백성이 작고 가격이 저렴하여 경제성이 있어야 한다. 특히 사용법이 간편하고 안전하며 침투력이 강하고 유기물의 존재 여부에 관계없이 소독작용이 강해야 한다.

03 작업실 바닥을 살균할 때 적합한 소독제는?

① 차아염소산나트륨
② 아이오딘액
③ 염 소
④ 염화나트륨

해설 바닥의 살균 소독제로 70% 알코올 또는 차아염소산나트륨 200mg/L를 분무하고 건조한다.

04 작업대의 재질로 적당하지 않은 것은?

① 나 무 ② 알루미늄
③ 대리석 ④ 스테인리스

해설 작업대의 재질로는 나무, 대리석, 스테인리스를 사용한다.

05 방충망 세척 시 적절한 살균방법은?

① 자외선 ② 염장법
③ 훈연법 ④ 당장법

해설 방충망은 자외선 건조 살균을 한다.

06 작업대를 살균할 때 알코올 농도로 알맞은 것은?

① 30% ② 50%
③ 70% ④ 90%

해설 작업대 살균은 70%의 알코올 농도로 한다.

07 작업실 바닥을 차아염소산나트륨으로 살균할 때 농도는?

① 100mg/L ② 200mg/L
③ 300mg/L ④ 400mg/L

정 답 1 ① 2 ④ 3 ① 4 ② 5 ① 6 ③ 7 ②

기기 안전관리

제1절 세척 및 소독

(1) 세제의 종류 및 용도

종 류	용 도
일반 세제(비누, 합성세제)	거의 모든 용도의 세제
솔벤트	가스레인지 등의 음식이 직접 닿지 않는 곳의 묵은 때 제거
산성세제	세척기의 광물질, 세제 찌꺼기 제거
연마제	바닥, 천장 등의 청소

(2) 소 독

① 1주일에 1회 이상 청소 및 소독을 실시하여야 한다.

② 소독의 종류 및 방법

종 류	대 상	방 법
열탕 소독	식기, 행주	100℃, 5분 이상 가열
증기 소독	식기, 행주	• 100~120℃, 10분 이상 처리 • 금속제 : 100℃, 5분 • 사기류 : 80℃, 1분 • 천류 : 70℃, 25분 또는 95℃, 10분
건열 소독	스테인리스 스틸 식기	160~180℃, 30~45분
자외선 소독	소도구, 용기류	2,537Å, 30~60분 조사
화학 소독제	작업대, 기기, 도마, 과일, 채소	세제가 잔류하지 않도록 음용수로 깨끗이 씻음
염소 소독	생과일, 채소	100ppm, 5~10분 침지
	발판 소독	100ppm 이상
	용기 등의 식품 접촉면	100ppm, 1분간
아이오딘액	기구, 용기	pH 5 이하, 실온, 25ppm, 최소 1분간 침지
알코올	손, 용기 등 표면	70% 에틸알코올을 분무하여 건조

제2절 기자재 및 설비 관리

(1) 기자재 관리

① 믹서기

수직형 믹서기	• 주로 소규모 제과점에서 사용 • 케이크, 빵 반죽에 사용
수평형 믹서기	• 많은 양의 빵 반죽을 할 때 사용 • 반죽의 양은 반죽통 용적의 30~60%가 적당
스파이럴 믹서기	• 나선형 훅을 사용 • 프랑스빵, 독일빵 등에 사용

② 오 븐

데크오븐	• 소규모 제과점에서 많이 사용 • 윗불, 아랫불 온도조절
로터리오븐	• 컨벡션오븐과 같이 대량의 열풍을 바람개비에 의해 대류시키는 방식 • 대량생산에 적합하며, 열이 골고루 전달되고 굽는 시간 단축
터널오븐	• 대규모 생산공장에서 대량생산 가능 • 반죽의 들어오는 입구와 출구가 다름
컨벡션오븐	• 오븐 뒷면에 열풍을 불어 넣을 수 있어 열을 대류시켜 굽는 오븐 • 팬으로 열풍을 강제로 순환하는 방식으로 굽는 시간이 단축됨

③ 파이 롤러 : 반죽을 밀어펴서 두께를 조절하는 기계로 파이 반죽을 만들 때 사용

④ 발효기 : 반죽의 온도와 습도를 조절하는 기계

⑤ 분할기 : 1차 발효 후 일정한 크기의 반죽으로 분할하는 기계

⑥ 도(Dough) 컨디셔너 : 반죽의 냉동, 냉장, 해동, 2차 발효 상태를 자동으로 조절 가능한 기계

⑦ 라운더 : 분할된 반죽을 둥그렇게 말아서 모양을 내는 기계

⑧ 정형기 : 중간발효를 마친 반죽을 밀어펴서 가스를 빼고 말아서 모양을 내는 기계

(2) 제빵적성 시험기기

① 아밀로그래프 : 밀가루의 호화온도, 호화정도, 점도의 변화 측정

② 패리노그래프 : 밀가루 흡수율, 믹싱시간, 믹싱내구성 및 점탄성 등의 글루텐 질 측정

③ 익스텐소그래프 : 반죽의 신장성과 저항성 측정

④ 믹소그래프 : 반죽의 형성, 글루텐 발달 기록(밀가루 단백질 함량과 흡수와의 관계, 믹싱 시간, 믹싱내구성 측정)

(3) 설비 관리

① 작업대

㉠ 작업대는 부식성이 없는 스테인리스 등의 재질로 설비한다.

㉡ 나무로 된 테이블은 나무 사이에 세균이 번식할 우려가 있으므로 정기적으로 대패로 윗부분을 깎아 주어야 한다.

② 냉장·냉동기기

㉠ 냉동실은 -18℃ 이하, 냉장실은 5℃ 이하의 적정 온도를 유지한다.

㉡ 매일 일정한 시간에 내부 온도를 측정하고 그 기록을 1년간 보관한다.

㉢ 서리 제거는 온도를 유지하기 위해 1주일에 1회 정기적으로 실시한다.

③ 믹싱기

㉠ 믹싱볼과 부속품은 분리한 후 음용수에 중성세제 또는 약알칼리성 세제를 전용 솔에 묻혀 세정한 후 깨끗이 헹궈 건조하여 엎어서 보관한다.

㉡ 사용 후에는 믹싱기의 변속기나 몸체를 깨끗이 닦고, 1단으로 조절하여 전원을 끄고 플러그를 뺀다.

④ 발효기

㉠ 발효실은 사용 후 철저하게 습기를 제거하고 건조시키며, 정기적인 청소 관리를 한다.

㉡ 물을 받아서 사용하는 발효실은 발효가 끝난 후 물을 빼고 건조시킨다.

⑤ 오 븐

㉠ 오븐 클리너를 사용하여 그을림을 깨끗이 닦아 준다.

㉡ 부패를 방지하기 위하여 주 2회 이상 청소해야 한다.

⑥ 파이 롤러 : 사용 후 헝겊 위나 가운데 스크레이퍼 부분의 이물질을 솔로 깨끗이 털어내고 청소를 철저히 해야 세균의 번식을 막을 수 있다.

⑦ 튀김기 : 따뜻한 비눗물을 팬에 가득 붓고 10분간 끓여 내부를 충분히 깨끗이 씻은 후 건조시켜 뚜껑을 덮어 둔다.

적중예상문제

01 작업대를 세척하고 살균할 때 알코올 농도는?

① 40%
② 50%
③ 60%
④ 70%

해설 알코올 살균 농도는 70%로 사용한다.

02 기기를 세척할 때 세제로 적합하지 않은 것은?

① 비 누
② 솔벤트
③ 알칼리성 세제
④ 산성세제

해설 기기 세척 세제로는 비누, 합성세제, 솔벤트, 산성세제, 알코올 등을 사용한다.

03 식기 및 행주를 열탕 소독하는 방법은?

① 80℃, 15분
② 90℃, 10분
③ 100℃, 5분
④ 105℃, 3분

해설 식기, 행주의 열탕 소독방법은 100℃에서 5분 이상 가열하는 것이다.

04 냉장, 냉동실 관리온도로 적합한 것은?

① 냉장실 0℃, 냉동실 −10℃
② 냉장실 5℃, 냉동실 −18℃
③ 냉장실 10℃, 냉동실 −20℃
④ 냉장실 15℃, 냉동실 −25℃

해설 냉장실 관리온도는 5℃, 냉동실은 −18℃ 이하가 적합하다.

정 답 1 ④ 2 ③ 3 ③ 4 ②

05 쇼케이스를 관리할 때 가장 알맞은 온도는?

① 0℃ 이하
② 10℃ 이하
③ 15℃ 이하
④ 20℃ 이하

해설 쇼케이스의 온도는 10℃ 이하를 유지하도록 관리하고, 문틈에 쌓인 찌꺼기를 제거하여 청결하게 유지한다.

06 소규모 제과점에서 많이 사용되는 오븐의 종류는?

① 데크오븐 ② 컨벡션오븐
③ 터널오븐 ④ 로터리오븐

해설
- 데크 오븐 : 단과자빵, 소프트빵에 적합, 소규모 제과점에서 사용
- 컨벡션오븐 : 유럽빵(바게트, 하드롤)에 적합
- 터널오븐 : 넓은 면적 필요(대형 공장), 열손실이 큼
- 로터리오븐 : 회전 오븐, 열 분포 고름

07 아밀로그래프(Amylograph)의 설명으로 틀린 것은?

① 전분의 점도 측정
② 아밀레이스의 효소능력 측정
③ 점도를 BU 단위로 측정
④ 전분의 다소(多少) 측정

해설 **아밀로그래프(Amylograph)** : 점도, 아밀레이스 활성도, 전분의 호화(곡선 높이 : 400~600BU)를 측정할 때 사용한다.

5 ② 6 ① 7 ④ 정답

P/A/R/T

04

제빵기능사

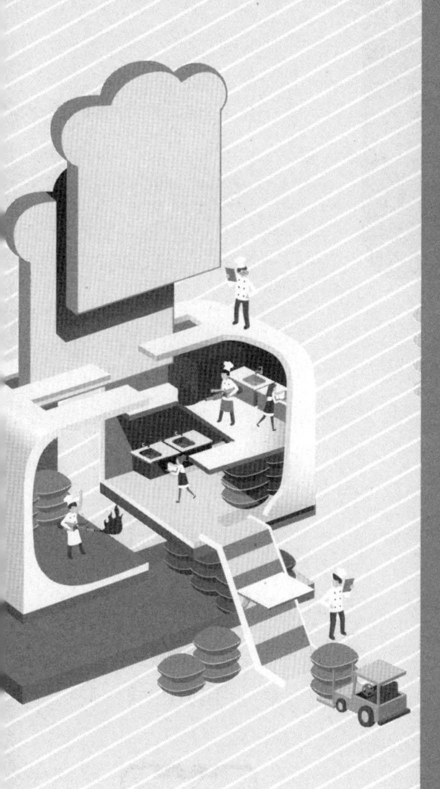

제과제빵
기능사
필기
한권으로 끝내기!

빵류 제품 재료 혼합

제1절 배합표

(1) 빵의 배합표 작성

① 빵에 사용되는 재료 계량의 단위는 부피보다 무게를 사용한다. 왜냐하면 무게에 의한 계량이 부피보다 정확하며, 일정한 품질의 제품을 만들기 위해서는 무게의 정확성이 아주 중요하기 때문이다.

② 배합표란 빵을 만드는 데 필요한 재료의 종류와 양, 비율을 숫자로 표시한 것이다.

(2) 배합표의 종류

① 베이커스 퍼센트(Baker's%, B%)

㉠ 반죽에 들어가는 밀가루의 양 100을 기준으로 하여 각 재료가 차지하는 양을 비율(%)로 표시한 것이다.

㉡ 제빵업계에서 배합률을 작성할 때 베이커스 퍼센트를 사용하면 백분율을 사용할 때보다 배합표 변경이 쉽고 변경에 따른 반죽의 특성을 짐작할 수 있다.

② 트루 퍼센트(True%, T%) : 총배합에 들어가는 재료의 합을 100으로 보고 각 재료가 차지하는 양을 비율(%)로 표시한 것을 말한다.

더 알아보기 Baker's%의 배합량 계산법

- 밀가루 무게(g) = $\dfrac{\text{밀가루 비율(\%)} \times \text{총반죽 무게(g)}}{\text{총배합률(\%)}}$
- 총반죽 무게(g) = $\dfrac{\text{총배합률(\%)} \times \text{밀가루 무게(g)}}{\text{밀가루 비율(\%)}}$
- 각 재료의 무게 = $\dfrac{\text{각 재료의 비율(\%)} \times \text{밀가루의 무게(g)}}{\text{밀가루의 비율(\%)}}$

제2절 제빵 주요 재료의 기능

(1) 밀가루

① 분 류

㉠ 강력분 : 파이나 빵류에 적합하며, 단백질을 11~14% 정도 함유하고 있다. 탄력성이 가장 강한 밀가루이다.

㉡ 중력분 : 국수나 우동 등 면류에 적합하며, 단백질 함량은 10.5% 정도이다.

㉢ 박력분 : 케이크류에 적합하다. 단백질이 7~9% 정도이고 점성은 약하지만, 다른 재료와 혼합해서 구워냈을 때는 가볍고 식감이 우수하다.

② 기 능

㉠ 글루텐을 형성하여 발효 시 생성된 가스를 보유, 제품의 부피와 기초 골격을 이루게 한다.

㉡ 껍질과 속의 색, 기질, 맛 등에 영향을 준다.

(2) 이스트

① 이스트는 출아법으로 증식한다. 번식에 있어 최적 온도는 28~32℃이고, pH는 4.5~5.0이지만 반죽의 작업성이나 빵의 풍미를 고려하여 빵 반죽 발효의 경우, 온도 범위가 24~35℃, pH 5.0~5.8로 차이를 둔다.

② 종류 : 생이스트(수분 70~75%, 고형분 25~30%), 건조 이스트(수분 7.5~9%), 인스턴트 이스트

③ 이스트에 들어 있는 대표적인 효소

㉠ 프로테이스 : 단백질의 분해효소로 최종 아미노산 입자로 분해

㉡ 라이페이스 : 지방을 지방산과 글리세롤로 분해

㉢ 인버테이스 : 자당을 포도당과 과당으로 분해

㉣ 말테이스 : 맥아당을 2분자의 포도당으로 분해

㉤ 치메이스 : 포도당과 과당을 분해하여 탄산가스와 알코올을 만듦

④ 저장 온도는 -1~7℃이며 -3℃ 이하에서는 활동이 정지된다.

⑤ 기 능

㉠ 반죽 내에서 탄산가스를 생산하여 팽창에 관여한다.

㉡ 독특한 풍미와 식감을 갖는 양질의 빵을 만든다.

㉢ 자당, 포도당, 과당, 맥아당 등을 이용하여 에틸알코올, 탄산가스, 열, 산 등을 생성한다.

(3) 소 금

① 다른 재료의 향미를 나게 도와주며 감미를 조절한다.

② 반죽의 글루텐을 단단하게 한다.

③ 캐러멜 온도를 낮추어 껍질 색이 짙어진다.

(4) 물

① 빵을 만들기에 적합한 물은 아경수이다.

② 연수는 글루텐을 약화시켜 연하고 끈적거리는 반죽을 만들기 때문에 이스트 푸드와 소금의 사용량을 늘려야 한다.

③ 반죽의 굽기 과정 중 내부 온도가 97~98℃로 상승하므로 증기압을 형성한다.

(5) 설 탕

① 당의 종류

㉠ 천연 감미료 : 설탕, 당밀, 벌꿀 등

㉡ 가공 감미료 : 물엿, 엿, 포도당, 과당, 올리고당 등

㉢ 인공 감미료(화학 감미료) : 사카린, 스테비오사이드 등

② 설탕의 사용량이 밀가루의 5%일 때 발효는 최대가 되며, 45%일 때에는 삼투압 때문에 이스트의 활동을 정지시킨다.

③ 빵의 색

㉠ 캐러멜화 반응(Caramel Reaction) : 당의 농후액을 가열하면 분해반응을 일으켜 갈색으로 착색되는 것이다.

㉡ 메일라드 반응(Maillard Reaction) : 아미노산과 환원당(포도당, 과당, 맥아당 등)이 작용하여 갈색의 중합체인 멜라노이딘(Melanoidine)을 만든다.

④ 당의 기능

㉠ 발효하는 동안 이스트가 이용할 수 있는 먹이를 제공한다.

㉡ 이스트가 이용하고 남은 당은 갈변반응을 일으켜 껍질 색을 낸다.

㉢ 이스트 발효 시 산이나 휘발성 물질에 의하여 향을 제공한다.

㉣ 수분 보유력에 의해 제품의 노화(Shelf Life)를 지연한다.

(6) 우 유

① **구성** : 수분이 87.5%이고 고형물이 12.5%로, 고형물 중의 3.4%가 단백질이다.

② **우유 단백질** : 단백질 중 75~80%는 카세인으로 열에 강해 100℃에서도 응고되지 않으나, 유장 단백질인 락트알부민과 글로불린은 열에 약하다.

③ 유제품에는 분유, 버터, 치즈, 농축유 등이 있으며, 제빵 시에는 일반적으로 탈지분유를 사용한다.

④ 기 능

㉠ 제품의 향과 풍미를 개선시키고 영양가를 향상시킨다.

㉡ 단백질과 젖당을 많이 함유하고 있어 빵 속을 부드럽게 하며 광택을 좋게 한다.

㉢ 크림색을 띠게 하며 갈색화 반응에 의해 껍질 색을 좋게 한다.

(7) 유 지

① 종 류

쇼트닝(Shortening)	• 제품의 부드러움을 주는 윤활작용으로 100% 지방이며 무색, 무미, 무취하다. • 식용 유지를 그대로 또는 첨가물(수소)을 넣어 급랭, 연화시켜 만든 고체상 또는 유동상의 것이다. • 가소성, 유화성 등의 가공성을 준 것이다.
버터(Butter)	• 우유의 유지방(크림)을 가공한 것이다. • 독특한 풍미를 가지고 있으며 쇼트닝에 비하여 녹는점이 낮기 때문에 5℃ 전후에서 보관해야 한다.
마가린(Margarine)	• 버터의 대용품으로 개발되어 버터와 흡사한 맛과 향기, 점성을 가지고 있다. • 주로 식물성 유지나 동물성 지방을 가공하여 만든다. • 버터와 비교했을 때 가소성이 좋고 가격이 낮다. • 80%의 지방을 함유하고 있다.
유화 쇼트닝	• 유화제를 5~6% 정도 첨가한 것이다. • 유화제를 첨가한 목적은 빵과 케이크의 노화 지연, 크림성 증가, 유화 분산성 및 흡수성의 증대를 통하여 보다 좋은 제과제빵 적성을 가지게 하는 데 있다. • 튀김 기름 : 고체 쇼트닝, 액체유 등 발연점이 높은 것을 사용해야 한다.

② 기 능

㉠ 반죽 팽창을 위한 윤활작용을 한다.

㉡ 식빵의 슬라이스를 돕는다.

㉢ 수분 보유력을 향상시켜 노화를 연장한다.

㉣ 페이스트리를 구울 때 유지 중의 수분 증발로 부피를 크게 한다.

㉤ 믹싱 중에 유지가 얇은 막을 형성하여 전분과 단백질이 단단하게 되는 것을 방지하여 구운 후의 제품에도 윤활성을 제공한다.

㉥ 액체유는 가소성이 결여되어 반죽에서 피막을 형성하지 못하고 방울 상태로 분산되기 때문에 쇼트닝 기능이 거의 없다.

(8) 기 타

① 이스트 푸드 : 물 조절제(경도 조절제), 이스트 영양분, 반죽 조절제(산화제) 역할을 한다.

② 제빵 개량제 : 제품의 질을 향상시키기 위한 재료로 유화제, 산화제, 효소제, 발효 촉진제, 환원제, 분산제, 산미제 등이 있다.

제3절 재료 준비 및 전처리

(1) 재료 준비 및 전처리

① 계량한 재료로 반죽을 하기 전에 취하는 모든 작업을 말한다.

② 밀가루의 체치기

㉠ 밀가루 속의 이물질과 알갱이를 제거하고, 이스트가 호흡하는 데 필요한 공기를 밀가루에 혼입하여 발효를 촉진시키고 흡수율을 증가시킨다.

㉡ 공기의 혼입으로 밀가루의 15%까지 부피를 증가시킬 수 있다.

③ 탈지분유

㉠ 설탕 또는 밀가루와 혼합하여 체로 쳐서 분산시키거나, 물에 녹여서 사용한다.

㉡ 우유 대용으로 쓸 때에는 분유 10%에 물 90%를 사용한다.

④ 유지 : 냉장고나 냉동고에서 미리 꺼내어 실온에서 부드러운 상태로 만든 후 사용하는 것이 좋다.

⑤ 이스트

㉠ 생이스트는 밀가루에 잘게 부수어 넣고 혼합하여 사용하거나 물에 녹여 사용한다.

㉡ 드라이 이스트는 중량의 5배 정도의 미지근한 물(35~40℃)에 풀어서 사용한다.

⑥ 소금 : 이스트의 발효를 억제하거나 파괴하므로 가능하면 물에 녹여서 사용한다.

⑦ 개량제 : 가루재료(밀가루 등)에 혼합하여 사용한다.

⑧ 건포도

㉠ 건포도 양의 12%에 해당하는 물(27℃)에 4시간 이상 담가 둔 뒤에 사용하거나 건포도가 잠길 만큼 물을 부어 10분 정도 담가뒀다 체에 받쳐서 사용한다.

㉡ 목적은 씹는 조직감을 개선하고 반죽 내에서 반죽과 건조 과일 간의 수분 이동을 방지하고 건조 과일의 본래 풍미를 되살아나도록 하기 위함이다.

⑨ 견과류 및 향신료

㉠ 견과류는 조리 전에 살짝 구워준다.

㉡ 향신료도 소스나 커스터드 등에 넣기 전에 갈아서 구워준다. 1차로 구워주면 견과류나 향신료의 향미가 더해지며 식감이 바삭해진다.

㉢ 끓는 물에 데친다(껍질의 쓴맛을 제거하기 위함).

- 아몬드는 끓은 물에 3~5분 정도 담가 놓고 꺼내서 껍질을 제거한다.
- 헤이즐넛은 135℃로 예열된 오븐에 향이 나기 시작할 때까지 12~15분간 둔다.

제4절 반죽(Mixing)

(1) 반죽의 의의 및 목적

① 의의 : 모든 재료를 혼합하여 밀가루 단백질과 물을 결합시키고, 글루텐을 생성·발전시키며 발효 중 전분이나 유지와 함께 이스트가 생성하는 이산화탄소를 보존할 수 있는 막을 형성하는 것이다.

② 목 적

㉠ 밀가루에 물을 충분히 흡수시켜 글루텐 단백질을 결합시키기 위함이다.

㉡ 글루텐을 생성·발전시켜 반죽의 가소성, 탄력성, 점성, 신장성 등을 최적의 상태로 만든다.

(2) 빵 반죽의 특성

① 물리적 특성

㉠ 탄력성 : 반죽을 늘이려고 할 때 다시 되돌아가려는 성질

㉡ 점성(유동성) : 변형된 물체가 그 힘이 없어졌을 때 원래대로 되돌아가려는 성질

㉢ 신장성 : 반죽이 늘어나는 성질

㉣ 가소성 : 일정한 모양을 유지할 수 있는 고체의 성질

② 화학적 특성

㉠ 단백질 분자 사이의 S-S결합은 점탄성의 원인이 된다. 글루테닌 중 S-S결합에 의해 3차원 망상구조를 형성하기 때문이다.

㉡ 밀단백질은 SH기보다 S-S기를 15~20배 더 함유하고 있어서 S-S기의 함량은 상호교체 반응속도에 거의 영향을 주지 않는다.

(3) 반죽 작업 공정의 6단계(M. J 스튜어트 피거)

① 픽업단계(Pick-up Stage) : 데니시 페이스트리

㉠ 가루재료와 물이 균일하게 혼합되는 단계이며, 반죽은 끈기가 없고 끈적거리며 거친 상태이다.

㉡ 믹싱속도는 저속을 유지한다.

② 클린업단계(Clean-up Stage) : 스펀지법의 스펀지 반죽

㉠ 반죽기의 속도를 저속에서 중속으로 바꾼다.

㉡ 수분이 밀가루에 완전히 흡수되어 한 덩어리의 반죽이 만들어지는 단계이다.

㉢ 이 단계에서 유지를 넣으면 믹싱 시간이 단축된다.

㉣ 흡수율을 높이기 위해 이 시기에 소금을 넣는다.
㉤ 대체적으로 냉장 발효 빵 반죽은 이 단계에서 반죽을 마친다.

③ 발전단계(Development Stage) : 하스 브레드
㉠ 반죽의 탄력성이 최대가 되며, 믹서의 최대 에너지가 요구된다.
㉡ 반죽은 훅에 엉겨 붙고 볼에 부딪힐 때 건조하고 둔탁한 소리가 난다.
㉢ 프랑스빵이나 공정이 많은 빵 반죽은 이 단계에서 반죽을 그친다.

④ 최종단계(Final Stage) : 식빵, 단과자빵
㉠ 글루텐을 결합하는 마지막 단계로 신장성이 최대가 된다.
㉡ 반죽이 반투명하고 믹서볼의 안벽을 치는 소리가 규칙적이며 경쾌하게 들린다.
㉢ 반죽을 조금 떼어내 두 손으로 잡아당기면 찢어지지 않고 얇게 늘어난다.
㉣ 대부분 빵류의 반죽은 이 단계에서 반죽을 마친다.

⑤ 렛다운단계(Let Down Stage) : 햄버거 빵, 잉글리시 머핀
㉠ 글루텐을 결합함과 동시에 다른 한쪽에서 끊기는 단계이다.
㉡ 반죽이 탄력성을 잃고 신장성이 커져 고무줄처럼 늘어지며 점성이 많아지는 단계를 과반죽 단계라 한다.
㉢ 잉글리시 머핀 반죽은 모든 빵 반죽에서 가장 오래 믹싱한다.

⑥ 브레이크다운 단계(Break Down Stage)
㉠ 글루텐이 더 이상 결합하지 못하고 끊기기만 하는 단계이다.
㉡ 이러한 반죽을 구우면 오븐 팽창(Oven Spring)이 일어나지 않아 표피와 속결이 거친 제품이 나온다. 이는 빵 반죽으로서 가치를 상실한 것이다.

(4) 반죽 시간 및 속도

① **반죽기의 회전속도와 반죽 양** : 회전속도가 빠르고 반죽 양이 적으면 반죽 시간이 짧으며, 속도가 느리고 반죽 양이 많으면 시간이 길어진다.
② **소금** : 글루텐 형성을 촉진하여 반죽의 탄력성을 키운다. 그 결과 반죽 시간이 짧아진다.
③ **탈지분유** : 글루텐 형성을 늦춘다. 그 결과 반죽 시간이 늘어난다.
④ **설탕** : 글루텐 결합을 방해하여 반죽의 신장성을 키운다. 그 결과 반죽 시간이 늘어난다.
⑤ **밀가루** : 단백질의 질이 좋고 양이 많을수록 반죽 시간이 길어지고 반죽의 기계 내성이 커진다.
⑥ **흡수율** : 흡수율이 높을수록 반죽 시간이 짧아진다.
⑦ **스펀지 양** : 스펀지 배합 비율이 높고 발효 시간이 길수록 본반죽의 반죽 시간이 짧아진다.
⑧ **반죽 온도** : 반죽 온도가 높을수록 반죽 시간이 짧아진다.
⑨ **산도** : 산도가 낮을수록 반죽 시간이 짧아지고 최종단계의 폭이 좁아진다.

더 알아보기 반죽 흡수율과 시간에 영향을 미치는 요소

반죽 흡수율에 영향을 미치는 요소	반죽 시간에 영향을 미치는 요소
• 단백질 1% 증가 시 물 흡수율 1.5~2% 증가	• 반죽 회전속도
• 손상전분 1% 증가 시 물 흡수율 2% 증가	• 소금 투입 시기(클린업단계 투입 시 시간 감소)
• 설탕 5% 증가 시 물 흡수율 1% 감소	• 설탕량이 많으면 반죽 시간 증가
• 분유 1% 증가 시 물 흡수율 0.75~1% 증가	• 분유, 우유양이 많으면 반죽 시간 증가
• 연수 사용 시 물 흡수량 감소	• 클린업단계에서 유지 투입 시 반죽 시간 감소
• 경수 사용 시 물 흡수량 증가	• 반죽 되기(되면 시간 감소)
• 반죽 온도 5℃ 증가 시 물 흡수율 3% 감소	• 반죽 온도(높을수록 시간 감소)
• 픽업단계에서 소금 투입 시 물 흡수량 8% 감소	• pH 5.0에서 반죽 시간 증가
• 클린업단계 이후 소금 투입 시 물 흡수량 증가	• 밀가루 단백질의 양이 많으면 반죽 시간 증가

(5) 반죽 온도의 계산

① 보통 빵은 24~30℃의 범위로 반죽하며, 반죽 온도는 발효에 영향을 주는 것과 동시에 품질 관리의 지표가 된다.

② 오븐에 구울 때 이스트의 최적 온도는 32~35℃가 기본적인 환경 설정이다.

③ 2차 발효의 단계에서 저배합 반죽의 경우에는 32~33℃인 경우 3~4℃, 소프트계의 경우에는 35℃의 정도에서 5~6℃ 상승한다.

④ 스트레이트법(직접법) 반죽 온도의 계산

㉠ 마찰계수 = (반죽 결과 온도 × 3) − (실내 온도 + 밀가루 온도 + 사용할 물의 온도)

㉡ 사용할 물 온도 = (반죽 희망 온도 × 3) − (실내 온도 + 밀가루 온도 + 마찰계수)

㉢ 얼음 사용량 = $\dfrac{\text{물 사용량} \times (\text{수돗물 온도} - \text{계산된 물의 온도})}{80 + \text{수돗물 온도}}$

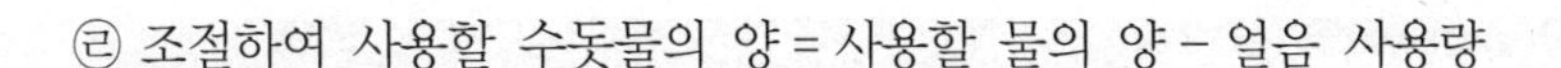

㉣ 조절하여 사용할 수돗물의 양 = 사용할 물의 양 − 얼음 사용량

더 알아보기 스트레이트법 반죽 온도 계산의 예

- 마찰계수 계산

  실내 온도 25℃, 밀가루 온도 23℃, 사용한 물의 온도 18℃ 그리고 반죽의 결과 온도가 28℃일 때의 혼합기의 마찰계수를 계산한다.

  > 마찰계수 = 28℃ × 3 − (25℃ + 23℃ + 18℃) = 18

- 사용할 물의 온도 계산

  실내 온도 25℃, 밀가루 온도 23℃, 마찰계수가 18일 때 희망하는 반죽 온도를 28℃로 할 때 사용할 물의 온도를 계산한다.

  > 사용할 물의 온도 = 28℃ × 3 − (25℃ + 23℃ + 18) = 18℃

  이때 18℃의 물을 사용하면 희망하는 반죽의 온도는 28℃가 된다.

- 사용할 얼음량 계산

  수돗물 사용량이 1,000g이고 수돗물 온도가 20℃, 계산된 물 온도가 18℃일 때 얼음 사용량과 물 사용량을 계산한다.

  > 얼음 사용량 = 1,000 × (20 − 18) / 80 + 20 = 20g
  > 물 사용량 = 1,000 − 20 = 980g

⑤ 스펀지법 반죽 온도의 계산

㉠ 반죽의 결과 온도는 마찰계수를 고려하지 않은 상태에서의 반죽 혼합 후 온도

㉡ 숫자는 마찰계수에 영향을 미치는 요소들, 즉 실내 온도, 밀가루 온도, 물 온도

㉢ 마찰계수 = (반죽 결과 온도 × 4) − (실내 온도 + 밀가루 온도 + 사용할 물의 온도 + 스펀지 온도)

㉣ 사용할 물의 온도 = (반죽 희망 온도 × 4) − (실내 온도 + 밀가루 온도 + 마찰계수 + 스펀지 온도)

㉤ 얼음 사용량 = $\dfrac{\text{물 사용량} \times (\text{수돗물 온도} - \text{계산된 물의 온도})}{80 + \text{수돗물 온도}}$

㉥ 조절하여 사용할 수돗물의 양 = 사용할 물의 양 − 얼음 사용량

제5절 스트레이트법 혼합

(1) 스트레이트법의 특징

① 전 재료를 한 번에 넣고 혼합하는 공정이다.

② 혼합 시간은 15~25분 정도이며, 반죽의 온도는 24~28℃ 정도, 발효 시간은 약 1.5~3시간이다.

③ 스트레이트법의 장단점

장 점	단 점
• 발효 손실이 적음 • 노동력 시간 절감 • 제조공정과 설비 절감 • 맛과 향이 신선함 • 믹싱 내구력이 좋음	• 노화가 빠름 • 발효 내구성이 나쁨 • 공정의 수정이 어려움 • 기계내성이 약함

(2) 스트레이트법의 제빵 공정

반죽 → 1차 발효 → 분할 → 둥글리기 → 중간발효 → 성형 → 2차 발효 → 굽기 → 냉각 → 포장

제6절 스펀지법 혼합

(1) 스펀지법 반죽

① 스펀지법 또는 중종법(발효종)이라고 한다.

② 믹싱을 2번하는 방법이다.

③ 반죽 온도 24℃, 발효 시간 3~5시간, 본반죽 온도 27℃이다.

④ 스펀지 재료 : 밀가루, 물, 이스트

⑤ 스펀지 밀가루 사용 범위 : 55~100%

⑥ 스펀지 밀가루 비율을 증가할 경우 현상

㉠ 부피가 크고 풍미가 증가

㉡ 본반죽 시간 단축, 플로어 타임 감소

㉢ 신장성 증가

⑦ 스펀지법의 장단점

장 점	단 점
• 부피가 크고 속결이 부드러움 • 노화가 지연되어 저장성이 좋음 • 공정의 융통성이 있음 • 발효 내구성과 기계 내구성이 좋음	• 발효 손실 증가 • 노동력과 시간 증가 • 시설비 증가

(2) 스펀지법 혼합에 의한 빵 제조

스펀지 반죽 → 스펀지 발효 → 본반죽 → 발효(플로어 타임) → 분할 → 둥글리기 → 벤치 타임 → 성형 → 2차 발효 → 굽기 → 냉각 → 포장

① 스펀지 발효

㉠ 밀가루의 전분을 발효성 당으로 전환시키는 효소, 즉 아밀레이스가 충분히 함유되어야 한다.

㉡ 스펀지 발효에서는 밀가루 내의 아밀레이스 활성도와 양에 따라 이스트 먹이의 공급량이 결정되며, 이것은 결과적으로 발효속도에 큰 영향을 미친다.

② 본반죽

㉠ 본반죽의 혼합 시간은 8~12분 정도이며 최종 반죽의 온도는 26~28℃가 되도록 한다.

㉡ 스펀지법의 1차 발효 과정은 플로어 타임(Floor Time)이라 부르며 10~30분 정도 발효시킨다.

㉢ 플로어 타임을 주는 동안에도 글루텐을 조절하여 더 안정한 구조를 형성시킨다.

(3) 스펀지법(중종법)의 종류

① 오버나이트 중종법

㉠ 장시간 스펀지법의 일종으로 스펀지를 12~24시간 발효시키는 것이다.

㉡ 이스트는 0.5~1.0% 사용하며 소량의 소금(0.3%)을 첨가한다.

㉢ 이스트를 아주 적은 양 사용하고 반죽 속에 내재되어 있는 미생물, 특히 젖산균이 발효에 관여하도록 하여 반죽의 신장성을 크게 하고, 저장성이 증가된다는 것이다.

㉣ 노화 지연으로 저장성이 높은 장점이 있으나, 발효 손실이 높다.

② 오토리즈(Autolyse) 법

㉠ 먼저 밀가루와 물을 섞어 짧게는 30분에서 최대 12시간 반죽을 수화시킨 다음 나머지 재료를 넣어 반죽하는 것을 말한다.

㉡ 밀가루 속에 있는 효소가 전분과 단백질을 분해시켜, 전분은 당으로 바뀌고 단백질은 글루텐으로 재결성된다.

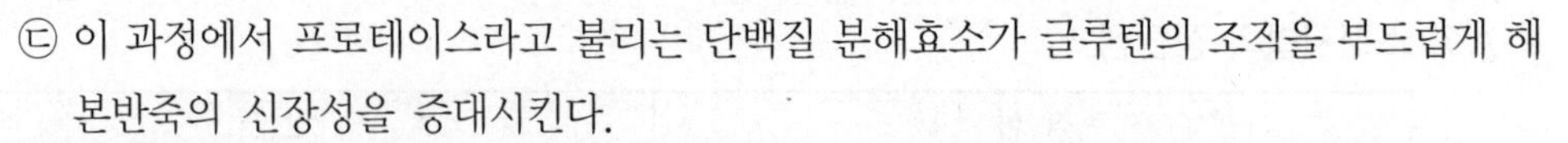

㉢ 이 과정에서 프로테이스라고 불리는 단백질 분해효소가 글루텐의 조직을 부드럽게 해 본반죽의 신장성을 증대시킨다.

③ 풀리시(Poolish)법

㉠ 물과 밀가루 1 : 1 동량에 소량의 이스트를 넣어 발효시킨 반죽으로, 전체적으로 들어가는 물의 양 50%에 물과 동일한 양의 밀가루, 이스트의 일부 또는 전량을 혼합해 짧게는 2시간에서 최대 24시간 휴지, 발효시킨 후 본반죽에 넣어 사용한다.

㉡ 풀리시에 들어가는 이스트의 양은 발효 시간에 따라 달라진다.

④ 비가(Biga)법

㉠ 이탈리아에서 사용하는 방법으로 밀가루 100%, 물 60%, 이스트 0.4%를 고르게 혼합하여 24시간 발효시킨 후 사용하는 것이다.

㉡ 풀리시법보다 된 반죽으로 발효시켜 사용하는 방법이다.

제7절 액체발효(액종법) 혼합법 등

(1) 액체발효법

① 아드미(ADMI)법이라고 한다.

② 액종의 온도는 30℃이며, 액종으로는 물, 이스트, 설탕, 이스트 푸드, 분유(완충제)가 있다.

③ 공간 및 설비를 감소할 수 있고 균일한 제품 생산이 가능하다.

④ 발효 손실이 감소하며, 내구력이 약한 밀가루도 사용 가능하다.

⑤ 환원제, 산화제, 연화제를 사용해야 하는 단점이 있다.

(2) 비상 스트레이트법

① 기계 고장, 비상시, 갑작스러운 주문, 작업 계획에 차질이 생겼을 때 사용하는 방법이다.

② 필수 조치사항

㉠ 반죽 시간 20~25% 증가

㉡ 이스트 2배 사용

㉢ 설탕 1% 감소

㉣ 물 1% 감소

㉤ 반죽온도 30~31℃

㉥ 1차 발효 15분 이상

③ 선택적 조치사항

㉠ 소금 0.25% 감소

㉡ 분유 감소

㉢ 이스트 푸드 증가

㉣ 식초나 젖산 0.25~0.75% 첨가

④ 장단점

장 점	단 점
• 공정의 단축 • 노동력과 인력 감소 • 갑작스러운 주문에 대처가 용이	• 부피가 불규칙 • 이스트 냄새 증가 • 노화가 빨라 저장성 감소

(3) 연속식 제빵법

① 액체 제빵법을 이용한다.

② 자동으로 연속적으로 빵을 제조한다(대규모 공장에서 대량생산 시 적합).

③ 액종 온도는 30℃이다.

④ 장단점

장 점	단 점
• 설비 감소 • 공장면적과 인력 감소 • 발효 손실 감소	• 초기시설 투자비용이 많이 듦 • 산화제 첨가로 발효향 감소

(4) 노타임법(No-time Dough Method)

① 무발효이거나 발효 시간을 줄여주는 방법이다.

② 산화제(브롬산칼륨), 환원제(L-시스테인)를 사용한다.

③ 이스트 사용량은 증가, 물, 설탕 사용량은 감소한다.

④ 반죽 온도는 30℃이다.

⑤ 장단점

장 점	단 점
• 시간 절약 • 기계의 내구성이 좋음 • 반죽이 부드럽고 흡수율이 좋음 • 내상이 균일하고 조밀함	• 제품의 광택이 없음 • 식감 및 풍미가 좋지 않음 • 제품의 질이 고르지 않음

(5) 냉동반죽법(Frozen Dough Method)

① -40℃에서 급속냉동 후 -20℃에서 저장하는 반죽법이다.

② 해동은 저온(냉장)에서 한다.

③ 전용 이스트 사용이 증가한다.

④ 반죽 온도는 21~24℃이다.

⑤ 장단점

장 점	단 점
• 야간작업, 휴일 대체 가능 • 다품종 소량 생산 가능 • 운반이 용이 • 신선한 빵을 자주 제공 가능 • 설비 및 공간 감소 • 노동력 및 인력 감소	• 이스트 활력 감소 • 반죽이 퍼지기 쉬움 • 가스 발생력이 저하됨 • 많은 양의 산화제 사용

(6) 천연발효법

① 천연액종발효법

㉠ 빵의 발효에 사용되는 이스트를 곡물이나 과일 등에서 천연효모를 채취하여 만드는 방법이다.

㉡ 천연발효종으로 안정도가 높은 재료로는 건포도와 요구르트가 있다.

㉢ 다양한 균의 활동으로 특유의 풍미를 가진 빵이 만들어진다.

② 호밀 사워반죽(Sour Dough)

㉠ 호밀빵을 만들 때 필요한 발효종으로 호밀과 물을 반죽한 후 며칠 동안 숙성시키면 종이 산화한다. 이 산과 발효 부산물이 독특한 풍미를 만든다.

㉡ 사워종을 배합하면 반죽조직에 기포가 형성되어 촉촉해지면서 식감이 좋게 바뀐다.

㉢ 제빵에 사워를 사용하는 목적은 풍미를 주고 팽창효과를 얻기 위해서이다.

㉣ 사워를 발효시켜 빵의 풍미에 영향을 주는 미생물로는 젖산균이 있다.

③ 탕종법

㉠ 밀가루에 뜨거운 물로 가열하여 전분을 호화시킨 후, 본반죽에 넣어 사용한다.

㉡ 전분의 호화란 밀가루에 물을 넣은 후 가열하면 부피가 늘어나고 끈적끈적한 풀처럼 걸쭉해진 상태를 말한다.

적중예상문제

01 제빵 시 베이커스 퍼센트(Baker's%)에서 기준이 되는 재료는?

① 설 탕 ② 물
③ 밀가루 ④ 유 지

해설 밀가루는 제빵의 가장 기본이 재료로 밀가루의 양(100)을 기준으로 한다.

02 다음 중 재료 계량에 대한 설명으로 틀린 것은?

① 저울을 사용하여 정확히 계량한다.
② 이스트와 소금과 설탕은 함께 계량한다.
③ 가루 재료는 서로 섞어 체질한다.
④ 사용할 물은 반죽 온도에 맞도록 조절한다.

해설 이스트와 소금, 설탕은 분리하여 계량한다.

03 일반 스트레이트법을 노타임 반죽법으로 전환할 때의 조치사항이 아닌 것은?

① 설탕 사용량 증가
② 산화제 사용
③ 환원제 사용
④ 발효 시간 감소

해설 일반 스트레이트법을 노타임 반죽법으로 전환할 때의 조치사항으로는 산화제 사용, 환원제 사용, 발효 시간 감소 등이 있다.

04 반죽 개량제에 대한 설명 중 틀린 것은?

① 반죽 개량제는 빵의 품질과 기계성을 증가시킬 목적으로 첨가한다.
② 산화제, 환원제, 반죽 강화제, 노화 지연제, 효소 등이 있다.
③ 산화제는 반죽의 구조를 강화시켜 제품의 부피를 증가시킨다.
④ 환원제는 반죽의 구조를 강화시켜 반죽 시간을 증가시킨다.

해설 환원제를 사용하면 믹싱 시간이 단축된다.

05 파이 롤러의 위치가 가장 적합한 곳은?

① 냉장고 옆
② 오븐 옆
③ 싱크대 옆
④ 작업 테이블 옆

해설 파이는 휴지를 하면서 작업하므로 파이 롤러를 냉장고 옆에 놓는 것이 적합하다.

06 믹싱(Mixing) 시 글루텐이 형성되기 시작하는 단계는?

① 픽업단계 ② 발전단계
③ 클린업단계 ④ 과반죽단계

해설 클린업단계(Clean-up Stage)는 수화가 완전히 이루어져서 반죽이 한 덩어리로 만들어지는 단계이다.

정 답 1③ 2② 3① 4④ 5① 6③

07 반죽 시 과반죽단계(Let Down Stage)를 바르게 설명한 것은?

① 최종 단계를 지나 반죽이 탄력성을 잃으며 신장성이 최대인 상태
② 반죽이 처지며 글루텐은 완전히 파괴된 상태
③ 글루텐이 발전하는 단계로서 최고도의 탄력성을 가지는 상태
④ 수화는 완료되고 글루텐 일부가 결합된 상태

해설 렛다운단계(Let Down Stage)는 반죽의 글루텐이 끊어지기 시작하여 반죽의 탄력성이 줄어들어서 반죽이 처지는 단계이다.

08 다음 중 제빵용 밀가루 선택 시 고려해야 할 사항과 가장 거리가 먼 것은?

① 단백질의 양 ② 흡수율
③ 전분의 양 ④ 회분의 양

해설 제빵용 밀가루 선택 시 고려해야 할 사항은 단백질의 양, 흡수율, 회분의 양이다.

09 단백질 함량이 2% 증가된 밀가루를 사용할 때 흡수율의 변화는?

① 2% 감소
② 1.5% 증가
③ 3% 증가
④ 4.5% 증가

해설 밀가루의 단백질 함량이 1% 증가하면 흡수율은 1~1.5% 증가한다. 문제에서는 단백질 함량이 2% 증가하였으므로 흡수율은 2~3% 증가한다.

10 식빵에서 설탕의 기능과 가장 거리가 먼 것은?

① 반죽 시간 단축
② 이스트의 영양 공급
③ 껍질 색 개선
④ 수분보유제

해설 설탕은 글루텐 결합을 방해하여 반죽의 신장성을 키워 반죽 시간이 늘어난다.
설탕의 기능 : 이스트의 영양 공급, 껍질 색 개선, 수분보유제

11 빵 발효 시 밀가루에 대하여 2% 정도의 설탕이 이스트에 의하여 소모될 경우 밀가루가 132kg이라면 발효에 의하여 소모되는 설탕의 양은?

① 1.32kg
② 1.68kg
③ 2.04kg
④ 2.64kg

해설 $132kg \times 0.02 = 2.64kg$

12 달걀의 기포성과 포집성이 가장 좋은 온도는?

① 0℃ ② 5℃
③ 30℃ ④ 50℃

해설 달걀의 기포성에 영향을 주는 조건으로는 달걀의 신선도, 온도, 교반 방법, 첨가물 등이 있다. 기포성과 포집성이 좋은 온도는 20~30℃이다.

7 ① 8 ③ 9 ③ 10 ① 11 ④ 12 ③ 정답

13 **다음 중 달걀에 대한 설명이 틀린 것은?**

① 노른자의 수분 함량은 약 50% 정도이다.
② 전란(흰자와 노른자)의 수분 함량은 75% 정도이다.
③ 노른자에는 유화기능을 갖는 레시틴이 함유되어 있다.
④ 달걀은 -5~10℃로 냉동 저장하여야 품질을 보장할 수 있다.

해설 냉장법은 달걀을 2~3℃의 실내에 미리 보관해 두었다가 온도 -2~-1℃, 습도 70~80%인 장소에 저장하는 방법이다.

14 **제빵에서의 유지 기능과 가장 거리가 먼 것은?**

① 연화 작용
② 안정성 향상
③ 저장성 증대
④ 껍질 색 개선

해설 **제빵에서의 유지 기능**
- 부피와 조직 개선
- 윤활작용
- 슬라이싱(Slicing)을 도움
- 먹는 촉감(식감)과 보존성을 좋게 함

15 **다음 중 유지의 발연점에 영향을 주는 요인과 거리가 먼 것은?**

① 유리지방산의 함량
② 외부에서 들어온 미세한 입자상의 물질
③ 노출된 유지의 표면적
④ 이중결합의 위치

해설 **유지의 발연점에 영향을 주는 요인**
- 유리지방산의 함량
- 노출된 유지의 표면적
- 외부에서 들어온 미세한 입자상의 물질

16 **다음 설명 중 제빵에 분유를 사용하여야 하는 경우로 가장 적당한 것은?**

① 필수 아미노산인 라이신과 칼슘이 부족할 때
② 표피 색깔이 너무 빨리 날 때
③ 다이아스테이스(Diastase) 대신 사용하고자 할 때
④ 이스트 푸드 대신 사용하고자 할 때

해설 옥수수에 부족한 필수 아미노산인 라이신을 보충하기에는 분유나 우유가 좋다.

정 답 13 ④ 14 ④ 15 ④ 16 ①

17 제과제빵에서 유화제의 역할에 대한 설명 중 틀린 것은?

① 반죽의 수분과 유지의 혼합을 돕는다.
② 반죽의 신장성을 저하시킨다.
③ 부피를 좋게 한다.
④ 노화를 지연시킨다.

해설 유화제를 첨가하는 목적은 빵과 케이크의 노화 지연, 크림성 증가, 유화 분산성 및 흡수성의 증대를 통하여 보다 좋은 제과제빵 적성을 가지게 하는 데 있다.

18 제빵에 있어 일반적으로 껍질을 부드럽게 하는 재료는?

① 소 금
② 밀가루
③ 마가린
④ 이스트 푸드

해설 유지는 제빵에서 부드러움을 부여한다.

19 다음 유지 중 가소성이 가장 좋은 것은?

① 버 터 ② 식용유
③ 쇼트닝 ④ 마가린

해설 가소성은 고체의 유지를 교반하면 고체 상태가 반죽 상태로 변형되어 유동성을 가지는 성질이다. 쇼트닝은 사용 온도 범위가 넓어 성형이 자유롭고 가소성이 좋다.

20 다음 중 이스트 푸드를 사용하는 가장 중요한 이유는?

① 반죽 온도를 높이기 위하여
② 정형을 쉽게 하기 위하여
③ 빵 색깔을 내기 위하여
④ 반죽의 성질을 조절하기 위하여

해설 이스트 푸드(Yeast Food)는 이스트의 먹이로, 산화제, 물 조절제, 반죽 조절제의 기능을 한다.

21 밀가루 중 생이스트 2%를 사용하는 반죽에서 설탕의 양이 어느 정도일 때 반죽의 CO_2 발생이 가장 많은가?

① 5% ② 10%
③ 15% ④ 20%

해설 설탕의 사용량이 밀가루의 5%일 때 발효가 최대가 되며, 5% 이상 사용 시에는 삼투압 때문에 이스트의 활동을 정지시킨다.

22 제조 현장에서 제빵용 이스트를 저장하는 현실적인 온도로 가장 적당한 것은?

① −18℃ 이하
② −1~5℃
③ 20℃
④ 35℃ 이상

해설 이스트의 적당한 저장 온도는 −1~7℃이며 −3℃ 이하에서는 활동이 정지된다.

정답 17 ② 18 ③ 19 ③ 20 ④ 21 ① 22 ②

23 제빵에서 소금의 역할에 대한 설명 중 틀린 것은?

① 글루텐을 강화시킨다.
② 맛을 조절한다.
③ 방부 효과가 있다.
④ 빵의 내상을 희게 한다.

해설 소금은 다른 재료의 향미를 나게 하고 설탕의 단맛을 순화시켜 감미를 조절하는 역할을 한다.

24 이스트를 다소 감소하여 사용하는 경우는?

① 우유의 사용량이 많을 때
② 수작업 공정과 작업량이 많을 때
③ 물이 알칼리성일 때
④ 미숙성된 밀가루를 사용할 때

해설 작업량이 많을 때에는 과발효에 대비하여 이스트를 다소 감소하여 사용한다.

25 다음 당류 중 제빵용 이스트에 의하여 분해되지 않는 것은?

① 자 당 ② 맥아당
③ 과 당 ④ 유 당

해설 유당은 이스트에 의해 분해되지 않고 남아서 빵의 색을 낸다.

26 손상된 전분 1% 증가 시 흡수율의 변화는?

① 2% 감소 ② 1% 감소
③ 1% 증가 ④ 2% 증가

해설 손상된 전분 1% 증가 시 흡수율은 2% 증가한다.

27 냉장, 냉동, 해동, 2차 발효를 프로그래밍에 의하여 자동적으로 조절하는 기계는?

① 도 컨디셔너(Dough Conditioner)
② 믹서(Mixer)
③ 라운더(Rounder)
④ 오버헤드 프루퍼(Overhead Proofer)

해설
- 도 컨디셔너 : 원하는 시간에 빵을 구울 수 있도록 일련의 프로그램(냉동 → 냉장 → 해동 → 발효)을 제품의 특징이나 상황에 따라 조절할 수 있도록 만든 기계이다.
- 오버헤드 프루퍼 : 중간발효기이다.

28 반죽 무게를 구하는 식으로 옳은 것은?

① 틀부피 × 비용적
② 틀부피 + 비용적
③ 틀부피 ÷ 비용적
④ 틀부피 – 비용적

해설 반죽 무게 = 틀부피 ÷ 비용적

정 답 23 ④ 24 ② 25 ④ 26 ④ 27 ① 28 ③

29 **케이크 팬 용적 410cm³에 100g의 스펀지 케이크 반죽을 넣어 좋은 결과를 얻었다면 팬 용적 1,230cm³에 넣어야 할 스펀지 케이크의 반죽 무게는?**

① 123g ② 200g
③ 300g ④ 410g

해설 410 : 100 = 1,230 : 반죽 무게
100 × 1,230 = 410 × 반죽 무게
∴ 반죽 무게 = 300g

30 **빵 반죽(믹싱) 시 반죽 온도가 높아지는 가장 큰 이유는?**

① 이스트가 번식하기 때문에
② 원료가 용해되는 관계로
③ 글루텐이 발전하는 관계로
④ 마찰열이 생기기 때문에

해설 온도 증가의 두 가지 원인은 반죽하는 동안 마찰에 의해 발생하는 마찰열과 밀가루가 물과 결합할 때 생성되는 수화열이다.

31 **식빵 배합을 할 때 반죽의 온도 조절에 가장 크게 영향을 미치는 원료는?**

① 밀가루 ② 설 탕
③ 물 ④ 이스트

해설 물은 반죽 온도 조절에 큰 영향을 미친다.

32 **수돗물 온도 20℃, 사용할 물의 온도 10℃, 물 사용량 4kg일 때 사용하는 얼음의 양은?**

① 100g ② 200g
③ 300g ④ 400g

해설 얼음 사용량

$$= \text{물 사용량} \times \frac{\text{수돗물 온도} - \text{계산된 물의 온도}}{\text{수돗물 온도} + 80}$$

$$= 4{,}000 \times \frac{20 - 10}{20 + 80} = 400\text{g}$$

33 **스트레이트법으로 제빵 시 일반적으로 1차 발효실의 습도는 몇 %가 적당한가?**

① 55~60% ② 65~70%
③ 75~80% ④ 85~90%

해설 **스트레이트법**
- 모든 재료를 믹서에 한꺼번에 넣고 믹싱하는 방법으로 직접 반죽법이라고도 한다.
- 반죽 시간 : 12~25분
- 믹싱 결과 온도 : 25~28℃(보통 27℃)
- 1차 발효 : 온도 27℃, 상대습도 75~80%, 부피 3~3.5배
- 2차 발효 : 온도 33~40℃, 상대습도 85~90%

34 **제빵법 중 스트레이트법에 비하여 스펀지법의 장점이라고 할 수 있는 것은?**

① 노동력·설비의 감소
② 발효 손실의 감소
③ 공정의 융통성 및 부피 증가
④ 공정 시간의 단축

해설 스펀지법은 노동력, 시설비 증가의 단점이 있지만, 제품이 부드럽고 작업공정에 융통성이 있다는 장점이 있다.

29 ③ 30 ④ 31 ③ 32 ④ 33 ③ 34 ③ 정 답

35 **스펀지/도법으로 빵을 만들 때 스펀지의 반죽 온도로 가장 알맞은 것은?**

① 18℃
② 24℃
③ 30℃
④ 35℃

해설 스펀지 반죽 온도는 22~26℃(보통 24℃)이다.

36 **스펀지 발효의 발효점은 일반적으로 처음 반죽 부피의 몇 배까지 팽창되는 것이 가장 적당한가?**

① 1~2배
② 2~3배
③ 4~5배
④ 6~7배

해설 스펀지 반죽의 1차 발효실 조건 온도는 27℃, 상대습도는 75~80%, 발효점 부피는 3.5~4배이다.

37 **스펀지/도법에서 스펀지의 표준 온도는 얼마인가?**

① 20~21℃
② 23~24℃
③ 30~35℃
④ 35~38℃

해설 스펀지 반죽 시간은 저속 4~6분, 반죽 온도는 22~26℃(보통 24℃)이다.

38 **일반 스트레이트법을 비상 스트레이트법으로 전환할 때 선택적 조치사항은?**

① 이스트 사용량을 2배 증가시킨다.
② 반죽 시간을 정상보다 20~25% 증가시킨다.
③ 1차 발효 시간을 최저 15분으로 한다.
④ 식초를 0.25~0.75% 정도 사용한다.

해설 **표준 스트레이트법을 비상 스트레이트법으로 변경 시 선택적 조치사항**
- 소금 1.75% 감소
- 분유 1% 감소
- 이스트 푸드 증가
- 산 0.25~0.75% 첨가

39 **스트레이트법에서 스펀지법으로 배합표를 전환할 때 다음 중 사용량이 감소하지 않는 재료는?**

① 소 금 ② 이스트
③ 물 ④ 설 탕

해설 스트레이트법에서 스펀지법으로 전환할 때 사용량이 감소하지 않는 재료는 소금이다.

40 **다음 중 플로어 타임을 길게 주어야 하는 경우는?**

① 반죽 온도가 높을 때
② 반죽 배합이 덜되었을 때
③ 반죽 온도가 낮을 때
④ 중력분을 사용했을 때

해설 반죽 온도가 낮은 경우 플로어 타임이나 발효 시간을 길게 주어야 한다.

정 답 35 ② 36 ③ 37 ② 38 ④ 39 ① 40 ③

41 비상법의 선택적 조치사항으로 분유를 약 1%가량 줄이는 이유로 적당한 것은?

① 반죽의 pH를 낮추어 발효 속도를 증가시킨다.
② 완충제 작용으로 인한 발효 지연을 줄인다.
③ 반죽을 기계적으로 더 발전시킨다.
④ 반죽의 신장성을 향상시킨다.

해설 분유는 당질 분해효소 작용을 지연시키고, 발효를 늦추는 완충제 작용을 한다.

42 연속식 제빵법을 사용하는 장점으로 틀린 것은?

① 인력의 감소
② 발효향의 증가
③ 공장 면적과 믹서 등 설비의 감소
④ 발효 손실의 감소

해설 **연속식 제빵법**
- 장점 : 설비 감소 및 공간 절약, 노동력 감소, 발효 손실 감소
- 단점 : 일시적으로 설비 투자가 많이 듦

43 오버나이트 스펀지법에 대한 설명으로 옳지 않은 것은?

① 발효 손실이 작다.
② 12~24시간 발효시킨다.
③ 적은 이스트로 매우 천천히 발효시킨다.
④ 강한 신장성과 풍부한 발효향을 지니고 있다.

해설 **오버나이트 스펀지법(Over Night Sponge Dough Method)**
- 12~24시간 발효시킨 스펀지를 이용한다.
- 신장성이 좋고 향과 맛의 저장성이 높다.
- 발효 손실이 크다(3~5%).

44 비상 스트레이트법 반죽의 가장 적당한 온도는?

① 20℃ ② 25℃
③ 30℃ ④ 45℃

해설 비상 스트레이트법 반죽의 가장 적당한 온도는 30~31℃이다.

45 찰식빵을 만들면서 졸깃졸깃한 식감을 만들기 위하여 밀가루에 뜨거운 물을 부어 가열하여 전분을 호화시키면 죽처럼 된다. 이것을 식힌 후 본반죽에 넣어 사용하는 제법은?

① 천연발효종
② 르 방
③ 액종법
④ 탕종법

정답 41 ② 42 ② 43 ① 44 ③ 45 ④

46 **에어 믹서 사용에 있어 일반적으로 공기 압력이 가장 높아야 되는 제품은?**

① 스펀지 케이크
② 엔젤 푸드 케이크
③ 옐로 레이어 케이크
④ 파운드 케이크

해설 **엔젤 푸드 케이크** : 거품형 반죽 케이크로, 기공 조직이 스펀지 케이크와 비슷하지만 달걀흰자를 사용하는 것이 차이점이다. 또한, 공기 압력이 높아야 된다.

47 **빵 반죽용으로 주로 사용되는 믹서의 반죽 날개는?**

① 휘 퍼 ② 비 터
③ 훅 ④ 믹서볼

해설 ③ 훅 : 덩어리 반죽을 만들 때 사용하는 믹싱 도구로서, 주로 빵 반죽 시 사용한다.
① 휘퍼 : 거품기 모양으로 되어 있으며, 반죽 시 공기를 함유시켜 거품을 올릴 때나 유지와 섞어 설탕을 바슬바슬한 상태로 만들 때 사용한다.
② 비터 : 버터, 쇼트닝, 마가린 등을 잘게 부수어 크림을 만들 때 사용된다.

48 **파이 롤러의 사용에 가장 적합한 제품은?**

① 식 빵 ② 앙금빵
③ 크루아상 ④ 모카빵

해설 파이 롤러(Pie Roller)는 반죽을 롤러에 의해 평균적으로 늘리는 기계로, 주로 크루아상 같은 유지가 많은 반죽에 사용한다.

49 **열풍을 강제 순환시키면서 굽는 타입으로 굽기의 편차가 극히 작은 오븐은?**

① 터널 오븐
② 컨벡션 오븐
③ 트레이 오븐
④ 스파이럴 컨베이어 오븐

해설 **컨벡션 오븐**
증기가 분사되어 오븐 안의 열을 강제로 순환시키는 오븐으로, 제품의 윗면·밑면·옆면에 고르게 열이 전달되기 때문에 팽창이 급속히 이루어진다. 껍질층이 동일하게 형성되므로 구운 후 제품 냉각 시 옆면이 주저앉거나 주름 형상이 생기지 않는 장점이 있다.

정 답 46 ② 47 ③ 48 ③ 49 ②

빵류 제품 반죽 발효

제1절 발 효

(1) 이스트의 증식

① 반죽 발효 중 이스트는 발효성 당을 생화학적으로 분해하여 이산화탄소와 알코올로 전환시킨다.

② 이스트는 호기성 상태에서는 증식이 이루어져 생균수가 증가하고, 혐기성 상태에서는 알코올과 이산화탄소를 생성한다.

③ 반죽에 사용하는 이스트 양이 적으면 같은 조건에서 생균수 증가는 더 많아진다.

(2) 이스트와 당

① 단당류인 포도당, 과당 등과 이당류인 설탕, 맥아당 등은 쉽게 분해하나 우유에 있는 유당은 분해하지 못한다.

② 밀가루에는 1~1.5%의 자당과 적은 양의 포도당, 과당, 맥아당 등이 함유되어 있다.

③ 밀가루에 있는 손상전분을 알파, 베타 아밀레이스가 단당류, 이당류, 소당류, 덱스트린 등으로 분해하는데, 발효에 이용할 수 있는 당은 단당류와 이당류이다.

④ 손상전분은 효소가 분해하기 쉬운데, 연질밀보다는 경질밀에서 손상전분의 양이 많다.

(3) 이스트와 pH

① 이스트의 발효에 가장 최적인 pH는 4.5~5.8으로, 강산성과 강알칼리에서는 활성이 정지된다.

② 이스트 내부의 pH가 5.8일 때 최적의 발효 조건이다.

(4) 이스트와 온도

① 최대의 생육을 발휘할 수 있는 온도는 35~40℃이며, 최적의 발효 상태를 유지한다.

② 이스트는 발효 초기에 반죽에 있는 단당류를 분해하여 이산화탄소를 생성한다.

(5) 이스트와 영양원

① 발효성 당인 탄수화물 이외에 질소나 인 화합물, 비타민, 미네랄 등이 이스트의 먹이로 이용된다.

② 이스트의 생육을 돕기 위하여 반죽 제조 시 이스트 푸드나 제빵 개량제를 사용한다.
③ 이스트 푸드는 이스트 조절제(영양원), 물 조절제, 증량제로 구성되어 있다.
④ 이스트 푸드는 밀가루 중량 대비 0.1~0.5%를 사용한다.
⑤ 탈지분유의 단백질은 반죽 발효에 완충제로 작용하여 발효를 지연시킨다.

(6) 이스트와 삼투압

① 설탕의 당 농도가 5% 이상이면 삼투압 작용으로 이스트의 생육이 저해된다.
② 설탕, 포도당, 과당 등은 발효 시 이스트에 삼투압 효과가 크게 작용하나 맥아당은 상대적으로 작게 작용한다.
③ 소금은 1.5% 이상 사용하면 삼투압 작용으로 이스트 활성을 저해하여 발효가 지연된다.
④ 스트레이트법 반죽에서 소금 사용량을 1.5%에서 2.5%로 증가하여 발효하면 이산화탄소 발생량이 감소한다.

(7) 이스트와 반죽 산성화(Acidification)

① 반죽이 발효되는 동안 이스트 내의 효소는 탄수화물이나 설탕을 단당류인 포도당으로 분해시키고, 포도당은 치메이스에 의해 이산화탄소와 알코올을 생성한다.
② 이외에 유기산으로 젖산, 초산, 호박산, 프로피온산, 푸마르산, 피루브산 등도 생성된다.
③ 발효 동안 생성되는 유기산 때문에 반죽의 pH는 낮아지고 총산도는 증가한다.
④ pH가 낮으면 발효가 활발하여 많은 알코올과 유기산이 생성된다.
⑤ 발효를 통해 반죽은 신전성이 증가하고 탄력성은 감소하면서 반죽의 숙성이 이루어진다.

더 알아보기 발효의 목적

- 반죽의 팽창작용
  - 이스트가 혐기성 상태에서 다당류 및 이당류를 포도당으로 분해하여 이산화탄소를 생성하고 이산화탄소를 글루텐이 포집하여 반죽이 팽창된다.
  - 발효는 최적의 제품을 생산하기 위해 최적의 이산화탄소의 발생력과 가스 포집력이 일치하도록 하는 과정이다.
  - 이스트에 있는 치메이스는 포도당이나 과당과 같은 단당류를 분해하여 알코올과 이산화탄소를 생성한다.
- 반죽의 숙성작용 : 발효 중 생성된 유기산과 알코올은 글루텐을 연하게 하여 부드럽고 유연한 신전성이 좋은 상태로 변화시키기 때문에 가스 포집력이 향상된다.
- 빵의 풍미 생성 : 발효되는 동안 이스트와 유산균은 당을 분해하여 알코올, 유기산, 에스터, 알데하이드 같은 방향성 물질을 생성하여 빵의 맛과 향을 부여하고 노화를 연장시킨다.

제2절 발효 영향 인자

(1) 재 료

① **이스트** : 이스트 양과 발효 시간은 역의 상관관계가 있어 이스트 양을 줄이면 발효 시간이 길어지고, 이스트 양을 증가시키면 발효 시간이 짧아진다.

> **더 알아보기 발효 시간을 변경할 때 이스트 사용량 공식**
>
> 정상 이스트 양(Y) × 정상 발효 시간(T) = 변경할 이스트 양(X) × 변경할 발효 시간(T_1)
>
> 예를 들어, 스펀지 발효에서 베이커스 퍼센트로 이스트 사용량이 2%이고 발효 시간이 4시간인 계획을 바꾸어 생산 시간을 단축하고자 발효 시간을 3시간으로 줄인다면 이스트 사용량은 위의 공식에 따라
>
> $Y \times T = X \times T_1$에서
>
> $2 \times 4 = X \times 3$
>
> $\therefore X = 2.66\% \fallingdotseq 2.7\%$
>
> 즉, 발효 시간을 4시간에서 3시간으로 줄이고자 한다면 이스트 사용량은 2%에서 2.7%로 증가시켜야 한다.

② 발효성 당

㉠ 발효 가능한 당의 농도 5%까지는 이스트에 의한 이산화탄소 발생량이 증가하나 그 이상이 되면 삼투압 작용으로 활성에 저해를 받는다.

㉡ 따라서 5% 이상 사용하면 이스트 양을 증가시켜야 한다.

③ 소 금

㉠ 소금은 설탕과 마찬가지로 이스트에 삼투압이 작용하여 발효에 저해된다.

㉡ 1% 이상은 이스트 발효를 지연시키며 이보다 양이 증가하면 발효는 더욱 지연된다.

④ **분유** : 분유에는 단백질이 함유되어 있어 발효 시 완충작용으로 발효를 지연시킨다.

⑤ **밀가루** : 밀가루의 단백질은 완충작용으로 발효를 지연시킨다.

⑥ **이스트 푸드** : 이스트 푸드는 물 조절제, 이스트 조절제, 증량제 등으로 구성되어 발효를 조절할 수 있다.

(2) 반죽 온도

① 이스트는 냉장 온도(0~4℃)에서는 휴면상태로 존재하여 거의 활성이 없으나 온도가 상승하면 활성이 증가하여 35~40℃에서 최대가 된다.

② 60℃가 되면 사멸한다.

(3) 반죽의 산도

① 이스트 발효에 최적 pH는 4.5~5.8이지만, pH 2.0 이하나 8.5 이상에서는 활성이 현저히 떨어진다.

② 스펀지 반죽의 pH는 5.5이지만, 4시간 발효가 되면 pH가 4.7~4.8로 이스트에 최적인 상태가 된다.

(4) 삼투압

설탕은 약 5% 이상, 소금은 1% 이상일 때 삼투압으로 인하여 이스트의 활성이 저해된다.

제3절 1차 발효

(1) 1차 발효

① 일반적으로 1차 발효실 온도는 27℃, 상대습도는 75~80%로 조절한다.

② 스트레이트법 1차 발효 시간은 일반적으로 1.5~3시간이고, 부피 팽창은 처음 부피의 3~3.5배 정도이다.

(2) 발효 중 물리 · 화학적 변화

① 반죽은 팽창하고, pH는 내려가고, 총산도는 증가하고, 반죽 온도는 약간 상승한다.

② 반죽의 pH가 낮아지는 것은 반죽의 신전성과 탄력성 변화에 영향을 준다.

③ 스트레이트법 혼합 후 반죽의 pH는 5.5~5.8 정도이지만, 발효가 완료되었을 때의 pH는 5.0~5.2로 낮아진다.

④ 발효 손실은 발효 중 수분 증발과 생성되는 이산화탄소 때문으로 약 1% 정도이다.

⑤ 발효 중 생성되는 이산화탄소 이외에 알코올과 휘발성 산은 빵의 향과 맛을 좋게 한다.

⑥ 발효가 잘된 반죽으로 구운 빵은 노화 지연에 효과가 크다.

더 알아보기 발효 손실

- 반죽이 발효되는 동안 수분 증발이나 이스트에 의한 당 분해로 생성된 이산화탄소가 공기 중으로 방출되어 발효 후 반죽 무게가 줄어드는 비율을 말한다.
- 발효 손실은 혼합 전의 배합률 무게와 스펀지와 반죽 발효 후 무게를 측정하여 계산한다.
- 일반적으로 발효 손실은 1~2% 정도이다.
- 발효 손실을 줄이기 위한 방법은 스펀지 발효 시간을 줄이고 온도를 낮추거나 스펀지 밀가루 비율을 줄이는 것이다.

(3) 가스 빼기

① 목 적

㉠ 반죽에 산소를 공급한다.

㉡ 이스트의 활성을 증가한다.

㉢ 반죽 온도를 일정하게 유지하여 발효가 균일하게 되도록 한다.

㉣ 반죽 내에 과량의 이산화탄소가 축적되는 것을 제거하여 발효를 촉진시킨다.

㉤ 글루텐 형성으로 발효력이 상승하여 가스 보유력이 증가된다.

② 시 기

㉠ 손가락으로 찔렀을 때 손가락 모양이 그대로 있으면 1차 가스 빼기 시점으로 볼 수 있다.

㉡ 1차 가스 빼기는 전체 발효 시간 100% 중 발효 60%가 경과한 시간이고, 2차 가스 빼기는 나머지 40% 중 30% 경과하였을 때 실시한다.

(4) 발효 완료점 결정

① 스트레이트법 1차 발효는 2~3시간(평균 2시간) 정도이다.

② 반죽의 부피는 처음 부피의 3~3.5배 부푼다.

③ 반죽 내부는 잘 발달된 망상구조를 이룬다.

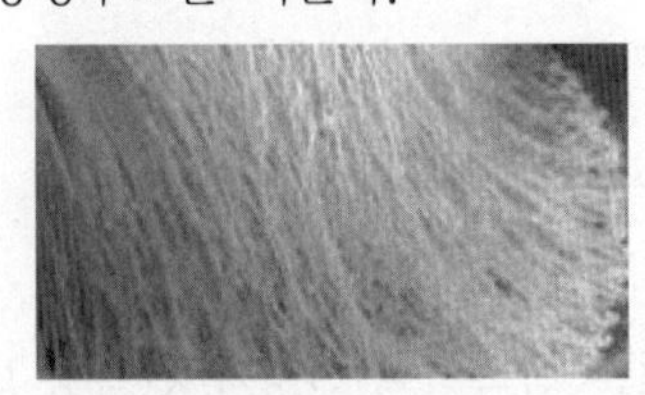

[반죽 망상구조]

④ 발효가 완료되면 반죽을 손가락으로 찔렀을 때 모양이 그대로 남아 있다.

⑤ 반죽의 온도, pH, 총산도 등을 측정하여 판단할 수도 있다.

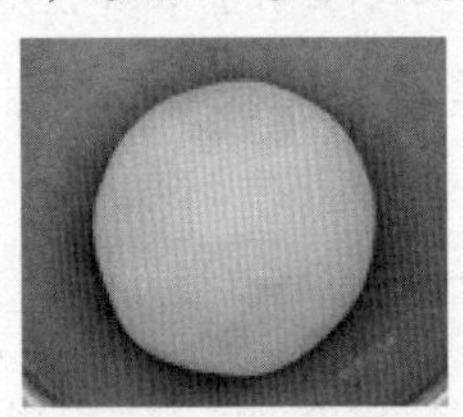

[발효 전 반죽]

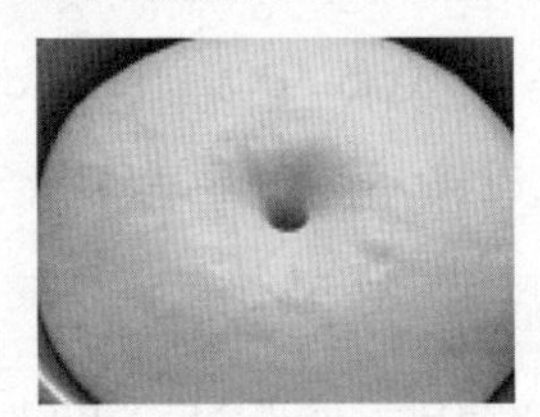

[1차 발효가 완료된 반죽]

제4절 스펀지 발효

(1) 스펀지 발효

① 스펀지 반죽 온도는 평균 24℃인데, 발효 온도 24~29℃(평균 27℃), 상대습도 75~80%(평균 75%)의 1차 발효실에서 3~5시간(평균 4시간) 발효시킨다. 발효가 완료되면 원래 용적의 4~5배 부푼다.

② 발효 4시간 동안 시간이 경과함에 따라 스펀지 부피가 증가하여 최대에 이르렀다가 줄어드는데 이 지점을 브레이크(Break, Sponge Broke)라 한다.

③ 브레이크는 전체 스펀지 발효 중 70% 정도 시간이 경과하였을 때 발생한다.

④ 숙성이 잘된 양질의 강력분으로 만든 스펀지의 브레이크는 3시간 후에 발생한다.

⑤ 이스트가 발효성 당을 이용하기 위하여 전분 분해효소인 아밀레이스가 밀가루의 손상전분(Damaged Starch)을 분해하여 단당류, 맥아당 등의 발효성 당으로 전환하여 발효가 진행된다.

(2) 반죽의 pH와 총산도 측정

① 반죽의 pH 측정

㉠ 발효가 완료되면 반죽의 pH는 5.3에서 4.9로 내려간다.

㉡ 반죽의 pH는 반죽 15g을 취하여 증류수 100mL에 균일하게 용해한 후 pH 측정기의 센서에 담가 측정한다.

② 반죽의 총산도 측정

㉠ 총산도는 이스트 발효 중 생성된 측정 가능한 산의 총량으로 pH 개념과는 차이가 있다.

㉡ 총산도는 반죽 15g을 취하여 증류수 100mL에 용해하고 수적의 폼알데하이드를 가하여 이스트 활성을 정지시킨다.

(3) 스펀지 발효 절차

① 혼합이 끝난 반죽은 24℃로 맞추는데 반죽 온도에 따라 스펀지 발효 시간이 달라진다.

② 반죽 온도 0.5℃ 차이는 발효 시간 15분 차이가 난다.

③ 발효 손실 확인

㉠ 일반적으로 발효 손실은 1% 정도이다.

㉡ 스펀지 발효 시간 단축, 발효실 온도 낮게 설정, 아밀레이스 활성이 작은 밀가루 사용, 스펀지 밀가루 양을 줄이는 방법도 발효 손실을 줄일 수 있는 방법이다.

(4) 스펀지 발효 완료점 결정

① 빵의 종류, 반죽의 특성, 발효 목적 등에 따라 결정한다.

② 스펀지 발효는 일반적으로 4~5시간(평균 4시간) 준다.

③ 반죽의 부피는 처음 부피의 3~5배(평균 4배) 부풀며, 내부는 잘 발달된 망상구조를 이룬다.

④ 반죽의 온도(28~30℃), pH(4.8), 총산도 등을 측정하여 판단할 수도 있다.

(5) 제빵법에 따른 1차 발효 조건

① 보통 대기업에서는 스펀지/도법을, 소규모 공장이나 베이커리에서는 스트레이트법을 이용한다.

② 맛과 풍미를 더하기 위하여 저온에서 장시간 발효하는 오버나이트 스펀지/도법을 이용하기도 한다.

③ 비상반죽법은 빵을 정상적인 방법보다 제조 시간을 단축하여 만들 때 이용한다.

④ 노타임법은 주로 냉동생지로 빵을 만들 때 사용한다.

⑤ 빵 제조 방법에 따른 1차 발효 조건

빵 제조 방법	1차 발효		
	온도(℃)	상대습도(%)	시간(hr)
스펀지/도법	27	75	4~5
스트레이트법	27	75	1.5~3
오버나이트 스펀지/도법	27	75	12~24
비상반죽법	30	75	0.5
노타임법	27	75	0~0.15

제5절 2차 발효

(1) 2차 발효의 의의

① 2차 발효(Final Proofing, Second Fermentation) : 빵의 종류 및 특성에 맞게 이스트가 발효로 생성한 이산화탄소를 포집하여 탄력성과 신전성이 좋은 팽창된 반죽을 얻기 위한 마지막 발효 단계 과정을 말한다.

② 2차 발효실 온도, 상대습도, 시간 관리를 잘하여 이산화탄소 생성이 최대가 되고, 반죽의 이산화탄소 보유가 최적이 되도록 하여 반죽을 팽창시키고 글루텐을 숙성시킨다.

(2) 2차 발효실의 조건

2차 발효와 온도	• 발효실 온도는 반죽 온도와 같거나 높게 조절하여야 하는데 35~54℃의 범위여야 한다. • 2차 발효실 온도가 정상보다 너무 낮으면 빵 속의 조직이 거칠어진다. • 연속식 제빵법에서는 41~46℃에서 발효시키고, 전통적인 제빵법에서는 다소 낮은 온도에서 발효시킨다. 연속식 제빵법에서 정형이 끝나 2차 발효실에 들어갈 준비가 된 패닝된 반죽 온도는 39~43℃이다. • 식빵류나 과자빵류의 2차 발효실 온도는 38~40℃로 조절한다. • 도넛이나 하스 브레드는 2차 발효실 습도를 낮춘다. 하스 브레드는 30~33℃의 낮은 온도에서 길게 발효한다. • 데니시 페이스트리의 2차 발효실 온도는 충전용 유지의 융점보다 약 5℃ 정도 낮게 조절한다.
2차 발효와 상대습도	• 발효실 내의 상대습도는 75~90%로 조절한다. • 상대습도가 높으면 반죽 표면에 응축수가 생겨 구운 후 껍질이 질겨지고 수포가 생긴다. • 정상적인 발효 온도에서 상대습도를 35%에서 90%까지 변화시켰을 때 빵 부피나 내상으로 조직, 기공 등에는 영향을 주지 않으나 빵의 모양, 껍질 색, 대칭성, 균일하게 구워진 정도 등에 영향을 준다. • 상대습도가 낮으면 발효한 반죽의 빵 껍질 색은 밝고 표면에 반점이 생긴다. • 상대습도가 높으면 발효한 빵의 껍질 색이 진하고 어둡다. • 상대습도가 낮으면 발효 시간이 길어진다. • 최적의 발효를 위한 상대습도의 범위는 80~90%이다.
2차 발효와 시간	• 2차 발효 시간은 55~65분을 원칙으로 한다. 대량 생산 공장에서는 60분을 기준으로 한다. • 2차 발효 완료점은 시간보다는 팬에 대한 반죽이 부풀은 높이, 처음 부피에 대한 팽창 비율 등에 따라 판단한다. • 2차 발효의 주목적은 이스트에 의한 최적의 가스 발생과 반죽에 최적의 가스가 보유되도록 일치시키는 것이다. • 발효가 지나치면 엷은 껍질 색, 조잡한 기공, 빈약한 조직감, 산취, 품질 저하 등이 나타난다. • 발효가 부족하면 빵의 부피가 작고, 껍질 색이 진하고 측면이 부서지는 현상이 생긴다. • 2차 발효를 45~60분한 반죽으로 구운 빵의 외부 특성인 부피, 껍질 색, 대칭성, 균일하게 구워진 정도, 껍질 특성, 브레이크와 슈레드 등과 내부 특성인 기공, 내부 색, 향, 식감, 조직 등이 가장 좋다. • 75~90분 발효시킨 반죽으로 구운 빵의 기공은 크고 열려 있어 상품가치가 다소 떨어진다. • 발효가 길어질수록 부피는 크지만 기공이 일정치 않은 크고 열린 상태로 구조가 약하여 냉각 시 주저앉는다. • 발효가 길어지면 반죽에서 산 생성이 증가하여 빵의 pH가 5.0 이하가 되어 신맛이 강해지고, 굽기 손실도 증가한다.

(3) 제품별 2차 발효

① 2차 발효 완료점은 발효 시간, 반죽의 처음 부피에 대한 팽창한 부피 등으로 판단한다.

② 빵 제품별 2차 발효 조건

제 품	2차 발효 조건		
	온도(℃)	상대습도(%)	시간(분)
식빵류, 과자빵류	40	85	50~60
데니시 페이스트리류	28~33	75~80	30~40
도넛류	34~38	75~80	30~45
하스 브레드류	30~33	75~80	60~70

(4) 2차 발효에 따른 식빵의 결점

결점 내용	원 인
부피가 작음	• 중간발효와 2차 발효 부족 • 2차 발효실 온도가 너무 낮거나 높음 • 2차 발효실 상대습도 부족
너무 진한 껍질 색	지나친 2차 발효
껍질이 너무 두꺼움	2차 발효실 온도와 상대습도가 낮음
껍질에 수포 형성	2차 발효실 상대습도가 높음
브레이크와 슈레드 부족	• 2차 발효가 짧거나 깖 • 2차 발효실 상대습도가 부족하거나 많음 • 2차 발효실 온도가 너무 높음
껍질이 갈라짐	2차 발효실 상대습도가 너무 낮거나 높음
옆면이 들어감	2차 발효가 지나침
밑면이 움푹 들어감	2차 발효실 상대습도가 너무 높음
껍질 색이 균일하지 못함	• 발효가 지나친 반죽 • 2차 발효실 온도가 너무 높음
껍질에 반점	2차 발효실 상대습도가 높아 표면에 수분 응축
빵 속의 색이 어두움	너무 긴 2차 발효
질긴 껍질	• 너무 긴 2차 발효 • 2차 발효실 상대습도가 낮거나 높음
빵 내부에 줄무늬	2차 발효실 상대습도가 부족하거나 많음
표면이 터짐	2차 발효가 짧음
표면이 납작하고 모서리가 예리함	2차 발효실의 높은 상대습도
기공이 균일하지 않고 내상이 나쁨	• 너무 긴 2차 발효 • 2차 발효실 상대습도가 너무 높거나 낮음
빵 내부에 공간 형성	• 발효실 상대습도 부족 • 발효 용기에 기름칠 과다 • 발효가 부족하거나 지나침 • 2차 발효실 온도와 상대습도가 너무 높음
빵의 향과 맛이 미흡	발효가 짧거나 지나친 반죽
제품 보존성이 나쁨	• 발효 온도·습도·시간 관리 불량, 너무 짧거나 긴 2차 발효 • 발효실 상대습도 및 온도가 너무 높거나 낮음

더 알아보기 사워 반죽

- 사워 반죽으로 빵을 제조하면 유산균과 이스트가 공생하면서 탄수화물, 아미노산, 비타민 등의 이용에 상호 영향을 주고 반죽의 특성에 중요한 변화가 발생하는데, 그중 반죽의 산성화는 빵의 품질은 물론 맛과 향을 개선하고, 노화가 지연되는 장점이 있다.
- 세균에 의한 단백질 분해로 아미노산이 생성되고, 당의 분해는 빵의 향기 성분 생성에 중요하다.
- 주로 이용되는 유산균은 락토바실루스 샌프란시스코(*Lactobacillus sanfrancisco*), 락토바실루스 플랜타룸(*Lactobacillus plantarum*) 등이다.
- 사워 반죽 발효 시 단백질 분해는 빵의 향기, 조직, 부피 등에 영향을 주기 때문에 사워 반죽의 품질을 결정하는 데 중요하다.
- 사워 반죽의 단점은 노동력이 많이 들고 생산성이 일정하지 못한 것이다.

적중예상문제

01 **빵 제조 공정 중 반죽 내 기포수(Cells)가 기하급수적으로 증가하는 단계는?**

① 혼합(Mixing)
② 1차 발효(Fermentation)
③ 성형(Moulding)
④ 2차 발효(Proofing)

해설 반죽이 완료된 후 정형 과정에 들어가기 전까지의 발효기간을 1차 발효라 한다. 주요 최종 산물인 탄산가스와 알코올은 이스트에 의해 생성되는 반면, 젖산과 초산은 박테리아에 의해 생성된다.

02 **발효에 영향을 주는 요인들 중에서 발효에 영향을 가장 작게 주는 것은?**

① 이스트의 영양원
② 삼투압
③ pH
④ 반죽의 무게

해설 발효에 영향을 주는 요인으로 반죽 온도, 반죽 되기, pH 등이 있다. 소금은 1% 이상, 설탕은 5% 이상 사용 시 발효가 저해된다.

03 **펀치의 효과와 가장 거리가 먼 것은?**

① 반죽의 온도를 균일하게 한다.
② 이스트의 활성을 돕는다.
③ 반죽에 산소를 공급하여 산화, 숙성을 진전시킨다.
④ 성형을 용이하게 한다.

해설 **펀치의 효과**
- 반죽 온도를 균일하게 한다.
- CO_2 방출 및 산소 공급으로 산화, 숙성 및 이스트 활동에 활력을 준다.

04 **스트레이트법에서 1차 발효 시 최적의 발효 상태를 파악하는 방법으로 손가락으로 눌러서 판단하는 테스트법 중 가장 발효가 좋은 상태는?**

① 반죽 부분이 움츠러든다.
② 반죽 부분이 퍼진다.
③ 누른 부분이 살짝 오므라든다.
④ 누른 부분이 옆으로 퍼져 함몰한다.

해설 **1차 발효 완료점 판단법**
- 반죽의 2~3.5배 부피
- 섬유질(거미줄) 상태
- 손가락으로 반죽을 눌렀을 때 조금 오므라드는 현상

정답 1 ② 2 ④ 3 ④ 4 ③

05 **식빵 반죽을 분할할 때 처음에 분할한 반죽과 나중에 분할한 반죽은 숙성도의 차이가 크므로, 단시간 내에 분할해야 한다. 몇 분 이내로 완료하는 것이 가장 좋은가?**

① 2~7분
② 8~13분
③ 15~20분
④ 25~30분

해설 분할기를 이용할 시 식빵은 20분, 과자빵류는 30분 이내에 분할하는 것이 좋다.

06 **식빵 제조 중 굽기 및 냉각 손실이 10%이고, 완제품이 500g이라면 분할은 몇 g으로 해야 하는가?**

① 556g
② 566g
③ 576g
④ 586g

해설 분할 반죽 무게 = 완제품 무게 ÷ (1 − 굽기 및 냉각 손실)
= 500 ÷ 0.9 ≒ 556g

07 **2차 발효에 대한 설명 중 틀린 것은?**

① 2차 발효를 생략하면 부피가 작아지면서 기공이 너무 커진다.
② 발효실의 습도가 낮으면 빵의 팽창이 저해된다.
③ 발효실의 온도가 높으면 반죽의 속결이 고르지 못하게 된다.
④ 2차 발효실의 평균 온도는 35~38℃이다.

해설 2차 발효를 생략하면 부피가 작아지면서 기공이 거칠어진다. 2차 발효는 성형 공정을 거치면서 가스가 빠진 반죽을 다시 부풀리게 하고, 주위의 온도를 높여 이스트 활성을 촉진시키며, 숙성도와 신장성을 높여 반죽의 상태를 발전시키는 단계이다.

08 **일반적으로 표준 식빵 제조 시 가장 적당한 2차 발효실의 습도는?**

① 95%
② 85%
③ 65%
④ 55%

해설 2차 발효실은 온도 35~38℃, 습도 85%(높으면 빵 껍질이 질김) 정도가 적당하다.

5 ③ 6 ① 7 ① 8 ② 정답

09 **제빵에 있어 2차 발효실의 습도가 너무 높을 때 일어날 수 있는 결점은?**

① 겉껍질 형성이 빠르다.
② 오븐 팽창이 작아진다.
③ 껍질 색이 불균일해진다.
④ 수포가 생성되고, 질긴 껍질이 되기 쉽다.

해설 ①, ②, ③은 발효실의 습도가 낮을 때 일어날 수 있는 결점이다.

10 **다음 중 2차 발효실의 습도가 가장 높아야 하는 제품은?**

① 바게트
② 하드롤
③ 햄버거빵
④ 도 넛

해설 2차 발효실의 습도는 도넛, 바게트, 하드롤의 경우 75~80% 정도, 햄버거빵은 85~90% 정도이다.

11 **일반적인 2차 발효실의 가장 적당한 온도는?**

① 18~30℃
② 32~40℃
③ 45~61℃
④ 62~70℃

해설 제품에 따라 차이가 있으나 2차 발효에 적당한 온도는 35~38℃이며, 습도는 85%이고, 발효 시간은 40~60분이 적당하다.

12 **적당한 2차 발효점은 여러 여건에 따라 차이가 있다. 일반적으로 완제품의 몇 %까지 팽창시키는가?**

① 30~40%
② 50~60%
③ 70~80%
④ 90~100%

해설 2차 발효의 3대 조건은 발효실의 온도, 습도, 시간이며, 제품의 70~80%까지 발효시킨다.

정 답 9 ④ 10 ③ 11 ② 12 ③

빵류 제품 반죽 정형

제1절 반죽 분할 둥글리기

(1) 분할(Dividing)

① 1차 발효를 끝낸 반죽을 제품에 맞게 무게를 측정하여 손분할이나 기계분할을 하는 것을 말한다.

② 분할하면서 발효가 진행되므로 제품에 따라 차이는 있지만 일반적으로 20분 이내에 한다.

③ 분할하는 방법

㉠ 기계(자동)분할

- 부피를 기준으로 분할한다.
- 기계 압축에 의해 글루텐이 파괴된다.
- 최적 분할 속도는 분당 12~16회전으로 하며, 분할 시간은 한 반죽당 20분 이내로 한다.

㉡ 손분할

- 소규모 베이커리에서 적합하다.
- 약한 밀가루 반죽에 유리하고 기계분할에 비하여 부드럽게 할 수 있다.
- 기계분할보다 양호한 부피를 얻을 수 있다.
- 식빵류 기준으로 15~20분 이내로 분할한다.

(2) 둥글리기(Rounding)

① 둥글리기 작업 시 작업장의 온도는 25℃ 내외, 습도는 60%가 좋다.

② 목 적

㉠ 반죽의 표면을 매끄럽게 하고 탄력을 되찾아 준다.

㉡ 가스를 균일하게 분산하여 반죽의 기공을 고르게 조절한다.

㉢ 표면에 막을 형성하여 끈적거림을 방지한다.

㉣ 흐트러진 글루텐 구조를 정돈한다.

제2절 중간발효

(1) 중간발효

둥글리기를 마친 반죽을 휴식시키고 약간의 발효과정을 거쳐 다음 단계에서 반죽이 손상되는 일이 없도록 하는 작업이다.

(2) 목 적

① 반죽의 신장성을 증가시켜 밀어 펴기가 용이하게 한다.
② 가스 발생으로 반죽의 유연성을 회복한다.
③ 반죽 표면에 막이 형성되어 끈적거림을 방지한다.
④ 손상된 글루텐 구조를 재정돈하고 회복시킨다.

(3) 조건 관리

① **온도** : 27~29℃의 온도 유지
② **상대습도** : 70~75%
③ **시간** : 10~20분
④ **반죽의 부피 팽창 정도** : 1.5~2배 정도

제3절 반죽 성형 패닝

(1) 성형 작업의 내용

① 밀어 펴기
② 말 기
③ 봉하기

(2) 패닝(Panning)

① 팬의 온도를 미리 32℃로 유지하는 것이 좋다.
② 팬의 이형유는 발연점이 높아야 하며, 쇼트닝이나 면실유 등을 그대로 사용하기도 한다.
③ 팬 오일은 보통의 환경에서는 반죽 무게의 0.1~0.2% 정도를 사용하는 것이 좋다.

(3) 패닝 시 반죽 양의 계산

① 반죽 성형 후 패닝 시 사용되는 틀의 크기와 반죽의 무게는 밀접한 관계가 있다.

② 1g의 반죽을 굽는 데 필요한 틀의 부피를 나타내는 관계를 비용적이라고 한다.

반죽의 무게 = 틀의 부피 ÷ 비용적

③ 제품에 따른 비용적

제품의 종류	비용적(cm^3/g)
풀먼식빵	3.8~4.0
식 빵	3.4
스펀지 케이크	5.08
파운드 케이크	2.40
레이어 케이크	2.96
엔젤 푸드 케이크	4.71

더 알아보기 **윗면이 경사진 사각 틀(식빵팬)의 틀 부피를 구하는 공식**

- 틀 부피 = 평균 가로 길이 × 평균 세로 길이 × 높이
- 평균 가로 = (윗면 가로 + 아랫면 가로) ÷ 2
- 평균 세로 = (윗면 세로 + 아랫면 세로) ÷ 2

윗면이 가로 24cm, 세로 10cm이고, 아랫면이 가로 20cm, 세로 8cm, 높이가 10cm인 틀이 있다. 이때 틀의 부피를 구하고 알맞은 풀먼식빵의 분할 무게를 구하시오.

틀 부피 = $[(24 + 20) \div 2)] \times [(10 + 8) \div 2] \times 10 = 22 \times 9 \times 10 = 1{,}980cm^3$

따라서 풀먼식빵의 비용적이 4.0일 때, 1,980 ÷ 4.0 = 495g의 반죽을 넣어야 한다.
이러한 공식을 이용한다면 알맞은 반죽의 양을 구하여 원하는 모양의 빵을 적절히 만들 수 있다.

적중예상문제

01 다음 중 성형 시 둥글리기의 목적이 될 수 없는 것은?

① 표피를 형성시킨다.
② 가스 포집을 돕는다.
③ 끈적거림을 제거한다.
④ 껍질 색을 좋게 한다.

해설 **둥글리기**
- 흐트러진 글루텐 구조를 정돈해 준다.
- 표피 형성으로 끈적거림을 방지해 준다.
- 중간발효 중에 CO_2를 보유할 수 있게 한다.
- 다음 공정인 정형을 용이하게 한다.

02 둥글리기 공정에 대한 설명으로 틀린 것은?

① 덧가루, 분할기 기름을 최대로 사용한다.
② 손분할, 기계분할이 있다.
③ 분할기의 종류는 제품에 적합한 기종을 선택한다.
④ 둥글리기 과정 중 큰 기포는 제거되고 반죽 온도가 균일화된다.

해설 둥글리기에서 과도한 덧가루 사용은 제품에 줄무늬를 생성한다.

03 다음 중 올바른 패닝 요령이 아닌 것은?

① 반죽의 이음매가 틀의 바닥으로 놓이게 한다.
② 철판의 온도를 60℃로 맞춘다.
③ 반죽은 적정 분할량을 넣는다.
④ 비용적의 단위는 cm^3/g이다.

해설 패닝 시 틀이나 철판의 온도는 32℃가 적합하다.

04 성형(Dough Make-up) 과정의 5가지 공정이 순서대로 바르게 연결된 것은?

① 반죽 → 중간발효 → 분할 → 둥글리기 → 정형
② 분할 → 둥글리기 → 중간발효 → 정형 → 패닝
③ 둥글리기 → 중간발효 → 정형 → 패닝 → 2차 발효
④ 중간발효 → 정형 → 패닝 → 2차 발효 → 굽기

해설 성형 과정은 분할 → 둥글리기 → 중간발효 → 정형 → 패닝의 5가지 공정 순서로 이루어진다.

정 답 1 ④ 2 ① 3 ② 4 ②

05 **패닝 시 주의사항으로 옳지 않은 것은?**

① 패닝 전 팬의 온도를 적정하고 고르게 할 필요가 있다.
② 틀이나 철판의 온도를 25℃로 맞춘다.
③ 반죽의 이음매가 틀의 바닥에 놓이도록 패닝한다.
④ 반죽의 무게와 상태를 정하여 비용적에 맞추어 적당한 반죽 양을 넣는다.

해설 철판의 온도는 32℃가 이상적이다. 철판의 온도가 너무 높을 경우 빵이나 케이크가 처지는 현상이 발생하며, 너무 낮을 경우 2차 발효가 느리고 팽창이 고르지 못하게 되므로, 과다한 팬 오일은 피하며 발열점이 높은 것이 좋다.

06 **둥글리기가 끝난 반죽을 정형하기 전에 짧은 시간 동안 발효시키는 목적으로 적당하지 않은 것은?**

① 가스 발생으로 반죽의 유연성을 회복시키기 위해
② 가스 발생력을 키워 반죽을 부풀리기 위해
③ 반죽 표면에 얇은 막을 만들어 정형할 때 끈적거리지 않도록 하기 위해
④ 분할, 둥글리기를 하는 과정에서 손상된 글루텐 구조를 재정돈하기 위해

해설 **중간발효**
- 목적 : 성형하기 쉽도록 하고 분할, 둥글리기를 거치면서 굳은 반죽을 유연하게 만들기 위해서이다.
- 온도 및 습도 : 27~29℃의 온도와 습도 70~75%의 조건에서 보통 10~20분간 실시되며 중간발효 동안 반죽은 잃어버린 가스를 다시 포집하여 탄력 있고 유연성 있는 성질을 얻는다.

07 **일반적으로 중간발효의 온도 조건은?**

① 24℃ ② 27℃
③ 32℃ ④ 34℃

해설 중간발효는 27~29℃로 온도를 유지하고 상대습도 70%로 실온을 조절한다.

08 **발효의 목적이 아닌 것은?**

① 제품의 색
② 반죽의 팽창
③ 숙성작용
④ 풍미 생성

해설 **발효의 목적**
- 반죽 팽창작용
- 반죽 숙성작용
- 향(풍미) 발달

09 **팬의 온도로 알맞은 것은?**

① 24℃ ② 27℃
③ 29℃ ④ 32℃

해설 반죽을 패닝할 때 팬의 적당한 온도는 32℃이다.

10 **다음 중 식빵의 비용적은?**

① $3.4cm^3/g$
② $4.0cm^3/g$
③ $4.71cm^3/g$
④ $5.08cm^3/g$

해설 식빵의 비용적은 $3.4cm^3/g$이다.

정답 5 ② 6 ② 7 ② 8 ① 9 ④ 10 ①

빵류 제품 반죽 익힘

제1절 반죽 굽기

(1) 굽기의 목적

① 굽기 과정을 통하여 전분 호화, 단백질의 변성으로 빵의 구조를 형성시키고 소화가 용이한 상태로 변화된다.

② 굽기의 목적

㉠ 발효에 의해 생긴 탄산가스의 발생에 의해 빵의 부피가 커진다.

㉡ 전분을 호화시켜 소화되기 쉬운 제품으로 바꾼다.

㉢ 빵 껍질의 색을 내어 맛과 향을 향상시킨다.

(2) 굽기의 방법

① 고온 단시간(언더 베이킹)

㉠ 수분이 빠지지 않아 껍질이 쭈굴쭈굴해진다.

㉡ 속이 익지 않아 주저앉기 쉽다.

㉢ 반죽 양이 적거나 저율배합, 발효가 과한 제품에 적합하다.

② 저온 장시간(오버 베이킹)

㉠ 반죽 양이 많거나 고율배합, 발효부족 제품에 적합하다.

㉡ 수분 손실이 커 노화가 빨리 진행된다.

㉢ 윗면이 평평하고 제품이 부드럽다.

(3) 굽기 단계 및 굽기 반응

① 굽기 단계

㉠ 1단계 : 반죽의 부피가 급속히 커지는 단계를 말한다(오븐 팽창).

㉡ 2단계 : 껍질 색이 나기 시작하는 단계로 수분의 증발과 캐러멜화, 갈변반응(Maillard Action, 메일라드 반응)이 일어난다.

㉢ 3단계 : 반죽의 중심까지 열이 전달되는 단계로 전분의 호화(60℃)와 단백질의 변성(글루텐 응고, 74℃)이 끝나고 수분이 일부 증발하면서 제품의 옆면이 단단해지고 껍질 색도 진해진다.

② 굽기 반응

물리적 반응	• 열에 의하여 표면에 얇은 막을 형성한다. • 반죽 속에 수분에 녹아 있던 이산화탄소가 증발하기 시작한다. • 휘발성 물질(알코올)이 증발하고 가스의 팽창 및 수분이 증발한다.
생화학적 반응	• 반죽 온도가 60℃로 오르기까지 효소의 작용이 활발해지고 휘발성 물질이 증가한다. • 글루텐은 프로테이스에 의하여 연화되고, 전분은 아밀레이스가 분해하여 액화, 당화되어 반죽이 부드럽게 되고 오븐 팽창을 돕는다. • 이스트의 활동은 53~60℃에서 약해져서 사멸하고 전분의 호화가 시작된다. • 글루텐의 응고는 74℃ 전후로 시작되며, 반죽이 완전히 익을 때까지 지속된다. • 이스트가 사멸되기 전까지 반죽 온도가 오름에 따라 발효 속도가 빨라져 반죽이 부푼다. • 이스트가 사멸된 후에도 79℃까지 알파・베타 아밀레이스에 의해 활성을 나타내고 알코올을 생성하여 발효가 지속된다. • 열에 의하여 당과 아미노산이 메일라드 반응을 일으켜 멜라노이드를 생성하고 당의 캐러멜화 반응이 일어나 전분이 덱스트린으로 분해되어 향과 껍질 색이 완성된다.

③ 굽기 손실 : 굽기의 공정을 거치면서 빵의 무게가 줄어드는 현상

㉠ 굽기 손실 = 굽기 전 반죽의 무게 - 빵의 무게

㉡ $\text{굽기 손실률(\%)} = \dfrac{\text{굽기 전 반죽의 무게} - \text{빵의 무게}}{\text{반죽의 무게}} \times 100$

> **더 알아보기 제품별 굽기 손실률**
>
> • 풀먼식빵 : 7~9%
> • 식빵 : 11~12%
> • 단과자빵 : 10~11%
> • 하스 브레드 : 20~25%

(4) 굽기 중 반죽 변화

① 오븐 팽창(Oven Spring)

㉠ 반죽 온도가 49℃에 달하면 반죽이 짧은 시간 동안 급격하게 부풀어 처음 크기의 1/3 정도 부피가 팽창되는데 이를 오븐 스프링이라고 한다.

㉡ 이스트 활성을 가속화시켜 이산화탄소의 발생과 반죽의 가스팽창을 촉진시킨다.

㉢ 빠른 전분의 결정화, 당 형성 및 글루텐의 변형을 가져온다.

㉣ 이러한 반응들이 서로 조합하여 굽기 시작 5~8분 동안 현저하게 빵의 체적의 팽창을 일으킨다.

② 전분의 호화

㉠ 반죽 온도 54℃부터 밀가루 전분이 호화되기 시작한다.

㉡ 전분입자는 40℃에서 팽윤하기 시작하고 50~65℃에서 유동성이 크게 떨어진다.

ⓒ 전분입자는 70℃ 전후에서 반죽 속의 유리수와 단백질과 결합하고 있는 물을 흡수하여 호화를 완성한다.

ⓓ 전분의 호화는 수분, 온도, 산도의 조건에 따라 결정된다.

③ 단백질 변성

ⓐ 굽기 과정 중 빵 속의 온도가 60~70℃에 도달하면 단백질이 변성을 시작한다.

ⓑ 반죽 온도가 75℃를 넘으면 단백질이 열변성을 일으켜 수분과의 결합능력이 상실된다.

ⓒ 글루텐 단백질은 반죽 중 수분의 약 30% 정도를 흡수하여 전분입자를 함유한 글루텐 조직을 형성하여 반죽의 구조 형성에 관여한다.

④ 효소작용

ⓐ 아밀레이스가 전분을 분해하여 반죽 전체를 부드럽게 하고 반죽의 팽창이 쉬워진다.

ⓑ 효소의 활동은 전분이 호화하기 시작하면서 가속화된다.

ⓒ 알파 아밀레이스의 활성은 68~95℃이고, 불활성화되는 온도 범위와 시간은 68~83℃에서 4분 정도이다.

ⓓ 베타 아밀레이스의 변성은 52~72℃에서 2~5분 사이에 일어난다.

⑤ 향의 생성

ⓐ 향은 주로 빵의 껍질 부분에서 생성되어 빵 속으로 침투·흡수되어 형성된다.

ⓑ 알코올, 유기산, 에스터, 알데하이드, 케톤류 등이 향에 관계된다.

ⓒ 빵의 향을 결정하는 기본적인 요소는 빵을 굽는 동안에 형성되는 방향성 물질이다.

⑥ 껍질의 갈색 변화

ⓐ 식품을 가열하면 겉이 갈색으로 구워지는 현상은 아미노-카보닐(메일라드) 반응이라는 화학반응에 의한 것이다.

ⓑ 단백질이나 아미노산과 환원당을 약 160℃ 이상으로 가열하면 갈색으로 색을 입히는 물질과 고소한 향이 되는 물질을 생성한다.

ⓒ 자당은 열과 산에 의해 포도당과 과당으로 분해되기 때문에 가열되면 메일라드 반응이 촉진된다.

ⓓ 캐러멜화와 메일라드 반응에 의하여 껍질이 진한 갈색으로 나타나는 갈변반응을 말한다.

ⓔ 캐러멜화 반응은 당류를 단독으로 가열할 때 발생한다.

ⓕ 메일라드 반응은 환원당과 아미노산이 동시에 존재할 때 발생한다.

⑦ 메일라드 반응에 영향을 주는 요인 : 온도(온도가 높으면 반응 속도가 빨라짐), 수분, pH, 당의 종류

(5) 스팀 사용

① 스팀 사용의 목적

㉠ 반죽을 구울 때 오븐 내에 수증기를 공급하여 반죽의 오븐 스프링을 돕는 역할을 한다.

㉡ 빵의 볼륨을 크게 하고 크러스트(겉 부분)가 얇아지면서 윤기가 나는 가벼운 느낌의 빵이 만들어진다.

② 스팀 작용

㉠ 스팀을 사용하는 경우는 호밀빵, 프랑스빵, 베이글 등의 하스 브레드에서 많이 사용된다.

㉡ 반죽을 오븐에 넣고 난 직후에 수분을 공급하여 표면이 마르는 시간을 늦춰 오븐 스프링을 유도하는 기능을 수행한다.

(6) 오븐 조작에 따른 문제점

원 인	제품의 결과
오븐의 열 불충분	• 열전달이 미흡하고 온도 조절이 어렵다. • 제품의 부피가 크고 껍질이 두껍다. • 두꺼운 기공과 거친 조직이 형성된다. • 퍼석한 식감이 나고 풍미가 나쁘다. • 굽기 손실이 증가한다.
높은 오븐 온도	• 껍질 형성이 빠르고, 팽창을 방해하며, 부피가 작아진다. • 껍질에 많은 열 흡수, 눅눅한 식감이 된다. • 불규칙하고 진한 색, 부스러지기 쉽다. • 빵 옆면의 구조형성이 불안정해질 수 있다. • 굽기 손실이 크다.
과도한 스팀	• 오븐 팽창이 양호하여 부피가 증가한다. • 질긴 껍질과 표피에 수포 형성을 초래한다. • 고온에서 많은 증기는 바삭바삭한 껍질을 형성한다.
부족한 스팀	• 표피의 조개껍질 같은 터짐이 발생한다. • 껍질 색이 약하고 광택이 부족하다. • 빵의 부피가 감소한다.
높은 압력의 스팀	• 반죽 표면에 수분이 응축되는 현상을 방지한다. • 빵의 부피를 감소한다.
열의 분배 부적절	• 제품별로 오븐 상하의 온도 균형이 중요하다. • 고르게 익지 않는다. • 밑면과 옆면이 약해져 찌그러지기 쉽다.
팬의 간격	• 팬끼리의 간격이 가까우면 열 흡수량이 적어진다. • 반죽 무게당 팬 간격의 예 – 반죽 무게 450g당 팬 간격 2cm – 반죽 무게 680g당 팬 간격 2.5cm
섬광열	• 굽기 초기에 주로 나타나는 현상이다. • 과도한 섬광열은 껍질 색이 빨리 나게 하고 언더 베이킹의 원인이 되며 껍질 색이 고르게 나지 않는다.

출처 : 홍행홍(2003). 「합격! 대한민국 제과기능장」. 비앤씨월드. p. 71.

제2절 반죽 튀기기

(1) 튀김기름

① 튀김기름의 표준 온도는 180~195℃이다.

② 도넛 튀김용 유지는 발연점이 높은 면실유가 적당하다.

③ 튀김기에 넣는 기름의 적정 깊이는 12~15cm 정도이다.

④ 유지를 고온으로 가열하면 유리지방산이 많아져 발연점이 낮아진다.

(2) 튀김기름의 4대 적

온도(열), 수분(물), 공기(산소), 이물질

[튀김 제품에서 흡유율에 영향을 미치는 요인]

원 인	결 과
반죽 온도	온도가 높을수록 흡유율이 증가한다.
반죽 상태	덜된 반죽일수록 흡유율이 증가한다.
대기 상태	튀김 시간이 오래될수록 흡유율이 증가한다.
자른 상태	거칠게 자른 면이 많을수록 흡유율이 증가한다.
기름 온도	적정 온도보다 낮으면 흡유율이 증가한다.
기름 상태	오래된 기름일수록 쉽게 흡수된다.
유지 함량	반죽에 유지의 양이 많을수록 빨리 흡수된다.
배합 상태	고배합의 제품일 경우 흡유율이 증가한다.
유화 상태	유화제가 많이 첨가될수록 흡유율은 증가한다.

출처 : 이광석(2000). 「제과제빵론」. 양서원. p. 81.

(3) 식용유의 종류 및 특성

① 식용유의 종류

㉠ 압착유 : 발연점이 낮아 샐러드나 무침, 가벼운 볶음요리에 적합하다.

㉡ 정제유 : 발연점이 높아 부침, 튀김, 구이, 볶음 등에 적합하다.

② 발연점

㉠ 기름을 가열하였을 때 연기가 나기 시작하는 온도를 말한다.

㉡ 카놀라유와 같은 정제유는 발연점이 200℃ 이상이라 튀김요리에 문제가 없지만 참기름과 들기름은 165~175℃, 올리브유는 180℃로 발연점이 낮기 때문에 튀김 등 고온요리에는 적합하지 않다.

(4) 튀김용 유지의 조건

① 튀김 중이나 튀김 후에 불쾌한 냄새가 나지 않아야 한다.
② 설탕이 탈색되거나 지방이 침투하지 못하게 제품이 냉각되는 동안 충분히 응결되어야 한다.
③ 엷은 색을 띠며 발연점이 높은 것이 좋다.
④ 특유의 향이나 착색이 없어야 한다.
⑤ 유리지방산 함량은 보통 0.35~0.5%가 적당하다. 0.1% 이상이 되면 발연현상이 나타난다.
⑥ 수분 함량은 0.15% 이하로 유지해야 한다.

(5) 튀김용 유지의 보관

① 직사광선을 피하고 냉암소에 보관한다.
② 사용한 유지는 거름망에 여과하여 보관하고 용기는 천이나 중성세제로 세척하여 보관한다.
③ 사용 후에는 반드시 밀폐하여 보관해야 하며, 파리나 해충 등으로부터 보호해야 한다.
④ 공기, 물, 음식 찌꺼기는 유지의 변질을 초래한다.
⑤ 남은 유지는 밀폐된 용기에 넣고 어두운 곳에 보관한다. 소창을 이용해 기름을 거른 뒤 입구가 좁은 용기에 담아 보관한다.

제3절 다양한 익힘

(1) 삶기, 데치기

① 재료를 삶으면 재료의 텍스처는 부드럽게 되고, 육류는 단백질이 응고되며, 건조식품은 수분 흡수가 촉진되며, 재료의 좋지 않은 맛이 제거되고, 색깔이 좋아진다.
② 데치기의 목적
㉠ 조직의 연화로 맛있는 성분 증가
㉡ 단백질 응고(육류, 어패류, 난류)
㉢ 색을 고정시키거나 아름답게 함
㉣ 불미성분, 지방 제거
㉤ 전분의 호화

(2) 호 화

① 전분에 물을 가하고 20~30℃ 정도로 가열하면 전분입자는 물을 흡수하여 팽창하기 시작한다.

② 계속 가열하여 55~65℃가 되면 약간 팽창하여 부피가 증가한다. 이러한 상태를 팽윤(Swelling)이라고 한다.

③ 계속 가열하여 55~65℃ 이상 온도가 상승하면 전분이 완전히 팽창되어 전분입자의 형태가 없어지면서 전체가 점성이 높은 반투명의 콜로이드 상태가 된다. 이러한 상태를 호화(α-starch)라 한다.

(3) 베이글 데치기

① 베이글을 데치기 전 냄비에 물을 담고 가열하여 90℃ 정도로 가열한다.

② 베이글 반죽은 2차 발효의 70~80% 정도 발효가 진행되면 발효실에서 꺼내 비닐이 반죽에 닿지 않게 덮어 말리듯이 발효한다.

③ 뜨거운 물에 넣고 데치기를 한다.

④ 2차 발효의 온도와 습도를 일반 제품에 비해 조금 낮게 발효시키는데 온도는 35℃, 습도는 80%로 2차 발효시킨다.

(4) 찐빵 찌기

① 가스레인지에 찜통을 올리고 물을 부은 후 가열한다(물의 양은 찜통의 80% 정도).

② 물이 끓어 수증기가 올라오면 뚜껑을 열어 김을 빼내 찐빵 표면에 수증기가 액화되는 것을 방지한다.

③ 뚜껑을 덮고 반죽이 완전히 호화될 때까지 익힌다.

적중예상문제

01 굽기 공정에 대한 설명 중 틀린 것은?

① 전분의 호화가 일어난다.
② 빵의 옆면에 슈레드가 형성되는 것을 억제한다.
③ 이스트는 사멸되기 전까지 부피 팽창에 기여한다.
④ 굽기 과정 중 당류의 캐러멜화가 일어난다.

해설 반죽에서 가장 약한 부분이 반죽과 팬 윗부분이 만나는 지점으로 반죽이 팽창하여 부풀게 될 때 터지는 부분을 슈레드라 한다.

02 굽기 중 일어나는 변화로 가장 높은 온도에서 발생하는 것은?

① 이스트의 사멸
② 전분의 호화
③ 탄산가스의 용해도 감소
④ 단백질 변성

해설 굽기는 반죽에 뜨거운 열을 주어 단백질과 전분의 변성으로 소화하기 좋은 제품으로 바꾸는 일이다.

03 굽기 반응 중 반죽의 물리적 반응인 것은?

① 굽는 초기 이스트에 의한 맹렬한 CO_2, 알코올 생성
② 당과 아미노산에 의한 메일라드 반응
③ 당의 캐러멜화
④ 오븐 스프링

해설 오븐 스프링은 반죽을 오븐에 구울 때 부푼 것과 달구어진 열이 크게 팽창된 물리적 상태이다.

04 빵을 구울 때 오븐 스프링(오븐 팽창)이 일어나는 현상과 관계가 적은 것은?

① 가스압이 증가한다.
② 탄산가스의 용해도가 감소한다.
③ 알코올의 휘발로 증기압이 생긴다.
④ 캐러멜화가 일어나 껍질의 신장성을 증가시킨다.

해설 **오븐 스프링**
오븐 팽창이라고도 하며, 온도 60℃ 전후에서 전분의 호화 현상에 의해 부피가 급속히 커져 완제품 크기의 약 40%(1/3)까지 부풀어 오르는 것을 말한다.

1 ② 2 ④ 3 ④ 4 ④ 정답

05 **반죽의 내부 온도가 60℃에 도달하지 않은 상태에서 온도 상승에 따른 이스트의 활동으로 부피의 점진적인 증가가 진행되는 현상은?**

① 호화(Gelatinization)
② 오븐 스프링(Oven Spring)
③ 오븐 라이즈(Oven Rise)
④ 캐러멜화(Caramelization)

해설 ① 호화 : 생전분에 물을 넣고 가열하였을 때 소화되기 쉬운 전분으로 되는 현상
② 오븐 스프링 : 오븐에서 볼륨이 커지는 상태
④ 캐러멜화 : 당의 농후액을 100~200℃로 가열하면 당이 분해되어 갈색으로 변하는 반응

06 **동일한 분할량의 식빵 반죽을 25분 동안 주어진 온도에서 구웠을 때 수분 함량이 가장 많은 것은?**

① 190℃
② 200℃
③ 210℃
④ 220℃

해설 낮은 온도에서 구울수록 수분 함량이 많다.

07 **오븐에서 빵이 갑자기 팽창하는 현상인 오븐 스프링이 발생하는 이유로 적당하지 않은 것은?**

① 가스압의 증가
② 알코올의 증발
③ 탄산가스의 증발
④ 단백질의 변성

해설 오븐 스프링의 요인
- 가스압이 증가한다.
- 탄산가스의 용해도가 감소한다.
- 알코올의 휘발로 증기압이 생긴다.

08 **완제품의 무게가 600g인 파운드 케이크를 1,200개 만들고자 한다. 이때 믹싱 손실이 1%, 굽기 손실이 19%라고 한다면 총재료량은?**

① 720kg　② 780kg
③ 840kg　④ 900kg

해설 반죽의 무게 = 완제품 무게 ÷ (1 − 손실량)
- 믹싱 전 반죽 무게 = (600 × 1,200) ÷ (1 − 0.01)
　= 720kg ÷ 0.99 = 727.27kg
- 굽기 전 반죽 무게 = 727.27 ÷ (1 − 0.19)
　= 727.27 ÷ 0.81
　= 897.86 ≒ 900kg

09 **굽기 손실에 영향을 미치는 요인이 아닌 것은?**

① 배합률
② 굽기 온도
③ 믹서의 종류
④ 제품의 크기와 모양

해설 믹서의 종류는 굽기와 상관없다.

정답 5 ③ 6 ① 7 ④ 8 ④ 9 ③

10 다음 중 언더 베이킹이란?

① 낮은 온도에서 장시간 굽는 방법
② 높은 온도에서 단시간 굽는 방법
③ 윗불을 낮게, 밑불을 높게 굽는 방법
④ 윗불을 낮게, 밑불을 낮게 굽는 방법

해설 높은 온도로 단시간 굽는 방법을 언더 베이킹이라 하고, 낮은 온도로 장시간 굽는 방법을 오버 베이킹이라 한다.

11 굽기에 대한 일반적인 설명으로 틀린 것은?

① 낮은 온도의 오븐에서 구운 제품은 수분이 적은 편이다.
② 높은 온도에서 구울 때 속이 안정되지 않으면 주저앉기 쉽다.
③ 고배합, 중량이 무거운 제품은 낮은 온도에서 오래 굽는다.
④ 언더 베이킹(Under Baking)이란 낮은 온도에서 굽는 것을 말한다.

해설 언더 베이킹이란 높은 온도로 단시간 굽는 것으로 굽기 대상은 저율 배합과 지나치게 발효된 반죽, 분할 중량이 작은 것이다.

12 오븐 굽기 중 일어나는 현상으로 단백질 변성 온도는?

① 44℃ ② 54℃
③ 74℃ ④ 84℃

13 다음 설명 중 오버 베이킹(Over Baking)에 대한 것은?

① 낮은 온도의 오븐에서 굽는다.
② 윗면 가운데가 올라오기 쉽다.
③ 제품에 남는 수분이 많아진다.
④ 중심 부분이 익지 않을 경우 주저앉기 쉽다.

해설 **오버 베이킹(Over Baking)**
고배율의 반죽일수록, 반죽 양이 많을수록 낮은 온도에서 오래 굽는다. 낮은 온도에서 오래 구우면 윗면이 평평하고 조직이 부드러워지나 수분 손실이 크다.

14 굽기 중 반죽의 변화가 아닌 것은?

① 글루텐 형성
② 오븐 팽창
③ 효소 불활성화
④ 전분의 호화

해설 **굽기 중 반죽 변화**
- 오븐 팽창
- 전분의 호화
- 단백질 변성
- 향의 생성
- 껍질의 갈색 변화

15 튀김 기름의 온도로 맞는 것은?

① 160~170℃
② 180~190℃
③ 200~210℃
④ 210~220℃

해설 일반적으로 튀김 기름의 온도는 180~190℃ 전후가 좋다.

정답 10 ② 11 ④ 12 ③ 13 ① 14 ① 15 ②

CHAPTER 05 빵류 제품 마무리

제1절 빵류 제품 충전물 준비

(1) 크 림

① 버터크림

㉠ 버터액당(물엿 등)을 기본 재료로 하여 난백, 난황, 물엿, 양주, 향료 등의 재료가 사용된다.

㉡ 버터크림의 제조 방법은 수직형 혼합기에 버터와 쇼트닝을 50:50으로 넣고 교반하면서 유지 중의 공기를 분산시키고 당액과 설탕을 가하는 것이다.

② 요거트 생크림

㉠ 요거트 생크림은 생크림, 플레인 요구르트와 요구르트 페이스트를 각각 1:1:1로 넣어서 휘핑하여 만든다.

㉡ 요거트 생크림은 빵의 충전물과 토핑에 사용되는데 요구르트의 상큼한 맛과 생크림의 부드러운 맛을 함께 느낄 수 있다.

(2) 잼 류

① 베리잼류

㉠ 포도와 함께 오랫동안 사용되고 있는 잼이 딸기잼이다. 산딸기는 냄새만 맡아도 지방이 분해되고 식욕이 억제되는 효과가 있다.

㉡ 블루베리잼은 짙은 군청 빛깔의 새콤달콤한 맛과 함께 건강에도 매우 유익하다고 알려진 블루베리를 원료로 한다.

② 잼의 제조 원리

㉠ 잼류의 가공에는 과일 중에 있는 펙틴, 산, 당분의 세 가지 성분이 일정한 농도로 들어있어야 적당하게 응고가 된다.

㉡ 펙 틴

- 펙틴은 과일이나 야채류의 세포막이나 세포막 사이의 결합 물질인 동시에 세포벽을 구성하는 중요한 물질로 식물 조직의 유연조직에 많이 존재하는 다당류이다.
- 젤리 형성에 필요한 펙틴의 함량은 0.1~1.5%가 적당하다.

㉢ 산 : 과일 중에 산이 부족할 때는 유기산을 넣어 0.27~0.5%(pH 3.2~3.5)가 되도록 맞춘다.

㉣ 당분 : 젤리 형성에 필요한 당의 함유량은 60~65%가 적당하다.

(3) 버터류

① 일반적으로 빵에 바를 때는 가염버터, 제과제빵 또는 요리에 사용할 때는 무염버터를 사용하는 경우가 많은데, 유럽에서는 용도와 관계없이 무염버터를 주로 사용한다.

② 발효버터는 원료인 크림을 젖산발효시켜서 만든다.

③ 콤파운드 버터는 우유의 지방을 분리하여 만든 버터와 버터에 다른 유지를 혼합하여 버터와 맛과 향을 비슷하게 만든 것이다.

(4) 치즈류

① 치즈는 젖소, 염소, 물소, 양 등의 동물의 젖에 들어 있는 단백질을 응고시켜서 만든 제품으로 샌드위치를 만들 때 빼놓을 수 없는 재료 중의 하나이다.

② 자연치즈

㉠ 자연치즈는 소, 산양, 양, 물소 등의 젖을 원료로 하며, 단백질을 효소나 응고제로 응고시키고, 유청의 일부를 제거한 것 또는 그것을 숙성시킨 것이다.

㉡ 자연치즈는 크게 비숙성(프레시) 타입, 흰곰팡이 타입, 워시 타입, 푸른곰팡이 타입, 셰브르 타입, 하드 타입, 세미하드 타입의 7가지 종류로 나누어진다.

구분	내용
비숙성(프레시) 타입	• 본래 농가에서 즉석에서 만들어 먹던 치즈로 숙성과정이 없는 치즈이다. • 대표적인 것으로 크림치즈는 지방 함량이 33% 이상으로 부드럽고 가벼운 맛을 가지며 실제로 어떤 빵에 발라도 잘 어울린다. • 모짜렐라 치즈의 경우 상온에서는 고체로 있지만 온도를 가열하면 녹고 잡아당기면 늘어나는 성질이 있어서 포카치아나 치아바타에 사용되며 마스카르포네는 브리오슈, 견과류나 말린 과일을 넣은 빵에 사용된다.
흰곰팡이 타입	• 브리와 카망베르로 대표되는 흰곰팡이 치즈는 치즈 표면에 흰곰팡이를 인위적으로 번식시켜서 만든다. • 숙성과 함께 감칠맛과 향이 증가하며 우리나라는 주로 국산 카망베르 치즈가 보급된다. • 바게트, 팽 드 캉파뉴, 호밀빵 등 대부분의 프랑스빵에 잘 어울린다. • 숙성에 따라 풍미가 강한 치즈는 맛이 진한 빵에, 부드러운 것은 브리오슈나 팽 오레 등 버터와 우유, 달걀, 설탕 등을 넣어서 만든 고배합 빵에 잘 어울린다.
푸른곰팡이 타입	• 특유하고 강한 풍미가 있지만 익숙해지면 자꾸 찾게 되는 중독성이 있으며 치즈의 왕이라 불린다. • 로크포르는 2000년 전쯤 젊은 양치기가 동굴에 놓고 온 호밀빵에 곰팡이가 생겼는데 같이 놓아둔 치즈에 곰팡이가 옮아서 만들어진 블루치즈에서 유래되었다고 한다. • 고르곤졸라와 로크포르, 푸른 당베르 등이 푸른곰팡이 타입에 속한다. • 견과류나 말린 과일을 넣은 빵, 팽 드 캉파뉴 등 비교적 풍미가 강한 프랑스빵이나 호밀이 많이 들어간 독일빵에 잘 어울린다.
하드 타입과 세미하드 타입	• 산에서 먹는 저장식품으로 만들기 시작한 치즈로 장기 보존이 가능하다. • 만드는 방법은 간단하지만 숙성기간에 따라 맛이 달라지고, 치즈를 그대로 먹어도 맛있기 때문에 얇게 썰어서 샌드위치에 넣어 먹는 경우가 많다. • 에멘탈, 체다, 미몰레트, 그뤼에르, 콩테, 파마산 등이 포함되며 체다와 미몰레트는 세미하드 타입이고 나머지는 하드 타입이다. 이 치즈는 프랑스빵, 독일빵 등 대부분의 담백한 저배합 빵에 잘 어울린다. • 세미하드 타입은 식빵 등 부드러운 빵과 잘 어울린다. • 하드 타입도 필러로 얇게 저미거나 곱게 갈아서 사용하면 어느 빵에도 잘 어울린다.

③ 가공치즈

㉠ 가공치즈는 자연치즈를 분쇄하고 가열 용해하여 유화한 제품으로 숙성에 따른 깊은 맛은 없지만, 품질과 영양 면에서 모두 안정적이다.

㉡ 자연치즈의 원료는 생우유인 데 반해 가공치즈의 원료는 자연치즈이다.

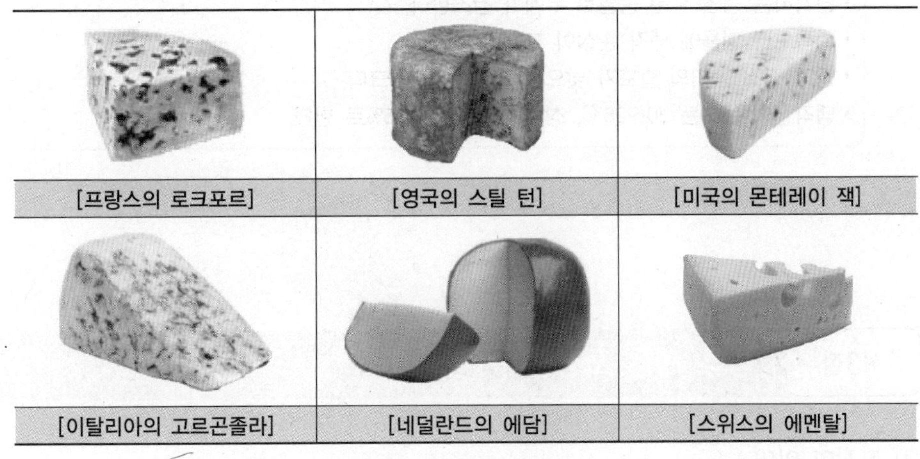

[각국 나라별 치즈]

제2절 빵류 제품 냉각하기

(1) 냉 각

① 갓 구워낸 빵은 빵 속의 온도가 97~99℃인데 이것을 35~40℃로 낮추는 것을 말한다.

② 수분 함량은 굽기 직후 껍질이 12~15%, 빵 속에 40~45%를 유지하는데, 이를 식히면 빵 속의 수분 함량은 껍질에 27%, 빵 속에 38%로 낮춰진다.

③ 냉각의 목적

㉠ 곰팡이, 세균 야생효모균에 피해를 입지 않도록 한다.

㉡ 빵의 절단(슬라이스) 및 포장을 용이하게 한다.

㉢ 빵의 저장성을 증대시킨다.

(2) 냉각 방법

① 자연냉각 : 상온에서 냉각하는 것으로 3~4시간 소요된다.

② 터널식 냉각 : 공기배출기를 이용한 냉각으로 2~2.5시간 소요된다.

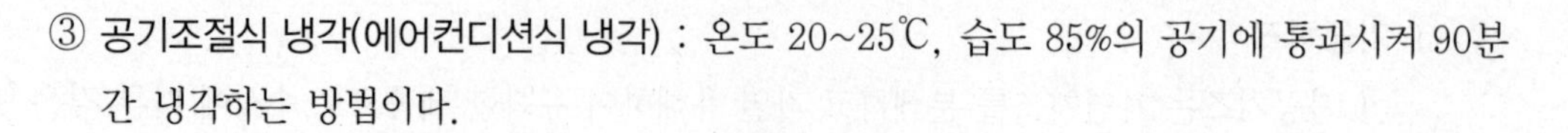

③ 공기조절식 냉각(에어컨디션식 냉각) : 온도 20~25℃, 습도 85%의 공기에 통과시켜 90분 간 냉각하는 방법이다.

> **더 알아보기 냉각 손실이 발생하는 이유(냉각 손실률 2%)**
> - 냉각하는 동안 수분 증발로 무게가 감소한다.
> - 여름보다 겨울에 냉각 손실이 크다.
> - 냉각 장소 공기의 습도가 낮으면 냉각 손실이 크다.
> - 냉각실의 온도는 20~25℃, 상대습도는 75~85%로 한다.

제3절 빵류 제품 포장하기

(1) 포장의 의의

① 포장은 제품의 유통과정에서 제품의 가치 및 상태를 보호하기 위해 적합한 재료나 용기를 사용하여 장식하거나 담는 것이다. 포장 온도는 35~40℃이다.

② 목적 : 빵의 저장성 증대, 미생물 오염 방지, 상품의 가치 향상

(2) 빵류 포장재의 조건

① 위생적 안전성 : 인쇄 잉크로 인한 카드뮴과 납 등의 오염, 열경화성 페놀용기에서 검출되는 폼알데하이드 등의 유해물질에 주의한다.

② 보호성 : 채광성, 방습성, 방수성, 보향성이 우수한 포장재를 사용하여야 한다.

③ 작업성 : 포장재가 물리적 손상을 입히지 않아야 하고 밀봉이 용이해야 한다.

④ 편리성 : 포장재는 소비자가 사용하기 편리하도록 개봉이 쉬워야 한다.

⑤ 효율성

㉠ 포장은 저렴한 비용으로 큰 광고효과를 얻을 수 있는 판매촉진 기능을 한다.

㉡ 소비자가 청결감을 느끼고, 구입 충동을 느낄 수 있도록 포장지를 잘 디자인하여야 한다.

⑥ 경제성 : 저렴한 가격에 대량 생산할 수 있어야 하고, 운반, 보관이 편리해야 한다.

⑦ 환경 친화성 : 포장재를 재사용하거나 재활용해야 한다.

제4절 포장재 종류

(1) 종이 · 종이 제품, 지기

① 종 이

㉠ 종이는 가볍고 가격이 저렴하며 인쇄적성이 좋으나, 기체투과성이 크고 방습성 및 내성성이 없으며 열접착성이 없다.

㉡ 종이는 크라프트지와 가공지(황산지, 글라신지, 왁스지 등)로 나누어지며 크라프트지는 80% 이상의 크라프트 펄프로 만들어진다.

② 셀로판

㉠ 셀로판은 펄프로 만든 비스코스를 압출한 후 유연제(글리세롤, 에틸렌 글리콜, 솔비톨 등)로 처리, 건조시켜 부드럽게 만든다.

㉡ 셀로판은 광택이 있고 인쇄가 잘되며, 가스투과성이 낮고 먼지가 잘 묻지 않는다.

㉢ 코팅한 셀로판은 강도, 투명도, 열접착성이 우수하며, 수분 및 산소차단성, 인쇄성이 좋다.

③ 판 지

㉠ 판지는 식품의 외포장재로 가장 많이 사용되는 것으로, 국산 판지는 두께 0.3mm 이상이거나 중량 100g 이상의 종이를 말한다.

㉡ 다층판지는 플라스틱 필름이나 다른 종이와 결합시켜 사용한다.

(2) 플라스틱과 포장 용기

① 플라스틱은 유리와 같은 다른 포장재에 비해 가볍고 가소성이 있으며, 산, 알칼리, 염 등의 화학물질에 대해 매우 안정하다. 또한 인쇄성, 열접착성이 좋고 가격이 저렴하여 대량생산이 가능하다.

② 현재 가장 많이 사용되고 있는 빵의 포장 재질은 저밀도의 폴리에틸렌이며, 주로 봉투 형태가 사용된다.

(3) 플라스틱 포장재

① 폴리에틸렌

㉠ 에틸렌을 중합하여 만든 고분자 중합체로 가장 먼저 상업화된 폴리올레핀계 물질이다.

㉡ 일반적으로 폴리에틸렌은 가격이 저렴하고 방습성, 방수성이 좋으나 기체투과성이 크다.

㉢ 저밀도 폴리에틸렌(LDPE)은 내한성이 커서 냉동식품 포장에 이용되고, 유연성이 좋고 가격이 저렴하여 봉투, 백, 겉포장 등에 사용되며, 열접착성이 좋아 다른 포장재와 라미네이션하여 열접착성 포장재로 사용한다.

㉣ 고밀도 폴리에틸렌(HDPE)은 LDPE에 비해 유연성은 좋지 않지만 기체차단성이 좋고 120℃ 정도에서 연화하므로 가열살균 포장용기로 사용된다.

② 폴리프로필렌

㉠ 가장 가벼운 플라스틱 필름 중 하나로 프로필렌을 저온에서 중합하여 제조한다.

㉡ 뛰어난 표면 광택과 투명성을 가지며 내유성, 내한성, 방습성이 좋고, 특히 내열성이 커서 레토르트 파우치 포장재로 사용된다.

③ 폴리염화비닐

㉠ 염화비닐을 중합시킨 중합체로 단단하고 부서지기 쉬우며 열에는 불안정하지만 내유성, 내산성, 내알칼리성이 크다.

㉡ 가소제가 비교적 적게 사용된 단단한 경질 폴리염화비닐은 내유성, 내산성, 내알칼리성이 크고, 특히 가스차단성이 좋아 유지 식품 포장에 사용된다.

④ 폴리에스터

㉠ 에틸렌글리콜과 테레프탈산을 중축합한 화합물로 가소제를 배합하지 않아 위생적으로 안정하다.

㉡ 이축연신 폴리에스터는 매우 질기고 광택이 있으며 기체 및 수증기 차단성이 매우 우수하며 인쇄성, 내열성, 내한성이 좋다.

[포장 재질의 특성과 용도]

포장 재질	특 성	사용 용도
저밀도 폴리에틸렌	저렴함, 낮은 온도의 활용성	식빵, 단과자빵 봉투
중간 밀도 폴리에틸렌	시각적 효과	봉투 및 식빵 겉포장
폴리프로필렌	두껍고 강함	겉포장
셀로판	고가, 시각 효과가 우수	모든 용도로 사용

적중예상문제

01 **다음 충전물 중 우유, 설탕, 전분, 달걀 등을 끓여서 만든 충전물은?**

① 버터크림
② 커스터드 크림
③ 요거트
④ 생크림

해설 커스터드 크림은 우유, 설탕, 전분(밀가루), 달걀 등을 끓여서 만든 크림이다.

02 **젤리 형성에 필요한 펙틴의 함량은?**

① 0.1~1.5%
② 1.5~2.5%
③ 2.5~3%
④ 3~4%

해설 젤리 형성에 필요한 펙틴의 적당한 함유량은 0.1~1.5%이다.

03 **특유의 풍미와 신맛, 감칠맛이 있는 버터는?**

① 무염버터　② 가염버터
③ 레몬버터　④ 발효버터

해설 발효버터는 특유의 풍미와 신맛, 감칠맛을 가진 버터이다.

04 **치즈 표면에 흰곰팡이를 번식시켜서 만든 대표적인 흰곰팡이 치즈는?**

① 카망베르
② 고르곤졸라
③ 로크포르
④ 에멘탈

해설 흰곰팡이 치즈로 브리 치즈와 카망베르 치즈가 있다.

05 **특유한 강한 풍미가 있고 치즈의 왕이라 불리는 푸른곰팡이 치즈는?**

① 모짜렐라　② 브 리
③ 로크포르　④ 에멘탈

해설 푸른곰팡이 치즈로 고르곤졸라, 로크포르, 푸른 당베르 등이 있다.

06 **빵의 충전물에 대한 색감을 자극하고 특유의 단맛과 신선감을 제공해 주는 충전물은?**

① 양 파
② 토마토
③ 파프리카
④ 오 이

정 답　1 ②　2 ①　3 ④　4 ①　5 ③　6 ③

07 다짐육으로 만들어지는 것이 특징이며 돼지고기, 소고기, 양고기, 내장, 채소, 허브 등을 넣어 만든 충전물은?

① 햄　② 소시지
③ 베이컨　④ 치 즈

해설 소시지는 다짐육으로 만들어지는 것이 특징이며 돼지고기, 소고기, 양고기, 내장, 채소, 허브 등을 혼합하여 만든다.

08 냉각으로 인한 빵 속의 수분 함량으로 적당한 것은?

① 10%　② 15%
③ 25%　④ 38%

해설 빵 속의 냉각온도는 35~40℃, 수분 함량은 38%이다.

09 식빵의 온도를 27℃까지 냉각한 후 포장했을 때 미치는 영향은?

① 노화가 빨리 일어난다.
② 빵에 곰팡이가 쉽게 발생한다.
③ 빵이 찌그러지기 쉽다.
④ 식빵의 슬라이스가 어렵다.

해설 냉각온도가 낮으면 노화가 빨리 진행되고 딱딱해진다.

10 제빵 냉각법 중 적합하지 않은 것은?

① 자연냉각
② 급속냉각
③ 에어컨디션식
④ 냉각터널식 냉각

해설 급속냉각은 완제품의 냉각 손실이 커서 빵의 노화를 촉진한다.

11 다음 중 빵 포장재로 적합하지 않은 것은?

① 보호성　② 단열성
③ 위생성　④ 작업성

해설 빵류 포장재는 위생적 안전성, 보호성, 작업성, 편리성, 효율성, 경제성, 환경 친화성 등의 특성을 갖추어야 한다.

12 빵을 포장하는 폴리프로필렌 포장지의 기능이 아닌 것은?

① 포장 후 미생물 오염을 최소화
② 부패를 완전히 막기 위해
③ 빵의 풍미 성분 손실 지연
④ 수분 증발을 억제하여 노화를 지연

해설 **포장지의 기능**
- 미생물 오염 최소화
- 빵의 풍미가 오래 지속되도록 함
- 노화의 지연

7 ② 8 ④ 9 ① 10 ② 11 ② 12 ② 정 답

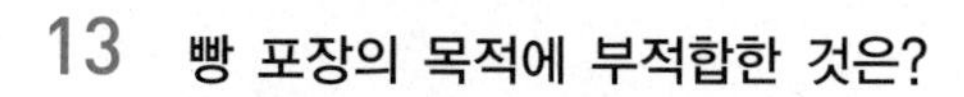

13 빵 포장의 목적에 부적합한 것은?

① 빵의 저장성 증대
② 빵의 미생물 오염 방지
③ 수분 증발 촉진과 노화 방지
④ 상품의 가치 향상

해설 예전에는 수분이 증발되지 않게 하고 미생물로부터의 오염을 방지하기 위한 목적으로 빵을 포장했다. 그러나 최근에는 판매 촉진의 한 방법으로 제품의 특성을 소비자에게 인식시키기 위해 이용된다.

14 다음 중 빵 제품이 가장 빨리 노화되는 온도는?

① −18℃　② 3℃
③ 27℃　④ 40℃

해설 **빵의 노화**
- 노화는 오븐에서 나오자마자 바로 시작되며, 4일 동안 일어날 노화의 반이 하루 만에 진행된다.
- −18℃ 이하에서 노화가 정지되며 −7~10℃ 사이에서 노화가 가장 빨리 일어난다.

15 오븐에서 나온 빵을 냉각하여 포장하는 온도로 가장 적합한 것은?

① 0~5℃
② 15~20℃
③ 35~40℃
④ 55~60℃

해설 **빵의 냉각 포장**
- 냉각 : 온도 35~40℃, 수분 함량 38%
- 포장 : 온도 35℃, 습도 38%

16 빵 제품의 노화(Staling)에 관한 설명 중 틀린 것은?

① 노화는 제품이 오븐에서 나온 후부터 서서히 진행된다.
② 노화가 일어나면 소화 흡수에 영향을 준다.
③ 노화로 인하여 내부 조직이 단단해진다.
④ 노화를 지연하기 위하여 냉장고에 보관하는 게 좋다.

해설 빵의 노화는 −18℃ 이하에서 정지되고, −7~10℃ 사이에서 가장 빨리 일어난다.

17 일반적으로 빵의 노화 현상에 따른 변화와 거리가 먼 것은?

① 수분 손실　② 전분의 결정화
③ 향의 손실　④ 곰팡이 발생

해설 곰팡이 발생은 부패와 관련된다. 빵의 노화로 인해 나타나는 변화로는 껍질이 질겨지는 상태, 속질이 단단해지는 상태, 향의 손실, 속질의 색 변질 그리고 수용성 전분의 감소 등이 있다.

18 빵의 노화를 지연시키는 방법이 아닌 것은?

① 저장 온도를 −18℃ 이하로 유지한다.
② 21~35℃에서 보관한다.
③ 고율 배합으로 한다.
④ 냉장고에서 보관한다.

해설 빵의 노화는 오븐에서 나오면 시작되며 최초 1일 동안에 4일간 노화된 정도의 반이 진행된다. −18℃ 이하에서 노화가 정지되며, −7~10℃ 사이에서 가장 빨리 일어난다.

정 답 13 ③　14 ②　15 ③　16 ④　17 ④　18 ④

MEMO

P/A/R/T

05

제과기능사

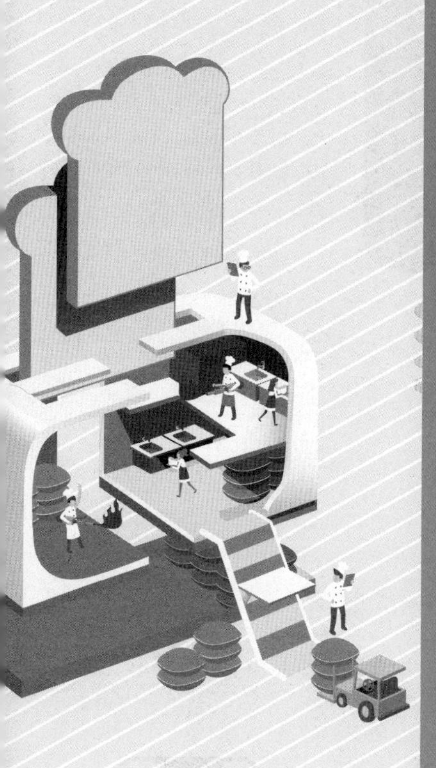

제과제빵
기능사
필기
한권으로 끝내기!

합격의 공식
SD에듀

과자류 제품 재료 혼합

제1절 재료 계량

(1) 배합표

① 배합표의 정의

㉠ 베이커리 퍼센트 : 밀가루를 100으로 기준하여, 각각의 재료를 밀가루에 대한 백분율로 표시한 것이다. 제빵 업계에서 사용하기 때문에 붙여졌으며, 배합률을 작성할 때 사용한다. 제품 생산량의 계산이 편리하다(베이커스 퍼센트).

㉡ 트루 퍼센트 : 총재료에 사용된 양의 합을 100으로 나타낸 것으로, 특정 성분 함량 등을 알 때 편리하며, 일반적으로 통용되는 전통적인 %로 백분율을 나타낸다.

② 배합표의 단위

㉠ 배합표에 배합률은 %로 표기하며, 배합량은 g과 kg 단위로 표기한다.

㉡ 베이커스 퍼센트는 밀가루 비율 100% 기준으로 하여 표기하며, 트루 퍼센트는 전체 사용된 재료의 합을 100%로 표기한다.

(2) 배합량 계산법

① 밀가루의 무게

$$\text{밀가루의 무게(g)} = \frac{\text{밀가루 비율(\%)} \times \text{총반죽의 무게(g)}}{\text{총배합률(\%)}}$$

② 각 재료의 무게

$$\text{각 재료의 무게(g)} = \frac{\text{각 재료의 비율(\%)} \times \text{밀가루 무게(g)}}{\text{밀가루 비율(\%)}}$$

③ 총반죽 무게

$$\text{총반죽 무게(g)} = \frac{\text{총배합률(\%)} \times \text{밀가루 무게(g)}}{\text{밀가루 비율(\%)}}$$

④ 트루 퍼센트

$$\text{트루 퍼센트} = \frac{\text{각 재료 중량(g)}}{\text{총재료 중량(g)}} \times 100$$

제2절 제과 주요 재료의 기능

(1) 밀가루

① 종 류

㉠ 단백질 함량에 따라 강력분, 중력분, 박력분으로 구분한다.

㉡ 제과용 밀가루는 단백질 7~9%, 회분 0.4% 이하, pH 5.2 정도인 박력분을 사용한다.

㉢ 강력분에는 글루텐의 함량이 높아서 가스를 조직 내에 잘 보유하며 빵에 점탄성을 부여한다.

㉣ 단백질 함량이 높은 경질밀은 연질밀에 비해 조밀하고 단단하다.

㉤ 파이(퍼프 페이스트리) 제조 시에는 강력 또는 중력을 사용한다.

② 기 능

㉠ 수분을 흡수하여 호화되어 제품의 구조를 형성하며, 재료들을 결합시키는 역할을 한다.

㉡ 밀가루의 종류에 따라 제품의 부피, 껍질과 속의 색, 맛 등에 영향을 준다.

(2) 설 탕

① 감미제의 종류

㉠ 설탕 : 사탕수수로 만든 이당류이다.

㉡ 포도당 : 전분을 가수 분해하여 만든 단당류이다.

㉢ 유당(젖당) : 이스트에 의해 발효되지 않고, 잔류당으로 남아 껍질 색을 낸다.

㉣ 물엿 : 전분의 분해산물인 맥아당, 덱스트린, 포도당 등이 물과 혼합되어 있는 감미제이다.

㉤ 전화당 시럽 : 설탕을 가수분해하여 만든 포도당과 과당이 50%씩 함유된 시럽이다.

㉥ 이성질화당(과당) : 포도당의 일부를 이성화시켜 분리한 단당류이다.

② 기 능

㉠ 밀가루 단백질을 연화시켜 제품의 조직을 부드럽게 한다(연화작용).

㉡ 제품에 단맛이 나게 하며 독특한 향을 내게 한다(감미제 역할).

ⓒ 수분 보유력을 가지고 있어서 노화를 지연시키고 신선도를 오래 유지한다.
ⓓ 쿠키반죽의 퍼짐률을 조절한다(퍼짐성).
ⓔ 갈변반응과 캐러멜화로 껍질 색을 내며 독특한 풍미를 만든다.

(3) 소 금

① 종 류
ⓐ 입자의 크기에 따라 미세, 중간, 거친 입자가 있다.
ⓑ 정제도에 따라 호염, 정제염 등이 있다.

② 기 능
ⓐ 설탕의 감미와 작용하여 풍미를 증가시키고 맛을 조절한다.
ⓑ 캐러멜화(껍질 색)의 온도를 낮추고 껍질 색을 조절한다.
ⓒ 잡균들의 번식을 억제하고 반죽의 물성을 좋게 한다.
ⓓ 재료들의 향미를 도와준다.

(4) 달 걀

① 구성 : 껍데기 약 10%, 흰자 60%, 노른자 30%

② 수분 함량
ⓐ 전란 : 수분 75%, 고형분 25%
ⓑ 노른자 : 수분 50.5%, 고형분 49.5%
ⓒ 흰자 : 수분 88%, 고형분 12%, pH 8.5~9.0

③ 기 능
ⓐ 구조 형성 : 달걀의 단백질이 밀가루와의 결합작용으로 과자제품의 구조를 형성한다.
ⓑ 결합제 : 커스터드 크림을 엉기게 하여 농후화 작용을 한다.
ⓒ 수분 공급 : 전란의 75%가 수분으로 제품에 수분을 공급한다.
ⓓ 유화제 : 노른자의 레시틴이 유화작용을 하며 반죽의 분리현상을 막아주기도 한다.
ⓔ 팽창작용 : 믹싱 중 공기를 혼합하므로 굽기 중 5~6배의 부피로 늘어나는 팽창작용을 한다.
ⓕ 쇼트닝 효과 : 노른자의 레시틴의 유화작용으로 제품을 부드럽게 한다.
ⓖ 색 : 노른자의 황색은 식욕을 돋우는 기능을 가지고 있다.

(5) 유 지

① 쇼트닝 기능 : 제품에 부드러움을 주는 성질로 믹싱 중에 유지가 얇은 막을 형성하여 녹말과 단백질이 단단하게 되는 것을 방지하고 제품에 윤활성을 제공한다.

② 공기 혼입 기능 : 믹싱 중 유지는 공기를 포집하여 굽기 중 부피를 팽창시킨다.

③ 크림화 기능

㉠ 믹싱 중 지방입자 사이사이에 공기가 포집되어 미세한 기포가 되어 크림이 되는 성질이다.

㉡ 크림성이 양호한 유지는 쇼트닝의 275~350%에 해당하는 공기를 함유하게 된다.

④ 안정화 기능

㉠ 유지를 장시간 방치하면 공기 중의 산소와 결합하여 산패가 일어나는데 장시간 산패에 견딜 수 있도록 한다.

㉡ 특히 비스킷, 쿠키파이, 크러스트 등과 같은 제품의 품질을 좌우한다.

⑤ 식감과 저장성

㉠ 유지는 식품을 섭취할 때 완세품에 부드러움을 준다.

㉡ 완제품에서 수분 보유력을 향상시켜 노화를 연장시킨다.

⑥ 신장성 : 파이 제조 시 반죽 사이에서 밀어 펴지는 성질이다.

⑦ 가소성

㉠ 고체 지방 성분의 변화에도 단단한 외형을 갖추는 성질, 즉 고체의 유지를 교반하면 고체 상태가 반죽 상태로 변형되어 유동성을 가지는 성질을 말한다.

㉡ 버터의 가소성 온도는 13~18℃이다.

(6) 우 유

① 구 성

㉠ 수분 88%, 고형분 12%(단백질 3.4%, 유지방 3.6%, 유당 4.7%, 회분 0.7%)

㉡ 유단백질 중 80% 정도가 카세인으로 산과 레닌효소에 의해 응고된다.

㉢ 유당은 이스트에 의해 발효되지 않고 젖산균(유산균), 대장균에 의해 발효된다.

② 종 류

㉠ 시유 : 수분 88% 전후의 살균 또는 균질화시킨 우유이다.

㉡ 농축우유 : 우유의 수분을 증발시켜 고형분을 높인 우유이다.

㉢ 탈지우유 : 우유에서 지방을 제거한 우유이다.

㉣ 탈지분유 : 탈지우유에서 수분을 증발시켜 가루로 만든 우유이다.

㉤ 전지분유 : 생우유 속에 든 수분을 증발시켜 가루로 만든 우유이다.

③ 기 능

㉠ 우유에 함유된 유당은 캐러멜화 작용으로 껍질에 착색시키고 제품의 향을 개선한다.

㉡ 수분의 보유력이 있어 노화를 지연시키고 신선도를 연장시킨다.

(7) 팽창제

① 기공, 조직을 부드럽게 만드는 팽창작용을 하도록 가스를 생산한다.

② 산염, 탄산수소나트륨(중조), 부형제로 구성되어 있으며, 탄산수소나트륨은 산과 작용하여 열을 받으면 탄산가스를 방출한다.

③ **베이킹파우더** : 탄산가스를 발생하여 반죽의 부피를 팽창시킨다.

④ **암모늄염(소다)** : 쿠키 제품에서 단백질 구조를 변경시키고 가스를 발생하여 쿠키의 퍼짐성을 좋게 한다.

⑤ **주석산** : 설탕에 첨가하여 끓이면 재결정을 막을 수 있고, 달걀흰자를 기포할 때 흰자를 강하게 하는 성질이 있다.

(8) 안정제

① 식품에서 점착성을 증가시키고 유화 안전성을 좋게 하며 가공 시 신선도 유지, 형체 보존에 도움을 주며 미각에 대해서도 점활성을 주어 촉감을 좋게 하기 위하여 식품에 첨가하는 것이다.

② 아이싱 제조 시 끈적거림 방지, 머랭에서 물 스며나옴 방지, 크림 토핑물에 부드러움 제공 등의 역할을 한다.

③ 케이크나 빵에서 흡수율을 증가시켜 제품을 부드럽게 한다.

④ 아이싱에는 물을 기준으로 1%의 검을 사용하는 것이 바람직하며, 각 제조회사의 지침에 따르는 것이 좋다.

제3절 반죽형 반죽(Batter Type Paste)

(1) 반죽형 반죽의 의의

① 밀가루, 달걀, 유지, 설탕 등을 구성 재료로 하고 화학제 팽창제를 사용하여 부피를 형성하는 반죽이다.

② 유지의 함량이 많고, 일반적으로 밀가루가 달걀보다 많아 반죽 비중이 높고 식감이 무겁다.

③ 대표적으로 파운드 케이크, 과일 케이크, 머핀, 마들렌과 각종 레이어 케이크가 있다.

④ 제조 방법에 따라 크림법, 블렌딩법, 복합법, 설탕물법, 1단계법 등이 있다.

(2) 반죽형 반죽의 방법

① 크림법(Cream Method)

㉠ 가장 기본적이고 안정적인 제법으로 부피를 우선으로 하는 제품에 적합하다.

㉡ 처음에 유지와 설탕, 소금을 넣고 믹싱하여 크림을 만든 후 달걀을 서서히 투입하여 크림을 부드럽게 한다. 여기에 체로 친 밀가루와 베이킹파우더 및 건조재료를 가볍고 균일하게 혼합하여 반죽한다.

㉢ 크림법으로 제조하는 제품으로는 쿠키, 파운드 케이크 등이 있다.

> **더 알아보기 쿠 키**
>
> - 건과자로 영국의 플레인 번(Bun), 미국의 작고 납작한 비스킷 또는 케이크, 프랑스의 푸르 세크(Four Sec) 그리고 독일의 게베크(Gebäck)에 해당하는 과자이다. 번은 화학팽창제(베이킹파우더)나 이스트 발효를 이용하여 부풀린 과자이다. 흔히 미국에서 말하는 쿠키는 영국에서는 비스킷이라 불린다.
> - 쿠키는 밀가루 양이 많아 수분이 적고(5% 이하), 크기가 작은 건과자와 수분 함량이 30% 이상인 생과자 등이 있다.

② 블렌딩법(Blending Method)

㉠ 처음에 유지와 밀가루를 믹싱하여 유지가 밀가루 입자를 얇은 막으로 피복한 후 건조재료와 액체 재료를 혼합하는 방법이다.

㉡ 조직이 부드럽고 유연한 제품을 만들며 파이 껍질을 제조할 때도 사용된다.

㉢ 데블스 푸드 케이크, 마블 파운드 등에 블렌딩법을 사용한다.

③ 복합법(Combined Method)

㉠ 유지를 크림화하여 밀가루를 혼합한 후, 달걀 전란과 설탕을 휘핑하여 유지에 균일하게 혼합하는 방법과 달걀흰자와 노른자를 분리하여 노른자는 유지와 함께 크림화하고 흰자는 머랭을 올려 제조하는 방법이 있다.

㉡ 부피와 식감이 부드럽다.

④ 설탕물법(Suger/Water Method)

㉠ 설탕과 물(2 : 1)의 시럽을 사용하는 방법으로 계량이 편리하고 질 좋은 제품을 생산할 수 있다.

㉡ 액당으로 사용되기 때문에 제조 공정의 단축, 운반 편리성, 포장비 절감의 효과가 있으나, 액당 저장 공간과 이송파이프, 계량 장치 등 시설비가 높아 대량 생산 공장에서 이용하고 있다.

㉢ 시럽의 당도는 보통 66.7%로 공기 혼입이 양호하여 균일한 기공과 조직의 내상이 필요한 제품에 적당하며 베이킹파우더의 양을 10% 정도 절약할 수 있다.

⑤ 1단계법(Single Stage Method)

㉠ 모든 재료를 한 번에 투입한 후 믹싱하는 방법으로 유화제와 베이킹파우더가 필요하다.

㉡ 노동력과 시간이 절약되며, 기계성능이 좋은 경우에 많이 이용(에어믹서 등)된다.

㉢ 마들렌, 피낭시에 등 구움 과자 반죽 제조법을 1단계법이라 할 수 있다.

(3) 재료의 전처리

① 건조 과일의 경우 수분을 공급하여 식감을 개선하고 풍미를 향상시키며, 제품 내부와 건조 과일 간의 수분 이동을 최소화하기 위해 전처리 과정을 거친다.

② **건조 과일의 전처리 방법** : 건포도의 경우 건포도의 12%에 해당하는 27℃의 물을 첨가하여 4시간 후에 사용하거나, 건포도가 잠길만한 물을 넣고 10분 이상 두었다가 가볍게 배수시켜 사용한다. 기타 건조 과일은 용도에 따라 자르거나 술에 담가 놓은 후 사용한다.

③ **견과류 전처리** : 견과류의 경우 제품의 용도에 따라 굽거나 볶아서 사용한다.

(4) 반죽 온도 조절

① 과자 반죽의 온도가 낮으면 기공이 조밀해서 부피가 작아져 식감이 나빠지며, 증기압에 의한 팽창 작용으로 표면이 터지고 거칠어질 수 있다.

② 과자 반죽의 온도가 높으면 기공이 열리고 큰 구멍이 생겨 조직이 거칠어져 노화가 빨라진다.

③ **마찰계수(Friction Factor)** : 반죽을 제조할 때 반죽기의 휘퍼나 비터가 회전하면서 두 표면 사이의 반죽에 의해 생기는 마찰 정도를 뜻한다.

④ **마찰계수 계산법**

> (반죽 결과 온도 × 6) − (실내 온도 + 밀가루 온도 + 설탕 온도 + 유지 온도 + 달걀 온도 + 물 온도)

⑤ **사용할 물 온도 계산법** : 계산된 물 온도가 56℃ 이상이면 반죽의 호화온도이므로 사용하지 않는다.

> (반죽 희망 온도 × 6) − (실내 온도 + 밀가루 온도 + 설탕 온도 + 유지 온도 + 달걀 온도 + 마찰계수)

⑥ **얼음 사용량 계산법**

$$\frac{\text{사용할 물의 양} \times (\text{수돗물 온도} - \text{사용할 물 온도})}{80 + \text{수돗물 온도}}$$

* 80은 80cal를 뜻하며, 얼음 1g이 녹아 물 1g이 되는 데 흡수하는 열량인 용해열(흡수열량)을 나타내는 것으로, 얼음의 비중값을 나타낸 수이다.

(5) 비중(Specific Gravity)

① 비중이 높으면 부피가 작고, 기공이 조밀하고 단단해지며, 무거운 제품이 된다.

② 비중이 낮으면 기공이 크고 거칠며 부피가 커서 가벼운 제품이 된다.

③ 비중 계산법

$$비중 = \frac{같은\ 부피의\ 반죽\ 무게}{같은\ 부피의\ 물의\ 무게} = \frac{반죽\ 무게 - 컵\ 무게}{물\ 무게 - 컵\ 무게}$$

④ 제품별 비중

파운드 케이크	0.7~0.8(0.75 전후)
레이어 케이크	0.8~0.9(0.85 전후)
스펀지 케이크	0.45~0.55
롤케이크	0.4~0.45

제4절 거품형 반죽(Foam Type Paste)

(1) 거품형 반죽의 방법

① 공립법 : 흰자와 노른자를 분리하지 않고 전란에 설탕을 넣어 함께 거품을 내는 방법이다.

㉠ 더운 방법

- 달걀과 설탕을 넣고 중탕하여 37~43℃로 데운 후 거품을 내는 방법이다.
- 주로 고율 배합에 사용되며, 기포성이 양호하고 설탕의 용해도가 좋아 껍질 색이 균일하다.

㉡ 차가운 방법

- 중탕하지 않고 달걀과 설탕을 거품 내는 방법으로 저율 배합에 적합하다.
- 반죽 온도는 22~24℃가 적합하다.

② 별립법

㉠ 달걀노른자와 흰자를 분리하여 제조하는 방법으로, 각각 설탕을 넣고 따로 거품 내어 사용한다.

㉡ 공립법에 비해 제품의 부피가 크며 부드러운 것이 특징이다.

(2) 시 폰

① 달걀의 흰자와 노른자를 분리하여 노른자는 거품을 내지 않고 반죽형과 같은 방법으로 제조하고, 흰자는 머랭을 만들어 두 가지 반죽을 혼합하여 제조하는 방법이다.

② 반죽형의 부드러움과 거품형 반죽의 가벼운 식감이 특징이다.

(3) 머 랭

① 머랭은 달걀흰자에 설탕을 넣어서 거품을 낸 것으로, 크림용으로 광범위하게 사용된다.

② 흰자의 기포성을 증가하기 위해 주석산 크림(Cream of Tartar)을 넣어 많이 사용된다.

③ 머랭의 제법에 따라 프렌치 머랭(French Meringue), 이탈리안 머랭(Italian Meringue), 스위스 머랭(Swiss Meringue) 등이 있다.

④ 프렌치 머랭

㉠ 프렌치 머랭은 냉제 머랭으로도 불리며 가장 기본이 되는 머랭이다.

㉡ 먼저 달걀흰자(온도 24℃)로 거품을 내다가 설탕을 조금씩 넣어 주면서 중속으로 거품을 만든다. 이때 거품을 안정시키기 위해서 주석산 0.5%와 소금 0.3%를 넣고 거품을 올리기도 한다.

⑤ 이탈리안 머랭

㉠ 거품을 낸 달걀흰자에 115~118℃에서 끓인 설탕시럽을 조금씩 넣어 주면서 거품을 낸 것이다.

㉡ 주로 크림이나 무스와 같이 가열하지 않는 제품이나 거품의 안정성이 우수하여 케이크의 데코레이션용으로 많이 사용한다.

⑥ 스위스 머랭

㉠ 달걀흰자와 설탕을 믹싱볼에 넣고 잘 혼합한 후에 43~49℃에서 중탕하여 달걀흰자에 설탕이 완전히 녹으면 볼을 믹서에 옮겨 중간이나 팽팽한 정도가 될 때까지 거품을 내어 만든다.

㉡ 각종 장식(공예) 모양을 만들 때 사용한다.

[과자 반죽의 종류에 따른 식감과 질감의 차이]

과자 반죽의 종류	팽창 방법	식 감	질 감
반죽형 반죽	화학팽창제, 유지의 크림성	무거움	부드러움
거품형 반죽	물리적 팽창, 공기의 포집	가벼움	질 김
시폰형 반죽	화학팽창제, 공기의 포집	가벼움	부드러움

제5절 퍼프 페이스트리 반죽

(1) 퍼프 페이스트리(Puff Pastry)

① 구울 때 반죽 사이의 유지가 녹아 생긴 공간을 수증기압으로 부풀리며, 반죽이 늘어지는 성질이 좋기 때문에 결을 많이 만들 수 있다.

② 최고 250결까지 만들 수 있으며, 매우 바삭바삭한 것이 특징이다.

③ 반죽 제조법에 따라 접이형과 반죽형으로 구분할 수 있다.

(2) 퍼프 페이스트리 반죽의 분류

① 접이형 반죽

㉠ 반죽에 충전용 유지를 넣어 밀어 펴고 접기를 반복하는 방법으로 프랑스식 또는 롤인법(Roll-in Type)이라고 한다.

㉡ 공정이 어려운 대신 큰 부피와 균일한 결을 얻을 수 있다.

② 반죽형 반죽

㉠ 밀가루 위에 유지를 넣고 잘게 자르듯 혼합하여 유지가 콩알 크기 정도가 되면 물을 넣어 반죽을 만들어 밀어 펴는 반죽 방법이다.

㉡ 스코틀랜드식이라고 하며 작업이 간편하나 덧가루를 많이 사용하고 결이 균일하지 않아 단단한 제품이 되기 쉽다.

㉢ 각종 파이를 제조할 때 많이 사용된다.

(3) 충전용 유지

① 충전용 유지는 외부의 힘에 의해 형태가 변한 물체가 외부 힘이 없어져도 원래의 형태로 돌아오지 않는 물질의 성질, 즉 가소성의 범위가 넓은 것이 작업하기에 좋다.

② 풍미가 뛰어난 버터를 전통적으로 사용하였으나, 고온에서 액체가 되고 저온에서 너무 단단해지기 때문에 가소성의 범위가 넓은 제품을 개발하여 파이용 마가린으로 유통되고 있다.

제6절 다양한 반죽

(1) 초콜릿 공예 반죽

① 초콜릿을 템퍼링한다.

㉠ 재료를 배합표에 맞게 계량한다.

㉡ 초콜릿을 중탕하기 쉽도록 작게 자른다.

㉢ 초콜릿 템퍼링을 한다.

- 모든 성분이 녹을 수 있도록 50~55℃로 녹인다.
- 중탕 시 물이나 수증기가 들어가면 블룸 현상이 일어나므로 주의한다.
- 온도를 내린 초콜릿을 다시 중탕하여 온도를 29~31℃로 맞춘다.

더 알아보기 중탕한 초콜릿의 온도를 떨어뜨리는 방법

- 대리석법
  - 중탕한 초콜릿의 2/3~3/4을 대리석에 부은 다음 스패튤러를 이용하여 교반하여 온도를 떨어뜨리는 방법이다.
  - 숙련도가 필요한 작업이다.
- 접종법
  - 중탕한 초콜릿에 미리 잘게 자른 초콜릿을 더해서 녹이면서 전체적인 온도를 내리는 방법이다.
  - 중탕한 양에 비해 더하는 초콜릿의 양이 많으면 덩어리가 녹지 않을 수 있어 나중에 더하는 초콜릿은 중탕한 양보다 약간 적게 넣거나 비슷하게 넣도록 한다.
- 수냉법
  - 중탕한 초콜릿에 얼음물 또는 찬물을 밑에 대고 저으면서 온도를 내리는 방법이다.
  - 양이 적으면 스테인리스 그릇 밑이 얼음물에 닿는 부분만 식어 굳어 버리므로 잘 섞어야 한다. 일반적으로 양이 적을 때 많이 사용하는 방법이다.

② 초콜릿 플라스틱을 반죽한다.

㉠ 재료를 배합표에 맞게 계량한다.

[초콜릿 플라스틱 배합표]

재 료	비율(%)	무게(g)
다크초콜릿	100	300
물 엿	50	150
합 계	150	450

㉡ 초콜릿을 중탕하기 쉽도록 잘게 자른다.

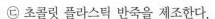

㉢ 초콜릿 플라스틱 반죽을 제조한다.
- 스테인리스 그릇에 초콜릿을 담고 불 위에 중탕으로 녹인다. 초콜릿 플라스틱은 템퍼링이 필요 없으므로 온도를 40℃ 전후로 하면 된다.
- 중탕한 초콜릿에 물엿을 넣고 섞는다.
- 살짝 섞은 플라스틱 반죽을 비닐이나 비닐봉지 등에 넣어 실온에서 24시간 이상 휴지시킨다. 보통 휴지되면서 반죽이 딱딱하게 굳어진다.

(2) 설탕 공예 반죽

① 동냄비에 설탕과 물을 넣고 중불에 올려 거품이 생기기 시작하면 거품을 걷어내며 끓인다.
② 시럽 온도가 130~140℃가 되면 물에 녹인 주석산을 7~8방울 넣는다. 식용색소를 넣을 경우 시럽의 온도가 140℃ 이상 되었을 때 넣고 섞어 준다.
③ 각 배합의 적정 온도(165~170℃)로 시럽이 끓으면 불을 끈다. 온도가 더 이상 올라가지 않도록 동냄비의 밑면을 차가운 물에 담근다.
④ 실리콘 페이퍼 또는 실리콘 몰드에 시럽을 부어 굳힌다.
⑤ 굳으면 제습제를 넣고 비닐 또는 밀폐 용기에 담아 보관한다. 바로 사용할 경우 전자레인지를 이용해 녹인 후 설탕 공예용 램프를 사용해 굳지 않도록 작업한다.

(3) 마지팬

마지팬은 설탕과 아몬드의 비율에 따라 공예용과 부재료용(로마지팬)으로 나누어진다.

① **공예 마지팬** : 설탕과 아몬드의 비율이 2 : 1이다.
② **로마지팬** : 설탕과 아몬드의 비율이 1 : 2로 아몬드를 많이 함유하고 있다.

적중예상문제

01 다음 중 박력분에 대한 설명으로 옳은 것은?

① 경질 소맥을 제분한다.
② 연질 소맥을 제분한다.
③ 글루텐의 함량은 12~14%이다.
④ 빵이나 국수를 만들 때 사용한다.

해설 박력분의 원맥은 연질 소맥이고, 강력분의 원맥은 경질 소맥이다. 연질 소맥과 경질 소맥의 차이는 외피와 배유 부분의 경도에 의한 것이다.

02 케이크에서 설탕의 역할과 거리가 먼 것은?

① 수분 보유력이 있어 노화가 지연된다.
② 껍질 색을 진하게 한다.
③ 감미를 준다.
④ 제품의 형태를 유지시킨다.

해설
- 감미제 : 설탕, 포도당과 물엿, 아스파탐, 올리고당, 이성화당, 꿀 등
- 제빵의 기능 : 이스트의 먹이, 메일라드 반응
- 제과의 기능 : 수분보유제, 연화효과, 캐러멜화

03 제과에서 설탕의 기능이 아닌 것은?

① 감미제
② 수분 보유력으로 노화 지연
③ 알코올 발효의 탄수화물 급원
④ 밀가루 단백질의 연화

해설 알코올 발효는 빵 반죽의 발효이다.

04 케이크에 사용하는 박력분의 단백질 함량은?

① 7~9%
② 10~11%
③ 12~13%
④ 14~15%

해설 박력분은 단백질이 7~9% 정도이고 점성은 약하지만, 다른 재료와 혼합해서 구워냈을 때는 가볍고 식감이 우수하다.

05 달걀흰자의 수분 함량으로 맞는 것은?

① 58%
② 75%
③ 88%
④ 90%

06 비스킷(쿠키)을 구울 때 갈변되는 것은 어느 반응에 의한 것인가?

① 메일라드 반응 단독으로
② 메일라드 반응과 캐러멜화 반응이 함께 일어나서
③ 효소에 의한 갈색화 반응으로
④ 아스코브산의 산화 반응으로

해설 과자의 색이 갈변되는 것은 캐러멜화 반응(Caramel Reaction)과 메일라드 반응(Maillard Reaction)에 의해서 진행된다.

정답 1② 2④ 3③ 4① 5③ 6②

07 **반죽형 케이크 제조 시 일반적으로 유화제는 쇼트닝의 몇 %를 사용하는 것이 가장 적당한가?**

① 6~8%　② 10~12%
③ 3~4%　④ 1~2%

해설 반죽형 케이크 제조 시 유화제는 쇼트닝의 6~8%가 좋다.

08 **다음 중 유화제의 사용 목적이 아닌 것은?**

① 유화 및 분산성의 개량
② 블렌딩성의 개량
③ 제품 색상의 개량
④ 제품의 용적 증가

해설 유화제를 첨가하는 목적은 빵과 케이크의 노화 지연, 크림성 증가, 유화·분산성 및 흡수성의 증대를 통하여 보다 좋은 제과·제빵 적성을 갖도록 하는 데 있다.

09 **다음 유지의 성질 중 크래커에서 가장 중요한 것은?**

① 크림가　② 쇼트닝가
③ 가소성　④ 발연점

해설 쇼트닝가는 구운 제품에 바삭함을 줄 수 있는 유지의 능력을 나타내는 수치이다.

10 **다음 중 식용 유지의 제법이 아닌 것은?**

① 크림법　② 용출법
③ 추출법　④ 압착법

해설 식용 유지의 채취법에는 용출법, 압착법, 추출법이 있다.

11 **커스터드 크림에서 달걀의 역할이 아닌 것은?**

① 쇼트닝 작용　② 결합제
③ 팽창제　④ 저장성

해설 커스터드 크림에서 달걀은 주로 결합제, 팽창제, 유화제 역할, 쇼트닝 효과, 속색의 효과, 영양가의 역할을 한다.

12 **분유를 사용하지 않은 반죽이 59%의 수분을 흡수하였다면, 분유 3% 사용 시 흡수율은 몇 %가 되겠는가?**

① 46%　② 57%
③ 62%　④ 76%

해설 분유 1% 첨가 시 수분 흡수율도 1% 늘어난다.
∴ 59 + 3 = 62%

정답 7 ① 8 ③ 9 ② 10 ① 11 ④ 12 ③

13 케이크 제조에 사용되는 달걀의 역할이 아닌 것은?

① 결합제의 역할 ② 잼 형성 작용
③ 유화력 보유 ④ 팽창작용

해설 달걀의 역할
- 결합제의 역할 : 단백질이 변성하여 농후화제가 된다(커스터드 크림).
- 팽창작용 : 달걀 단백질이 피막을 형성하여 믹싱 중의 공기를 포집하고 이 미세한 공기는 열팽창하여 케이크 제품의 부피를 크게 한다(스펀지 케이크).
- 유화제의 역할 : 노른자의 레시틴은 유화 성분이 있어 믹싱 시 유화제의 역할을 한다.
- 쇼트닝 효과 : 노른자의 지방이 제품을 부드럽게 한다.
- 색 : 노른자의 황색 계통은 식욕을 돋우는 속색을 만든다.
- 영양가 : 건강생활을 유지하고 성장에 필수적인 단백질, 지방, 무기질, 비타민을 함유한 완전 제품이다.

14 소다 1.2%를 사용하는 배합 비율의 팽창제를 베이킹파우더로 대체하고자 할 경우 사용량으로 알맞은 것은?

① 1.2% ② 2.4%
③ 3.6% ④ 4.8%

해설 중조 1의 능력은 베이킹파우더 3배의 능력이다.

15 파운드 케이크 제조 시 중조를 8g 사용했을 경우 가스 발생량을 비교했을 때 베이킹파우더 몇 g과 효과가 같은가?

① 8g ② 16g
③ 24g ④ 32g

해설 중조 1의 능력은 베이킹파우더 능력의 3배이다.

16 쿠키에 사용하는 중조에 대한 설명으로 틀린 것은?

① 과다 사용 시 색상이 어두워진다.
② 과다 사용 시 비누맛, 소다맛을 낸다.
③ 천연산에 의해 중화된다.
④ 쿠키를 단단하게 한다.

해설 쿠키에 사용하는 중조는 쿠키를 부드럽게 한다.

17 다음 제품 중 반죽의 분류상 다른 셋과 구별되는 것은?

① 레이어 케이크
② 파운드 케이크
③ 스펀지 케이크
④ 과일 케이크

해설 팽창 방법에 따른 분류
- 화학적 팽창 방법 : 베이킹파우더, 소다 같은 첨가물을 사용하여 화학적 반응을 일으켜 반죽을 팽창시키는 방법이다. → 레이어 케이크, 케이크 도넛, 아메리칸 머핀, 와플, 팬케이크, 파운드 케이크, 과일 케이크 등
- 물리적 팽창 방법 : 반죽을 휘저어 거품을 일으켜 반죽 속에 공기를 형성시켜 오븐에서 열을 가해 팽창시키는 방법이다. → 스펀지 케이크, 엔젤 푸드 케이크, 시폰 케이크, 머랭, 거품형 반죽 쿠키 등

18 반죽형 반죽 중 부피를 우선으로 하는 제품에 적합한 반죽법은?

① 블렌딩법 ② 크림법
③ 1단계법 ④ 설탕물법

정 답 13 ② 14 ③ 15 ③ 16 ④ 17 ③ 18 ②

19 **베이킹파우더의 사용 방법으로 틀린 것은?**

① 굽는 시간이 긴 제품에는 지효성 제품을 사용한다.
② 굽는 시간이 짧은 제품에는 속효성 제품을 사용한다.
③ 색깔을 진하게 해야 할 제품에는 산성 팽창제를 사용한다.
④ 낮은 온도에서 오래 구워야 하는 제품에는 속효성과 지효성 산성염을 잘 배합한 제품을 사용한다.

해설 색깔을 진하게 해야 할 제품에는 알칼리성 팽창제를 사용한다.

20 **다음 제품 중 거품형 케이크는?**

① 스펀지 케이크
② 파운드 케이크
③ 데블스 푸드 케이크
④ 화이트 레이어 케이크

해설 거품형 반죽 제품은 달걀 단백질의 블렌딩성과 유화성, 열에 대한 응고성을 이용한 제품으로 스펀지 케이크, 엔젤 푸드 케이크, 머랭 등이 있다.

21 **퍼프 페이스트리(Puff Pastry)의 팽창은 다음 중 어느 것에 기인하는가?**

① 공기 팽창
② 화학 팽창
③ 증기압 팽창
④ 이스트 팽창

해설 퍼프 페이스트리는 밀가루 반죽에 유지를 넣고 유지층 사이의 증기압으로 부풀린 제품이다.

22 **전통적인 스펀지 케이크 반죽과 제누아즈 반죽의 가장 큰 차이점은?**

① 유지 함량 ② 설탕 함량
③ 달걀 함량 ④ 밀가루 함량

해설 스펀지 케이크에는 유지가 들어가지 않는다.

23 **반죽형 케이크 제조 시 분리 현상이 일어나는 원인이 아닌 것은?**

① 반죽 온도가 낮다.
② 노른자 사용 비율이 높다.
③ 반죽 중 수분량이 많다.
④ 일시에 투입하는 달걀의 양이 많다.

해설 달걀노른자의 레시틴은 유화제 역할을 하여 반죽을 결합하는 역할을 한다.

19 ③ 20 ① 21 ③ 22 ① 23 ② 정 답

24 소프트 롤케이크는 어떤 배합을 기본으로 하여 만드는 제품인가?

① 스펀지 케이크 배합
② 파운드 케이크 배합
③ 하드 롤 배합
④ 슈크림 배합

해설 젤리 롤을 비롯한 소프트 롤, 초콜릿 롤케이크는 말기를 하는 제품으로 기본 스펀지 배합보다 수분이 많아야 말 때 표피가 터지지 않는다.

25 파운드 케이크의 비중은?

① 0.4~0.5
② 0.5~0.6
③ 0.7~0.8
④ 0.8~0.9

해설 파운드 케이크의 비중은 0.7~0.8이 적합하다.

26 이탈리안 머랭의 시럽 온도는?

① 95~105℃
② 106~112℃
③ 115~118℃
④ 120~140℃

해설 이탈리안 머랭은 거품을 낸 달걀흰자에 115~118℃에서 끓인 설탕시럽을 조금씩 넣어 만든다.

정 답 24 ① 25 ③ 26 ③

과자류 제품 반죽 정형

제1절 분할 패닝

(1) 분 할

① 반죽을 짜내기, 찍어 내기, 접어 밀기, 절단하기, 재단하기, 패닝 등을 하는 것이다.

② 과자류 제품의 반죽 정형 공정은 빵류 제품과 달리 분할과 동시에 패닝이 이루어지는 것이 일반적이다.

(2) 팬 용적 계산법

① 사각 팬

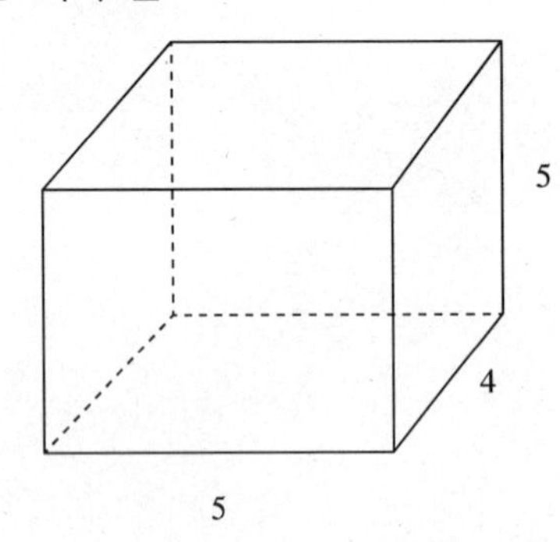

팬 용적 = 가로 × 세로 × 높이

= 5 × 4 × 5 = 100cm³

② 경사진 옆면을 가진 사각 팬

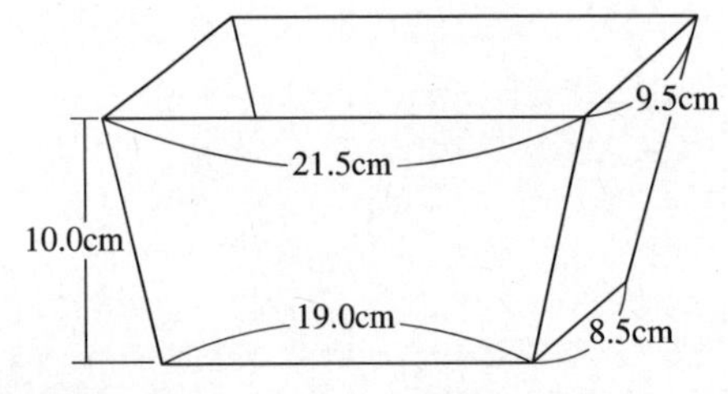

팬 용적

= 평균 가로 × 평균 세로 × 높이

= 20.25 × 9 × 10 = 1,822.5cm³

③ 원형 팬

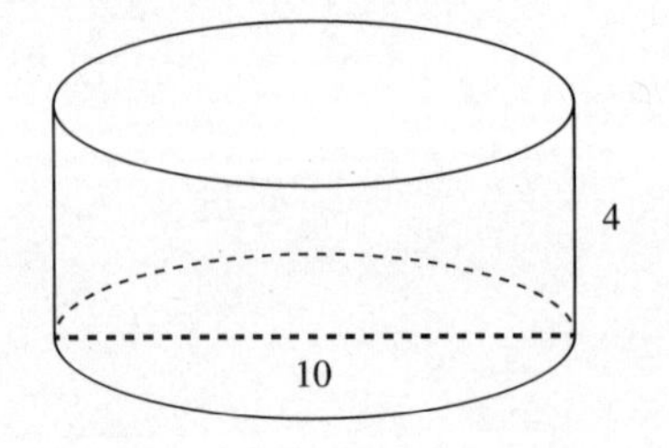

팬 용적

= 반지름 × 반지름 × π(3.14) × 높이

= 5 × 5 × 3.14 × 4 = 314cm³

④ 경사진 옆면을 가진 원형 팬

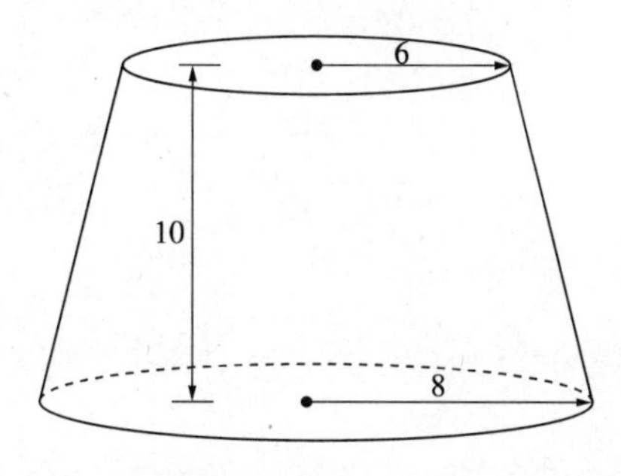

팬 용적
= 평균 반지름 × 평균 반지름 × π(3.14) × 높이
= 7 × 7 × 3.14 × 10 = 1,538.6cm^3

⑤ 경사진 옆면과 안쪽에 경사진 관이 있는 원형 팬

㉠ 외부 팬 용적 = 평균 반지름 × 평균 반지름 × π(3.14) × 높이
㉡ 내부 팬 용적 = 평균 반지름 × 평균 반지름 × π(3.14) × 높이
㉢ 실제 팬 용적 = 외부 팬 용적 − 내부 팬 용적

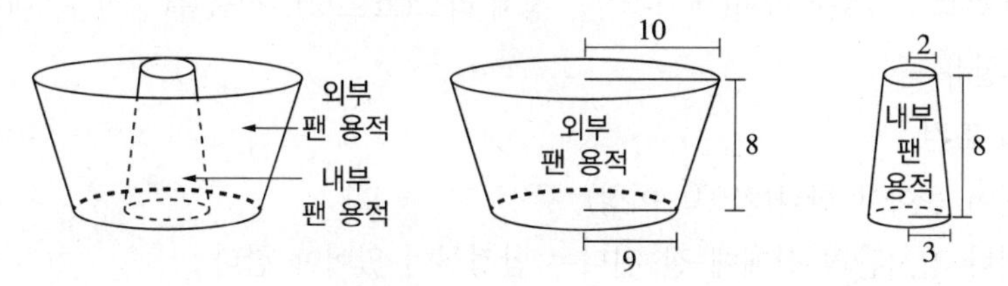

- 외부 팬 용적 : 9.5 × 9.5 × 3.14 × 8 = 2,267.08cm^3
- 내부 팬 용적 : 2.5 × 2.5 × 3.14 × 8 = 157cm^3
- 실제 팬 용적 : 2,267.08 − 157 = 2,110.08cm^3

⑥ 치수 측정이 어려운 팬

㉠ 제품별 비용적에 따라 적정한 반죽의 양을 결정
㉡ 평지(유채)씨(Rape Seed)를 수평으로 담아 매스실린더로 계량
㉢ 물을 수평으로 담아 계량

(3) 반죽의 비용적

① 비용적

㉠ 비용적이란 단위 무게당 차지하는 부피이다.
㉡ 일반적으로 파운드 케이크의 비용적은 2.40cm^3/g이며, 스펀지 케이크의 비용적은 5.08cm^3/g이다.
㉢ 규정된 팬 용적(1,230cm^3)과 반죽의 무게에 따른 비용적

구 분	파운드 케이크	엔젤 푸드 케이크	스펀지 케이크
반죽의 무게(g)	511	261	242
비용적(cm^3/g)	2.40	4.71	5.08

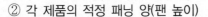

② 각 제품의 적정 패닝 양(팬 높이)

㉠ 제품의 반죽 양 : 팬 용적 ÷ 팬 비용적

㉡ 팬의 부피를 계산하지 않을 경우

- 거품형 반죽 : 팬 부피의 50~60%
- 반죽형 반죽 : 팬 부피의 70~80%
- 푸딩 : 팬 부피의 95%

(4) 팬 관리

① 팬 오일(이형유)

㉠ 제품 패닝 시 사용하는 팬(틀)은 팬 오일(이형유)을 바른 후 사용해야 한다.

㉡ 이형유는 제품이 팬에 들러 붙지 않고 구운 후에 팬에서 잘 이탈되도록 하는 것이다.

② 팬 오일의 종류 : 유동파라핀(백색광유), 정제 라드(쇼트닝), 식물유(면실유, 대두유, 땅콩기름), 혼합유 등

③ 팬 오일의 조건

㉠ 발연점이 높아야 한다(210℃ 이상).

㉡ 고온이나 장시간의 산패에 잘 견디는 안정성이 있어야 한다.

㉢ 무색, 무미, 무취로 제품의 맛에 영향이 없어야 한다.

㉣ 바르기 쉽고 골고루 잘 발라져야 한다.

㉤ 고화되지 않아야 한다.

④ 팬 오일 사용량 : 반죽 무게의 0.1~0.2%

⑤ 팬의 온도 : 30~35℃(평균 32℃)

제2절 쿠키류 성형

(1) 반죽 상태에 따른 쿠키의 분류

① 반죽형 쿠키

㉠ 드롭 쿠키(Drop Cookie)

- 달걀과 같은 액체 재료의 함량이 높아 반죽을 페이스트리 백에 넣어 짜서 성형한다.
- 소프트 쿠키라고도 하며, 반죽형 쿠키 중 수분 함량이 가장 많고 저장 중에 건조가 빠르고 잘 부스러진다.

㉡ 스냅 쿠키(Snap Cookie)

- 드롭 쿠키에 비해 달걀 함량이 적어 수분 함량이 낮고 반죽을 밀어 펴서 원하는 모양을 찍어 성형하는 쿠키이다.
- 슈거 쿠키라고도 하며, 낮은 온도에서 구워 수분 손실이 많아 바삭바삭한 것이 특징이다.

㉢ 쇼트브레드 쿠키(Shortbread Cookie)

- 버터와 쇼트닝과 같은 유지 함량이 높고, 반죽을 밀어 펴서 정형기(모양틀)로 원하는 모양을 찍어 성형한다.
- 유지 사용량이 많아 바삭바삭하고 부드러운 것이 특징이다.

② 거품형 쿠키

㉠ 머랭 쿠키(Meringue Cookie)

- 달걀흰자와 설탕을 주재료로 만들고 낮은 온도에서 건조시키는 것처럼 착색이 지나치지 않게 구워내는 쿠키이다.
- 밀가루는 흰자의 1/3 정도를 사용할 수 있고 페이스트리 백에 넣어 짜서 성형한다.

㉡ 스펀지 쿠키(Sponge Cookie)

- 스펀지 케이크 배합률과 비슷하나 밀가루 함량을 높여 분할 시 팬에서 모양이 유지되도록 구워낸다.
- 짜는 형태의 쿠키로 분할 후 상온에서 건조하여 구우면 모양 형성이 더 잘된다.

(2) 제조 방법에 따른 쿠키의 분류

① 짜내는 쿠키

㉠ 일정한 크기와 모양으로 철판에 짜내는 방법으로 드롭 쿠키나 거품형 쿠키가 이에 해당된다.

㉡ 깍지의 모양에 따라 다양한 형태의 제품을 만들 수 있으며, 장식물은 굽기 중 껍질이 형성되기 전에 올려준다.

② 밀어 펴는(찍어 내기) 쿠키

㉠ 반죽을 일정한 두께로 밀어 펴고 다양한 형태의 정형기(모양틀)를 이용해 원하는 모양을 찍어 내거나 알맞은 크기로 잘라 만든다.

㉡ 스냅 쿠키나 쇼트브레드 쿠키처럼 액체 재료 함량이 적고, 성형하기 전에 충분한 휴지를 하고 밀어 펼 때 덧가루를 뿌린 면포 위에서 밀어 펴기한다.

③ 냉장(냉동) 쿠키

㉠ 원하는 모양으로 성형하여 유산지나 쿠키 페이퍼 등으로 싼 후 냉장(냉동)한 뒤 필요할 때 칼로 알맞은 크기와 너비로 잘라, 패닝한 후 굽는 쿠키이다.

㉡ 아이스박스 쿠키라고 하며, 성형한 쿠키는 굽기 전에 상온에서 해동한 후 굽는다.

④ 손으로 만드는 쿠키

㉠ 반죽형 쿠키 반죽을 제조하여 손으로 성형하여 만드는 쿠키이다.

㉡ 종류로 구슬형, 스틱형, 프레첼형 등이 있다.

⑤ 프랑스식(판에 등사하는) 쿠키

㉠ 수분이 많은 묽은 반죽을 철판에 흘려 굽는 쿠키이다.

㉡ 아주 얇고 바삭바삭하며 베이킹파우더를 사용하지 않는다.

⑥ 마카롱 쿠키

㉠ 달걀흰자와 설탕으로 만든 머랭 쿠키이다.

㉡ 아몬드 분말이나 페이스트를 사용한 마카롱 쿠키 등이 있으며, 밀가루는 거의 사용하지 않는다.

(3) 쿠키의 재료 함량과 상호 관계

① 유지와 설탕의 함량이 같은 반죽(Pate de Milan 밀가루 : 설탕 : 유지 = 2 : 1 : 1)은 쿠키의 기본이 되는 표준 반죽으로 이탈리아의 밀라노풍 반죽이라 부른다.

② 설탕 함량이 많은 반죽(Pate Sucre = Sweet Paste 밀가루 : 설탕 : 유지 = 3 : 2 : 1)은 구운 후에도 딱딱한 바삭거리는 제품이 된다.

③ 유지 함량이 많은 반죽[Pate Sablee(또는 Short Paste) 밀가루 : 설탕 : 유지 = 3 : 1 : 2]은 배합 시 부드럽고 구운 후에도 말랑말랑한 반죽으로 모래와 같이 푸석푸석하게 잘 부스러진다 하여 사블레(Sable)라고도 한다.

(4) 쿠키의 퍼짐

① 반죽 중에 남아 있는 설탕은 굽기 중에 오븐 열에 녹아서 쿠키의 표면을 크게 하며, 단맛과 밀가루의 단백질을 연화시키는 역할을 한다.

② 고운 입자의 설탕은 퍼짐성이 나쁘며 조밀하고 밀집된 기공을 만든다. 따라서 퍼짐률이 클수록 쿠키의 크기는 증가하고, 유화 쇼트닝을 넣으면 반죽을 퍼지게 한다.

퍼짐률 = 직경 ÷ 두께

제3절 퍼프 페이스트리 성형

(1) 퍼프 페이스트리 성형 공정

- 냉장 휴지 → 반죽 밀어 펴기 → 충전용 유지 감싸기 → 밀어 펴기 → 3겹 접기(1회)
- 냉장 휴지 → 밀어 펴기 → 3겹 접기(2회) → 냉장 휴지 → 밀어 펴기 → 3겹 접기(3회)
- 냉장 휴지 → 밀어 펴기 → 3겹 접기(4회) → 최종 밀어 펴기 → 정형 및 패닝 → 휴지 → 굽기

① 휴 지

㉠ 비닐에 싸서 냉장(0~4℃)에서 20~30분간 휴지시킨다.

㉡ 휴지의 목적은 글루텐 안정, 재료의 수화, 밀어 펴기 용이, 반죽과 유지의 되기 조절이다.

㉢ 휴지 과정을 거치면 반죽 내의 전 재료의 수화를 돕고 퍼프 페이스트리 반죽과 충전용 유지의 되기를 맞출 수 있으며, 밀어 펴기가 용이하고 끈적거림을 방지하여 작업성이 향상된다.

② 접 기

㉠ 반죽을 정사각형으로 만들고 충전용 유지를 넣어 밀어 편 후 접는다.

㉡ 밀어 펴기 후 최초 크기로 3겹을 접는다.

㉢ 휴지-밀어 펴기-접기를 4회 반복한다.

㉣ 반죽의 가장자리는 항상 직각이 되도록 한다.

③ 밀어 펴기

㉠ 유지를 배합한 반죽을 냉장고(0~5℃)에서 30분 이상 휴지시킨다.

㉡ 휴지 후 균일한 두께(1~1.5cm 정도)가 되도록 밀어 펴기를 한다.

㉢ 수작업인 경우 밀대로, 기계는 파이 롤러를 이용한다.

㉣ 밀어 펴기, 접기는 일반적으로 3겹 4회 접기를 한다.

④ 정 형

㉠ 칼이나 파이 롤러를 이용하여 원하는 크기, 모양으로 절단한다.

㉡ 굽기 전 충분히(30~60분간) 휴지시킨 후 굽기를 한다.

㉢ 굽는 면적이 넓은 경우 또는 충전물이 있는 경우 껍질에는 작은 구멍을 내 준다.

⑤ 반죽 보관

㉠ 성형한 반죽은 포장하여 냉장고(0~5℃)에서 4~7일까지 보관이 가능하다.

㉡ -20℃ 이하의 냉동고에서는 수분 증발을 방지하여 장기간 보존이 가능하다.

(2) 반죽 접기 시 주의할 점

① 온도 관리

㉠ 반죽의 접기 작업을 하기 전에 반드시 냉장고에 넣어 휴지를 주는 것이 필요하다.

㉡ 작업실 온도는 18℃로 유지하는 것이 작업성이 좋다.

② 과도한 덧가루 금지

㉠ 덧가루를 최소로 사용하는 것이 좋고, 반죽에 묻은 가루는 붓으로 떨어내고 접기를 한다.

㉡ 덧가루가 많이 묻은 상태로 작업을 하면 광택이 없고, 팽창력과 품질이 저하된다.

③ 90°씩 방향을 바꿔 밀기

㉠ 반죽이 밀린 방향으로 수축하기 때문에 미는 방향을 바꾸어 과도한 수축을 방지한다.

㉡ 매회 냉장 휴지를 주는 것이 필요하다.

④ 반죽이 마르지 않도록 유지

㉠ 휴지 시간에는 비닐을 덮어 반죽이 마르지 않도록 해야 한다.

㉡ 반죽이 마르면 반죽의 표면이 갈라져 밀어 펴기가 어려워진다.

제4절 다양한 성형

(1) 슈의 성형 공정 시 실패 원인

① 크기와 모양이 균일하지 않다. → 짜 놓은 반죽의 크기가 일정하지 않거나 간격을 너무 좁게 짜면 구울 때 서로 퍼지면서 붙게 된다.

② 부피가 작다. → 표면의 수분이 적정하면 껍질 형성을 지연시켜 부피를 좋게 하지만, 수분이 너무 많으면 과다한 수증기로 인해 부피가 작은 제품이 된다.

③ 슈의 껍질이 불균일하게 터진다. → 짜 놓은 반죽을 장시간 방치하면 표면이 건조되어 마른 껍질이 만들어져 굽는 동안 팽창압력을 견디는 신장성을 잃게 된다.

④ 바닥 껍질에 공간이 생긴다. → 팬 오일이 과다하면 구울 때 슈 반죽이 팬으로부터 떨어지려 하여 바닥 껍질 형성이 느리고 공간이 생긴다.

(2) 타르트의 성형 공정 시 실패 원인(바닥 껍질에 공간이 생겼을 경우)

① 팬에 반죽을 넣을 때 밑바닥에 반죽을 밀착시켜 공기를 빼 주어야 하며, 공기가 빠지지 않으면 밑바닥이 뜨는 원인이 된다.

② 타르트 반죽을 밀어 편 후 피케(Piquer) 롤러(파이 롤러)나 포크로 구멍을 내 주어야 빈 공간이 생기지 않는다.

(3) 파이의 성형 공정 시 실패 원인

① 반죽을 너무 얇게 밀어 펴면 정형 공정 시 또는 구울 때 방출되는 증기에 의해 찢어지기 쉽고, 파치 반죽을 많이 사용하면 수축되기 쉽다. 밀어 펴기가 부적절하거나 고르지 않아도 찢어지기 쉽다.

② 성형 시 작업을 너무 많이 하거나 덧가루를 과도하게 사용한 반죽은 글루텐 발달에 의해 질긴 반죽이 되기 쉽다. 위 껍질을 너무 과도하게 늘려 파이 껍질의 가장자리를 봉합하면 구운 후 수축한다.

③ 파이 껍질의 둘레를 잘 봉하지 않거나 윗면에 구멍을 뚫어 놓지 않으면 구울 때 발생하는 수증기가 빠지지 못해 충전물이 흘러나온다. 바닥 껍질이 너무 얇으면 충전물이 넘친다.

④ 파이 껍질에 구멍을 뚫어 놓지 않거나 달걀물 칠이 너무 과다하면 물집이 생긴다.

(4) 도넛의 성형 공정 시 실패 원인

① 강력분이 많이 들어간 케이크 도넛 반죽은 단단하여 팽창을 저해하고, 10~20분간의 플로어 타임을 주지 않으면 반죽을 단단하게 한다. 반죽 완료 후부터 튀김 시간 전까지의 시간이 지나치게 경과한 경우엔 부피가 작다.

② 케이크 도넛 반죽이 너무 질거나 연하면 튀김 중 반죽의 퍼짐이 커져서 더 넓은 표면적이 기름과 접촉하게 되므로 도넛에 기름이 많아진다.

③ 밀어 펴기 시 두께가 일정하지 않거나 많은 양의 파치(Waster) 반죽을 밀어서 성형한 경우 파치의 상에 따라 얇거나 두껍게 되어 모양과 크기가 균일하지 않다.

④ 밀어 펴기 시 과다한 덧가루는 튀긴 후에도 표피에 밀가루 흔적이 남아 튀긴 후 색이 고르지 않다.

⑤ 튀기기 전에 플로어 타임을 주지 않으면 도넛 껍질이 터지는 현상이 발생한다.

(5) 아이싱(Icing)

① 설탕을 위주로 안정제를 혼합하여 빵 또는 과자 제품의 표면에 바르거나 피복하여 설탕 옷을 입혀 모양을 내는 장식이다.

② 아이싱 재료는 물, 유지, 설탕, 향료, 식용 색소 등을 섞은 혼합물로 프랑스어로는 글라사주(Glacage)에 해당한다.

③ 아이싱 반죽에 안정제를 사용하는 목적은 아이싱 반죽의 끈적거림과 부서짐을 방지하기 위해서이다.

④ 아이싱의 종류

㉠ 워터 아이싱(Water Icing) : 케이크나 스위트롤에 바르는 아이싱으로, 물과 설탕으로 만든다.

㉡ 로열 아이싱(Royal Icing) : 웨딩 케이크나 크리스마스 케이크에 고급스런 순백색의 장식을 위해 사용하는 것으로, 흰자와 머랭 가루를 분설탕과 섞고, 색소나 향료, 아세트산을 더해 만든다.

㉢ 퐁당 아이싱(Fondant Icing) : 설탕과 물(10 : 2의 비율)을 115℃까지 가열하여 끓인 시럽을 40℃로 급랭시켜 치대면 결정이 희뿌연 상태의 퐁당이 된다. 각종 양과자의 표면과 아이싱에 이용한다.

㉣ 초콜릿 아이싱(Chocolate Icing) : 초콜릿을 녹여 물과 분당을 섞은 것이다.

적중예상문제

01 비용적이 $2.5cm^3/g$인 제품을 다음과 같은 원형 팬을 이용하여 만들고자 한다. 필요한 반죽의 무게는?(단, 소수점 첫째 자리에서 반올림한다)

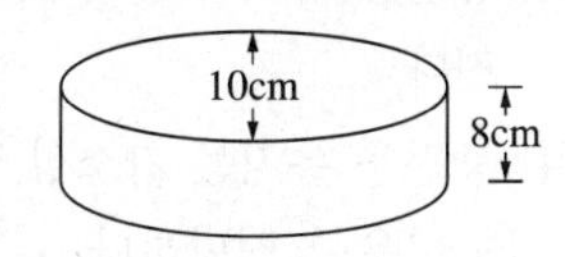

① 100g
② 251g
③ 628g
④ 1,570g

해설 5cm(반지름) × 5cm(반지름) × 8cm(높이) × 3.14 ÷ $2.5(cm^3/g)$ = 251.2g

02 비용적의 단위로 옳은 것은?

① cm^3/g
② cm^2/g
③ cm^3/mL
④ cm^2/mL

해설 1g의 반죽을 굽는 데 필요한 틀의 부피를 나타내는 관계를 비용적이라고 한다. 단위는 cm^3/g이다.
반죽의 무게 = 틀의 부피 ÷ 비용적

03 팬기름에 대한 설명으로 틀린 것은?

① 종류에 상관없이 발연점이 낮아야 한다.
② 무색, 무미, 무취여야 한다.
③ 정제 라드, 식물유, 혼합유도 사용된다.
④ 과다하게 칠하면 밑 껍질이 두껍고 어둡게 된다.

해설 **팬기름**
- 빵을 구울 때 제품이 팬에 달라붙지 않고 잘 떨어지도록 하기 위함이다.
- 팬기름이 갖추어야 할 조건
  - 무색, 무취
  - 높은 안정성
  - 발연점이 210℃ 이상으로 높은 것
  - 반죽 무게의 0.1~0.2% 정도 사용

04 쇼트브레드 쿠키의 성형 시 주의할 점이 아닌 것은?

① 글루텐 형성 방지를 위해 가볍게 뭉쳐서 밀어 편다.
② 반죽의 휴지를 위해 성형 전에 냉동고에 동결시킨다.
③ 반죽을 일정한 두께로 밀어 펴서 원형 또는 주름커터로 찍어 낸다.
④ 달걀노른자를 바르고 조금 지난 뒤 포크로 무늬를 그려 낸다.

해설 쇼트브레드 쿠키는 반죽을 완성하여 비닐에 싸서 냉장실에 휴지한다. 이후 일정한 두께로 밀어 펴기를 하여 틀로 찍는다.

정답 1 ② 2 ① 3 ① 4 ②

05 다음 쿠키 중 상대적으로 수분이 적어서 밀어 펴는 형태로 만드는 제품은?

① 드롭 쿠키
② 스냅 쿠키
③ 스펀지 쿠키
④ 머랭 쿠키

해설 ② 스냅 쿠키(Snap Cookie) : 수분이 적어 밀대나 롤러기로 밀어 모양을 찍어 만든다.
① 드롭 쿠키(Drop Cookie) : 수분이 많아 짜서 만드는 쿠키이다.

06 반죽형 쿠키 중 소프트 쿠키라고도 하며 수분함량이 가장 높은 쿠키는?

① 스냅 쿠키
② 드롭 쿠키
③ 쇼트브래드 쿠키
④ 냉동 쿠키

해설 드롭 쿠키는 짜는 쿠키로 소프트 쿠키라고도 하며 수분 함량이 높다.

07 쇼트브레드 쿠키 제조 시 휴지를 시킬 때 성형을 용이하게 하기 위한 조치는?

① 반죽을 뜨겁게 한다.
② 반죽을 차게 한다.
③ 휴지 전 단계에서 오랫동안 믹싱한다.
④ 휴지 전 단계에서 짧게 믹싱한다.

해설 성형을 용이하게 하기 위하여 반죽 후 비닐에 감싸서 냉장실에 휴지한 후 밀어 펴기를 한다.

08 퍼프 페이스트리 제조 시 다른 조건이 같을 때 충전용 유지에 대한 설명으로 틀린 것은?

① 충전용 유지가 많을수록 결이 분명해진다.
② 충전용 유지가 많을수록 밀어 펴기가 쉬워진다.
③ 충전용 유지가 많을수록 부피가 커진다.
④ 충전용 유지는 가소성 범위가 넓은 파이용이 적당하다.

해설 충전용 유지가 많을수록 반죽 밀어 펴기가 어려워지고, 본반죽에 유지가 많으면 밀어 펴기가 쉬워진다.

09 다음 중 파이 껍질의 결점 원인이 아닌 것은?

① 강한 밀가루를 사용하거나 과도한 밀어 펴기를 하는 경우
② 많은 파지를 사용하거나 불충분한 휴지를 하는 경우
③ 적절한 밀가루와 유지를 혼합하여 파지를 사용하지 않은 경우
④ 껍질에 구멍을 뚫지 않거나 달걀물 칠을 너무 많이 한 경우

해설 적절한 밀가루와 유지를 혼합하여 파지를 사용하지 않은 경우는 파이 껍질의 장점이라 할 수 있다.

정답 5 ② 6 ② 7 ② 8 ② 9 ③

10 **설탕 공예용 당액 제조 시 고농도화된 당의 결정을 막아주는 재료는?**

① 중 조
② 주석산
③ 포도당
④ 베이킹파우더

해설 설탕 공예 시럽을 끓일 때 주석산을 소량 넣어서 당의 결정을 늦추어 준다.

11 **아이싱에 사용하는 안정제 중 적정한 농도의 설탕과 산이 있어야 쉽게 굳는 것은?**

① 한 천
② 펙 틴
③ 젤라틴
④ 로커스트 빈 검

해설 당분 60~65%, 펙틴 0.1~1.5%, pH 3.2의 산이 되면 젤리 형태로 굳는다.

12 **아이싱의 끈적거림 방지 방법으로 잘못된 것은?**

① 액체를 최소량으로 사용한다.
② 40℃ 정도로 가온한 아이싱 크림을 사용한다.
③ 안정제를 사용한다.
④ 케이크 제품이 냉각되기 전에 아이싱한다.

해설 아이싱은 제품이 완전히 냉각되었을 때 하면 아이싱 크림이 녹지 않고 끈적거리지 않는다.

13 **아이싱 크림에 많이 쓰이는 퐁당(Fondant)을 만들 때 끓이는 온도로 가장 적합한 것은?**

① 78~80℃
② 98~100℃
③ 114~116℃
④ 130~132℃

해설 퐁당을 만들 때 끓이는 온도는 114~118℃가 적합하다.

14 **슈 껍질의 굽기 후 밑면이 좁고 공과 같은 형태를 가졌다면 그 원인은?**

① 밑불이 윗불보다 강하고 팬에 기름칠이 적다.
② 반죽이 질고 글루텐이 형성된 반죽이다.
③ 온도가 낮고 팬에 기름칠이 적다.
④ 반죽이 되거나 윗불이 강하다.

해설 슈는 온도가 낮으면 적게 팽창하고, 팬에 기름칠이 적으면 옆으로 퍼지지 않아 밑면이 좁은 제품이 만들어진다.

정 답 10 ② 11 ② 12 ④ 13 ③ 14 ③

15 **아이싱에 사용되는 재료 중 다른 세 가지와 조성이 다른 것은?**

① 이탈리안 머랭
② 퐁 당
③ 버터크림
④ 스위스 머랭

해설 버터크림(Butter Cream)은 버터, 달걀노른자, 우유, 설탕 등을 넣어서 만든 크림이다. 케이크, 빵, 과자 샌드크림으로 많이 사용된다.

16 **다음 중 케이크의 아이싱에 주로 사용되는 것은?**

① 마지팬
② 프랄린
③ 글레이즈
④ 휘핑크림

해설 휘핑크림은 지방이 40% 이상인 생크림에 거품내어 케이크 아이싱이나 장식에 사용한다.

17 **밤과자를 성형한 후 물을 뿌려 주는 이유가 아닌 것은?**

① 덧가루의 제거
② 굽기 후 철판에서 분리 용이
③ 껍질 색의 균일화
④ 껍질의 터짐 방지

해설 물을 많이 뿌리면 오히려 철판에 달라붙기가 쉽다.

18 **엔젤 푸드 케이크 제조 시 팬에 사용하는 이형제로 가장 적절한 것은?**

① 쇼트닝 ② 밀가루
③ 라 드 ④ 물

해설 이형제는 반죽을 팬에 채워서 구울 때 달라붙지 않고 틀에서 잘 분리되도록 하기 위하여 사용한다. 엔젤 푸드 케이크 팬에는 물을 뿌린다.

19 **퍼프 페이스트리 반죽을 만드는 데 꼭 들어가지 않아도 되는 재료는?**

① 찬 물 ② 소 금
③ 쇼트닝 ④ 설 탕

해설 퍼프 페이스트리 반죽에는 설탕을 거의 사용하지 않는다.

20 **젤리 롤케이크를 말아서 성형할 때 표면이 터지는 결점에 대한 보완사항이 아닌 것은?**

① 노른자 함량을 증가하고 전란 함량은 감소시킨다.
② 화학적 팽창제 사용량을 감소시킨다.
③ 배합의 점성을 증가시킬 수 있는 덱스트린을 첨가한다.
④ 설탕의 일부를 물엿으로 대체한다.

해설 노른자는 열에 의해 응고성이 강하여 함량을 증가하면 오히려 터지기가 쉽다.

정답 15 ③ 16 ④ 17 ② 18 ④ 19 ④ 20 ①

21 팬에 바르는 기름은 다음 중 무엇이 높은 것을 선택해야 하는가?

① 산 가
② 크림성
③ 가소성
④ 발연점

해설 팬에 바르는 기름은 발연점이 높은 기름을 사용해야 한다.

22 파운드 케이크의 패닝은 틀 높이의 몇 % 정도까지 반죽을 채우는 것이 가장 적당한가?

① 50% ② 70%
③ 90% ④ 100%

해설 파운드 케이크의 패닝은 틀 높이의 60~70% 정도 반죽을 채우는 것이 가장 적합하다.

23 다음 중 이형제의 용도는?

① 가수분해에 사용된 산제의 중화제로 사용된다.
② 제과·제빵을 구울 때 형틀에서 제품의 분리를 용이하게 한다.
③ 거품을 소멸·억제하기 위해 사용하는 첨가물이다.
④ 원료가 덩어리지는 것을 방지하기 위해 사용한다.

해설 이형제는 구울 때 형틀에서 제품의 분리를 용이하게 하기 위해 사용한다.

24 같은 용적의 팬에 같은 무게의 반죽을 패닝하였을 경우 부피가 가장 작은 제품은?

① 시폰 케이크
② 레이어 케이크
③ 파운드 케이크
④ 스펀지 케이크

해설 파운드 케이크의 비용적은 2.4cm^3/g으로 가장 작기 때문에 부피가 가장 작은 제품에 속한다.

정 답 21 ④ 22 ② 23 ② 24 ③

CHAPTER 03 과자류 제품 반죽 익힘

제1절 과자류 제품 반죽 굽기

(1) 오 븐

① 구 조

㉠ 하부에 열원이 있어 따뜻해진 공기의 자연 대류와 따뜻해진 벽으로부터의 방사열에 의해서 가열되는 것이 있다.

㉡ 가열된 공기가 내부에 부착된 팬(Fan)에 의해서 순환하여, 강제대류에 의해서 열이 전달되는 것이 있다.

㉢ 내부의 상하에 전기 히터(Heater)가 부착되어 있어서, 방사열에 의해서 가열되는 것이 있다.

② 오븐의 종류

데크 오븐 (Deck Oven)	• 일반적으로 가장 많이 사용하며 선반에서 독립적으로 상하부 온도를 조절하여 제품을 구울 수 있다. • 온도가 균일하게 형성되지 않는다는 단점이 있으나 각각의 선반 출입구를 통해 제품을 손으로 넣고 꺼내기가 편리하며, 제품이 구워지는 상태를 눈으로 확인할 수 있어 각각의 팬의 굽는 정도를 조절할 수 있다.
로터리 랙 오븐 (Rotary Rack Oven)	• 오븐 속의 선반이 회전하여 구워진다. • 내부 공간이 커서 많은 양의 제품을 구울 수 있으므로 주로 대량 생산 공장에서 사용한다.
터널 오븐 (Tunnel Oven)	• 반죽이 들어가는 입구와 제품이 나오는 출구가 서로 다른 오븐으로 다양한 제품을 대량 생산할 수 있다. • 다른 기계들과 연속 작업을 통해 제과·제빵의 전 과정을 자동화할 수 있어 대규모 공장에서 주로 사용한다.
컨벡션 오븐 (Convection Oven)	• 고온의 열을 강력한 팬을 이용하여 강제 대류시키며 제품을 굽는 오븐으로, 데크 오븐에 비해 전체적인 열 편차가 없고 조리 시간도 짧다. • 최근 다양한 형태의 컨벡션 오븐이 개발되어 사용되고 있다. • 대규모 업소에서부터 일반 가정까지 다양한 용량의 제품이 있으며, 대형 프랜차이즈 베이커리에서 복합 형태의 오븐으로 많이 사용한다.

(2) 과자류 제품 굽기에 영향을 주는 요인

① 가열에 의한 팽창

㉠ 오븐 온도에서 반죽의 공기와 이산화탄소가 팽창을 일으키고 액체로부터 수증기가 생성된다.

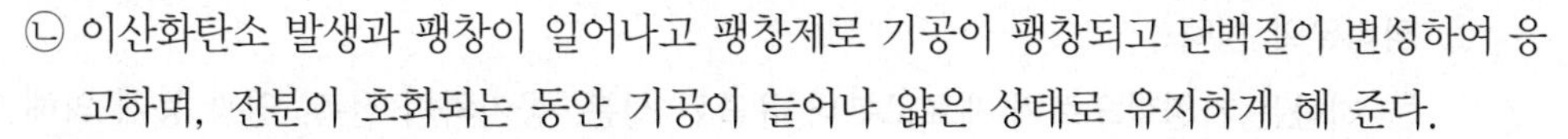

㉡ 이산화탄소 발생과 팽창이 일어나고 팽창제로 기공이 팽창되고 단백질이 변성하여 응고하며, 전분이 호화되는 동안 기공이 늘어나 얇은 상태로 유지하게 해 준다.

② 팬의 재질

㉠ 얇은 팬은 열이 반죽의 중심까지 매우 빠르게 전달하도록 하여 최적 부피의 케이크가 된다.

㉡ 깊은 팬에서 구운 케이크는 얇은 팬에서 구운 케이크보다 중심부에 틈이 생기기 쉽다.

㉢ 굽는 팬이 어둡고 흐리다면 열침투가 우수하여 케이크 반죽이 고르게 가열된다.

③ 오븐 온도

㉠ 고배합의 반죽은 160~180℃의 낮은 온도에서 굽고, 저배합의 반죽은 높은 온도에서 굽는 것이 일반적이다.

㉡ 오버 베이킹(Over Baking) : 오븐의 온도가 너무 낮으면 조직은 부드러우나 윗면이 평평해지고 수분 손실이 크다.

㉢ 언더 베이킹(Under Baking) : 오븐의 온도가 너무 높으면 중심 부분이 갈라지고 조직이 거칠며 설익어 M자형 결함이 생긴다.

(3) 굽기 중 색 변화

① 캐러멜화 반응(Caramelization) : 설탕이 갈색이 날 정도의 온도(160℃)로 가열하면 진한 갈색이 되고, 당류 유도체 혼합물의 변화로 풍미를 만든다.

② 메일라드 반응(Maillard Reaction) : 비효소적 갈변 반응으로 당류와 아미노산, 펩타이드, 단백질 모두를 함유하고 있기 때문에 대부분의 모든 식품에서 자연 발생적으로 일어난다.

제2절 과자류 제품 반죽 튀기기

(1) 튀김유의 조건 및 선택

① 튀김유의 조건

㉠ 색이 연하고 투명하고 광택이 있는 것, 냄새가 없고, 기름 특유의 원만한 맛을 가진 것, 거품의 생성이나 연기가 나지 않는 것, 열안정성이 높은 것이 좋다.

㉡ 튀김유 중의 리놀렌산은 산패취를 일으키기 쉬우므로 적은 것이 좋으며, 항산화 효과가 있는 토코페롤을 다량 함유하는 기름이 좋다.

② 튀김유의 선택

㉠ 기름은 가열함으로써 재료로부터 유출된 성분, 공기와의 접촉, 일광 등에 의해 열화해서 지질과산화물 수치와 산가가 높아지고 점도가 증가해서 작은 거품이 생기며 색깔도 진해진다.

㉡ 소량의 기름을 넣고 가열하면 막과 층이 생기는데, 이 속에 재료를 넣으면 표면의 단백질은 변성·응고하고, 전분은 호화되며, 지방은 용출되어 재료가 냄비에 부착되지 않는다.

㉢ 튀김에는 대두유, 옥수수 기름, 면실유 등 발연점이 높은 기름이 적합하다.

(2) 튀김 과정

① 튀김은 175~195℃의 고온에서 단시간 조리하므로 튀김 재료의 수분이 급격히 증발하고 기름이 흡수되어 바삭바삭한 질감과 함께 휘발성 향기 성분이 생성되며 영양소나 맛의 손실이 적다.

② 튀김의 3단계

제1단계	• 식품이 뜨거운 기름에 들어가면 식품의 표면 수분이 수증기로 달아나며, 이로 인해 식품 내부의 수분이 식품 표면으로 이동하게 된다. • 이때 형성된 식품 표면의 수증기면은 고온의 기름 온도에서 식품을 타지 않게 보호하며 기름이 흡수되는 것을 막아주지만, 일부의 기름은 이 수분이 달아나는 기공을 통하여 흡수된다.
제2단계	튀김 열에 의해 메일라드 반응이 일어나 식품의 표면이 갈색이 되며, 수분이 달아나는 기공이 커지고 많아지게 된다.
제3단계	식품의 내부가 익게 되는데, 이것은 직접적인 기름의 접촉보다는 내부로 열이 전달되어 익게 된다.

(3) 튀김에 적당한 온도와 시간

① 일반적으로 180℃ 정도에서 2~3분이지만, 식품의 종류와 크기, 튀김옷의 수분 함량 및 두께에 따라 달라진다.

② 튀김 기름의 적정 온도 유지를 위한 사항

㉠ 튀김 기름의 양과 재료의 양

- 튀김 재료의 10배 이상 충분한 양의 기름을 준비한다.
- 한 번에 넣고 튀기는 재료와 양은 일반적으로 튀김 냄비 기름 표면적의 1/3~1/2 이내여야 비열이 낮은 기름 온도의 변화가 작아 맛있는 튀김이 된다.
- 튀김 기름의 깊이는 12~15cm 정도가 적당하다.

㉡ 튀김 냄비 : 두꺼운 금속 용기로 직경이 작은 팬을 사용하여 많은 양의 기름을 넣어서 튀길 때 기름 온도의 변화가 작다.

(4) 기름 흡수에 영향을 주는 조건

① 튀김 시간이 길어질수록 흡유량이 많아진다.

② 튀기는 식품의 표면적이 크면 클수록 흡유량이 증가한다.

③ 재료의 성분과 성질

㉠ 기름 흡수가 증가되는 것은 당과 지방의 함량, 레시틴의 함량, 수분 함량이 많을 때이다.

㉡ 노른자에는 인지질이 함유되어 있어서 흡유량을 증가시킨다. 글루텐이 많은 경우에는 흡유량이 감소된다.

㉢ 박력분은 강력분을 사용하는 경우보다 흡유량이 더 많은데, 이는 반죽 시 형성되는 글루텐이 흡유량을 감소시키기 때문이다.

(5) 튀김 기름의 가열에 의한 변화

① 열로 인해 산패가 촉진되며 유리지방산과 이물의 증가로 발연점이 점점 낮아진다.

② 지방의 점도가 증가하며, 튀기는 동안 단백질이 열에 의해 분해되어 생긴 아미노산과 당이 메일라드 반응에 의해 갈색 색소를 형성하여 색이 짙어진다.

③ 튀김 기름의 경우 거품이 형성되는 현상이 나타난다.

(6) 찹쌀 도넛의 구조와 특성

① 반죽 특성에 따른 분류

㉠ 껍질 : 수분이 거의 없어지고 기름이 많이 흡수되며 황갈색으로 바삭거린다.

㉡ 껍질 안쪽 부분 : 팽창이 일어나고 전분이 호화되기에 충분한 열을 받으며 유지가 조금 흡수된다.

㉢ 속 부분 : 열이 다 전달되지 않아 수분이 많으며 시간이 흐름에 따라 수분이 껍질 쪽으로 옮아간다. 그 결과 도넛에 묻힌 설탕이 녹거나 바삭거림이 없어진다.

② 제품 평가

㉠ 도넛에 기름이 많다.

- 튀김 시간이 길어지며, 튀기는 동안 표면적이 넓어져 기름의 흡수율이 높아진다.
- 설탕, 유지, 팽창제의 사용량이 많으면 기공이 열리고 구멍이 생겨 기름이 많이 흡수된다.

㉡ 기공이 열리고 조직이 거칠다.

- 강력분을 많이 쓰게 되고, 반죽이 단단하여 튀기는 동안 큰 공기구멍이 생긴다.
- 베이킹파우더의 사용량이 많으면, 가스가 많이 발생해 기공이 열리고 조직이 거칠어진다.

- 노른자의 사용량이 부족하고 튀김 온도가 낮으며 천천히 부푼 결과 속이 거칠어진다.

㉢ 튀김색이 고르지 않다.
- 튀김 기름의 온도가 다르며, 열선으로부터 나오는 열이 기름 전체에 퍼지지 않는다.
- 재료가 고루 섞이지 않고, 탄 찌꺼기가 기름 속을 떠다니면서 도넛 표면에 달라 붙는다.
- 어린 반죽으로 만들면 색이 엷고, 지친 반죽으로 만들면 짙은 색의 도넛을 만든다.
- 덧가루가 많이 묻고, 튀겨내도 밀가루 흔적이 남는다.

㉣ 튀기는 동안 껍질이 터진다.
- 저율 배합으로 반죽을 잘못 만들어, 너무 많이 팽창한다.

제3절 과자류 제품 반죽 찌기

(1) 찌 기

① 물이 수증기가 될 때 537cal/g의 기화 잠열을 갖는다. 이 수증기가 식품에 닿으면 액화되어 열을 방출하여 식품이 가열된다.

② 식품을 넣기 전에 충분히 수증기를 발생시켜 공기를 찜통 밖으로 방출해야 한다.

③ 찜기 내의 온도가 낮으면 수증기가 물방울이 되어 떨어지므로 뚜껑의 안쪽에 행주를 사용한다.

④ 찔 때 물의 양은 물을 넣는 부분의 70~80% 정도가 적당하다.

⑤ 85~90℃로 가열하며, 그릇의 재질은 금속보다도 열의 전도가 적은 도기가 좋다.

(2) 찌기 중 달걀의 열응고성 변화

① 희석 정도, 첨가물의 종류와 양에 따라 응고 온도, 응고 시간, 조직감이 달라진다.

② 커스터드 푸딩은 증기의 온도가 85~90℃ 이상 되지 않도록 주의해야 한다. 재료 배합에 따라 응고 온도는 다르나 중심 온도는 74~80℃ 정도이다.

적중예상문제

01 **파운드 케이크를 구울 때 윗면이 자연적으로 터지는 경우가 아닌 것은?**

① 굽기 시작 전에 증기를 분무할 때
② 설탕 입자가 용해되지 않고 남아 있을 때
③ 반죽 내 수분이 불충분할 때
④ 오븐 온도가 높아 껍질 형성이 너무 빠를 때

해설 오븐 온도가 높을 때 파운드 케이크의 껍질이 빨리 생기고 윗면이 터지기 쉽다.

02 **반죽형 케이크를 구웠더니 너무 가볍고 부서지는 현상이 나타났다. 그 원인이 아닌 것은?**

① 반죽에 밀가루 양이 많았다.
② 반죽의 크림화가 지나쳤다.
③ 팽창제 사용량이 많았다.
④ 쇼트닝 사용량이 많았다.

해설 반죽에 밀가루 양이 달걀보다 많으면 부피가 작고 무겁다.

03 **열원으로 찜(수증기)을 이용했을 때의 열전달 방식은?**

① 대 류
② 전 도
③ 초음파
④ 복 사

해설 **대 류**
액체나 기체의 한 부분의 온도가 높아지면 그 부분의 부피가 증가하여 위로 올라가고, 차가운 액체나 기체가 아래로 내려오면서 열이 전달되는 방법이다. 대류 현상이 일어나면 액체나 기체의 한 부분만 가열해도 가열하지 않은 부분까지 열이 이동하게 된다. 예를 들어 냄비 안의 끓는 물에서 일어나는 현상을 들 수 있다.

04 **소프트 롤을 말 때 겉면이 터지는 경우의 조치사항이 아닌 것은?**

① 팽창이 과도한 경우 팽창제 사용량을 감소시킨다.
② 설탕의 일부를 물엿으로 대치한다.
③ 저온 처리하여 말기를 한다.
④ 덱스트린의 점착성을 이용한다.

해설 과다하게 냉각(저온 처리)시켜 말면 윗면이 터지기 쉽다.

정 답 1 ① 2 ① 3 ① 4 ③

05 **굽기 중 과일 충전물이 끓어 넘치는 원인으로 점검할 사항이 아닌 것은?**

① 배합의 부정확 여부를 확인한다.
② 충전물 온도가 높은지 점검한다.
③ 바닥 껍질이 너무 얇지는 않은지를 점검한다.
④ 껍데기에 구멍이 없어야 하고, 껍질 사이가 잘 봉해져 있는지의 여부를 확인한다.

해설 껍질 반죽에 포크 등을 이용하여 공기구멍을 내어 주고 껍질반죽 사이를 잘 봉해 준다.

06 **도넛 글레이즈의 사용 온도로 가장 적합한 것은?**

① 49℃　② 39℃
③ 29℃　④ 19℃

해설 글레이즈는 저장기간 중에 건조되는 것을 방지하기 위해 도넛, 과자, 케이크, 디저트 등에 코팅하는 것을 말한다. 도넛 글레이즈의 사용 온도는 45~50℃가 적합하다.

07 **도넛 튀김기에 붓는 기름의 평균 깊이로 가장 적당한 것은?**

① 5~8cm
② 9~12cm
③ 12~15cm
④ 16~19cm

해설 튀김 기름의 깊이는 12~15cm 정도로 튀김 기름의 양이 적으면 도넛을 뒤집기가 어렵고, 과열되기 쉽다.

08 **퍼프 페이스트리 굽기 후 결점과 원인으로 틀린 것은?**

① 수축 – 밀어펴기 과다, 너무 높은 오븐 온도
② 수포 생성 – 단백질 함량이 높은 밀가루로 반죽
③ 충전물 흘러나옴 – 충전물량 과다, 봉합 부적절
④ 작은 부피 – 수분이 없는 경화 쇼트닝을 충전용 유지로 사용

해설 수포 생성은 단백질 함량이 높은 밀가루와 관련이 없다.

09 **유지를 고온으로 계속 가열하였을 때 다음 중 점차 낮아지는 것은?**

① 산 가　② 점 도
③ 과산화물가　④ 발연점

해설 발연점은 유지를 강하게 가열할 때 유지의 표면에서 푸른 연기가 나기 시작하는 온도이다.

10 **도넛을 튀길 때 사용하는 기름에 대한 설명으로 틀린 것은?**

① 기름이 적으면 뒤집기가 쉽다.
② 발연점이 높은 기름이 좋다.
③ 기름이 너무 많으면 온도를 올리는 시간이 길어진다.
④ 튀김 기름의 평균 깊이는 12~15cm 정도가 좋다.

해설 기름이 적으면 도넛을 뒤집기가 어렵다.

정답 5 ④ 6 ① 7 ③ 8 ② 9 ④ 10 ①

11 케이크 도넛의 껍질 색을 진하게 내려고 할 때 설탕의 일부를 무엇으로 대치하여 사용하는가?

① 물 엿
② 포도당
③ 유 당
④ 맥아당

해설 포도당은 이스트에 의해 빨리 발효되며, 설탕보다 더 낮은 온도에서 캐러멜화가 일어나 껍질 색이 좋은 제품을 만들 수 있다.

12 튀김에 기름을 반복 사용할 경우 일어나는 주요한 변화 중 틀린 것은?

① 중합의 증가
② 변색의 증가
③ 점도의 증가
④ 발연점의 상승

해설 튀김 기름을 여러 번 사용하면 발연점이 낮아지고, 산패로 인하여 좋지 않은 냄새가 난다.

13 다음 중 유지의 산패와 거리가 먼 것은?

① 온 도
② 수 분
③ 공 기
④ 비타민 E

해설 유지의 산패는 온도, 수분, 공기에 영향을 받는다. 비타민 E는 유지의 산패를 억제한다.

14 도넛의 흡유량이 높았을 때 그 원인은?

① 고율 배합 제품이다.
② 튀김시간이 짧다.
③ 튀김온도가 높았다.
④ 휴지시간이 짧다.

해설 설탕, 유지가 많이 들어간 고율 배합은 튀길 때 설탕 유지가 녹으면서 많은 기공을 만든다.

15 도넛의 튀김 기름이 갖추어야 할 조건은?

① 산패취가 없다.
② 저장 중 안정성이 낮다.
③ 발연점이 낮다.
④ 산화와 가수분해가 쉽게 일어난다.

해설 도넛의 튀김 기름은 발연점이 높고 산패가 없어야 한다.

16 튀김 기름의 질을 저하시키는 요인이 아닌 것은?

① 가 열
② 공 기
③ 물
④ 토코페롤

해설 튀김 기름의 질 저하 4대 요인은 온도(열), 물(수분), 공기(산소), 이물질이며, 튀김 기름의 가수분해나 산화를 가속한다. 그러므로 산패에 대한 안정이 중요하다.

정 답 11 ② 12 ④ 13 ④ 14 ① 15 ① 16 ④

17 **유지가 산패되는 경우가 아닌 것은?**

① 실온에 가까운 온도 범위에서 온도를 상승시킬 때
② 햇빛이 잘 드는 곳에 보관할 때
③ 토코페롤을 첨가할 때
④ 수분이 많은 식품을 넣고 튀길 때

해설 유지의 산패에 영향을 미치는 인자로 광선, 온도, 금속이온, 산소, 수분 등이 있다.

18 **도넛에서 발한을 제거하는 방법은?**

① 도넛에 묻히는 설탕의 양을 감소시킨다.
② 기름을 충분히 예열시킨다.
③ 점착력이 없는 기름을 사용한다.
④ 튀김 시간을 증가시킨다.

해설 **도넛의 발한을 제거하기 위한 방법**

- 도넛에 묻히는 설탕의 사용을 증가한다.
- 충분히 식힌 후 설탕을 묻힌다.
- 튀김 시간을 늘려 수분 함량을 줄이고, 최소한의 액체를 사용한 반죽이어야 한다.
- 설탕 점착력이 높은 튀김 기름을 사용한다.
- 한천 등 안정제나 전분 같은 흡수제를 사용한다.
- 포장용 도넛의 수분 함량은 21~25%가 좋다.

19 **찜을 이용한 제품에 사용되는 팽창제의 특성은?**

① 지속성 ② 속효성
③ 지효성 ④ 이중팽창

해설 속효성은 가스 발생 속도가 빠른 성질을 말한다. 속효성 팽창제는 산작용제로 주석산을 함유한 것이며, 실온에서 반응을 시작하여 100℃에서 가스를 발산한다. 핫케이크, 찜케이크와 같은 형성단계에서 팽창하기 시작하여 가열 시간이 짧고 가열 온도가 낮은 제품으로 사용한다.

20 **찜(수증기)을 이용하여 만들어진 제품이 아닌 것은?**

① 소프트 롤
② 찜케이크
③ 중화만두
④ 호 빵

해설 소프트 롤은 오븐에 구워서 만든 과자이다.

21 **케이크 또는 만주 등의 제품에 알맞은 팽창제는?**

① 베이킹파우더
② 소 다
③ 아스파탐
④ 이스트

해설 찜케이크, 만주는 제과 제품으로 팽창제는 베이킹파우더이다.

17 ③ 18 ④ 19 ② 20 ① 21 ① 정답

과자류 제품 포장

제1절 과자류 제품 냉각

(1) 냉각의 정의 및 목적

① 정의 : 오븐에서 굽기 후 꺼낸 과자류 제품의 온도는 100℃ 근처이다. 35~40℃ 정도의 온도일 때 냉각이라 한다.

② 목적 : 곰팡이 및 기타 균의 피해를 방지하고 절단, 포장을 용이하게 하는 데 있다.

(2) 냉각 방법

① 자연 냉각 : 실온에 두고 3~4시간 냉각시키는 방법이다.

② 냉각기를 이용한 냉각

㉠ 냉장고 : 0~5℃의 온도를 유지하고 제과 제품의 보관에 많이 사용된다.

㉡ 냉동고 : 완만한 냉동고는 -20℃ 이상으로 냉동하고, 급속 냉동은 -40℃ 이하에서 냉동한다.

㉢ 냉각 컨베이어 : 냉각실에 22~25℃의 냉각공기를 불어넣어 냉각시키는 방법으로, 대규모 공장에서 많이 사용된다.

(3) 냉각 환경

① 온도 : 15~20℃ 사이를 유지하는 것이 좋다.

② 습도 : 일반적으로 80% 정도면 적당하다.

③ 시간 : 15분에서 1시간이면 대부분의 제과류의 냉각이 이루어진다.

④ 장소 : 환기와 통풍이 잘되는 곳으로 병원성 미생물의 혼입이 없는 곳이어야 한다.

(4) 오븐 사용 제품 냉각하기

① 오븐에서 구워 바로 나온 제품을 다음의 작업지시서 사례를 참고하여 냉각한다.

오븐 사용 여부	제 품	냉각 방법
오븐 사용	파운드 케이크, 스펀지 케이크, 구움 과자 등	자연 냉각
오븐 비사용	무스, 젤리, 케이크 등	냉장고 냉각
	빙과류, 장식하기 전 무스, 초콜릿 케이크 등	냉동고 냉각

② 자연 냉각을 위해 실온으로 설정하고, 서늘하고 통풍이 잘되는 곳을 냉각 장소로 한다.

제2절 과자류 제품 장식

(1) 아이싱 장식

① 장 식

㉠ 먹을 수 있는 재료나 먹을 수 없는 재료를 사용하여 제품의 가치를 상승시키는 것을 말한다.

㉡ 장식은 제품의 멋과 맛을 돋우고 제품의 완성도를 높인다.

② 아이싱(Icing)

㉠ 제품의 표면을 적절한 재료로 씌우는 것을 말하며, 코팅(Coating) 또는 커버링(Covering)이라고도 한다.

㉡ 대체적으로 아이싱도 일종의 마무리 작업으로써 장식으로 본다.

(2) 아이싱의 종류

① 퐁당(Fondant)

㉠ 설탕 100g에 물 30g을 넣고 설탕시럽을 114~118℃까지 끓여서 38~44℃로 식히면서 교반하면 결정이 일어나면서 희고 뿌연 상태의 퐁당이 만들어진다.

㉡ 일반적으로 에클레어(Eclair) 위의 장식 또는 케이크 위에 아이싱으로 많이 쓰인다.

② 광택제(Glaze)

㉠ 잼(Jam)에 젤라틴을 섞은 것으로, 케이크 표면에 바르면 광택이 나고 식감이 좋아진다.

㉡ 광택제는 프랑스에서는 나파주(Nappage)라 하고, 일본에서는 미로와(Miroir)라고 한다.

[글레이즈 온도]

도넛과 케이크	45~50℃
도넛에 설탕 아이싱	40℃ 전후
퐁 당	38~44℃

③ 생크림(Fresh Cream)

㉠ 유지방 함량이 18% 이상인 크림으로, 제과에서 사용되는 생크림은 30~40% 정도의 유지방이 함유된 것을 사용한다.

㉡ 휘핑 시 생크림 온도는 3~7℃에서 휘핑 상태가 가장 우수하다.

㉢ 설탕 사용량은 10~20%가 적정하다.

④ 버터크림(Butter Cream) : 버터를 주재료로 설탕과 달걀을 이용하여 만들며 생크림 케이크가 상용화되기 전에 우리나라에서 가장 많이 사용한 아이싱이다.

⑤ 커스터드 크림(Custard Cream) : 우유, 달걀, 설탕, 밀가루 등을 혼합해 끓여서 만든 크림이다.

⑥ 디플로메이트 크림(Diplomate Cream) : 커스터드 크림과 생크림을 휘핑하여 1:1 비율로 혼합하여 만든 크림이다.

⑦ 초콜릿 가나슈(Chocolate Ganache)

㉠ 생크림을 끓여서 다진 초콜릿에 혼합하여 녹여서 만든 크림이다.

㉡ 기본배합 비율은 1 : 1이며 6 : 4 정도의 부드러운 가나슈도 사용된다.

⑧ 초콜릿 글라사주(Chocolate Glacage)

㉠ 초콜릿에 물과 설탕을 넣어 끓여 만들며, 광택과 식감이 좋아 최근 많이 사용된다.

㉡ 일반적으로 초콜릿은 아이싱보다는 코팅으로 더 많이 쓰인다.

⑨ 마지팬(Marzipan) : 아몬드 분말과 분당을 이용하여 만들며, 케이크 아이싱으로 많이 사용된다.

㉠ 마지팬 : 설탕 : 아몬드 = 2 : 1(공예용 마지팬)

㉡ 로-마지팬 : 설탕 : 아몬드 = 1 : 2(부재료용 마지팬)

⑩ 설탕 반죽(Sugar Paste)

㉠ 설탕 반죽은 분당과 흰자를 이용하여 만들며 영국에서 웨딩케이크 커버링으로 많이 사용된다.

㉡ 파티에 사용되는 컵케이크 장식에도 많이 사용되고 국내에서도 점점 늘어나는 추세이다.

제3절 과자류 제품 포장

(1) 포장의 정의 및 목적

① **정의** : 취급상의 위험과 외부환경으로부터 제품의 가치 및 상태를 보호하고 다루기 쉽도록 적합한 용기에 넣는 과정이다.

② **목적** : 변질, 변색 등의 품질 변화를 방지하는 것이며, 제품의 수명을 연장하고 위생적 안전을 고려하는 데 있다.

(2) 포장의 기능

① **내용물의 보호** : 쿠키, 케이크 등 과자류 제품은 손상되기 쉬우므로 효과적인 베이커리 포장을 통해 물리적, 화학적, 생물적, 인위적인 요인으로부터 내용물을 보호하고 제품 손상을 방지해야 한다.

② **취급의 편의** : 제품의 각 단계에서 취급하고 먹기 편하도록 사용의 편의성을 제공한다.

③ 제품을 차별화하고 소비자들의 구매 충동을 촉진시키므로 매출 증대 효과가 있다.

④ 상품의 가치를 증대시키고 소비자에게 정보를 제공한다.

⑤ 적정한 포장으로 지나친 낭비를 막고 환경 친화적인 포장을 추구한다.

(3) 포장 재료의 조건

① 포장 용기는 유해 물질이 있거나 포장재로 인하여 내용물이 오염되어서는 안 된다.

② 식품에 접촉하는 포장은 청결해야 하며, 식품에 그 어떤 영향을 주어서도 안 된다.

적중예상문제

01 과자류 제품의 냉각 온도는?

① 2~30℃
② 35~40℃
③ 40~45℃
④ 50~55℃

해설 과자류 제품의 냉각 온도는 35~40℃이다.

02 도넛과 케이크의 글레이즈 사용 온도로 가장 적합한 것은?

① 23℃
② 34℃
③ 49℃
④ 68℃

해설 도넛과 케이크의 글레이즈 사용 온도는 45~50℃가 적합하다.

03 젤리를 만드는 데 사용되는 재료가 아닌 것은?

① 젤라틴
② 한 천
③ 레시틴
④ 알긴산

해설 레시틴은 천연 유화제에 속한다.

04 젤리 형성의 3요소가 아닌 것은?

① 당 분　② 유기산
③ 펙 틴　④ 염

해설 젤리는 당분 60~65%, 펙틴 0.1~1.5%, pH 3.1~3.3의 산성이 되어야 형성된다.

05 공기가 함유되어 있는 상태에서 포장하는 방법은?

① 밀봉 포장
② 캐러멜 포장
③ 진공 포장
④ 함기 포장

해설 함기 포장은 공기가 함유되어 있는 상태에서 포장하는 방법으로, 일반적으로 기계를 사용하지 않는 포장의 대부분을 말하며, 과자류 포장에 가장 많이 쓰인다.

06 퐁당의 글레이즈 온도는?

① 25~30℃
② 30~35℃
③ 35~40℃
④ 45~50℃

해설 퐁당의 글레이즈 온도는 38~44℃이다.

정 답　1 ②　2 ③　3 ③　4 ④　5 ④　6 ③

07 **초콜릿의 팻 블룸(Fat Bloom) 현상에 대한 설명으로 틀린 것은?**

① 초콜릿 제조 시 온도 조절이 부적합할 때 생기는 현상이다.
② 초콜릿 표면에 수분이 응축하며 나타나는 현상이다.
③ 보관 중 온도 관리가 나쁜 경우 발생되는 현상이다.
④ 초콜릿의 균열을 통해서 표면에 침출하는 현상이다.

해설 팻 블룸은 초콜릿에 함유된 지방분인 카카오 버터가 28℃ 이상의 고온에서 녹아 설탕, 카카오, 우유 등이 분리되었다가 다시 굳어지면서 얼룩을 만드는 현상으로 블룸 현상의 대부분을 차지한다. 초콜릿 가공 과정 중 하나인 온도조절 작업이 충분하지 않거나 고온이나 직사광선으로 인하여 초콜릿이 녹았다가 그대로 굳은 경우에 생긴다. 초콜릿 표면에 수분이 응축하며 나타나는 현상은 슈거 블룸에 속한다.

08 **로-마지팬에서 '아몬드 : 설탕'의 적합한 혼합비율은?**

① 1 : 0.5
② 1 : 1.5
③ 1 : 2.5
④ 1 : 3.5

해설 마지팬(Marzipan)은 아몬드 분말과 설탕으로 만든 부드러운 페이스트 반죽이다. 마지팬은 2가지 종류가 있는데 공예용 마지팬은 설탕과 아몬드 비율이 2:1이고, 로-마지팬의 아몬드와 설탕의 비율은 2:1이다.

09 **충전물 또는 젤리가 롤케이크에 축축하게 스며드는 것을 막기 위해 조치해야 할 사항으로 틀린 것은?**

① 굽기 조정
② 물 사용량 감소
③ 반죽 시간 증가
④ 밀가루 사용량 감소

해설 밀가루 사용량을 증가하여 롤케이크의 구조력을 높여서 충전물 또는 젤리가 반죽에 스며들지 않게 방지한다.

10 **굽기 후 빵을 썰어 포장하기에 가장 좋은 온도는?**

① 17℃
② 27℃
③ 37℃
⑤ 47℃

해설 빵의 포장온도는 35~40℃이다.

11 **포장의 목적이 아닌 것은?**

① 제품 보호
② 제품의 수명 연장
③ 품질 변화를 도움
④ 위생 안전

해설 ③ 품질 변화를 방지한다.

7 ② 8 ① 9 ④ 10 ③ 11 ③ 정답

12 포장 방법이 아닌 것은?

① 함기 포장(상온 포장)
② 밀봉 포장
③ 진공 포장
④ 냉장 포장

해설 포장 방법에는 함기 포장, 밀봉 포장, 진공 포장이 있다.

13 포장재로 적합하지 않은 것은?

① 종 이
② 알루미늄
③ 사기그릇
④ 천

해설 포장재로 종이, 알루미늄, 사기그릇, 유리, 지기 등이 있다.

14 포장 시 첨가제로 적합한 것은?

① 습기제거제
② 방부제
③ 냉 제
④ 온 제

해설 포장 시 첨가제는 습기제거제이다.

15 소비기한에 영향을 미치는 내부적 요인이 아닌 것은?

① 원재료
② 재품의 배합
③ 제조공정
④ 산 도

해설 제조공정은 외부적 요인에 속한다.

16 소비기한에 영향을 미치는 외부적 요인이 아닌 것은?

① 위생수준
② pH
③ 포장재질
④ 소비자 취급

해설 소비기한에 영향을 미치는 외부적 요인으로는 제조공정, 위생수준, 포장재질 및 방법, 저장, 유통, 진열조건, 소비자 취급 등이 있다.

정 답 12 ④ 13 ④ 14 ① 15 ③ 16 ②

과자류 제품 저장 유통

제1절 과자류 제품 실온 냉장 저장

(1) 식품위생 안전

① 식품위생법의 목적은 "식품으로 인하여 생기는 위생상의 위해를 방지하고 식품영양의 질적 향상을 도모하며 식품에 관한 올바른 정보를 제공함으로써 국민 건강의 보호・증진에 이바지하는 것"이다.

② 식품위생이란 "식품, 식품첨가물, 기구 또는 용기・포장을 대상으로 하는 음식에 관한 위생"을 말한다(식품위생법 제2조).

(2) 위해요소

① 생물학적 위해요소

㉠ 세균, 바이러스, 기생충, 곰팡이 등이 속하며, 현미경으로 식별할 수 있다.

㉡ 미생물 발육에 필요한 환경요인에는 영양소, 수분, 온도, 수소이온농도(pH), 산소 등이 있다.

② 화학적 위해요소

㉠ 인위적 요소 : 제조, 가공, 저장, 포장, 유통 등의 과정에서 유입되는 유독, 유해물이나 인공감미료, 타르색소, 발색제, 표백제 등을 들 수 있다.

㉡ 자연독 : 독버섯, 감자의 솔라닌, 복어의 테트로도톡신 등과 아플라톡신과 같은 곰팡이 독소가 있다.

③ 물리적 위해요소

㉠ 유리조각, 플라스틱조각, 머리카락, 돌 등이 있다.

㉡ 오염된 원료나 오염된 포장재료, 관리 부주의, 종사자의 부주의 등과 관련이 있다.

(3) 식품의 변질 및 보존

① **식품의 변질** : 식품을 장기간 방치하면 식품 중의 산소, 미생물, 일광, 수분, 효소, 온도 등으로 외형이 변화되고 맛과 향이 달라져 그 식품의 특성을 잃게 된다.

㉠ 부패 : 단백질 식품이 분해되어 암모니아, 페놀, 아민 등이 생성되어 악취가 나고 인체에 유해한 물질이 생성되는 현상이다.

㉡ 변패 : 지방질이나 탄수화물 등의 성분들이 미생물에 의하여 변질되는 현상이다.

㉢ 산패 : 지방(유지)이 산화되어 역한 냄새가 나고 색깔이 변색되어 품질이 저하되는 현상이다.

㉣ 발효 : 탄수화물이 분해 작용을 거치며 유기산, 알코올 등이 생성되어 인체에 이로운 식품이나 물질을 얻는 현상이다.

② 식품의 보존

㉠ 식품의 보존은 포장재료, 포장시스템, 포장기법, 미생물 제어와 밀접한 관계가 있다.

㉡ 식품의 품질 열화에는 생물학적・화학적・물리적 품질 등이 있고, 산소, 온도, 수분, 광선, 촉매, 냄새 등의 환경조건에 영향을 받는다.

(4) 식품의 부패 형태와 주요 원인

① 모든 식품은 시간이 경과함에 따라 부패되거나 변질된다.

② 부패로 인한 주요 3가지 변화로 물리적 부패, 화학적 부패, 미생물학적 부패 등이 있다.

(5) 식품의 보존 방법

① 식품의 변질과 부패의 원인으로는 미생물의 번식으로 인한 것이 가장 많다.

② 식품의 부패를 방지하려면 미생물의 오염을 방지하고 오염된 미생물의 증식과 발육을 억제하는 것이 중요하다.

③ 물리적 처리에 의한 보존법

㉠ 건조법(탈수법) : 미생물은 수분 15% 이하에서 번식하지 못하므로 수분을 제거하여 건조함으로써 부패를 방지하여 식품을 보존하는 방법을 말한다.

방 법	사용 방법
일광 건조법	주로 농산물, 해산물 건조에 많이 이용되는 방법
고온 건조법	90℃ 이상의 고온으로 건조, 보존하는 방법
열풍 건조법	가열한 공기를 식품 표면에 보내어 수분을 증발시키는 방법
배건법	직접 불에 가열하여 건조시키는 방법
분무 건조법	액체 상태의 식품을 건조실 안에서 안개처럼 분무하면서 건조시키는 방법
감압 건조법	감압, 저온으로 건조시키는 방법

㉡ 냉장・냉동법 : 미생물의 번식 조건 중 하나인 온도를 낮춤으로서 번식을 억제하는 방법으로, 미생물을 억제할 수는 있으나 사멸하지는 못한다.

방 법	사용 방법
움 저장법	10℃ 전후에서 움 속에 저장하는 방법
냉장법	0~4℃의 저온에서 식품을 한정된 기간 동안 신선한 상태로 보존하는 방법
냉동법	0℃ 이하에서 동결시켜 식품을 보존하는 방법으로 육류, 어류 등에 이용하는 방법

㉢ 가열 살균법 : 미생물을 열처리하여 사멸시킨 후 밀봉하여 보존하는 방법으로, 영양소 파괴가 우려되나 보존성이 좋다는 장점이 있다.

방 법	사용 방법
저온 살균법	• 61~65℃에서 30분간 가열 후 급랭시키는 방법 • 우유, 술, 과즙, 소스 등 액체식품
고온 살균법	• 95~120℃ 정도로 30~60분간 가열하여 살균하는 방법 • 통조림살균법
초고온 순간 살균법	• 130~140℃에서 2초간 가열 후 급랭시키는 방법 • 우유, 과즙 등
초음파 가열 살균법	• 초음파로 단시간에 처리하는 방법 • 식품품질과 영양가 유지 가능

㉣ 조사 살균법(자외선조사) : 자외선이나 방사선을 이용하는 방법으로, 식품 품질에 영향을 미치지 않으나 식품 내부까지 살균할 수 없다는 단점이 있다.

방 법	사용 방법
자외선 살균	2,570nm 부근 파장의 자외선으로 살균하는 방법
방사선 살균법	^{60}Co(코발트60) 방사선으로 미생물을 살균한 후 보관하는 방법

㉤ 열창고 보관 : 건열된 식품을 고온(70~80℃)으로 보존하는 방법이다.

④ 화학적 처리에 의한 보존법

㉠ 염장법 : 호염균을 제외한 보통 미생물을 10% 정도의 식염 농도에 절이는 방법이다(해산물, 채소, 육류 등).

㉡ 당장법 : 50% 정도의 설탕 농도에 절이는 방법으로 방부효과가 있다(젤리, 잼 등).

㉢ 산 저장법(초절임법) : 3~4%의 초산, 구연산, 젖산에 절이는 방법이다.

㉣ 화학물질 첨가 : 미생물을 살균하고 발육을 저지하여 효소의 작용을 억제시키는 방법이다.

⑤ 종합적 처리에 의한 보존법

㉠ 훈연법 : 육류나, 어류를 염장하여 탈수시킨 다음 활엽수(벚나무, 참나무, 향나무)를 불완전 연소시켜 그 연기로 그을려 저장하는 방법이다(햄, 소시지, 베이컨 등).

㉡ 밀봉법 : 수분 증발, 흡수, 해충의 침범, 공기의 통과를 막아 보존하는 방법이다(통조림 등).

㉢ 염건법 : 소금을 첨가한 다음 건조시켜 보존하는 방법이다.

㉣ 조미법 : 소금이나 설탕을 첨가하여 가열처리한 조미 가공품을 만드는 방법이다.

㉤ 세균학적 방법 : 세균과 곰팡이를 식품에 넣고 어느 정도 발육시킨 후 억제하는 방법이다.

(6) 실온 저장 관리

① 실온 저장 관리 기준에 따라 정기적으로 재료와 제품을 관리한다.

㉠ 적정 온도와 습도 : 건조 창고의 온도는 10~20℃, 상대습도 50~60%를 유지하며, 채광과 통풍이 잘되어야 한다.

㉡ 수행 방법 : 방충·방서시설, 환기시설을 구비한다. 또한 창고의 내부에 온도계와 습도계를 부착한다.

② 재료의 사용 시 선입선출 기준에 따라 관리한다.

③ 작업 편의성을 고려하여 정리 정돈한다.

㉠ 재료 보관 선반의 재질은 목재나 스테인리스를 선택한다.

㉡ 선반은 4~5단으로 폭 60cm 이내 바닥에서 15cm 이상, 벽에서 15cm의 공간을 띄우도록 한다.

(7) 냉장 저장 관리

① 냉장 저장 관리 기준에 따라 정기적으로 재료와 제품을 관리한다.

㉠ 적정 온도와 습도 : 냉장 저장 온도는 0~10℃로, 습도는 75~95%에서 저장 관리한다.

㉡ 수행 방법 : 냉장고 내부에 온도계와 습도계를 부착하고 주기적으로 확인한다.

② 재료별 보관 기준에 따라 다음 표와 같이 저장 관리한다.

[냉장 저장 재료별 보관 기준]

품 명	저장 시 주의사항 및 보관 기간	저장 온도(℃)	저장 습도(%)
우 유	빙점 이하에서 얼지 않도록 보관, 2일	4	75~85
달 걀	씻지 않고 냉장 상태로 보관, 2주	5	
육 류	밀봉 처리하여 보관, 5일	4	
과일/채소류	물기 없이 보관, 3일	4~6	
버 터	미개봉, 6개월	0~2	
마가린	미개봉, 6개월	1~2	
치 즈	6~12개월	1~2	
이스트	밀봉 처리하여 보관, 4주	0~3	
생크림 케이크	포장 박스에 담아 보관, 4일	10 이하	

③ 재료의 사용 시 선입 선출 기준에 따라 관리한다.

④ 작업편의성을 고려하여 정리 정돈한다.

㉠ 냉장고 용량의 70% 이하로 식품을 보관한다.

㉡ 우유와 달걀 같은 재료는 냄새가 심한 식자재와 함께 보관하지 않는다.

㉢ 식품 보관 시 식힌 다음에 보관한다.

㉣ 투명 비닐 또는 뚜껑을 덮어 낙하물질로부터 오염을 방지하도록 한다.

㉤ 재료와 완제품은 바닥에 두지 않고 냉장고 바닥으로부터 25cm 위에 보관한다.

제2절 과자류 제품 냉동 저장

(1) 냉동 저장

① 냉동 방법

㉠ 에어블라스트 냉동법(급속 냉동, Air Blast) : 냉동고는 완제품을 -40℃의 냉풍으로 급속히 냉동시키는 방법으로, 60분 정도면 완전 경화된다.

㉡ 컨덕트 냉동법(급속 냉동, Conduct) : 속이 비어 있는 두꺼운 알루미늄 판 속에 암모니아 가스를 넣어 -50℃ 정도로 냉각시키는 방법으로, 40분 정도면 완전 경화된다.

㉢ 나이트로겐 냉동법(순간 냉동, Nitrogen) : -195℃의 액체 질소(나이트로겐)를 블라스트 컨베이어에 올려놓고 순간적으로 냉동시키는 방법으로, 약 3~5분 정도면 완전 경화된다.

② 냉동 해동 방법 : 해동 중에 맛, 향, 감촉, 영양, 모양 등의 변화가 없어야 한다.

㉠ 완만 해동 : 냉장고 내에서 해동하는 방법으로, 대량으로 해동할 경우 이용한다.

㉡ 상온 해동 : 실내에서 해동하는 방법으로, 공기 중의 수분이 제품에 직접 응결되지 않도록 해동한다.

㉢ 액체 중 해동 : 보통 10℃ 정도의 물 또는 식염수로 해동하는 방법으로, 흐르는 물에 해동한다.

③ 급속 해동

㉠ 건열 해동 : 대류식 오븐을 이용하는 방법이다.

㉡ 전자레인지 해동 : 비교적 단시간에 해동할 수 있는 방법이다.

㉢ 그밖에 증기를 이용하는 방법인 스팀 해동, 뜨거운 물속에서 해동하는 방법인 보일 해동, 냉동식품을 고온의 기름 속에 넣어 해동 조리하는 튀김 해동 등이 있다.

(2) 냉동 저장 관리

① 냉동 저장 온도는 -23~-18℃, 습도 75~95%에서 관리한다.

② 재료별 보관 기준에 따라 다음 표와 같이 저장 관리한다.

[냉동 저장 재료별 보관 기준]

품 명	저장 시 주의사항과 가능 기간	저장 온도
냉동 과실, 냉동 야채류, 냉동 주스	사용 직전까지 포장 용기 채로 보관	-20℃ 이하
냉동 육류	냉장고에서 해동하며 해동한 육류는 24시간 이내 사용	-20℃ 이하 해동, 1~5℃
버 터	사용 시는 2~5℃, 실온 보관 시 일주일 저장 가능	-20℃
냉동 케이크	포장 용기에 담아 보관	• -18℃ 이하 • 해동은 습기를 피하고, 25℃ 정도의 미풍 냉동으로 해동
과일 파이		-18℃ 이하
아이스크림		-20~-14℃

제3절 과자류 제품 유통

(1) 소비기한

① 소비기한 : 식품 등(식품, 축산물, 식품첨가물, 기구 또는 용기·포장을 말함)에 표시된 보관방법을 준수할 경우 섭취하여도 안전에 이상이 없는 기한을 말한다.

※ 소비기한 영문명 및 약자 예시 : Use by date, Expiration date, EXP, E

② 소비기한에 영향을 주는 요인

내부적 요인	외부적 요인
• 원재료 • 제품의 배합 및 조성 • 수분 함량 및 수분활성도 • pH 및 산도 • 산소의 이용성 및 산화 환원 전위	• 제조 공정 • 위생 수준 • 포장 재질 및 포장 방법 • 저장, 유통, 진열 조건(온도, 습도, 빛, 취급 등) • 소비자 취급

(2) 포 장

① 포장의 목적

㉠ 식품이 소비자에 이르기까지 충격, 압력, 온도, 습도 등의 외적 환경과 파리, 미생물 등과 같은 피해로부터 식품을 보호하기 위함이다.

㉡ 보관·운송·판매 등 일련의 작업을 능률적으로 행하기 위함이다.

㉢ 소비자가 사용하기 쉽도록 하며, 상품의 가치를 높이기 위함이다.

② 포장의 기준

㉠ 식품에 접촉하는 포장은 청결하며 식품에 영향을 주어서는 안 된다.

㉡ 포장 재질

- 종이와 판지 제품 : 종이봉투, 종이용기
- 유연 포장 재료 : 셀로판, 플라스틱, 알루미늄
- 금속제 : 통조림용 금속용기
- 유리제 : 병, 컵
- 목재 : 나무 상자, 나무통

㉢ 포장재에서 용출되는 유해 물질

포장 재료	이행 물질
종이와 판지 제품	착색제(형광 염료 포함), 충전제, 표백제, 사이징제, 착색제, 펄프용 방부제
금속 제품	납(땜납에서 유래), 도료성분(Monomer, 첨가제), 주석(도금에서 유래)
도자기, 법랑 기구, 유리 제품	납(Crystal Glass 등) 이외 금속, 유약, 물감 등
합성 수지	잔류 도료성분, 첨가제(안정제, 가소제, 산화방지제 등), 잔류 촉매(금속, 과산화물 등)

출처 : 송형익, 김정현, 박성진 외(2014). 「식품위생학」. 지구문화사.

㉣ 포장 방법 : 기능에 따라 겉포장, 속 포장, 낱개 포장하고, 형태에 따라 상자 포장, 천 포장, 종이봉투 포장, 나무통 포장, 자루 포장한다.

(3) 제품 유통

① 제품 유통 시 안전한 소비기한 설정 및 적정한 표시를 한다.

② 제품 유통 중 온도 관리 기준에 따라 적정 온도를 설정한다.

㉠ 실온 유통 적정 온도 : 실온은 1~35℃를 말하며, 봄, 여름, 가을, 겨울을 고려하여 설정한다.

㉡ 상온 유통 적정 온도 : 상온은 15~25℃를 말한다.

㉢ 냉장 유통 적정 온도 : 냉장은 0~10℃를 말하며, 보통 5℃ 이하로 유지한다.

㉣ 냉동 유통 적정 온도

- 냉동은 -18℃ 이하를 말하며, 품질 변화가 최소화될 수 있도록 냉동 온도를 설정한다.
- 냉동 제품은 -20℃ 정도의 냉기를 유지하고 있다. 운반 · 보존할 때 -23~-20℃ 정도로 유지한다.
- 냉동 식품 유통 시 온도가 상승하여 품질을 저하시킬 수 있으므로 신속하게 운반한다.

적중예상문제

01 다음 중 부패로 볼 수 없는 것은?

① 육류의 변질
② 달걀의 변질
③ 어패류의 변질
④ 열에 의한 식용유의 변질

해설 부패는 단백질이, 변패는 탄수화물이, 산패는 지방이 변질되는 것이다.

02 식품의 부패에 관여하는 인자가 아닌 것은?

① 대기압 ② 온 도
③ 습 도 ④ 산 소

해설 **미생물의 생육 조건** : 영양소, 수분, 습도, 온도, pH, 산소

03 빵의 변질 및 부패와 관계가 가장 적은 것은?

① 곰팡이
② 세 균
③ 빵의 모양
④ 수분 함량

해설 빵의 변질 및 부패는 영양소, 수분, 온도, pH, 산소, 곰팡이, 세균과 관계가 있다.

04 단백질 식품이 미생물의 분해 작용에 의하여 형태, 색, 경도, 맛 등의 본래의 성질을 잃고 악취를 발생하거나 독물을 생성하여 먹을 수 없게 되는 현상은?

① 변 패 ② 산 패
③ 부 패 ④ 발 효

해설 부패는 단백질을 주성분으로 하고 식품의 혐기성 세균 번식에 의해 분해되며, 아미노산, 아민, 암모니아를 생성한다.

05 발효와 부패가 다른 점은?

① 성분의 변화가 일어난다.
② 미생물이 작용한다.
③ 가스가 발생한다.
④ 생산물을 식용으로 할 수 있다.

해설 부패는 미생물이 유기물에 작용해서 일으키는 현상이라는 점에서 발효와 같다. 이때 우리가 이용하려는 물질이 만들어지면 발효라 하고, 유해하거나 원하지 않는 물질이 되면 부패라 한다.

정 답 1④ 2① 3③ 4③ 5④

06 **세균의 형태에 따른 분류로 가장 관계가 먼 것은?**

① 사상균 ② 나선균
③ 간 균 ④ 구 균

해설 **세균의 형태에 따른 분류**
- 구균 : 단구균, 쌍구균, 연쇄상구균, 포도상구균
- 간균 : 결핵균 등
- 나선균 : 나사 모양의 나선 형태

07 **냉동과 해동에 대한 설명으로 옳지 않은 것은?**

① 전분은 −7~10℃ 범위에서 노화가 빠르게 진행된다.
② 노화대(Stale Zone)를 빠르게 통과하면 노화 속도가 지연된다.
③ 식품을 완만히 냉동하면 작은 얼음 결정이 형성된다.
④ 전분이 해동될 때는 동결될 때보다 노화의 영향이 적다.

해설 냉동 속도가 빠를수록 식품 속의 얼음 결정이 작아진다.

08 **식품을 보존하는 방법 중 위생상 가장 적절하지 않은 것은?**

① 균이 자랄 수 없도록 말려서 보관한다.
② 냉동 보관한다.
③ 끓여서 상온에 보관한다.
④ 완전 살균하여 진공 포장한다.

해설 가열한 다음 급랭시켜야 한다.

09 **우유를 살균하는 데는 여러 가지 방법이 있는데 고온 단시간 살균법으로서 가장 적당한 조건은?**

① 72℃에서 15초 처리 후 냉각
② 75℃ 이상에서 15분 열처리
③ 130℃에서 2~3초 이내 처리
④ 62~65℃에서 30분 처리

해설 고온 단시간 살균법은 72~75℃에서 15~20초간 살균하는 방법으로, 저온 살균법을 더 능률화하고 합리화한 방법이다.

10 **일반적으로 식품의 저온 살균 온도로 가장 적합한 것은?**

① 20~30℃ ② 60~70℃
③ 100~110℃ ④ 130~140℃

해설 저온 살균법은 62~65℃에서 30분간 가열한 다음 급랭시키는 방법이다.

6 ① 7 ③ 8 ③ 9 ① 10 ② 정 답

11 냉장의 목적과 가장 관계가 먼 것은?

① 식품의 보존 기간 연장
② 자기 호흡 지연
③ 세균의 증식 억제
④ 미생물의 멸균

해설 **냉장 냉동법**
- 미생물의 발육 조건인 수분, 온도, 영양 중에서 온도를 낮춤으로써 발육을 억제시키는 방법이다.
- 미생물은 일반적으로 10℃ 이하에서 번식이 억제되고 -5℃ 이하에서 번식이 불가능해지는데, 이러한 원리에 따라 보존할 수 있는 방법은 냉장, 냉동, 움저장이 있다.

12 식품 중의 미생물수를 줄이기 위한 방법으로 가장 적절하지 않은 것은?

① 방사선 조사
② 냉 장
③ 열 탕
④ 자외선 처리

해설 냉장 보관하여도 미생물은 증식 가능하므로 70℃ 이상에서 3분 이상 가열하여야 한다.

13 냉동제품을 해동하는 방법이 아닌 것은?

① 완만 해동
② 상온 해동
③ 전자레인지 해동
④ 건습 해동

14 건조 재료를 창고에 보관할 때 바닥으로부터 몇 cm 떨어진 위치가 적당한가?

① 10cm
② 15cm
③ 20cm
④ 25cm

해설 건재료 창고의 바닥으로부터 15cm 위에 보관한다.

15 당장법으로 식품을 보존할 때 설탕 농도는?

① 30%
② 40%
③ 50%
④ 60%

해설 당장법의 설탕 농도는 50%가 적당하다.

정 답 11 ④ 12 ② 13 ④ 14 ② 15 ③

16 소금을 첨가한 다음 건조시켜 보존하는 방법은?

① 염건법
② 조미법
③ 훈연법
④ 밀봉법

해설 염건법은 소금을 첨가한 다음 건조시켜 보존하는 방법이다.

17 식품의 냉동 저장 온도는?

① −5~−1℃
② −10~−5℃
③ −10~16℃
④ −23~−18℃

해설 식품의 냉동 저장 온도는 −23~−18℃이다.

18 건조창고의 저장 온도는?

① 0~10℃
② 10~20℃
③ 20~30℃
④ 30~40℃

해설 건조창고의 온도는 10~20℃, 습도는 50~60%이다.

19 건조창고에 보관할 때 벽으로부터 간격은 몇 cm인가?

① 5cm
② 10cm
③ 15cm
④ 20cm

해설 건조창고에 보관 시 벽으로부터 15cm 떨어지도록 보관한다.

16 ① 17 ④ 18 ② 19 ③ 정 답

부록

상시복원 문제

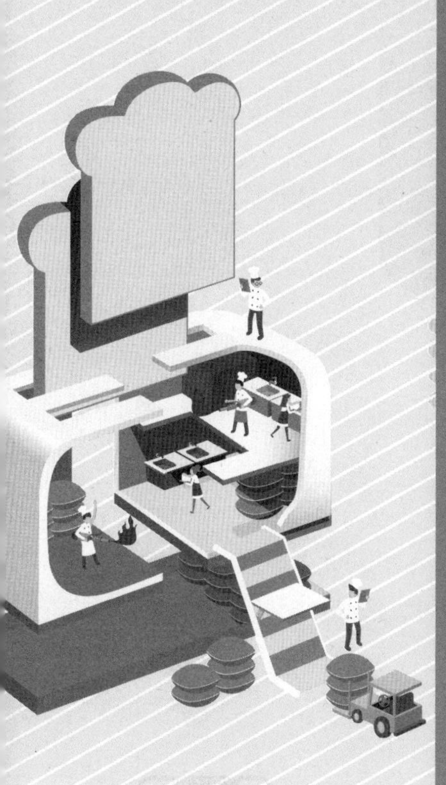

제과제빵
기능사
필기
한권으로 끝내기!

합격의 공식
SD에듀

2016년 상시복원문제(1회)

01 **반죽형 반죽 제법의 종류와 제조 공정의 특징으로 바르지 않은 것은?**

① 블렌딩법 – 유지에 밀가루를 먼저 넣고 반죽한다.
② 1단계법 – 유지에 모든 재료를 한꺼번에 넣고 반죽한다.
③ 크림법 – 유지에 건조 및 액체 재료를 넣어 반죽한다.
④ 설탕/물반죽법 – 유지에 설탕물을 넣고 반죽한다.

해설 ③ 블렌딩법에 대한 설명이다.
크림법(Creaming Method)
유지와 설탕을 혼합하여 크림 상태가 되면 달걀을 섞고, 밀가루와 베이킹파우더를 체에 쳐서 가볍게 혼합하는 방법이다.

02 **반죽형 반죽 제조법과 장점이 맞게 연결된 것은?**

① 블렌딩법 – 제품을 부드럽고 유연하게 만듦
② 크림법 – 노동력과 제조시간의 절약
③ 설탕/물반죽법 – 제품의 부피를 크게 만듦
④ 1단계법 – 균일한 껍질 색과 대량 생산 용이

해설 ② 크림법 : 제품의 부피를 크게 만듦
③ 설탕/물반죽법 : 균일한 껍질 색과 대량 생산 용이
④ 1단계법 : 노동력과 제조시간의 절약

03 **버터 스펀지 케이크(일명 제노와즈법) 반죽 제조에서 용해 버터는 언제 넣는 것이 가장 좋은가?**

① 처음부터 다른 재료와 함께 넣는다.
② 밀가루와 섞어 넣는다.
③ 설탕과 섞어 넣는다.
④ 반죽 마지막 단계에 넣는다.

해설 버터는 녹여서 밀가루를 혼합하고 반죽의 마지막 단계에서 혼합한다.

04 **다음 중 반죽을 동일한 용기에 같은 부피의 양을 담았을 때 가장 가벼운 반죽의 종류는?**

① 스펀지 케이크
② 롤케이크
③ 레이어 케이크
④ 파운드 케이크

해설 달걀 사용량이 많으면 공기 포집이 잘되어 기포 형성을 도와주므로 비중이 낮아 가벼워진다.

정답 1 ③ 2 ① 3 ④ 4 ②

05 **케이크의 표면이 터지는 결점에 대한 조치사항으로 맞는 것은?**

① 팽창이 과도한 경우 팽창제 사용을 감소하거나 믹싱 상태를 조절한다.
② 굽기 중 너무 건조시키면 말기를 할 때 부서지므로 오버 베이킹을 한다.
③ 반죽의 비중을 너무 낮지 않게 믹싱한다.
④ 반죽 온도가 낮으면 굽는 시간이 빨라지므로 온도가 너무 높지 않도록 한다.

해설 ② 굽기 중 너무 건조시키면 말기를 할 때 표피가 터지므로 오버 베이킹을 하지 않는다.
③ 반죽의 비중을 너무 높지 않게 믹싱한다.
④ 반죽 온도가 낮으면 굽는 시간이 길어지므로 온도가 너무 낮지 않도록 한다.

06 **다음 제품 중 반죽의 pH가 가장 높은 것은?**

① 파운드 케이크
② 초콜릿 케이크
③ 데블스 푸드 케이크
④ 옐로 레이어 케이크

해설 제품의 적정 pH
- 파운드 케이크 : 6.6~7.1
- 옐로 레이어 케이크 : 7.2~7.6
- 초콜릿 케이크 : 7.8~8.8
- 데블스 푸드 케이크 : 8.5~9.2

07 **굳은 아이싱을 풀어 주는 방법이 아닌 것은?**

① 아이싱에 최소의 액체를 사용하여 중탕으로 가온한다.
② 중탕으로 가열할 때의 적정 온도는 35~43℃ 정도이다.
③ 젤라틴, 한천 등 안정제를 사용한다.
④ 시럽을 풀어 사용한다.

해설 젤라틴, 한천 등은 끈적거리고 질은 아이싱을 보완할 때 사용한다.

08 **반죽무게를 구하는 식은?**

① 틀 부피 − 비용적
② 틀 부피 ÷ 비용적
③ 틀 부피 + 비용적
④ 틀 부피 × 비용적

해설 반죽무게 = 틀 부피 ÷ 비용적
비용적이란 반죽 1g를 굽는 데 필요한 틀의 부피를 말한다.

09 **커스터드 크림은 우유, 달걀, 설탕을 한데 섞고, 안정제로 무엇을 넣어 끓인 크림인가?**

① 한 천
② 젤라틴
③ 강력분
④ 옥수수 전분

해설 커스터드 크림은 옥수수 전분과 박력분을 넣어 끓인 크림이다.

5 ① 6 ③ 7 ③ 8 ② 9 ④ 정답

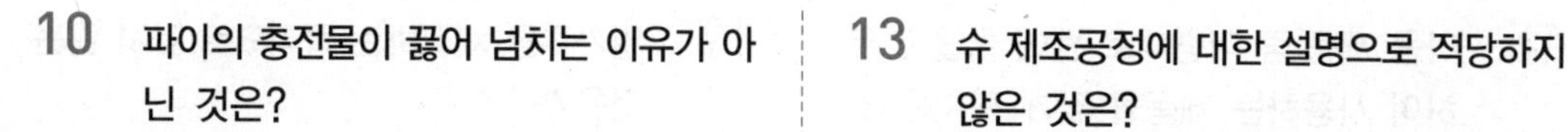

10 파이의 충전물이 끓어 넘치는 이유가 아닌 것은?

① 껍질에 수분이 많다.
② 오븐의 온도가 높다.
③ 바닥 껍질이 얇다.
④ 껍질에 구멍을 뚫지 않았다.

해설 파이의 충전물이 끓어 넘치는 이유
- 껍질에 수분이 많다.
- 위, 아래 껍질을 잘 붙이지 않았다.
- 오븐의 온도가 낮다.
- 천연산이 많이 든 과일을 사용하였다.
- 바닥 껍질이 얇다.
- 충전물 온도가 적정 온도보다 높았다.
- 껍질에 구멍을 뚫지 않았다.

11 100% 물에 설탕을 50% 용해시켰을 때 당도는 얼마인가?

① 37%　② 36%
③ 35%　④ 33%

해설 당도 = 용질 ÷ (용매 + 용질) × 100
= 50 ÷ (100 + 50) × 100 = 33.33%

12 도넛을 튀겼을 때 색상이 고르지 않은 이유로 맞지 않은 것은?

① 재료가 고루 섞이지 않았다.
② 덧가루가 많이 묻었다.
③ 탄 튀김가루가 붙었다.
④ 냉장반죽으로 만들었다.

해설 ④ 어린 반죽 또는 지친 반죽으로 만들었다.

13 슈 제조공정에 대한 설명으로 적당하지 않은 것은?

① 평철판 위에 충분한 간격을 유지하며 일정 크기로 짜야 한다.
② 밀가루는 버터가 다 녹지 않은 상태에서 넣고 호화해야 한다.
③ 달걀은 불에서 내려 반죽되기를 보며 소량씩 넣는다.
④ 찬 공기가 들어가면 슈가 주저앉게 되므로 팽창과정 중에 오븐 문을 여닫지 않는다.

해설 물과 버터를 완전히 끓인 후 밀가루를 체에 걸러서 섞고 나무주걱으로 저으면서 밀가루가 호화되도록 볶아 준다(볼이 누를 정도로 볶는다).

14 다음 중 쿠키를 구울 때 퍼짐을 좋게 하는 방법에 해당되지 않는 것은?

① 알칼리성 반죽
② 팽창제 사용
③ 높은 오븐 온도
④ 입자가 큰 설탕 사용

해설 쿠키가 잘 퍼지는 이유
- 쇼트닝, 설탕 과다 사용
- 설탕 일부를 믹싱 후반기에 투입
- 낮은 오븐 온도
- 믹싱 부족
- 알칼리성 반죽
- 입자가 큰 설탕 사용

정답 10 ② 11 ④ 12 ④ 13 ② 14 ③

15 **다음 제품 중 이형제로 팬에 물을 분무하여 사용하는 제품을 맞게 짝지은 것은?**

① 젤리 롤케이크, 소프트 롤케이크
② 슈, 다쿠와즈
③ 파운드 케이크, 과일 케이크
④ 엔젤 푸드 케이크, 시폰 케이크

해설 이형제는 반죽을 구울 때 달라붙지 않게 하고 모양을 그대로 유지하기 위하여 사용하는 재료로 팬에 이형제를 물로 분무하여 사용하는 제품에는 엔젤 푸드 케이크, 시폰 케이크 등이 있다.

16 **1940년대 미국에서 개발된 액종법에서 파생된 제법으로 이스트, 이스트 푸드, 물, 설탕, 분유 등을 섞어 2~3시간 발효시킨 액종을 만들어 사용하는 반죽법은?**

① 연속식 제빵법
② 비상 반죽법
③ 노타임법
④ 찰리우드법

해설 **연속식 제빵법**
- 액체 발효법을 이용하여 연속적으로 제품을 생산하는 방법이다.
- 3~4기압의 디벨로퍼로 반죽을 제조하기 때문에 많은 양의 산화제가 필요하다.
- 장점 : 발효 손실, 설비, 공장 면적, 인력 감소 등
- 단점 : 일시적으로 설비 투자가 많이 들며 제품의 품질 면에서 다소 떨어진다.

17 **밀가루를 체질하는 목적으로 맞지 않는 것은?**

① 이물질 제거
② 부피 감소
③ 공기 혼입
④ 재료의 균일한 혼합

해설 ② 밀가루를 체질하는 목적은 부피 증가이다.

18 **냉동반죽법의 장점으로 틀린 것은?**

① 생산성이 향상되고 재고관리가 용이하다.
② 계획생산이 가능하다.
③ 소품종 대량 생산이 가능하다.
④ 시설투자비가 감소한다.

해설 ③ 다품종 소량 생산이 가능하다.

19 **제빵반죽을 만들 때 여러 가지 재료들이 들어가는데 반죽 온도에 가장 큰 영향을 미치는 재료는?**

① 쇼트닝
② 이스트
③ 물
④ 버 터

해설 물은 반죽 온도에 가장 큰 영향을 미치면서 온도 조절이 가장 쉬운 재료이다.

15 ④ 16 ① 17 ② 18 ③ 19 ③ 정답

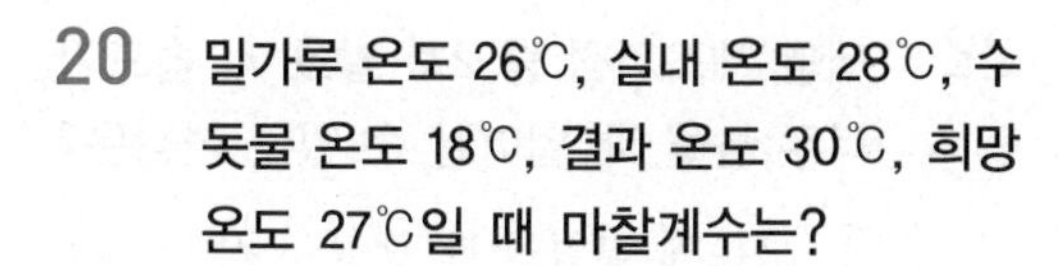

20 밀가루 온도 26℃, 실내 온도 28℃, 수돗물 온도 18℃, 결과 온도 30℃, 희망 온도 27℃일 때 마찰계수는?

① 19　　② 18
③ 17　　④ 16

해설 **마찰계수**
= 결과 온도 × 3 − (실내 온도 + 밀가루 온도 + 수돗물 온도)
= 30 × 3 − (28 + 26 + 18) = 18

21 밀가루 글루텐의 흡수율과 밀가루 반죽의 점탄성을 나타내는 그래프는?

① 아밀로그래프(Amylograph)
② 익스텐소그래프(Extensograph)
③ 믹소그래프(Mixograph)
④ 패리노그래프(Farinograph)

해설 **패리노그래프(Farinograph)**
믹서 내에서 일어나는 물리적 성질을 파동곡선 기록기로 기록하여 밀가루의 흡수율, 믹싱 시간, 믹싱 내구성, 밀가루 반죽의 점탄성 등을 측정하는 기계이다.

22 완제품 빵을 충분히 식히지 않고 높은 온도에서 포장을 했을 경우 나타나는 현상이 아닌 것은?

① 노화가 가속되고 껍질이 건조해진다.
② 곰팡이가 발생할 수 있다.
③ 빵을 썰기가 어렵다.
④ 형태를 유지하기가 어렵다.

해설 ① 낮은 온도에서 포장을 했을 경우 나타나는 현상이다.

23 식빵의 껍질 색이 연할 때의 원인이 아닌 것은?

① 2차 발효실의 습도가 높았다.
② 설탕 사용량이 부족하였다.
③ 단물(연수)을 사용하였다.
④ 오븐에서 반죽을 거칠게 다뤘다.

해설 **식빵의 껍질 색이 연한 이유**
- 2차 발효실의 습도가 낮음
- 설탕 사용량이 부족함
- 단물(연수)을 사용함
- 오븐에서 반죽을 거칠게 다룸
- 부적당한 믹싱을 사용함
- 굽는 시간이 부족함
- 오븐 속의 습도 및 온도가 낮음
- 효소제를 과다하게 사용함
- 1차 발효시간이 초과함

24 굽기를 하는 목적으로 맞는 것은?

① 전분을 β화하여 소화가 잘되는 빵을 만든다.
② 이스트의 가스 발생력을 막는다.
③ 효소의 작용을 활성화시킨다.
④ 발효에 의해 생긴 탄산가스를 열 수축시킨다.

해설 **굽기의 목적**
- 껍질에 구운 색을 내어 맛과 향을 향상시킨다.
- 전분을 α화하여 소화가 잘되는 빵을 만든다.
- 이스트의 가스 발생력을 막는다.
- 효소의 작용을 불활성화시킨다.
- 발효에 의해 생긴 탄산가스를 열 팽창시켜 빵의 부피를 갖게 만든다.

정 답 20 ② 21 ④ 22 ① 23 ① 24 ②

25 **데니시 페이스트리의 일반적인 반죽 온도는?**

① 5~10℃ ② 12~15℃
③ 18~22℃ ④ 27~30℃

해설 데니시 페이스트리는 발효 반죽에 유지를 끼워 접어밀기한 것을 성형하고 갖가지 충전물을 얹어 구운 과자빵으로 반죽 온도는 20℃이다.

26 **굽기 중 일어나는 변화로 가장 높은 온도에서 발생하는 것은?**

① 이스트의 사멸
② 전분의 호화
③ 탄산가스의 용해도 감소
④ 단백질 변성

해설 굽기는 반죽에 뜨거운 열을 주어 단백질과 전분의 변성으로 소화하기 좋은 제품으로 바꾸는 일이다.

27 **어느 제빵생산공장에서 1시간에 400개의 크림빵을 생산한다고 가정하자. 만약에 800개의 크림빵을 생산하고자 한다면 몇 분이 소요되겠는가?**

① 120분 ② 130분
③ 140분 ④ 150분

해설 60분 : 400개 = x분 : 800개
60분 × 800개 ÷ 400개 = 120분

28 **제빵 제조과정 중 2차 발효 시 습도가 너무 높을 때 일어날 수 있는 현상은?**

① 오븐에 넣었을 때 팽창이 작아진다.
② 껍질 색이 불균일해진다.
③ 수포가 생성되고, 질긴 껍질이 되기 쉽다.
④ 제품의 윗면이 터지거나 갈라진다.

해설 ①, ②, ④는 2차 발효 시 습도가 낮을 때 일어날 수 있는 현상이다.

29 **다음 중 둥글리기를 하는 목적이 아닌 것은?**

① 표면에 막을 만들어 점착성을 작게 한다.
② 분할로 흐트러진 글루텐의 구조 및 방향 등을 정리한다.
③ 분할된 반죽을 성형하기 적절한 상태로 만든다.
④ 껍질 색을 좋게 한다.

해설 **둥글리기의 목적**
흐트러진 글루텐 구조 정돈, 표피 형성으로 끈적거림을 방지해 주고, 중간발효 중에 CO_2를 보유할 수 있게 하며, 다음 공정인 정형을 용이하게 한다.

25 ③ 26 ④ 27 ① 28 ③ 29 ④ 정답

30 오븐에서 나온 빵을 냉각할 때의 수분 함량으로 가장 적합한 것은?

① 20%
② 38%
③ 45%
④ 50%

해설 **빵의 냉각 포장**
- 냉각 : 온도 35~40℃, 수분 함량 38%
- 포장 : 온도 35℃, 습도 38%

31 아밀로펙틴의 특징으로 바르지 않은 것은?

① 분자량이 적다.
② 호화 및 노화가 느리게 진행된다.
③ 아이오딘 용액 반응은 적색 반응을 띤다.
④ 포도당 결합 형태가 α-1,4(직쇄상 구조)와 α-1,6(측쇄상 구조) 결합으로 되어 있다.

해설 아밀로펙틴은 분자량이 많고, 분자량이 적은 것은 아밀로스의 특징이다.

32 다음 중 레시틴의 특징으로 맞지 않는 것은?

① 유화제로 쓰인다.
② 간의 티아민 흡수와 장의 비타민 B의 흡수를 돕는다.
③ 뇌의 기능을 개선한다.
④ 뇌를 둘러싸고 있는 보호막도 레시틴으로 구성되어 있다.

해설 ② 간의 티아민 흡수와 장의 비타민 A의 흡수를 돕는다.

레시틴
인체의 모든 살아 있는 세포가 필요로 하는 지질의 한 종류로 동맥경화를 예방하고 심장혈관 질환을 보호한다. 또한 에너지 생산을 촉진하고 알코올 중독에 의해서 손상된 간의 재생을 돕는다.

33 다음 중 효소의 특성에 대한 설명으로 옳지 않은 것은?

① 유기화학 반응의 촉매 역할을 한다.
② 온도, pH, 수분 등의 요인에 큰 영향을 받는다.
③ 효소는 일부 지방으로 구성되어 있다.
④ 효소 활성의 최적 온도범위를 지나면 활성이 떨어진다.

해설 **효 소**
생물체 내에서 일어나는 화학 반응에 촉매 역할을 하는 단백질로, 온도, pH, 수분 등 환경 요인에 의해 기능이 크게 영향을 받는다. 즉, 대개의 효소는 온도 35~45℃ 정도에서 활성이 가장 높으며, pH가 일정 범위를 넘으면 기능이 급격히 떨어진다.

정 답 30 ② 31 ① 32 ② 33 ③

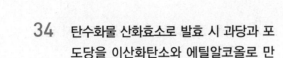

34 **탄수화물 산화효소로 발효 시 과당과 포도당을 이산화탄소와 에틸알코올로 만드는 효소는?**

① 라이페이스 ② 프로테이스
③ 아밀레이스 ④ 치메이스

해설 ① 라이페이스(Lipase) : 유지(지방)를 가수분해하는 효소이다.
② 프로테이스(Protease) : 단백질을 가수분해하는 효소이다.
③ 아밀레이스(Amylase) : 전분을 가수분해하는 효소이다.

35 **강력분에 대한 설명으로 맞지 않는 것은?**

① 단백질 함량이 13% 정도이다.
② 글루텐의 안정성이 약하다.
③ 주로 빵을 만드는 데 사용된다.
④ 경질의 밀에서 얻는 밀가루로 끈기가 강하다.

해설 강력분은 단백질 함량이 많아 글루텐을 많이 만들어 주므로 탄력성 및 안정성이 강하다.

36 **빵을 만들기에 적합한 121~180ppm 정도인 물의 경도는?**

① 아경수 ② 연 수
③ 아연수 ④ 경 수

해설 **경도에 따른 물의 분류**
- 연수 : 60ppm 이하
- 아연수 : 61~120ppm
- 아경수 : 121~180ppm
- 경수 : 180ppm 이상

37 **빵 제품의 모양을 유지하기 위하여 사용하는 유지제품의 특성을 무엇이라 하는가?**

① 기능성
② 안정성
③ 유화성
④ 가소성

해설 **유지의 특성**
- 기능성 : 부드러움을 나타내는 쇼트닝가이다.
- 향미 : 온화하고 제품별로 고유한 향이 있다.
- 가소성 : 고체 모양을 유지하는 성질이다.
- 유리 지방산가 : 유지가 가수분해된 정도를 알 수 있는 지수로 사용한다.
- 안정성 : 지방이 산화와 산패를 억제하는 기능을 한다.
- 유화성 : 유지가 물을 흡수하고 보유하는 능력이다.

38 **시유에 들어있는 탄수화물 중 함량이 가장 많은 것은?**

① 과 당 ② 맥아당
③ 유 당 ④ 포도당

해설 **시유(마시기 위해 가공한 액상 우유)의 구성성분**
우유의 탄수화물의 주성분은 유당(Lactose)으로서 약 4.1~5.0% 함유되어 있고, 그 외에 글루코스(0.07%), 갈락토스(0.02%), 올리고당(0.004%) 등이 존재한다.

34 ④ 35 ② 36 ① 37 ④ 38 ③ 정 답

39 **유지의 물리적 특성 중 쇼트닝에 대한 설명으로 맞지 않는 것은?**

① 라드(돼지기름)의 대용품으로 개발된 제품이다.
② 비스킷, 쿠키 등을 제조할 때 제품이 잘 부서지도록 하는 성질을 지닌다.
③ 유화제 사용으로 공기 혼합 능력이 작다.
④ 케이크 반죽의 유동성 및 저장성 등을 개선한다.

해설 쇼트닝은 빵에는 부드러움을 주고 과자에는 바삭함을 주는 성질로 제과·제빵용 이외에 튀김, 아이스크림, 햄, 소시지 등에도 사용된다. 유화제 사용으로 공기 혼합 능력과 유동성이 크다.

40 **화학팽창제인 베이킹파우더, 중조 등을 많이 사용할 때 나타나는 제품의 결과로 바른 것은?**

① 속의 결이 부드러워진다.
② 오븐 스프링이 작아진다.
③ 밀도가 높아진다.
④ 속의 색이 어두워진다.

해설 ① 속의 결이 거칠어진다.
② 오븐 스프링이 커진다.
③ 밀도가 낮아진다.

41 **이스트가 필요로 하는 3대 영양소로 바르게 짝지어진 것은?**

① 칼슘, 질소, 인
② 질소, 인산, 칼륨
③ 칼슘, 칼륨, 인산
④ 물, 비타민, 마그네슘

해설 이스트가 필요로 하는 3대 영양소는 질소, 인산, 칼륨이다.

42 **버터에는 수분 함량이 약 얼마나 들어 있는가?**

① 15%
② 20%
③ 30%
④ 40%

해설 버터에는 우유지방 80~85%, 수분 14~17%, 소금 1~3%, 카세인, 단백질, 유당 1% 정도가 들어 있다.

43 **초콜릿 템퍼링의 효과에 대한 설명이 틀린 것은?**

① 블룸 현상이 일어난다.
② 결정이 안정된다.
③ 매끈한 광택이 난다.
④ 초콜릿의 구용성이 좋아진다.

해설 **템퍼링(Tempering)**
초콜릿을 사용하기에 적합한 상태로 녹이는 과정을 템퍼링이라고 한다. 템퍼링을 거친 초콜릿은 결정이 안정되어 블룸 현상이 일어나지 않고 광택이 있으며 몰드에서 잘 분리되고 보관기간 또한 늘어난다.

정답 39 ③ 40 ④ 41 ② 42 ① 43 ①

44 다음 혼성주 중에서 오렌지 계열의 리큐르 종류가 아닌 것은?

① 큐라소
② 쿠앵트로
③ 마라스키노
④ 그랑 마니에르

해설 **마라스키노**
이탈리아 럭사도(Luxardo) 회사가 원조이며 검은 버찌를 주원료로 씨에서 성분을 추출·제조한다. 유고의 알마쟈 주변에서 생산되며 시럽, 무스케이크, 버터크림 등에 사용된다.

45 이스트 푸드의 구성성분 중 물 조절제의 역할을 하는 것은?

① 전 분
② 인산염
③ 암모늄염
④ 칼슘염

해설 이스트 푸드의 구성성분인 칼슘염의 주기능은 물 조절제의 역할이다.

46 음식물을 통해서만 얻어야 하는 아미노산과 거리가 먼 것은?

① 트립토판
② 페닐알라닌
③ 발 린
④ 글루타민

해설 **성인 필수 아미노산의 종류**
아이소류신, 류신, 라이신, 페닐알라닌, 메티오닌, 트레오닌, 트립토판, 발린, 히스티딘
※ 8가지로 보는 경우 히스티딘은 제외

47 다음 중 영양소와 주요 기능이 바르게 연결된 것은?

① 탄수화물, 무기질 – 열량 영양소
② 무기질, 비타민 – 조절 영양소
③ 단백질, 물 – 구성 영양소
④ 지방, 비타민 – 체온 조절 영양소

해설 **영양소**
- 열량 영양소 : 단백질, 지방, 탄수화물(에너지 공급 영양소)
- 구성 영양소 : 단백질, 지방, 탄수화물, 무기질, 비타민(생체 조직 구성 영양소)
- 조절 영양소 : 무기질, 비타민, 물(생리 작용 조절 영양소)

48 단백질 섭취량이 1kg당 1.5g이다. 60kg당 섭취한 단백질의 열량을 계산하면 얼마인가?

① 340kcal ② 350kcal
③ 360kcal ④ 370kcal

해설 1.5g × 60kg × 4kcal = 360kcal

49 다음 중 맥아당을 분해하는 효소는?

① 락테이스
② 말테이스
③ 라이페이스
④ 프로테이스

해설 말테이스는 맥아당을 2개의 포도당으로 분해하는 효소이다.

정답 44 ③ 45 ④ 46 ④ 47 ② 48 ③ 49 ②

50 다음 중 부족하면 야맹증, 결막염 등을 유발시키는 비타민은?

① 비타민 B_1 ② 비타민 B_2
③ 비타민 B_{12} ④ 비타민 A

해설 ① 비타민 B_1 부족 시 : 각기병, 식욕 감퇴, 위장 작용 저하
② 비타민 B_2 부족 시 : 구각염, 설염
③ 비타민 B_{12} 부족 시 : 악성 빈혈

51 복어 중독을 일으키는 성분은?

① 테트로도톡신 ② 솔라닌
③ 무스카린 ④ 아코니틴

해설 복어 중독은 테트로도톡신이라는 독소에 기인한다. 복어 식중독을 예방하기 위해서는 복어독이 많은 부분인 알, 내장, 난소, 간, 껍질 등을 섭취하지 않도록 해야 한다.

52 독소형 식중독에 속하는 것은?

① 장염 비브리오균
② 살모넬라균
③ 병원성 대장균
④ 보툴리누스균

해설 세균성 식중독의 종류
- 감염형 : 장염 비브리오, 살모넬라, 병원성 대장균, 캄필로박터
- 독소형 : 포도상구균, 보툴리누스균

53 중금속이 일으키는 식중독 증상으로 틀린 것은?

① 수은 – 지각 이상, 언어장애 등 중추 신경장애 증상(미나마타병)을 일으킴
② 카드뮴 – 구토, 복통, 설사를 유발하고 임산부에게 유산, 조산을 일으킴
③ 납 – 빈혈, 구토, 피로, 소화기 및 시력장애, 급성 시 사지마비 등을 일으킴
④ 비소 – 위장장애, 설사 등의 급성 중독과 피부이상 및 신경장애 등의 만성중독을 일으킴

해설 ② 구토, 복통, 설사를 유발하고 임산부에게 유산, 조산을 일으키는 증상은 맥각 중독이다.

54 다음 중 제3급 감염병은?

① 두 창
② 발진티푸스
③ 홍 역
④ 세균성 이질

해설 ①은 제1급 감염병, ③·④는 제2급 감염병이다.

정 답 50 ④ 51 ① 52 ④ 53 ② 54 ②

55 **물과 기름처럼 서로 혼합이 잘되지 않는 두 종류의 액체 또는 고체를 액체에 분산시키기 위해 사용하는 것은?**

① 착향료
② 표백제
③ 유화제
④ 강화제

해설 ① 착향료 : 식품의 냄새를 강화 또는 변화시키거나 좋지 않은 냄새를 없애기 위해 사용
② 표백제 : 식품 가공이나 제조 시 일반 색소 및 발색성 물질을 무색의 화합물로 변화시키고 식품의 보존 중에 일어나는 갈변, 착색 등의 변화를 억제하기 위해 사용
④ 강화제 : 비타민류, 무기염류, 아미노산류 등 식품의 영양을 강화할 목적으로 사용

56 **식품위생법상 용어 정의에 대한 설명 중 틀린 것은?**

① '식품'이라 함은 의약으로 섭취하는 것을 제외한 모든 음식을 말한다.
② '위해'라 함은 식품, 식품첨가물, 기구 또는 용기·포장에 존재하는 위험요소로서 인체의 건강을 해치거나 해칠 우려가 있는 것을 말한다.
③ 농업 및 수산업에 속하는 식품의 채취업은 식품위생법상 '영업'에서 제외된다.
④ '집단급식소'라 함은 영리를 목적으로 하면서 특정 다수인에게 계속하여 음식물을 공급하는 시설을 말한다.

해설 ④ 영리를 목적으로 하는 곳은 집단급식소에 속하지 않는다.

57 **다음 중 조리사의 결격사유에 해당되지 않는 것은?**

① 정신질환자
② 감염병환자
③ 위산과다환자
④ 마약중독자

해설 정신질환자, 감염병환자, 마약이나 그 밖의 약물 중독자, 조리사 면허의 취소처분을 받고 그 취소된 날부터 1년이 지나지 아니한 자 등에 해당하는 자는 조리사 면허를 받을 수 없다(식품위생법 제54조).

58 **식품 변질 현상에 대한 설명 중 틀린 것은?**

① 부패 – 단백질이 미생물의 작용으로 분해되어 악취가 나고 인체에 유해한 물질이 생성되는 현상
② 변패 – 단백질 이외의 성분을 갖는 식품이 변질되는 현상
③ 발효 – 탄수화물이 미생물의 작용으로 유기산, 알코올 등의 유용한 물질이 생기는 현상
④ 산패 – 단백질이 산화되어 불결한 냄새가 나고 변색, 풍미 등의 노화현상을 일으키는 현상

해설 **산 패**
지방이 산화되어 불결한 냄새가 나고 변색, 풍미 등의 노화 현상을 일으키는 현상으로 외부의 나쁜 냄새 흡수에 의한 변패, 가수분해에 의한 변패, 유리 지방산의 자동산화에 의한 변패 등이 있다.

55 ③ 56 ④ 57 ③ 58 ④ 정답

59 포자형성균의 멸균에 가장 적절한 것은?

① 자비소독
② 염소액
③ 역성비누
④ 고압증기

해설 고압증기멸균은 미생물뿐만 아니라 아포까지 완전히 제거할 수 있다. 주로 통조림 등의 살균에 이용된다.

60 식품을 보존하는 방법 중 위생상 가장 적당하지 않은 것은?

① 냉동 보관한다.
② 균이 자랄 수 없도록 말려서 보관한다.
③ 끓여서 상온에 보관한다.
④ 완전 살균하여 진공 포장한다.

해설 가열한 다음 급랭시켜야 한다.

정답 59 ④ 60 ③

2017년 상시복원문제(1회)

01 도넛의 튀김 온도로 가장 적당한 것은?

① 140~156℃ ② 160~176℃
③ 180~196℃ ④ 220~236℃

해설 도넛의 튀김 온도가 너무 높으면 속이 익기도 전에 겉이 타버리기 때문에, 반죽을 넣어 살짝 가라앉았다가 5초 뒤에 떠오를 때가 가장 적당한 온도이다.

02 오븐에서 나온 빵을 냉각하여 포장하는 온도로 가장 적합한 것은?

① 0~5℃ ② 15~20℃
③ 35~40℃ ④ 55~60℃

해설 식빵의 굽기 후 포장 온도 : 35~40℃

03 우유에 들어 있는 카세인의 함량은?

① 약 30% ② 약 80%
③ 약 95% ④ 약 50%

해설 카세인은 우유에 함유된 전체 단백질의 80%를 차지하는 성분으로, 카세인나트륨은 우유에 산처리를 해 얻어낸 정제된 우유 단백질을 말한다. 이는 식품의 점도를 높이고 촉감을 개선하는 등의 효과를 가진 식품첨가물이다.

04 다음 중 불법인 유해착색료는?

① 삼염화질소
② 론갈리트
③ 아우라민
④ 폼알데하이드

해설 아우라민
이전에는 과자 등 식품의 착색료로 사용되었으나, 유해한 작용이 있기 때문에 현재는 사용이 금지되었다.

05 쇼트브레드 쿠키 제조 시 휴지를 시킬 때 성형을 용이하게 하기 위한 조치는?

① 반죽을 뜨겁게 한다.
② 반죽을 차게 한다.
③ 휴지 전 단계에서 오랫동안 믹싱한다.
④ 휴지 전 단계에서 짧게 믹싱한다.

해설 쇼트브레드 쿠키의 휴지
- 반죽을 비닐에 감싼 후 넓적하게 하여 반죽이 손에 달라붙지 않도록 30~40분간 휴지시킨다.
- 유지 함량이 많아 밀어 펴기와 반죽 다루기가 쉽지 않아 냉장 처리한다.

1 ③ 2 ③ 3 ② 4 ③ 5 ② 정답

06 **빵을 포장하려 할 때 가장 적합한 빵의 중심 온도와 수분 함량은?**

① 30℃, 30%
② 35℃, 38%
③ 42℃, 45%
④ 48℃, 55%

해설 **빵의 냉각 포장**
- 냉각 : 온도 35~40℃, 수분 함량 38%
- 포장 : 온도 35℃, 습도 38%

07 **빵반죽의 특성인 글루텐을 형성하는 밀가루의 단백질 중 탄력성과 가장 관계가 깊은 것은?**

① 알부민(Albumin)
② 글로불린(Globulin)
③ 글루테닌(Glutenin)
④ 글리아딘(Gliadin)

해설 글루텐 형성 단백질로 탄력성을 지배하는 것은 글루테닌이며 글리아딘은 점성성・유동성을 나타내는 단백질이다.

08 **둥글리기가 끝난 반죽을 성형하기 전에 짧은 기간 동안 발효시키는 목적으로 적합하지 않은 것은?**

① 가스 발생으로 반죽의 유연성을 회복시키기 위해
② 가스 발생력을 키워 반죽을 부풀리기 위해
③ 반죽 표면에 얇은 막을 만들어 성형할 때 끈적거리지 않도록 하기 위해
④ 분할, 둥글리기하는 과정에서 손상된 글루텐 구조를 재정돈하기 위해

해설 **중간발효**
- 성형하기 쉽도록 하고, 분할 둥글리기를 거치면서 굳은 반죽을 유연하게 만들기 위해서이다.
- 27~29℃의 온도와 습도 70~75%의 조건에서 보통 10~20분간 실시되며, 반죽은 잃어버린 가스를 다시 포집하여 탄력 있고 유연성 있는 성질을 얻는다.
- 성형할 때 끈적거리지 않게 반죽 표면에 얇은 막을 형성한다.
- 분할, 둥글리기하는 과정에서 손상된 글루텐 구조를 재정돈한다.

09 **다음 중 제1급 감염병은?**

① 결 핵
② 폴리오
③ 디프테리아
④ 콜레라

해설 **제1급 감염병**
에볼라바이러스병, 마버그열, 라싸열, 크리미안콩고출혈열, 남아메리카출혈열, 리프트밸리열, 두창, 페스트, 탄저, 보툴리눔독소증, 야토병, 신종감염병증후군, 중증급성호흡기증후군(SARS), 중동호흡기증후군(MERS), 동물인플루엔자 인체감염증, 신종인플루엔자, 디프테리아

정 답 6 ② 7 ③ 8 ② 9 ③

10 **쇼트브레드 쿠키의 성형 시 주의할 점이 아닌 것은?**

① 글루텐 형성 방지를 위해 가볍게 뭉쳐서 밀어 편다.
② 반죽의 휴지를 위해 성형 전에 냉동고에 동결시킨다.
③ 반죽을 일정한 두께로 밀어 펴서 원형 또는 주름커터로 찍어낸다.
④ 달걀노른자를 바르고 조금 지난 뒤 포크로 무늬를 그려낸다.

해설 반죽을 납작한 사각형으로 만든 후 비닐로 감싸고, 냉장고에 20~30분 정도 휴지시킨다.

11 **다음 중 호밀빵의 향신료는?**

① 민 트
② 크레송
③ 오레가노
④ 캐러웨이

해설 **캐러웨이** : 미국, 캐나다, 네덜란드 등의 지역에서 재배되는 식물로 씨앗을 그대로 사용하거나 살짝 부수어 사용한다. 주로 커리 파우더, 빵, 케이크, 쿠키 등을 만드는 데 향신료로 쓰인다.

12 **생크림 기포 시 품온은 얼마인가?**

① 1~10℃
② -10~-1℃
③ 15~25℃
④ 27~37℃

해설 생크림을 만들 때는 휘핑 기구를 차게 하는 것이 기포가 안정적이며, 생크림은 3~7℃의 온도로 냉장 보관한다.

13 **성형 후 공정으로 가스팽창을 최대로 만드는 단계로 가장 적합한 것은?**

① 1차 발효 ② 중간발효
③ 펀 치 ④ 2차 발효

해설 2차 발효는 발효실 온도 37℃, 습도 75~90%의 고온다습한 곳에서 한 번 더 가스를 형성시켜 반죽을 70~80% 정도 부풀린다.

14 **아이싱 크림에 많이 쓰이는 퐁당(Fondant)을 만들 때 끓이는 온도로 가장 적합한 것은?**

① 78~80℃ ② 98~100℃
③ 114~116℃ ④ 130~132℃

해설 퐁당은 설탕에 물을 넣고 114~118℃로 끓여 만든 시럽을 분무기로 물을 뿌리면서 38~44℃까지 식혀 나무주걱으로 빠르게 젓는다.

15 **패리노그래프에 관한 설명 중 틀린 것은?**

① 흡수율 측정
② 믹싱 시간 측정
③ 믹싱 내구성 측정
④ 전분의 점도 측정

해설 패리노그래프는 제빵 시 흡수율, 믹싱 내구성, 믹싱 시간, 믹싱의 최적 시기를 판단하는 유용한 기계이다.

정답 10 ② 11 ④ 12 ① 13 ④ 14 ③ 15 ④

16 **필수 아미노산이 아닌 것은?**

① 트레오닌 ② 아이소류신
③ 발 린 ④ 알라닌

해설 **필수 아미노산** : 발린, 류신, 아이소류신, 메티오닌, 트레오닌, 라이신, 페닐알라닌, 트립토판, 히스티딘
※ 8가지로 보는 경우 히스티딘은 제외

17 **다음 중 바이러스에 의한 경구 감염병이 아닌 것은?**

① 폴리오
② 유행성 간염
③ 감염성 설사
④ 성홍열

해설 성홍열은 대부분 급성 인후염을 앓고 있는 사람과의 접촉을 통해서 전파된다. 기침 등의 호흡기 전파로 감염되며 직접 접촉에 의해서도 전파될 수 있다.

18 **다음 중 감염형 세균성 식중독에 속하는 것은?**

① 파라티푸스균
② 보툴리누스균
③ 포도상구균
④ 장염 비브리오균

해설
- 감염형 식중독 : 살모넬라, 장염 비브리오, 병원성 대장균, 캄필로박터 등
- 독소형 식중독 : 클로스트리듐 보툴리눔, 포도상구균 등
- 혼합형 식중독 : 웰치균, 세레우스 등

19 **퍼프 페이스트리를 제조할 때 주의할 점으로 틀린 것은?**

① 굽기 전에 적정한 휴지를 시킨다.
② 파치가 최소로 되도록 성형한다.
③ 충전물을 넣고 굽는 반죽은 구멍을 뚫고 굽는다.
④ 성형한 반죽을 장기간 보관하려면 냉장하는 것이 좋다.

해설 3~4개월 이상 장기간 보관 시에는 냉동시켜 보관하면 된다.

20 **재료 계량에 대한 설명으로 틀린 것은?**

① 가루재료는 서로 섞어 체질한다.
② 이스트, 소금, 설탕은 함께 계량한다.
③ 사용할 물은 반죽 온도에 맞도록 조절한다.
④ 저울을 사용하여 정확히 계량한다.

해설 이스트, 소금, 설탕은 서로 닿지 않게 해야 한다.

21 **다음 중 밀가루의 전분 함량으로 가장 적합한 것은?**

① 70%
② 90%
③ 30%
④ 50%

해설 밀가루의 주성분은 70%가 전분이고, 12%가 단백질, 2%가 지방질이다.

정 답 16 ④ 17 ④ 18 ④ 19 ④ 20 ② 21 ①

22 **병원성 대장균 식중독의 원인균에 관한 설명으로 옳은 것은?**

① 독소를 생산하는 것도 있다.
② 보통의 대장균과 똑같다.
③ 혐기성 또는 강한 혐기성이다.
④ 장내 상재균총의 대표격이다.

해설 병원성 대장균 식중독은 베로독소를 생성하여 대장점막에 궤양을 유발하는 것도 있다.

23 **다음 중 HACCP 적용의 7가지 원칙에 해당하지 않는 것은?**

① HACCP 팀 구성
② 위해요소 분석
③ 한계기준 설정
④ 기록 유지 및 문서관리

해설 **HACCP 적용의 7가지 원칙**
- 위해분석(위해요소의 분석과 위험평가)
- 중요 관리점(CCP ; Critical Control Point)의 결정(중요 관리점 확인)
- 관리기준(허용한계치, Critical Limits)의 설정
- 모니터링(감시관리, Monitoring) 방법의 설정
- 개선조치(Corrective Action)의 설정
- 검증(Verification) 방법의 설정
- 기록 유지 및 문서작성 규정의 설정

24 **제과제빵에 사용하는 팽창제에 대한 설명으로 틀린 것은?**

① 이스트는 생물학적 팽창제로 이스트에 함유된 효소(Zymase)가 알코올 발효를 하면서 이산화탄소를 만들어 낸다.
② 베이킹파우더는 소다의 단점인 쓴맛을 제거하기 위하여 산으로 중화시켜 놓은 것이다.
③ 암모니아는 냄새 때문에 과자 등을 만드는 데 사용하지 않는다.
④ 베이킹파우더의 사용량이 많으면 노화가 빨라진다.

해설 암모니아계 팽창제는 물이 있으면 단독으로 작용하여 가스를 발생시키며 쿠키 등에 사용하면 퍼짐이 좋아진다.

25 **굽기 공정에 대한 설명 중 틀린 것은?**

① 이스트는 사멸되기 전까지 부피 팽창에 기여한다.
② 전분의 호화가 일어난다.
③ 빵의 옆면에 슈레드가 형성되는 것이 억제된다.
④ 굽기 과정 중 당류의 캐러멜화가 일어난다.

해설 ① 오븐의 온도가 40~60℃가 되기 전까지는 이스트가 죽지 않아서 가스가 발생하여 오븐 라이즈 현상이 일어나며 60℃ 정도에서 이스트가 사멸되기 시작한다.
② 전분은 온도 60℃를 지나면서 호화가 시작된다.
④ 당류는 캐러멜화와 메일라드 반응에 의해 고유의 색을 낸다.

22 ① 23 ① 24 ③ 25 ③ 정답

26 일반적으로 제빵용 이스트로 사용되는 것은?

① *Saccharomyces serevisiae*

② *Saccharomyces ellipsoideus*

③ *Aspergillus niger*

④ *Bacillus subtilis*

해설 오래전부터 이스트는 빵이나 주정 발효 등 발효 식품에 널리 이용되어 왔다. 1857년 파스퇴르(L. Pasteur)에 의해 식물로서의 이스트가 발효원이라는 것을 발견하였다. 지금까지 알려진 350여 종의 이스트는 모두 당을 발효시켜 알코올과 가스를 발생한다. 제빵용, 알코올 발효(맥주, 막걸리)용 이스트는 개량된 것으로 학명은 사카로마이세스 세레비시에(*Saccharomyces serevisiae*)라 부른다.

27 초콜릿을 템퍼링한 효과에 대한 설명 중 틀린 것은?

① 안정한 결정이 많고 결정형이 일정하다.

② 입안에서의 용해성이 나쁘다.

③ 광택이 좋고 내부 조직이 조밀하다.

④ 팻 블룸이 일어나지 않는다.

해설 초콜릿을 템퍼링하면 입안에서의 용해성이 좋아진다.

28 빵 반죽의 손분할이나 기계분할은 가능한 몇 분 이내로 완료하는 것이 좋은가?

① 35~40분

② 25~30분

③ 15~20분

④ 45~50분

해설 분할 시간은 빠른 시간 내에 하는 것이 좋은데 식빵은 20분 이내, 과자류 빵은 30분 이내에 분할한다. 기계분할은 분할 시 시간이 걸리기 때문에 반죽의 숙성도가 다르게 나온다.

29 성인의 1일 단백질 섭취량이 체중 kg당 1.13g일 때 66kg의 성인이 섭취하는 단백질의 열량은?

① 298.3kcal ② 264kcal

③ 74.6kcal ④ 671.2kcal

해설 체중이 66kg인 성인의 1일 단백질 섭취량은 $66 \times 1.13 = 74.58$g이다. 단백질은 1g당 4kcal의 열량을 낼 수 있으므로 $74.58 \times 4 = 298.32$kcal의 열량이 계산된다.

30 유지의 크림성에 대한 설명 중 틀린 것은?

① 유지에 공기가 혼입되면 빛이 난반사되어 하얀 색으로 보이는 현상을 크림화라고 한다.

② 버터는 크림성이 가장 뛰어나다.

③ 액상기름은 크림성이 없다.

④ 크림이 되면 부드러워지고 부피가 커진다.

해설 버터는 크림에서 지방을 분리시켜 만들어진 지방성 유제품으로 융점이 낮고 가소성 범위가 좁고 크림성이 없다.

정답 26 ① 27 ② 28 ③ 29 ① 30 ②

31 **식품위생법령상 식품위생 관련 내용 중 알맞지 않은 것은?**

① 김치류 중 배추김치는 식품안전관리인증기준 대상 식품이다.
② 리스테리아병, 살모넬라병, 파스튜렐라병 및 선모충증에 걸린 동물 고기는 판매 등이 금지된다.
③ 집단급식소는 1회 50인 이상에게 식사를 제공하는 급식소를 말한다.
④ 소비기한이 지난 음식은 진열해놔도 된다.

해설 소비기한이 지난 음식은 판매를 금지해야 하며, 바로 폐기처리해야 한다.

32 **빵 제조 시 두 밀가루를 혼합할 때 밀가루 비율의 합계로 적당한 것은?**

① 배합표에 따라 달라진다.
② 비율이 100% 이상이어야 한다.
③ 비율이 100% 이하이어야 한다.
④ 비율이 100%이어야 한다.

33 **쿠키의 퍼짐이 크게 되는 경우에 대한 설명으로 옳은 것은?**

① 반죽이 알칼리성 쪽에 있다.
② 믹싱시간이 길어서 설탕이 완전히 용해되었다.
③ 설탕을 일시에 넣고 크림화를 충분히 시켰다.
④ 반죽이 된 상태로 되었다.

해설 쿠키의 퍼짐이 크게 되는 이유는 설탕의 사용량이 많거나, 반죽이 질거나, 알칼리성 반죽이거나 또는 오븐 온도가 낮기 때문이다.

34 **다음 중 정형(메이크업) 공정을 올바르게 나타낸 것은?**

① 분할 – 둥글리기 – 중간발효 – 성형 – 팬에 넣기
② 팬에 넣기 – 2차 발효 – 굽기 – 냉각 – 포장
③ 성형 – 팬에 넣기 – 2차 발효 – 굽기 – 냉각
④ 1차 발효 – 밀어 펴기 – 말기 – 성형 – 2차 발효

해설 정형 과정은 분할 – 둥글리기 – 중간발효 – 성형 – 팬에 넣기 순서로 이루어진다.

35 **비타민 A 부족 시 생기는 증상이 아닌 것은?**

① 각화증
② 안구건조증
③ 야맹증
④ 각기병

해설 각기병은 비타민 B_1 부족 시 생기는 증상이다.

31 ④ 32 ④ 33 ① 34 ① 35 ④ 정답

36 반죽형 반죽으로 만드는 제품의 종류가 아닌 것은?

① 레이어 케이크
② 파운드 케이크
③ 스펀지 케이크
④ 과일 케이크

해설 ③ 스펀지 케이크는 달걀 단백질의 블렌딩성과 유화성, 열에 대한 응고성을 이용한 거품형 반죽 제품이다.
반죽형 반죽 제품 : 밀가루, 달걀, 유지에 우유나 물을 넣고 화학 팽창제(베이킹파우더)에 부피를 형성한 제품이다. 종류로는 레이어 케이크, 파운드 케이크, 과일 케이크, 마들렌, 머핀, 팬케이크 등이 있다.

37 제빵반죽을 만들 때 여러 가지 재료들이 들어가는데 반죽 온도에 가장 큰 영향을 미치는 재료는?

① 쇼트닝
② 이스트
③ 물
④ 버 터

해설 물은 반죽 온도에 가장 큰 영향을 미치면서 온도 조절이 가장 쉬운 재료이다.

38 다음 중 달걀에 대한 설명이 틀린 것은?

① 노른자의 수분 함량은 약 50% 정도이다.
② 전란(흰자와 노른자)의 수분 함량은 75% 정도이다.
③ 노른자에는 유화기능을 갖는 레시틴이 함유되어 있다.
④ 달걀은 −10~−5℃로 냉동저장하여야 품질을 보장할 수 있다.

해설 냉장법은 달걀을 2~3℃의 실내에 미리 보관해 두었다가 온도 −2~−1℃, 습도 70~80%인 방에 저장하는 방법이다.

39 다음 중 감염병과 관련 내용이 바르게 연결되지 않은 것은?

① 콜레라 – 외래 감염병
② 파상열 – 바이러스성 인수공통감염병
③ 장티푸스 – 고열 수반
④ 세균성 이질 – 점액성 혈변

해설 파상열(Brucellosis, 브루셀라)은 인간에게는 고열을, 동물에게는 유산을 일으키는 세균성 인수공통감염병이다.

40 비중컵의 무게가 40g, 물을 담은 비중컵의 무게가 240g, 반죽을 담은 비중컵의 무게가 180g일 때 반죽의 비중은?

① 0.6 ② 0.7
③ 0.2 ④ 0.4

해설 비중 = 반죽의 무게/물의 무게
= (180 − 40)/(240 − 40) = 0.7

정 답 36 ③ 37 ③ 38 ④ 39 ② 40 ②

41 스펀지/도법으로 반죽을 만들 때 스펀지 발효에 대한 설명으로 틀린 것은?

① 발효실의 온도는 24~29℃이다.
② 상대습도는 75~80%이다.
③ 발효 시간은 1.5~2시간이다.
④ 스펀지 발효의 완료 상태는 반죽의 체적이 약간 줄어드는 현상이 생길 때이다.

해설 스펀지/도법에서 스펀지의 발효 시간은 3~4시간 정도이다. 보통 75% 스펀지의 경우 약 3시간, 50% 스펀지의 경우 약 5시간 정도 소요된다.

42 다음 중 병원체가 바이러스인 질병은?

① 성홍열
② 결 핵
③ 디프테리아
④ 유행성 간염

해설 **바이러스성 감염병** : 폴리오(소아마비), 감염성 설사, 유행성 간염 등

43 다음 중 인(P)에 대한 설명 중 틀린 것은?

① 골격・세포의 구성성분이다.
② 부족 시 정신장애, 칼슘의 배설 촉진, 골연화증이 발생한다.
③ 대사의 중간물질이다.
④ 주로 우유, 생선, 채소류 등에 함유되어 있다.

해설 ②는 마그네슘(Mg)의 부족 현상이다.
인(P) 부족 현상 : 골격・치아의 발육 불량, 성장 정지, 골연화증, 구루병 발생

44 일반적으로 체중 1kg당 단백질의 생리적 필요량은?

① 5g
② 1g
③ 15g
④ 20g

해설 단백질의 생리적 필요량은 성인 체중 1kg당 약 1g이다.

45 다음 제과제빵 재료의 설명으로 틀린 것은?

① 땅콩가루는 필수 아미노산 함량이 높아 영양강화식품의 중요한 자원이 된다.
② 감자가루는 이스트의 성장을 촉진시키는 영양제로 사용된다.
③ 호밀가루는 탄력성과 신장성이 높다.
④ 보리가루는 섬유질이 많아 건강빵을 만들 때 주로 이용된다.

해설 호밀가루는 글루텐을 만드는 단백질의 함유량이 25.7%에 불과해 탄력성과 신장성이 떨어진다.

41 ③ 42 ④ 43 ② 44 ② 45 ③ 정 답

46 초콜릿 템퍼링 시 초콜릿에 물이 들어갔을 경우 발생하는 현상이 아닌 것은?

① 쉽게 굳지 않는다.
② 광택이 좋아진다.
③ 블룸이 발생하기 쉽다.
④ 보존성이 짧아진다.

해설 템퍼링 시 물이 들어가면 광택이 나빠지고 슈거 블룸의 원인이 된다.

47 제과제빵에서 안정제의 기능이 아닌 것은?

① 파이 충전물의 농후화제 역할을 한다.
② 흡수제로 노화 지연 효과가 있다.
③ 아이싱의 부서짐을 방지한다.
④ 토핑물을 부드럽게 만든다.

해설 **안정제**
- 아이싱의 끈적거림 방지
- 아이싱의 부서짐 방지
- 머랭의 수분 배출 억제
- 무스 케이크 제조
- 파이 충전물의 농후화제
- 흡수제로 노화 지연 효과

48 제빵에 있어 2차 발효실의 습도가 너무 높을 때 일어날 수 있는 결점은?

① 수포가 생성되고, 질긴 껍질이 되기 쉽다.
② 오븐 팽창이 적어진다.
③ 겉껍질 형성이 빠르다.
④ 껍질 색이 불균일해진다.

해설 ②, ③, ④는 발효실의 습도가 낮을 때 일어날 수 있는 결점이다.

49 굽기 도중에 생기는 반응 중 물리적 반응이 아닌 것은?

① 반죽 표면에 얇은 막을 형성한다.
② 반죽 안의 물에 용해되어 있던 가스가 유리되어 빠져나간다.
③ 반죽 안에 포함된 알코올의 증발과 가스의 열팽창 및 물의 증발이 일어난다.
④ 60℃ 정도에서 이스트가 사멸되기 시작한다.

해설 ④ 화학적 반응에 해당된다.

굽기 도중에 생기는 화학적 반응
- 60℃ 정도에서 이스트가 사멸되기 시작한다.
- 전분의 1, 2, 3차 호화가 온도에 따라 일어난다. 글루텐의 수분을 빼앗아 오기 때문에 글루텐의 응고도 함께 일어난다.
- 60℃가 넘으면 당과 아미노산이 메일라드 반응을 일으킨다. 또한 당은 분해, 중합하여 캐러멜을 형성한다.
- 전분은 일부 덱스트린(Dextrin)으로 변화한다.

50 다음 제품 중 반죽이 가장 진 것은?

① 식 빵
② 프랑스빵
③ 잉글리시 머핀
④ 과자빵

해설 탄력성이 감소하면서 신장성이 큰 상태로 반죽이 약해지기 시작하는 단계를 과반죽 단계라고 하는데 여기에 해당되는 제품은 잉글리시 머핀, 햄버거빵 등이다.

정 답 46 ② 47 ④ 48 ① 49 ④ 50 ③

51 슈 제조 시 반죽 표면을 분무 또는 침지시키는 이유가 아닌 것은?

① 껍질을 얇게 한다.
② 팽창을 크게 한다.
③ 기형을 방지한다.
④ 제품의 구조를 강하게 한다.

해설 제품의 구조를 강하게 하기 위해서는 슈의 배합 시 유지량을 줄이고 달걀량을 늘려야 한다.

52 우유 성분으로 제품의 껍질 색을 빨리 일어나게 하는 것은?

① 카세인
② 유 당
③ 무기질
④ 젖 산

해설 ② 유당 : 열반응을 일으켜 껍질 색을 빨리 일어나게 한다.

53 빵 반죽용으로 주로 사용되는 믹서의 반죽 날개는?

① 휘 퍼
② 비 터
③ 훅
④ 믹서볼

해설 ③ 훅 : 빵 반죽을 만들 때 사용하는 믹싱 도구이다.
① 휘퍼 : 거품기 모양으로 되어 있으며, 제과에서 거품을 올릴 때 공기를 함유하도록 사용한다.
② 비터 : 버터, 쇼트닝, 마가린 등을 혼합하여 크림을 만들 때 사용된다.

54 케이크 반죽에 있어 저율 배합 반죽의 특성으로 맞는 것은?

① 화학 팽창제의 사용이 적다.
② 구울 때 굽는 온도를 낮춘다.
③ 반죽하는 동안 공기와의 혼합이 양호하다.
④ 비중이 높다.

해설 고율 배합과 저율 배합의 비교
- 믹싱 중 공기 혼입은 고율 배합이 많다.
- 같은 부피를 만들 때 저율 배합이 고율 배합보다 화학 팽창제를 많이 쓴다.
- 고율 배합은 저온에서 장시간, 저율 배합은 고온에서 단시간 동안 굽는다.
- 저율 배합이 반죽에 공기가 적으므로 고율 배합보다 비중이 높고, 같은 부피당 무게도 무겁다.

55 다음 제품 중 오븐에 넣기 전에 약한 충격을 가하여 굽는 제품은?

① 파운드 케이크
② 슈
③ 젤리 롤케이크
④ 피칸 파이

해설 젤리 롤케이크는 공기 방울을 제거하기 위하여 약간의 충격을 준 후 굽는다.

51 ④ 52 ② 53 ③ 54 ④ 55 ③ 정 답

56 식품의 관능을 만족시키기 위해 첨가하는 물질은?

① 강화제
② 보존제
③ 발색제
④ 이형제

해설 관능을 만족시키는 첨가물에는 조미료, 감미료, 산미료, 착색료, 착향료, 발색제, 표백제가 있다.

57 식빵 제조 시 정상보다 많은 양의 설탕을 사용했을 경우 껍질 색은 어떻게 나타나는가?

① 여리다.
② 진하다.
③ 회색을 띤다.
④ 설탕량과 무관하다.

해설 많은 양의 설탕을 사용했을 경우 캐러멜화 반응과 메일라드 반응에 의해 껍질 색이 진해진다.

58 세균으로 인한 식중독 원인 물질이 아닌 것은?

① 살모넬라균
② 장염 비브리오균
③ 아플라톡신
④ 보툴리늄독소

해설 **아플라톡신**
아스페르길루스 플라버스(*Aspergillus flavus*) 곰팡이가 쌀, 보리 등의 탄수화물이 풍부한 곡류와 땅콩 등의 콩류에 침입하여 아플라톡신 독소를 생성하여 독을 일으킨다. 수분 16% 이상, 습도 80% 이상, 온도 25~30℃인 환경일 때 전분질성 곡류에서 이 독소가 잘 생산되며, 인체에 간장독(간암)을 일으킨다.

59 칼슘(Ca)과 인(P)이 소변 중으로 유출되는 골연화증현상을 유발하는 유해 중금속은?

① 납 ② 카드뮴
③ 수 은 ④ 주 석

해설 **카드뮴(Cd)**
- 중독 경로
  - 법랑용기나 도자기 안료 성분의 용출
  - 도금 공장, 광산 폐수에 의한 어패류와 농작물의 오염
- 중독 증상 : 신장 세뇨관의 기능장애 유발(이타이이타이병 : 신장장애, 폐기종, 골연화증, 단백뇨 등)

60 다음 중 위생등급을 지정할 수 없는 자는?

① 보건복지부장관
② 식품의약품안전처장
③ 시·도지사
④ 시장·군수·구청장

해설 **식품접객업소의 위생등급 지정 등(식품위생법 제47조의2제1항)**
식품의약품안전처장, 시·도지사 또는 시장·군수·구청장은 식품접객업소의 위생 수준을 높이기 위하여 식품접객영업자의 신청을 받아 식품접객업소의 위생상태를 평가하여 위생등급을 지정할 수 있다.

정 답 56 ③ 57 ② 58 ③ 59 ② 60 ①

2017년 상시복원문제(2회)

01 도넛 튀김기에 붓는 기름의 평균 깊이로 가장 적당한 것은?

① 4~5cm ② 10~12cm
③ 12~15cm ④ 16~18cm

해설 **튀김 기름의 양**
튀김기에 붓는 기름의 평균 깊이는 12~15cm가 적당하다. 도넛이 튀겨지는 범위는 5~8cm가 적당한데, 기름이 적으면 도넛을 뒤집기 어렵고 과열되기 쉽다. 기름이 많으면 튀김 온도로 높이는 데 시간이 많이 걸리고 기름이 낭비된다.

02 대형공장에서 사용되고, 온도조절이 쉽다는 장점이 있는 반면에 넓은 면적이 필요하고 열손실이 큰 결점인 오븐은?

① 회전식 오븐(Rack Oven)
② 데크 오븐(Deck Oven)
③ 터널식 오븐(Tunnel Oven)
④ 릴 오븐(Reel Oven)

해설 ③ 터널식 오븐(Tunnel Oven) : 반죽이 들어가는 입구와 제품이 나오는 출구가 다르게 되어 있는 오븐으로 대형공장에서 사용되는데, 온도조절이 쉽다는 등의 장점이 있으나 반면에 넓은 면적이 필요하고 출입구가 크게 열리므로 열손실이 크다는 결점이 있음
① 회전식 오븐(Rack Oven) : 오븐 안에 여러 개의 선반이 있어 팬을 선반에 올려놓으면 선반이 회전하면서 빵을 굽는 오븐
② 데크 오븐(Deck Oven) : 소규모 제과점용으로 가장 많이 사용되며 반죽을 넣는 입구와 제품을 꺼내는 출구가 같은 오븐
④ 릴 오븐(Reel Oven) : 회전식 오븐과 비슷하지만 릴 오븐은 상하로 회전·낙차하는 오븐

03 다음 중 식품접객업에 해당되지 않는 것은?

① 식품냉동냉장업
② 유흥주점영업
③ 위탁급식영업
④ 일반음식점영업

해설 ① 식품냉동냉장업은 식품보존업에 해당된다.
영업의 종류(식품위생법 시행령 제21조제8호)
식품접객업 : 휴게음식점영업, 일반음식점영업, 단란주점영업, 유흥주점영업, 위탁급식영업, 제과점영업

04 다음 중 제2급 감염병은?

① 뎅기열
② 페스트
③ 파라티푸스
④ 신종인플루엔자

해설 **제2급 감염병**
결핵, 수두, 홍역, 콜레라, 장티푸스, 파라티푸스, 세균성 이질, 장출혈성대장균감염증, A형간염, 백일해, 유행성이하선염, 풍진, 폴리오, 수막구균 감염증, b형헤모필루스인플루엔자, 폐렴구균 감염증, 한센병, 성홍열, 반코마이신내성황색포도알균(VRSA) 감염증, 카바페넴내성장내세균속균종(CRE) 감염증, E형간염

1 ③ 2 ③ 3 ① 4 ③ 정답

05 **제빵용 팬기름에 대한 설명으로 틀린 것은?**

① 종류에 상관없이 발연점이 낮아야 한다.
② 무색, 무미, 무취이어야 한다.
③ 정제 라드, 식물유, 혼합유도 사용된다.
④ 과다하게 칠하면 밑 껍질이 두껍고 어둡게 된다.

06 **데니시 페이스트리나 퍼프 페이스트리 제조 시 충전용 유지가 갖추어야 할 가장 중요한 요건은?**

① 유화성
② 가소성
③ 경화성
④ 산화안전성

해설 파이, 크로아상, 데니시 페이스트리 등의 제품은 유지가 층상구조를 이루는 제품들로 유지의 가소성이라는 성질을 이용해 만드는 것이다.

07 **다음 중 비용적이 가장 큰 제품은?**

① 스펀지 케이크
② 레이어 케이크
③ 파운드 케이크
④ 식 빵

해설 **비용적(cm^3/g)**
스펀지 케이크(5.08) > 산형식빵(3.4) > 레이어 케이크(2.96) > 파운드 케이크(2.4)

08 **모닝빵을 1시간에 500개 성형하는 기계를 사용할 때 모닝빵 800개 만드는데 소요되는 시간은?**

① 96분 ② 90분
③ 86분 ④ 100분

해설 $60 : 500 = x : 800$
$x = 96$분

09 **팬에 바르는 기름은 다음 중 무엇이 높은 것을 선택해야 하는가?**

① 산 가
② 불포화도
③ 발연점
④ 냉 점

해설 ③ 팬기름은 발연점이 높아야 한다.
발연점
유지를 가열할 경우 온도가 높아지면서 유지의 표면으로부터 엷은 푸른색 연기가 발생하는 온도를 말한다. 이 연기가 튀김 제품에 흡수되면 맛이나 냄새가 나빠지므로 발연점이 높은 기름을 사용하는 것이 좋다. 튀김유를 여러 번 사용하게 되면 유리 지방산량이 증가되는 동시에 발연점 또한 낮아진다. 보통 정제유의 발연점은 230℃ 이상이다.

10 **빵 반죽을 성형기(Moulder)에 통과시켰을 때 아령 모양이 되었다면 성형기의 압력 상태는?**

① 압력이 약하다.
② 압력이 강하다.
③ 압력과는 관계없다.
④ 압력이 적당하다.

정 답 5 ① 6 ② 7 ① 8 ① 9 ③ 10 ②

11 **건포도식빵 제조에 대한 설명으로 틀린 것은?**

① 100% 중종법보다 70% 중종법이 오븐 스프링이 좋다.
② 밀가루의 단백질이 양질일수록 오븐 스프링이 크다.
③ 식감이 가볍고 잘 끊어지는 제품을 만들 때는 2차 발효를 약간 길게 한다.
④ 최적의 품질을 위해 2차 발효를 약간 짧게 한다.

해설 식빵의 재료와 내용물에 따라서 발효 시간이 차이가 난다. 건포도식빵은 건포도로 인해 2차 발효 시간이 약 50~60분 정도 소요된다.

12 **냉동반죽의 제조공정에 관한 설명으로 옳은 것은?**

① 혼합 후 반죽의 발효 시간은 1시간 30분이 표준 발효 시간이다.
② 혼합 후 반죽 온도는 18~24℃가 되도록 한다.
③ 반죽을 -40℃까지 급속 냉동시키면 이스트의 냉동에 대한 적응력이 커지나 글루텐의 조직이 약화된다.
④ 반죽의 유연성, 기계성을 향상시키기 위해 반죽흡수율을 증가시킨다.

해설 **냉동반죽법**
1차 발효를 끝낸 반죽을 -25~-18℃에 냉동 저장하는 방법이다. 보통 반죽보다 이스트의 사용량을 2배 정도 늘려야 하며 설탕, 유지, 계란의 사용량도 증가시켜야 한다. 분할, 성형하여 필요할 때마다 쓸 수 있어 편리하나 냉동조건이나 해동조건이 적절치 않을 경우 제품의 탄력성과 껍질 모양 등이 좋지 않거나 풍미가 떨어지고 노화가 쉽게 되는 단점이 있다.

13 **오븐에서의 부피 팽창 시 나타나는 현상이 아닌 것은?**

① 발효에서 생긴 가스가 팽창한다.
② 약 90℃까지 이스트의 활동이 활발하다.
③ 약 80℃에서 알코올이 증발한다.
④ 탄산가스가 발생한다.

해설 **이스트**
- 이스트의 번식 최적 온도 : 28~32℃
- 이스트 발육의 최적 pH : 4.5~4.9
- 이스트 활동이 가장 활발한 온도 : 38℃
- 이스트 활동 정지 온도 : -3℃ 이하

14 **제빵용 포장지의 구비조건이 아닌 것은?**

① 보호성 ② 위생성
③ 작업성 ④ 탄력성

해설 포장지는 방수성이 있고 통기성이 없어야 하며 상품의 가치를 높일 수 있어야 한다. 또한 단가가 낮고 포장에 의하여 제품이 변형되지 않아야 한다.

15 **제빵에서 사용하는 측정단위에 대한 설명으로 옳은 것은?**

① 원료의 무게를 측정하는 것을 계량이라고 한다.
② 온도는 열의 양을 측정하는 것이다.
③ 우리나라(한국)에서 사용하는 온도는 화씨(Fahrenheit)이다.
④ 제빵에서 사용되는 재료들은 무게보다는 부피 단위로 계량된다.

해설 ② 온도는 물질의 뜨겁고 찬 정도를 나타내는 물리량이다.
③ 우리나라(한국)에서 사용하는 온도는 섭씨(Celsius)다.
④ 제빵에서 사용되는 재료들은 부피보다는 무게 단위로 계량된다.

11 ④ 12 ② 13 ② 14 ④ 15 ① 정답

16 **빵의 관능적 평가법에서 내부적 특성을 평가하는 항목이 아닌 것은?**

① 기공(Grain)
② 조직(Texture)
③ 속 색상(Crumb Color)
④ 입안에서의 감촉(Mouth Feel)

해설 **빵의 평가법**
- 외부평가 항목 : 부피, 껍질 색상, 껍질 특성, 외형의 균형, 굽기의 균일화, 터짐성
- 내부평가 항목 : 조직, 기공, 속 색상, 향, 맛

17 **제빵 시 굽기 단계에서 일어나는 반응에 대한 설명으로 틀린 것은?**

① 표피 부분이 160℃를 넘어서면 당과 아미노산이 메일라드 반응을 일으켜 멜라노이드를 만들고, 당의 캐러멜화 반응이 일어나고 전분이 덱스트린으로 분해된다.
② 반죽 온도가 60℃로 오르기까지 효소의 작용이 활발해지고 휘발성 물질이 증가한다.
③ 반죽 온도가 60℃에 가까워지면 이스트가 죽기 시작하고 그와 함께 전분이 호화하기 시작한다.
④ 글루텐은 90℃부터 굳기 시작하여 빵이 다 구워질 때까지 천천히 계속된다.

해설 글루텐은 74℃부터 굳기 시작하여 빵이 다 구워질 때까지 천천히 계속된다.

18 **비상 스트레이법 반죽의 가장 적합한 온도는?**

① 40℃ ② 30℃
③ 15℃ ④ 20℃

해설 표준 스트레이트법으로 식빵을 만들 때 표준 반죽 온도는 27℃, 비상 반죽 온도는 30~31℃이다.

19 **쿠키 포장지의 특성으로 적합하지 않은 것은?**

① 방습성이 있어야 한다.
② 독성 물질이 생성되지 않아야 한다.
③ 내용물의 색, 향이 변하지 않아야 한다.
④ 통기성이 있어야 한다.

해설 쿠키 포장지는 쿠키 향의 증발과 노화를 방지하기 위해, 또 누그러짐을 막기 위하여 통기성이 없어야 한다.

20 **생크림 보존 온도로 가장 적합한 것은?**

① −18℃ 이하
② −5~−1℃
③ 15~18℃
④ 0~10℃

해설 생크림을 만들 때는 휘핑 기구를 차게 하고 적은 양으로 나누어 기포하는 것이 바람직하다. 생크림은 3~7℃의 온도에 냉장 보관하는 것이 원칙이며 일반 사유보다는 보관기간이 길다.

정 답 16 ④ 17 ④ 18 ② 19 ④ 20 ④

21 **우유에 들어 있는 카세인에 대한 설명으로 틀린 것은?**

① 산에 의해 응고되는 성질이 있다.
② 우유 단백질의 75~80% 정도이다.
③ 버터의 신맛을 내는 성분이다.
④ 열에 비교적 안정하여 잘 응고되지 않는다.

해설 ③ 버터의 신맛을 내는 성분은 카세인이 아닌 젖산이다.
카세인 : 우유의 주된 단백질로 열에 비교적 안정하여 잘 응고되지 않고, 산에 의해 응고되는 성질을 가지고 있다.

22 **패리노그래프 커브의 윗부분이 500BU에 닿는 시간을 무엇이라고 하는가?**

① 반죽형성시간(Dough Development Time)
② 이탈시간(Departure Time)
③ 도달시간(Arrival Time)
④ 반죽시간(Peak Time)

해설 **패리노그래프(Farinograph)**
고속 믹서 내에서 일어나는 물리적인 성질을 기록하여 밀가루의 흡수율, 반죽 내구성 및 시간 등을 측정하는 기계로 곡선이 500BU에 도달하는 시간, 떠나는 시간 등으로 밀가루의 특성을 측정한다.
※ BU : Brabender Units(B.U.)

23 **글리세린에 대한 설명으로 틀린 것은?**

① 3개의 수산기(-OH)를 가지고 있다.
② 색과 향의 보존을 도와준다.
③ 탄수화물의 가수분해로 얻는다.
④ 무색, 무취한 액체이다.

해설 **글리세린의 특징**
- 무색·무취의 액체이다.
- 물에 잘 녹는다.
- 감미가 있다.
- 보습제로 식품에 사용된다.
- 물보다 비중이 크다.
- 색과 향의 보존을 도와준다.
- 유탁액에 대한 안정 기능이 있다.
- 3개의 수산기를 가지고 있다.

24 **제빵에 있어서 전분의 역할이 아닌 것은?**

① 제빵 중 호화에 의하여 가스 세포막의 수축 보조 역할
② 글루텐의 강한 결합(Adhesion)으로 표면의 형성
③ 호화 시 물을 흡수하여 글루텐 필름의 견고성 부여
④ 글루텐을 바람직한 굳기(Consistency)로 희석

해설 **전분의 역할**
- 혼합과정 중 글루텐을 바람직한 굳기로 희석시키고 아밀레이스의 작용에 의하여 발효에 필요한 당 공급
- 글루텐으로부터 물을 흡수하여 호화
- 골격 형성에 도움
- 호화에 의하여 가스 세포막의 확장을 도움

21 ③ 22 ③ 23 ③ 24 ① 정답

25 초콜릿을 32% 사용하여 초콜릿 케이크를 만들려고 한다. 원래 배합표에서 쇼트닝 사용량이 60%일 때, 쇼트닝 사용량을 몇 %로 조절하여야 하는가?(단, 초콜릿의 코코아 버터 함량은 37.5%이고, 쇼트닝 효과는 50%이다)

① 54%　② 48%
③ 40%　④ 50%

해설 초콜릿은 코코아 5/8, 코코아버터 3/8 비율로 되어 있다. 초콜릿 포함량이 32%일 때 코코아 버터의 양은 12%이다. 쇼트닝의 1/2 효과인 코코아 버터로 인하여 쇼트닝 양은 60%에서 6% 적은 54%가 된다.

26 식품위생법상 "식품을 제조 · 가공 · 조리 또는 보존하는 과정에서 감미, 착색, 표백 또는 산화방지 등을 목적으로 식품에 사용되는 물질"로 정의된 것은?

① 식품첨가물
② 화학적 합성품
③ 항생제
④ 의약품

해설 정의(식품위생법 제2조제2호)
식품첨가물은 식품을 제조 · 가공 · 조리 또는 보존하는 과정에서 감미, 착색, 표백 또는 산화방지 등을 목적으로 식품에 사용되는 물질을 말한다. 이 경우 기구 · 용기 · 포장을 살균 · 소독하는 데에 사용되어 간접적으로 식품으로 옮아갈 수 있는 물질을 포함한다.

27 국제곡물화학협회(ICC)는 제분을 밀의 평가기준의 하나로 베사츠(Besatz)를 사용하고 있다. 다음 중 제분 가치가 있는 베사츠는?

① 시바르츠베사츠
② 게삼트베사츠
③ 콘베사츠
④ 브로큰베사츠

28 엔젤 푸드 케이크 제조 시 팬에 사용하는 이형제로 가장 적절한 것은?

① 쇼트닝
② 밀가루
③ 라 드
④ 물

해설 틀에 기름을 바르면 식지는 않고 잘 떼어지지도 않을 뿐더러 그로 인해 제품이 손상되기 때문에 물을 사용한다.

29 다음 중 독소형 세균성 식중독에 속하는 것은?

① 웰치균
② 장염 비브리오균
③ 병원성 대장균
④ 포도상구균

해설
- 감염형 식중독 : 살모넬라, 장염 비브리오, 병원성 대장균, 캄필로박터 등
- 독소형 식중독 : 클로스트리듐 보툴리늄, 포도상구균 등
- 혼합형 식중독 : 웰치균, 세레우스 등

정답 25 ① 26 ① 27 ③ 28 ④ 29 ④

30 스펀지 케이크를 먹었을 때 가장 많이 섭취하게 되는 영양소는?

① 단백질
② 무기질
③ 지 방
④ 당 질

해설 스펀지 케이크의 주된 재료는 밀가루(박력분), 달걀, 설탕이며 가장 많이 섭취하게 되는 영양소는 탄수화물(당질)이다.

31 케이크 제조에 사용되는 달걀의 역할이 아닌 것은?

① 글루텐 형성 작용
② 결합제 역할
③ 유화제 역할
④ 팽창 작용

해설 달걀의 기능
- 결합제, 팽창제, 유화제 역할
- 식욕을 돋우는 속 색 형성
- 영양가와 풍미 향상

32 성인의 1일 지방 섭취량이 체중 kg당 1.15g일 때 50kg의 성인이 섭취하는 지방의 열량은?

① 517.5kcal
② 515.5kcal
③ 617.5kcal
④ 720.5kcal

해설 체중이 50kg인 성인의 1일 지방 섭취량은 $50 \times 1.15 = 57.5$g이다. 지방은 1g당 9kcal의 열량을 낼 수 있으므로 $57.5 \times 9 = 517.5$kcal의 열량이 계산된다.

33 위생동물의 일반적인 특성이 아닌 것은?

① 발육기간이 길다.
② 식성 범위가 넓다.
③ 음식물과 농작물에 피해를 준다.
④ 병원미생물을 식품에 감염시키는 것도 있다.

해설 위생동물 중 식품위생상 문제가 되는 대표적인 것으로 쥐, 파리, 바퀴, 진드기 등이 있다. 이런 위생동물은 짧은 시간에 폭발적으로 개체수가 증가된다.

34 달걀에 함유되어 있으며 유화제로 이용되는 것은?

① 레시틴
② 세팔린
③ 갈락토리피드
④ 스핑고미엘린

해설 노른자는 천연 유화제인 레시틴을 가지고 있어 반죽을 부드럽게 만들어 팽창하는 데 필요한 신장성을 키운다.

30 ④ 31 ① 32 ① 33 ① 34 ① 정 답

35 **아밀로스의 특징이 아닌 것은?**

① 아이오딘 용액에 청색 반응을 일으킨다.
② 비교적 적은 분자량을 가졌다.
③ 퇴화의 경향이 작다.
④ 일반 곡물 전분 속에 약 17~28% 존재한다.

해설
- 아밀로스 : 아이오딘에 청색 반응을 일으키고 분자량은 적고 퇴화가 빠르다.
- 아밀로펙틴 : 아이오딘에 적자색 반응을 일으키고 분자량은 크고 퇴화가 늦다.

36 **가수분해하여 2분자의 포도당을 생성하는 당은?**

① 전 분 ② 맥아당
③ 유 당 ④ 설 탕

해설 전분은 아밀레이스에 의해 맥아당으로 변하고, 맥아당은 다시 말테이스에 의해 2개의 포도당으로 변하게 된다.

37 **찐빵 제조 시 식용소다($NaHCO_3$)를 넣으면 누런색으로 변하는 이유는?**

① 밀가루의 카로티노이드(Carotenoid)계가 활성이 되었기 때문이다.
② 효소적 갈변이 일어났기 때문이다.
③ 플라본 색소가 알칼리에 의해 변색했기 때문이다.
④ 비효소적 갈변이 일어났기 때문이다.

해설 제빵 시 식용소다(중탄산나트륨)를 넣으면 밀가루의 흰색을 나타내는 플라본 색소가 알칼리에 의해 누렇게 변색된다.

38 **환원당과 아미노화합물의 축합이 이루어질 때 생기는 갈색 반응은?**

① 메일라드 반응(Maillard Reaction)
② 캐러멜화 반응(Caramelization)
③ 아스코브산(Ascorbic Acid)의 산화에 의한 갈변
④ 효소적 갈변(Enzymatic Browning Reaction)

해설 메일라드 반응은 알데하이드기나 케톤기를 가진 당류와 아미노산, 아민, 펩타이드, 단백질과 같은 화합물이 반응하여 갈색물질을 형성하는 갈색화 반응이다.

39 **반죽의 비중에 대한 설명으로 맞는 것은?**

① 같은 무게의 반죽을 구울 때 비중이 높을수록 부피가 증가한다.
② 비중이 너무 낮으면 조직이 거칠고 큰 기포를 형성한다.
③ 비중의 측정은 비중컵의 중량을 반죽의 중량으로 나눈 값으로 한다.
④ 비중이 높으면 기공이 열리고 가벼운 반죽을 얻을 수 있다.

해설 비중은 물질의 질량과 같은 부피의 표준물질(4℃의 물) 사이의 비를 말한다.

정 답 35 ③ 36 ② 37 ③ 38 ① 39 ②

40 다음 머랭(Meringue) 중 설탕을 끓여서 시럽으로 만들어 제조하는 것은?

① 온제 머랭 ② 냉제 머랭
③ 스위스 머랭 ④ 이탈리안 머랭

해설 이탈리안 머랭은 달걀흰자를 거품 내면서(80% 정도) 뜨겁게 끓인 시럽(115~120℃)을 조금씩 부으면서 제조한다.

41 베이킹파우더의 사용 방법으로 틀린 것은?

① 굽는 시간이 긴 제품에는 지효성 제품을 사용한다.
② 굽는 시간이 짧은 제품에는 속효성 제품을 사용한다.
③ 색깔을 연하게 해야 할 제품에는 알칼리성 팽창제를 사용한다.
④ 낮은 온도에서 오래 구워야 하는 제품에는 속효성과 지효성 산성염을 잘 배합한 제품을 사용한다.

해설 색깔을 진하게 해야 할 제품에는 알칼리성 팽창제를 사용한다.

42 시유에 들어 있는 탄수화물 중 함량이 가장 많은 것은?

① 과 당 ② 유 당
③ 포도당 ④ 맥아당

해설 시유(일반적인 우유)의 탄수화물의 주성분은 유당(Lactose)으로서 약 4.1~5.0% 함유되어 있고, 미량으로 글루코스(0.07%), 갈락토스(0.02%), 올리고당(0.004%) 등이 존재한다.

43 젤라틴의 응고에 관한 설명으로 틀린 것은?

① 젤라틴의 농도가 높을수록 빨리 응고된다.
② 설탕의 농도가 높을수록 응고가 방해된다.
③ 염류는 젤라틴의 응고를 방해한다.
④ 단백질 분해효소를 사용하면 응고력이 약해진다.

해설 ③ 염류는 산과 반대로 젤라틴의 수분 흡수를 막아 응고를 단단하게 만든다.

44 파이용 크림 제조 시 농후화제로 쓰이지 않는 것은?

① 전 분 ② 중 조
③ 달 걀 ④ 밀가루

해설 중조(베이킹소다)는 쿠키 등의 제과 팽창제로 사용한다.

45 달걀의 특징적 성분으로 지방의 유화력이 강한 성분은?

① 레시틴(Lecithin)
② 스테롤(Sterol)
③ 세팔린(Cephalin)
④ 아비딘(Avidin)

해설 노른자의 레시틴은 유화력을 가지고 있어 반죽을 부드럽게 하고 팽창하는 데 필요한 신장성을 키운다.

정답 40 ④ 41 ③ 42 ② 43 ③ 44 ② 45 ①

46 다음 중 효소와 온도에 대한 설명으로 틀린 것은?

① 적정 온도 범위에서 온도가 낮아질수록 반응 속도는 느려진다.

② 적정 온도 범위 내에서 온도 10℃ 상승에 따라 효소활성은 약 2배로 증가한다.

③ 최적 온도 수준이 지나도 반응 속도는 증가한다.

④ 효소는 일종의 단백질이기 때문에 열에 의해 변성된다.

해설 효소는 최적 온도까지는 온도가 올라갈수록 효소의 반응 속도가 빨라지지만, 일정 온도(최적 온도) 이상이 되면 주성분인 단백질의 입체구조가 변하므로 효소로서의 기능을 잃게 된다.

47 1차 발효 중에 일어나는 생화학적 변화가 아닌 것은?

① 프로테이스에 의한 단백질 분해로 아미노산이 생성된다.

② 이스트에 의해 이산화탄소와 알코올이 생성된다.

③ 설탕은 인버테이스에 의해 포도당, 과당으로 가수분해된다.

④ 발효 중에 발생된 산은 반죽의 산도를 낮추어 pH가 높아진다.

해설 반죽의 pH는 발효를 하는 동안 pH 4.6으로 낮아진다.

48 반죽의 흡수율에 대한 설명 중 옳은 것은?

① 경수는 흡수율을 낮춘다.

② 반죽 온도가 5% 증가하면 흡수율은 5% 감소한다.

③ 설탕이 5% 증가하면 흡수율이 1% 증가한다.

④ 손상전분이 전분보다 흡수율이 높다.

해설 손상전분 1% 증가에 흡수율은 2% 증가된다.

49 냉동반죽법에서 1차 발효시간이 길어질 경우 나타나는 현상은?

① 이스트의 손상이 작아진다.

② 냉동 저장성이 짧아진다.

③ 제품의 부피가 커진다.

④ 반죽 온도가 낮아진다.

해설 냉동반죽법에서 1차 발효 시간이 길어지면 냉동 저장성이 짧아지는 현상이 나타나므로 주의해야 한다.

50 다음 중 같은 팬에 가장 적은 중량을 분할하여야 할 케이크는?

① 엔젤 푸드 케이크

② 스펀지 케이크

③ 파운드 케이크

④ 레이어 케이크

해설 **반죽의 종류에 따른 비용적(cm^3/g)**

- 파운드 케이크 : 2.4
- 레이어 케이크 : 2.96
- 엔젤 푸드 케이크 : 4.71
- 스펀지 케이크 : 5.08
- 식빵 : 3.36

정답 46 ③ 47 ④ 48 ④ 49 ② 50 ②

51 **냉동반죽을 2차 발효시키는 방법으로 가장 바람직한 것은?**

① 냉동반죽을 30~33℃, 상대습도 80%의 2차 발효실에 넣어 해동시킨 후 발효시킨다.
② 실온(25℃)에서 30~60분 동안 자연해동시킨 후 38℃, 상대습도 85%의 2차 발효실에서 발효시킨다.
③ 냉동반죽을 38~43℃, 상대습도 90%의 고온다습한 2차 발효실에 넣어 해동시킨 후 발효시킨다.
④ 냉장고에서 15~16시간 동안 냉장 해동시킨 후 30~33℃, 상대습도 80%의 2차 발효실에서 발효시킨다.

해설 **냉동반죽법**
1차 반죽을 −40~−35℃의 저온에서 급속냉동시켜 −23~−18℃에서 냉동저장하면서 필요할 때마다 해동, 발효시킨 후 구워서 사용할 수 있도록 반죽하는 제빵법이다.

52 **카카오 버터의 결정이 거칠어지고 설탕의 결정이 석출되어 초콜릿의 조직이 노화되는 현상은?**

① 콘칭(Conching)
② 템퍼링(Tempering)
③ 페이스트(Paste)
④ 블룸(Bloom)

해설 ① 콘칭(Conching) : 초콜릿을 90℃로 가열하여 수 시간 동안 저어주는 제조 방법을 말한다.
② 템퍼링(Tempering) : 초콜릿을 녹이고 식히면서 카카오 버터를 안정적인 결정구조가 되도록 준비시켜 주는 과정이다.
③ 페이스트(Paste) : 과실, 채소, 견과류, 육류 등 모든 식품을 갈거나 체에 으깨어 부드러운 상태로 만든 것 또는 고체와 액체의 중간 굳기를 뜻하는 용어로, 빵 반죽(Dough)과 케이크 반죽의 중간에 위치하는 반죽을 가리킨다.

53 **곡류의 영양성분을 강화할 때 쓰이는 영양소가 아닌 것은?**

① 비타민 B_1 ② 비타민 B_2
③ Niacin ④ 비타민 B_{12}

해설 비타민 B_{12}는 단백질 합성과 탄수화물, 지방의 대사에 관여하는 단백질로 에너지 비타민이라고도 한다.

54 **일반적으로 빵을 굽는 데 필요한 표준 온도는?**

① 180~230℃
② 100~150℃
③ 100℃ 이하
④ 250℃ 이상

해설 일반적으로 빵을 굽는 데 필요한 표준 온도의 범위는 180~230℃이다.

55 **다음 중 인수공통감염병은?**

① 탄저병 ② 장티푸스
③ 세균성 이질 ④ 콜레라

해설 **인수공통감염병**
- 동물과 사람 간 전파 가능한 질병을 말한다.
- 종류 : 일본뇌염, 결핵, 브루셀라증, 탄저, 공수병, 크로이츠펠트-야콥병 및 변종크로이츠펠트-야콥병, 중증급성호흡기증후군, 동물인플루엔자인체감염증, 큐열 등

51 ④ 52 ④ 53 ④ 54 ① 55 ① 정답

56 **다음 중 포장 전 빵의 온도가 너무 낮을 때는 어떤 현상이 일어나는가?**

① 노화가 빨라진다.
② 썰기(Slice)가 나쁘다.
③ 포장지에 수분이 응축된다.
④ 곰팡이, 박테리아의 번식이 용이하다.

해설 포장 전 빵의 온도가 너무 낮을 때는 껍질이 건조해져 노화가 빨리 일어난다.

57 **과자와 빵에서 우유가 끼치는 영향에 대한 설명 중 틀린 것은?**

① 우유에 함유되어 있는 유지방, 비타민, 무기질, 단백질 등은 영양을 강화시킨다.
② 우유에 함유되어 있는 유당은 겉껍질의 색을 강하게 한다.
③ 우유에 함유되어 있는 단백질은 이스트에 의해 생성된 향이 나지 않도록 방지한다.
④ 우유에 함유되어 있는 단백질은 보수력이 있어 과자와 빵의 노화를 지연시킨다.

해설 ③ 우유에 함유되어 있는 단백질은 이스트에 의해 생성된 향을 착향시킨다.

58 **정형이 완료된 반죽을 팬에 나열하는 패닝 시 주의할 사항이 아닌 것은?**

① 팬기름을 많이 바르지 않는다.
② 종이 깔개를 사용한다.
③ 반죽의 두께가 일정하도록 펴 준다.
④ 패닝 후 일정 시간을 두고 굽는다.

해설 패닝 후 장시간 방치하면 반죽이 마르고, 굽는 과정에서 반죽이 제대로 부풀지 않으므로 즉시 구워야 한다.

59 **배합의 합계는 170%, 쇼트닝은 3%, 소맥분의 중량은 7kg이다. 이때 쇼트닝의 중량은?**

① 400g
② 310g
③ 210g
④ 200g

해설 쇼트닝 중량은 7,000g × 3% = 210g이다.

60 **분당이 저장 중 덩어리가 되는 것을 방지하기 위하여 옥수수 전분을 몇 % 정도 혼합하는가?**

① 3%　　② 7%
③ 12%　　④ 15%

해설 분당이 뭉쳐지는 것을 방지하기 위해 보통 3%의 전분을 혼합하여 사용한다.

정 답　56 ①　57 ③　58 ④　59 ③　60 ①

2018년 상시복원문제(1회)

01 **퍼프 페이스트리를 제조할 때 주의할 점으로 틀린 것은?**

① 굽기 전에 적정한 휴지를 시킨다.
② 파치가 최소로 되도록 성형한다.
③ 충전물을 넣고 굽는 반죽은 구멍을 뚫고 굽는다.
④ 성형한 반죽을 장기간 보관하려면 냉장하는 것이 좋다.

해설 3~4개월 이상 장기간 보관할 경우에는 냉동 보관하여 사용한다.

02 **직접 반죽법으로 식빵을 제조하려고 한다. 실내온도 23℃, 밀가루 온도 23℃, 수돗물 온도 20℃, 마찰계수 20일 때 희망하는 반죽 온도를 28℃로 만들려면 사용해야 될 물의 온도는?**

① 16℃ ② 18℃
③ 20℃ ④ 23℃

해설 물의 온도 = (28 × 3) − (23 + 23 + 20)
= 84 − 66 = 18℃

03 **다음 중 밀가루의 전분 함량으로 가장 적합한 것은?**

① 70% ② 90%
③ 30% ④ 50%

해설 밀가루의 전분 함량은 70%이고, 단백질이 12%, 지방질이 1~2%, 수분이 10~14%이다.

04 **제빵에 있어서 발효의 주된 목적이 아닌 것은?**

① 이산화탄소와 에틸알코올을 생성시키는 것이다.
② 이스트를 증식시키기 위한 것이다.
③ 분할 및 성형이 잘되도록 하기 위한 것이다.
④ 가스를 포집할 수 있는 상태로 글루텐의 연화를 시키는 것이다.

해설 발효의 목적
- 반죽 글루텐의 배열을 정돈한다.
- 가스 발생으로 반죽 성형을 용이하게 한다.
- 경화된 반죽을 완화시킨다.

05 **다음 중 효소에 대한 설명으로 틀린 것은?**

① 효소는 특정 기질에 선택적으로 작용하는 기질 특이성이 있다.
② 효소반응은 온도, pH, 기질농도 등에 의하여 기능이 크게 영향을 받는다.
③ β-아밀레이스를 액화효소, α-아밀레이스를 당화효소라 한다.
④ 생체 내의 화학반응을 촉진시키는 생체촉매이다.

해설 α-아밀레이스를 액화효소, β-아밀레이스를 당화효소라 한다.

1 ④ 2 ② 3 ① 4 ② 5 ③ 정답

06 **인체 유해 병원체에 의한 감염병의 발생과 전파를 예방하기 위한 올바른 개인위생 관리로 가장 적합한 것은?**

① 설사증이 있을 때에는 약을 복용한 후 식품을 취급한다.
② 식품 취급 시 장신구는 순금 제품을 착용한다.
③ 식품 작업 중 화장실 사용 시에는 위생복을 착용한다.
④ 정기적으로 건강검진을 받는다.

해설 화장실 사용 시에는 위생복을 벗어야 한다.

07 **다음 중 반죽 온도가 가장 낮은 것은?**

① 화이트 레이어 케이크
② 초콜릿 케이크
③ 과일 케이크
④ 퍼프 페이스트리

해설 퍼프 페이스트리의 반죽 온도는 20℃이고, 나머지는 23~24℃이다.

08 **엔젤 푸드 케이크에 주석산 크림을 사용하는 이유가 아닌 것은?**

① 색을 희게 한다.
② 흡수율을 높인다.
③ 흰자를 강하게 한다.
④ pH 수치를 낮춘다.

해설 주석산 크림은 산성이어서 pH 농도를 낮추어 알칼리성의 흰자를 중화한다. 그 결과 달걀 또는 반죽의 산도를 높여 흰자의 힘을 키우고 거품체가 튼튼해진다.

09 **유지의 산패에 영향을 미치는 요인이 아닌 것은?**

① 공기와 접촉이 많을수록 산패는 촉진된다.
② 파장이 긴 광선일수록 산패는 촉진된다.
③ 온도가 높을수록 산패는 촉진된다.
④ 유리지방산 함량이 높을수록 산패는 촉진된다.

해설 파장이 짧은 광선일수록 유지의 산패 속도는 크다. 유지의 산패 방지를 위해서 광선에 노출시키지 말아야 한다.

10 **아미노산에 대한 설명으로 틀린 것은?**

① 식품 단백질을 구성하는 아미노산은 20여 종류가 있다.
② 아미노기(−NH_2)는 산성을, 카복시기(−COOH)는 염기성을 나타낸다.
③ 단백질을 구성하는 아미노산은 거의 L−형이다.
④ 아미노산은 물에 녹아 중성을 띈다.

해설 아미노기는 염기성을, 카복시기는 산성을 나타낸다.

정답 6 ④ 7 ④ 8 ② 9 ② 10 ②

11 **불법으로 사용되는 유해착색료는?**

① 폼알데하이드
② 삼염화질소
③ 아우라민
④ 론갈리트

해설 **아우라민**
이전에는 과자 등 식품의 착색료로 사용되었으나, 유해한 작용이 있기 때문에 현재는 사용이 금지되었다.

12 **카카오 버터의 결정이 거칠어지고 설탕의 결정이 석출되어 초콜릿의 조직이 노화하는 현상은?**

① 콘 칭
② 페이스트
③ 템퍼링
④ 블 룸

해설 **블룸(Bloom) 현상**
카카오 버터(지방)나 설탕 결정체가 초콜릿의 표면으로 나와 보이는 현상으로 템퍼링이 잘못된 경우나 보관 온도·습도가 맞지 않을 때 생긴다.

13 **세균성 식중독을 일으키는 원인균이 아닌 것은?**

① 포도상구균
② 장염 비브리오균
③ 디프테리아균
④ 살모넬라균

해설 디프테리아균은 디프테리아의 원인균으로 급성 감염질환의 원인균이다.

14 **다음 중 비중이 가장 작은 케이크는?**

① 젤리 롤케이크
② 버터 스펀지 케이크
③ 옐로 레이어 케이크
④ 파운드 케이크

해설 **비 중**
같은 용적의 물의 무게에 대한 반죽의 무게를 소수로 나타낸 값(0~1)으로 케이크 제품의 부피, 가공, 조직에 결정적인 영향을 끼친다.

15 **다음 중 비용적이 가장 큰 제품은?**

① 스펀지 케이크
② 레이어 케이크
③ 파운드 케이크
④ 식 빵

해설 **비용적**
- 반죽 1g이 오븐에 들어가 팽창할 수 있는 부피
- 스펀지 케이크 5.08cm^3/g > 산형식빵 3.4cm^3/g > 레이어 케이크 2.96cm^3/g > 파운드 케이크 2.4cm^3/g

11 ③ 12 ④ 13 ③ 14 ① 15 ① 정 답

16 **다음 중 이중결합수가 가장 많은 지방산은?**

① 도코사헥사엔산(DHA ; Docosahexaenoic Acid)
② 아라키돈산(Arachidonic Acid)
③ 리놀레산(Linoleic Acid)
④ 에이코사펜타엔산(EPA ; Eicosapentaenoic Acid)

해설 ① 도코사헥사엔산 : 이중결합 6개
② 아라키돈산 : 이중결합 4개
③ 리놀레산 : 이중결합 2개
④ 에이코사펜타엔산 : 이중결합 5개

17 **다음 중 빵을 가장 빠르게 냉각시키는 방법은?**

① 공기조절법 ② 진공냉각법
③ 자연냉각법 ④ 공기배출법

해설 빵을 냉각할 때 진공냉각 > 강제공기순환 > 자연냉각 순으로 속도가 빠르다.

18 **다음 중 반죽 팽창 형태가 나머지 셋과 다른 것은?**

① 엔젤 푸드 케이크
② 스펀지 케이크
③ 스위트 롤
④ 시폰 케이크

해설 엔젤 푸드 케이크, 스펀지 케이크, 시폰 케이크는 기포성을 이용한 공기에 의한 팽창 제품이며, 스위트롤은 이스트 팽창 제품이다.

19 **제빵에 있어서 전분의 역할이 아닌 것은?**

① 제빵 중 호화에 의하여 가스 세포막의 수축 보조 역할
② 글루텐의 강한 결합(Adhesion)으로 표면의 형성
③ 호화 시 물을 흡수하여 글루텐 필름의 견고성 부여
④ 글루텐을 바람직한 굳기(Consistency)로 희석

해설 **전분의 역할**
- 혼합과정 중 글루텐을 바람직한 굳기로 희석시키고 아밀레이스의 작용에 의하여 발효에 필요한 당 공급
- 글루텐으로부터 물을 흡수하여 호화
- 골격 형성에 도움
- 호화에 의하여 가스 세포막의 확장을 도움
- 빵의 내부조직을 형성하고 맛을 결정

20 **다음 중 효소와 온도에 대한 설명으로 틀린 것은?**

① 적정 온도 범위에서 온도가 낮아질수록 반응속도는 느려진다.
② 적정 온도 범위 내에서 온도 10℃ 상승에 따라 효소활성은 약 2배로 증가한다.
③ 최적 온도 수준이 지나도 반응속도는 증가한다.
④ 효소는 일종의 단백질이기 때문에 열에 의해 변성된다.

해설 효소는 최적 온도까지는 온도가 올라갈수록 효소의 반응속도가 빨라지지만, 일정 온도(최적 온도) 이상이 되면 주성분인 단백질의 입체구조가 변하므로 효소로서의 기능을 잃게 된다.

정 답 16 ① 17 ② 18 ③ 19 ① 20 ③

21 적혈구, 뇌세포, 신경세포의 주요 에너지원으로 혈당을 형성하는 당은?

① 과 당 ② 설 탕
③ 유 당 ④ 포도당

해설 적혈구와 뇌세포, 그리고 신경세포의 주요 에너지원인 포도당은 혈당을 형성시키는 당이다.

22 반죽형 반죽으로 만드는 제품의 종류가 아닌 것은?

① 레이어 케이크
② 파운드 케이크
③ 스펀지 케이크
④ 과일 케이크

해설 ③ 스펀지 케이크는 달걀 단백질의 블렌딩성과 유화성, 열에 대한 응고성을 이용한 거품형 반죽 제품이다.

23 다음 제품 중 반죽의 pH가 가장 낮은 것은?

① 엔젤 푸드 케이크
② 초콜릿 케이크
③ 파운드 케이크
④ 데블스 푸드 케이크

해설 **제품의 적정 pH**
- 엔젤 푸드 케이크 : pH 5.2~6.0
- 파운드 케이크 : pH 6.6~7.1
- 옐로 레이어 케이크 : pH 7.2~7.6
- 스펀지 케이크 : pH 7.3~7.6
- 화이트 레이어 케이크 : pH 7.4~7.8
- 초콜릿 케이크 : pH 7.8~8.8
- 데블스 푸드 케이크 : pH 8.5~9.2

24 다음 중 연속식 제빵법의 특징이 아닌 것은?

① 발효 손실 감소
② 설비공간, 설비면적 감소
③ 노동력 감소
④ 일시적 기계구입 비용의 경감

해설 **연속식 제빵법**
- 장점 : 설비 감소 및 공간 절약, 노동력 감소, 발효 손실 감소의 효과가 있다.
- 단점 : 일시적으로 설비 투자가 많이 든다.

25 밀가루 글루텐의 흡수율과 밀가루 반죽의 점탄성을 나타내는 그래프는?

① 아밀로그래프(Amylograph)
② 익스텐소그래프(Extensograph)
③ 믹소그래프(Mixograph)
④ 패리노그래프(Farinograph)

해설 **패리노그래프(Farinograph)**
믹서 내에서 일어나는 물리적 성질을 파동곡선 기록기로 기록하여 밀가루의 흡수율, 믹싱 시간, 믹싱 내구성, 밀가루 반죽의 점탄성 등을 측정한다.

21 ④ 22 ③ 23 ① 24 ④ 25 ④ 정 답

26 밀가루 25kg에서 젖은 글루텐 6g을 얻었다면 이 밀가루는 다음 어디에 속하는가?

① 박력분
② 중력분
③ 강력분
④ 제빵용 밀가루

해설 6/25 = 0.24, 박력분은 회분 함량 0.4 이하이다.

27 세균성 식중독의 예방원칙에 해당되지 않는 것은?

① 세균 오염방지
② 세균 가열방지
③ 세균 증식방지
④ 세균의 사멸

해설 세균성 식중독의 예방원칙
- 세균의 오염방지
- 세균의 증식방지
- 세균의 사멸

28 빵 반죽의 발효에 필수적인 재료가 아닌 것은?

① 밀가루
② 물
③ 이스트
④ 분 유

해설 빵 반죽의 발효에 필수적인 3가지 재료로 이스트, 밀가루, 물이 있다.

29 제과 반죽에서 작용하는 물리·화학적인 설탕의 주된 기능이 아닌 것은?

① 수분 보유력으로 노화 지연
② 제품에 향을 부여
③ 캐러멜화 작용으로 껍질을 착색
④ 제품의 형태를 유지

해설 설탕의 기능
- 밀가루 단백질을 부드럽게 한다(연화작용).
- 제품에 단맛을 내는 기능을 한다(감미제).
- 이스트의 먹이이며 당류 분해효소에 의해 최종적으로 분해되어 탄산가스를 발생시켜 반죽을 부풀리는 역할을 한다.
- 수분 보유력이 있어서 신선도를 오래 지속시키고 캐러멜화 작용으로 껍질 색을 진하게 하며 독특한 풍미를 준다.
- 저장성을 늘리며 윤활작용으로 반죽의 유동성을 좋게 한다.

30 식품위생법에 의한 식품위생의 대상으로 적절한 것은?

① 식품포장기구, 그릇, 조리방법
② 식품, 식품첨가물, 기구, 용기, 포장
③ 식품, 식품첨가물, 영양제, 비타민제
④ 영양제, 조리방법, 식품포장재

해설 식품위생이라 함은 식품, 식품첨가물, 기구 또는 용기, 포장을 대상으로 하는 음식에 관한 위생을 말한다(식품위생법 제2조제11호).

정 답 26 ① 27 ② 28 ④ 29 ④ 30 ②

31 일반적인 케이크 반죽의 패닝 시 주의점이 아닌 것은?

① 종이 깔개를 사용한다.
② 철판에 넣은 반죽은 두께가 일정하게 되도록 펴준다.
③ 팬기름을 많이 바른다.
④ 패닝 후 즉시 굽는다.

해설 팬기름을 과다하게 칠하면 밑껍질이 두껍고 어둡게 된다.

32 다음 중 빵제품이 가장 빨리 노화되는 온도는?

① −18℃ ② 3℃
③ 27℃ ④ 40℃

해설 빵의 노화는 −18℃ 이하에서 정지되고, −7~10℃ 사이에서 가장 빨리 일어난다.

33 미지의 밀가루를 알아내는 시험과 가장 거리가 먼 것은?

① 글루텐 채취 시험
② 침강 시험
③ 지방함량 측정 시험
④ 색깔 비교 시험

해설 밀가루의 성분을 알아내는 시험으로는 글루텐 채취 시험, 침강 시험, 색깔 비교 시험이 있다.

34 원인균이 내열성 포자를 형성하기 때문에 병든 가축의 사체를 처리할 경우 반드시 소각처리 하여야 할 인수공통전염병은?

① 돈단독 ② 결 핵
③ 파상열 ④ 탄 저

35 식빵 제조에 사용하는 재료들의 사용 범위가 틀린 것은?

① 밀가루 – 80~120%
② 물 – 56~68%
③ 소금 – 1.5~2%
④ 설탕 – 4~8%

해설 기본 배합법(식빵)
• 밀가루 100% • 이스트 2~3%
• 설탕 4~8% • 분유 3~5%
• 유지 2~4% • 물 56~68%
• 소금 1.7~2% • 이스트 푸드 0~1%

36 하루 2,400kcal를 섭취하는 사람의 이상적인 탄수화물 섭취량은 약 얼마인가?

① 140~150g ② 200~230g
③ 260~320g ④ 330~420g

31 ③ 32 ② 33 ③ 34 ④ 35 ① 36 ④ 정 답

37 **데니시 페이스트리 제조 시 유의점으로 잘못된 것은?**

① 소량의 덧가루를 사용한다.
② 발효실 온도는 유지의 융점보다 낮게 한다.
③ 고배합 제품은 저온에서 구우면 유지가 흘러나온다.
④ 2차 발효시간은 길게 하고, 습도는 비교적 높게 한다.

해설 데니시 페이스트리는 2차 발효 상대습도를 낮게 한다.

38 **소독제로 가장 많이 사용되는 알코올의 농도는?**

① 30%　② 50%
③ 70%　④ 100%

39 **제빵 시 믹싱(Mixing)의 목적과 거리가 먼 것은?**

① 재료의 균일한 혼합
② 팽 창
③ 충분한 수화(Hydration)
④ 글루텐 형성

해설 반죽의 목적은 밀가루, 이스트, 소금, 그 밖의 재료와 물을 혼합하여 치대어 재료를 균일하게 혼합시켜 글루텐을 발전시키는 일이다.

40 **파이 껍질이 질기고 단단하였다. 그 원인이 아닌 것은?**

① 강력분을 사용하였다.
② 반죽 시간이 길었다.
③ 밀어 펴기를 덜하였다.
④ 자투리 반죽을 많이 썼다.

41 **먼저 밀가루와 유지를 넣고 믹싱하여 유지에 의해 밀가루가 피복되도록 한 후 나머지 재료를 투입하는 방법으로 유연감을 우선으로 하는 제품에 사용되는 반죽법은?**

① 1단계법　② 별립법
③ 블렌딩법　④ 크림법

해설 **블렌딩법**
- 유지와 밀가루를 가볍게 믹싱한 후 마른 재료와 달걀, 물을 투입하여 믹싱하는 방법
- 유연감을 우선으로 하는 제품에 적합

42 **유지를 제외한 전 재료를 넣는 믹싱의 단계는?**

① 픽업단계(Pick Up Stage)
② 클린업단계(Clean Up Stage)
③ 발전단계(Development Stage)
④ 최종단계(Final Stage)

해설 픽업단계(Pick Up Stage)에서는 유지를 제외한 모든 재료를 넣고 저속으로 1~2분 정도 돌리면서 재료를 혼합한다.

정 답 37 ④ 38 ③ 39 ② 40 ③ 41 ③ 42 ①

43 **제빵 배합률 작성 시 베이커스 퍼센트(Baker's%)에서 기준이 되는 재료는?**

① 설 탕 ② 물
③ 밀가루 ④ 유 지

해설 베이커스 퍼센트(Baker's%)는 밀가루를 기준으로 하여 배합표를 사용한다.

44 **잎을 건조시켜 만든 향신료는?**

① 계 피 ② 넛메그
③ 메이스 ④ 오레가노

해설 **오레가노**
꽃이 피는 시기에 수확하여 건조시켜 보존하고 잎을 말린 것을 향신료로 쓰며 피자 제조 시 많이 사용한다.

45 **밀가루 수분 함량이 1% 감소할 때마다 흡수율은 얼마나 증가되는가?**

① 0.3~0.5% ② 0.75~1%
③ 1.3~1.6% ④ 2.5~2.8%

해설 밀가루 전분 함량이 1% 증가할 때마다 흡수율은 1.3~1.6%씩 증가하고, 밀가루 수분 함량이 1% 감소할 때마다 흡수율은 1.3~1.6%씩 증가한다.

46 **다음 중 정형공정(Moulding)이 아닌 것은?**

① 밀어 펴기 ② 말 기
③ 팬에 넣기 ④ 봉하기

해설 팬에 넣기는 패닝의 공정이다.

47 **자유수를 올바르게 설명한 것은?**

① 당류와 같은 용질에 작용하지 않는다.
② 0℃ 이하에서도 얼지 않는다.
③ 정상적인 물보다 그 밀도가 크다.
④ 염류, 당류 등을 녹이고 용매로서 작용한다.

해설 자유수는 건조식품 또는 냉동식품을 만들 때 증발 또는 동결되는 물을 말한다. 자유수는 수용성 성분을 녹이며, 식품을 건조시킬 때 증발되고 0℃ 이하에서는 동결한다.

48 **베이킹파우더에 전분을 사용하는 목적과 가장 거리가 먼 것은?**

① 격리 효과
② 흡수제
③ 중화 작용
④ 취급과 평량에 용이

해설 베이킹파우더에 전분을 사용하는 목적은 중조와 산재료의 분리 효과와 흡수제, 취급과 계량에 용이하게 하기 위해서이다.

43 ③ 44 ④ 45 ③ 46 ③ 47 ④ 48 ③ 정 답

49 변질되기 쉬운 식품을 생산지로부터 소비자에게 전달하기까지 저온으로 보존하는 시스템은?

① 냉장유통체계
② 냉동유통체계
③ 저온유통체계
④ 상온유통체계

50 제과·제빵 공정상 작업 내용에 따라 조도 기준을 달리한다면 표준 조도를 가장 높게 하여야 할 작업 내용은?

① 마무리 작업
② 계량·반죽 작업
③ 굽기·포장 작업
④ 발효 작업

해설 작업 조도
- 계량, 반죽, 조리, 정형 공정 : 150~300lx
- 발효 공정 : 30~70lx
- 굽기, 포장 공정 : 70~150lx
- 장식 및 마무리 작업 : 300~700lx

51 다음 중 HACCP 적용의 7가지 원칙에 해당하지 않는 것은?

① HACCP 팀 구성
② 기록 유지 및 문서 관리
③ 위해요소 분석
④ 한계기준 설정

해설 HACCP 7원칙은 위해분석(위해요소의 분석과 위험평가), 중요 관리점(CCP)의 특정(중요 관리점 확인), 관리기준(Critical Limits, 허용한계치)의 설정, 모니터링(감시관리, Monitoring) 방법의 설정, 개선조치(Corrective Action)의 설정, 기록 유지 및 문서작성 규정의 설정, 검증(Verification) 방법의 설정 등이다.

52 도넛 설탕 아이싱을 사용할 때의 온도로 적합한 것은?

① 20℃ 전후 ② 25℃ 전후
③ 50℃ 전후 ④ 60℃ 전후

해설 도넛 글레이즈의 온도는 45~50℃ 정도가 알맞다.

53 빵 포장 시 가장 적합한 빵의 중심 온도와 수분 함량은?

① 42℃, 45% ② 30℃, 30%
③ 48℃, 55% ④ 35℃, 38%

해설 빵 포장 시 내부 온도는 35~40℃ 정도까지 냉각하고, 빵의 수분은 38%까지 식힌다.

정답 49 ③ 50 ① 51 ① 52 ③ 53 ④

54 다음 중 바이러스가 원인인 병은?

① 파라티푸스 ② 콜레라
③ 간 염 ④ 장티푸스

해설 바이러스성 감염병에는 유행성 간염, 폴리오(소아마비), 감염성 설사 등이 있다.

55 식빵 제조 시 직접 반죽법에서 비상반죽법으로 변경할 경우 조치사항이 아닌 것은?

① 설탕 1% 감소
② 믹싱 20~25% 증가
③ 수분흡수율 1% 증가
④ 이스트 양 증가

해설 물의 사용량을 1% 감소하여 이스트 활성을 높인다.

56 다음 중 3당류에 속하는 당은?

① 맥아당 ② 라피노스
③ 스타키스 ④ 갈락토스

해설 라피노스는 갈락토스, 글루코스, 프럭토스가 복합된 3당류이다.

57 케이크의 표면이 터지는 결점에 대한 조치사항으로 맞는 것은?

① 팽창이 과도한 경우 팽창제 사용을 감소하거나 믹싱 상태를 조절한다.
② 굽기 중 너무 건조시키면 말기를 할 때 부서지므로 오버 베이킹을 한다.
③ 믹싱할 때는 반죽의 비중을 너무 낮지 않게 한다.
④ 반죽 온도가 낮으면 굽는 시간이 빨라지므로 온도가 너무 높지 않도록 한다.

해설 ② 굽기 중 건조되면 말기를 할 때 표피가 터지기 쉬우므로 오버 베이킹을 하지 않는다.
④ 반죽 온도가 낮으면 굽는 시간이 길어져서 건조되어 터지기 쉽다.

58 식품위생법상 용어 정의에 대한 설명 중 틀린 것은?

① '식품'이라 함은 의약으로 섭취하는 것을 제외한 모든 음식물을 말한다.
② '위해'라 함은 식품, 식품첨가물, 기구 또는 용기·포장에 존재하는 위험요소로서 인체의 건강을 해치거나 해칠 우려가 있는 것을 말한다.
③ 농업 및 수산업에 속하는 식품의 채취업은 식품위생법상 '영업'에서 제외된다.
④ '집단급식소'라 함은 영리를 목적으로 하면서 특정 다수인에게 계속하여 음식물을 공급하는 시설을 말한다.

해설 ④ 영리를 목적으로 하는 곳은 집단급식소에 속하지 않는다.

54 ③ 55 ③ 56 ② 57 ① 58 ④ 정답

59 **식품을 보존하는 방법 중 위생상 가장 적당하지 않은 것은?**

① 냉동 보관한다.
② 균이 자랄 수 없도록 말려서 보관한다.
③ 끓여서 상온에 보관한다.
④ 완전 살균하여 진공 포장한다.

해설 가열하여 냉장이나 냉동 보관하는 것이 바람직하다.

60 **식품 변질 현상에 대한 설명 중 틀린 것은?**

① 부패 – 단백질이 미생물의 작용으로 분해되어 악취가 나고 인체에 유해한 물질이 생성되는 현상
② 변패 – 단백질 이외의 성분을 갖는 식품이 변질되는 현상
③ 발효 – 탄수화물이 미생물의 작용으로 유기산, 알코올 등의 유용한 물질이 생기는 현상
④ 산패 – 단백질이 산화되어 불결한 냄새가 나고 변색, 풍미 등의 노화 현상을 일으키는 현상

해설 **산 패**
지방이 산화되어 불결한 냄새가 나고 변색, 풍미 등의 노화 현상을 일으키는 것이다. 외부의 나쁜 냄새 흡수에 의한 변패, 가수분해에 의한 변패, 유리 지방산의 자동산화에 의한 변패 등이 있다.

정 답 59 ③ 60 ④

2018년 상시복원문제(2회)

01 다음 중 지방의 기능이 아닌 것은?

① 산과 염기의 균형
② 세포막 형성
③ 지용성 비타민의 흡수율 향상
④ 생체 기관의 보호

해설 산과 염기의 균형은 무기질이 조정한다.

02 튀김 기름의 조건으로 옳지 않은 것은?

① 이물질이 없어야 한다.
② 오래 튀겨도 산화와 가수분해가 일어나지 않아야 한다.
③ 산가(Acid Value)가 낮아야 한다.
④ 여름철에 융점이 낮은 기름을 사용한다.

해설 튀김용 기름은 이물질이 없으며, 중성으로 수분 함량이 0.15% 이하여야 한다. 오래 튀겨도 산화와 가수분해가 일어나지 않으며, 발연점이 210~230°C 정도로 높은 기름이 좋다.

03 제빵 과정에서 2차 발효가 덜 된 경우는?

① 발효 손실이 크다.
② 부피가 작아진다.
③ 가공이 거칠며 저장성이 낮다.
④ 산이 많이 생겨서 향이 좋지 않다.

해설 2차 발효가 덜 되면 팽창력이 낮아 부피가 작아진다.

04 달걀흰자의 pH로 옳은 것은?

① 6.0~7.5　② 6.5~7.0
③ 7.5~8.0　④ 8.5~9.0

해설 달걀흰자는 pH 8.5~9.0이고, 수분 88%, 고형분 12%이다.

05 A회사의 밀가루 입고 기준은 수분이 14%이다. 20kg짜리 1,000포가 입고된 것의 수분을 측정하니 평균 15%였다. 이 밀가루를 얼마나 더 받아야 회사에서 손해를 보지 않는가?

① 236kg
② 307kg
③ 293kg
④ 187kg

해설 (1,000포 × 0.85 × 20) + (x포 × 0.85 × 20)
= 1,000포 × 0.86 × 20
17,000 + 17x = 17,200
17x = 200
x = 200/17
∴ 11.76 × 20 = 235.2

06 식빵에 설탕이 많이 들어갔을 경우 나타나는 현상은?

① 색이 연하다.
② 색이 진하다.
③ 조직이 거칠다.
④ 껍질이 부드럽다.

해설 설탕 사용량이 많으면 기공이 열리며 색이 진하다.

정답 1 ① 2 ④ 3 ② 4 ④ 5 ① 6 ②

07 **다음 중 효소에 대한 설명으로 틀린 것은?**

① 효소는 특정 기질에 선택적으로 작용하는 기질 특이성이 있다.
② 효소반응은 온도, pH, 기질농도 등에 의하여 기능이 크게 영향을 받는다.
③ β-아밀레이스를 액화효소, α-아밀레이스를 당화효소라 한다.
④ 생체 내의 화학반응을 촉진시키는 생체촉매이다.

해설 α-아밀레이스를 액화효소, β-아밀레이스를 당화효소라 한다.

08 **손상된 전분 1% 증가 시 흡수율의 변화는?**

① 2% 감소
② 1% 감소
③ 1% 증가
④ 2% 증가

해설 손상된 전분이 1% 증가하면 흡수율은 2% 증가한다.

09 **전분에 대한 설명 중 옳은 것은?**

① 식물 전분의 현미경으로 본 구조는 모두 동일하다.
② 전분은 호화된 상태의 소화 흡수나 호화가 안 된 상태의 소화 흡수나 차이가 없다.
③ 전분은 아밀레이스(Amylase)에 의해 분해되기 시작한다.
④ 전분은 물이 없는 상태에서도 호화가 일어난다.

해설 전분은 아밀레이스 효소에 의해 맥아당으로 분해되며, 맥아당은 말테이스 효소에 의해 2개의 포도당으로 분해된다.

10 **척추동물과 사람 사이에 자연적으로 이행할 수 있는 질병 또는 감염될 수 있는 감염병으로 옳은 것은?**

① 경구 감염병
② 인수공통감염병
③ 독소형 식중독
④ 감염형 식중독

11 **발효에 영향을 주는 요인이 아닌 것은?**

① 온 도
② 수 분
③ pH
④ 반죽의 무게

해설 발효에는 반죽 온도, 습도, 반죽의 되기, 반죽의 pH 등이 영향을 미친다.

정 답 7 ③ 8 ④ 9 ③ 10 ② 11 ④

12 발효에 대한 설명 중 틀린 것은?

① 1차 발효의 목적은 탄산가스, 알코올, 산의 생성이다.
② 2차 발효는 보통 35℃의 발효 온도와 85%의 상대습도에서 한다.
③ 설탕은 발효 과정에서 분해되고 남은 당은 제품의 단맛과 껍질 색을 낸다.
④ 2차 발효 시간이 길어지는 원인은 1차 발효가 지나치고 반죽 온도가 높은 경우이다.

해설 반죽 온도가 낮으면 발효 시간이 길어진다.

13 소장에 대한 설명으로 틀린 것은?

① 소장에서는 호르몬이 분비되지 않는다.
② 영양소가 체내로 흡수된다.
③ 길이는 약 6m이며, 대장보다 많은 일을 한다.
④ 췌장과 담낭이 연결되어 있어 소화액이 유입된다.

해설 소장은 각종 소화관 호르몬을 분비하여 소화운동에 관여한다.

14 유지를 제외한 전 재료를 넣는 믹싱의 단계는?

① 픽업단계(Pick Up Stage)
② 클린업단계(Clean Up Stage)
③ 발전단계(Development Stage)
④ 최적단계(Final Stage)

해설 픽업단계(1단계)에서 유지를 제외한 모든 재료를 넣고 저속으로 1~2분 정도 믹싱하면 재료가 혼합되고 밀가루에 수분이 흡수되어 수화가 일어난다.

15 케이크의 아이싱으로 생크림을 많이 사용하고 있다. 이러한 목적으로 사용할 수 있는 생크림의 지방 함량은 얼마 이상인가?

① 20%
② 35%
③ 10%
④ 7%

해설 케이크용 생크림의 경우에는 보통 유지방 함량이 30% 이상인 것을 사용한다. 시중에 유통되는 생크림 유지방은 38% 정도이다.

정답 12 ④ 13 ① 14 ① 15 ②

16 믹서 내에서 일어나는 물리적 성질을 파동곡선 기록기로 기록하여 밀가루의 흡수율, 믹싱 시간, 믹싱 내구성 등을 측정하는 기계는?

① 아밀로그래프
② 분광분석기
③ 익스텐소그래프
④ 패리노그래프

해설
- 아밀로그래프 : 밀가루의 아밀레이스 활성 정도를 측정한다.
- 익스텐소그래프 : 밀가루 반죽을 끊어질 때까지 늘이면서 필요한 힘과 신장성 사이의 관계를 선으로 기록한다.

17 다음은 소보로 반죽의 배합표이다. ( ) 안에 들어갈 수치로 올바른 것끼리 짝지어진 것은?

재료명	비율(%)	무게(g)
중력분	100	500
설 탕	60	(ㄱ)
마가린	(ㄴ)	250
땅콩버터	15	75
달 걀	10	50
물 엿	10	50
분 유	3	(ㄷ)
베이킹파우더	2	10
소 금	1	5

(ㄱ) (ㄴ) (ㄷ)
① 300 – 50 – 15
② 240 – 60 – 30
③ 300 – 35 – 20
④ 240 – 10 – 10

18 다음 중 패닝 시 주의점이 아닌 것은?

① 종이 깔개를 사용한다.
② 철판에 넣은 반죽은 두께가 일정하도록 펴준다.
③ 팬기름은 많이 바른다.
④ 패닝 후 즉시 굽는다.

해설 팬기름을 과다하게 칠하면 밑껍질이 두껍고 어둡게 된다.

19 다음 중 식품위생균검사의 위생지표세균으로 부적합한 것은?

① 분변계 대장균
② 장구균
③ 장염 비브리오균
④ 대장균

해설 식품안전성평가 시 사용되는 위생지표세균으로 대장균군, 분변계 대장균군, 장구균 등이 있다.

20 식품안전관리인증기준(HACCP)을 식품별로 정하여 고시하는 자는?

① 시장·군수·구청장
② 환경부장관
③ 식품의약품안전처장
④ 보건복지부장관

해설 **식품안전관리인증기준(식품위생법 제48조제1항)**
식품의약품안전처장은 식품의 원료관리 및 제조·가공·조리·소분·유통의 모든 과정에서 위해한 물질이 식품에 섞이거나 식품이 오염되는 것을 방지하기 위하여 각 과정의 위해요소를 확인·평가하여 중점적으로 관리하는 기준을 식품별로 정하여 고시할 수 있다.

정 답 16 ④ 17 ① 18 ③ 19 ③ 20 ③

21 **반죽형 반죽의 대표적인 방법으로 부피를 우선으로 하는 제품에 적합한 가장 기본적이고 안정적인 제법으로 옳은 것은?**

① 블렌딩법
② 크림법
③ 설탕/물반죽법
④ 일단계법

22 **2차 발효에 관련된 설명으로 틀린 것은?**

① 2차 발효실의 습도가 지나치게 높으면 껍질이 과도하게 터진다.
② 2차 발효는 온도, 습도, 시간의 세 가지 요소에 의하여 조절된다.
③ 2차 발효실의 상대습도는 75~90%가 적당하다.
④ 원하는 크기와 글루텐의 숙성을 위한 과정이다.

해설 2차 발효의 습도가 낮으면 껍질이 형성되어 팽창이 저해되고 터지기 쉬우며 색이 균일하지 않게 된다. 습도가 높으면 껍질에 수분이 응축되고 수축이 형성되며, 껍질 색이 진해지고, 빵 껍질이 질겨진다.

23 **소프트 롤케이크를 구운 후 즉시 팬에서 꺼내는 이유로 알맞지 않은 것은?**

① 찐득거리는 것을 방지하기 위해
② 수축 방지를 위해
③ 냄새 제거를 위해
④ 표면이 터지지 않게 하기 위해

해설 소프트 롤케이크를 구운 즉시 팬에서 분리하면 가라앉거나 건조되지 않으므로 표면이 터지지 않고, 찐득해지지 않는다.

24 **이스트 발육의 최적 온도는?**

① 20~25℃　② 28~32℃
③ 35~40℃　④ 45~50℃

해설 이스트 활성의 최적 온도는 27~32℃이고, 이스트의 활동이 가장 활발한 온도는 38℃ 부근이다.

25 **동물성 유지에 해당하는 것은?**

① 버 터　② 마가린
③ 쇼트닝　④ 시어버터

해설 버터는 우유지방을 분리하여 만든다.

26 **빵 포장의 목적에 부적합한 것은?**

① 빵의 저장성 증대
② 빵의 미생물 오염 방지
③ 수분 증발 촉진과 노화 방지
④ 상품의 가치 향상

해설 **빵 포장의 목적** : 수분 증발을 막고 노화를 지연시키며 미생물의 오염으로부터 보호하고 상품의 가치를 향상시켜 판매를 촉진하기 위함이다.

21 ② 22 ① 23 ③ 24 ② 25 ① 26 ③ 정 답

27 **제품의 유연성을 목적으로 밀가루와 유지를 먼저 믹싱하는 방법은?**

① 크림법 ② 일단계법
③ 블렌딩법 ④ 설탕/물반죽법

해설 **블렌딩법(Blending Method)**
유지와 밀가루를 먼저 믹싱한 후 건조 재료, 달걀물(우유)을 투입하여 혼합하는 방법이다. 유연감을 우선으로 하는 제품에 적합하다.

28 **머랭(Meringue)을 만드는 데에 1kg의 달걀흰자가 필요하다면 껍질을 포함한 평균 무게가 60g인 달걀은 약 몇 개가 필요한가?**

① 24개 ② 26개
③ 28개 ④ 30개

해설 달걀 60g, 전란(90%) = 54g, 노른자(30%) = 18g, 흰자(60%) = 36g
1,000g ÷ 36 = 27.777 ≒ 28개

29 **식물의 열매에서 채취하지 않고 껍질에서 채취하는 향신료는?**

① 계 피 ② 넛메그
③ 정 향 ④ 카다몬

해설 계피는 녹나무과의 상록수 껍질을 벗겨 만든 향신료로, 실론(Ceylon) 계피는 정유(시나몬유) 상태로 만들어 쓰기도 한다.

30 **전분 입자를 물에 불리면 물을 흡수하여 팽윤하고 가열하면 입자의 미셀 구조가 파괴되는 현상을 무엇이라고 하는가?**

① 노 화 ② 호정화
③ 호 화 ④ 당 화

해설 ① 노화 : 호화된 전분이 생전분의 구조와 같은 상태로 되돌아가는 것이다.
② 호정화 : 전분에 물을 가하지 않고 160℃ 이상으로 가열하면 가용성 전분을 거쳐 호정으로 변화하는 현상을 말한다.
④ 당화 : 맥아가 가지고 있는 전분을 맥아당으로 바꾸어주는 것이다.

31 **보리 · 밀 · 호밀 등의 개화기에 씨방에 기생하는 맥각균이 생성하는 유독물질로 옳은 것은?**

① 에르고톡신(Ergotoxin)
② 테트로도톡신(Tetrodotoxin)
③ 삭시톡신(Saxitoxin)
④ 아미그달린(Amygdalin)

해설 **맥각 중독**
- 맥각균(*Claviceps purpurea*)이 보리 · 밀 · 호밀 등의 개화기에 씨방에 기생한다.
- 에르고톡신(Ergotoxin), 에르고타민(Ergotamine) 등의 독소를 생성하여 간장독을 일으킨다.
- 많이 섭취할 경우 구토 · 복통 · 설사를 유발하고 임산부에게는 유산 · 조산을 일으킨다.

정 답 27 ③ 28 ③ 29 ① 30 ③ 31 ①

32 **쇼트닝에 대한 설명으로 틀린 것은?**

① 쇼트닝의 가소성이 크다는 것은 고온과 저온에서의 지방 고형질 계수 차이가 매우 큰 것을 말한다.
② 지방 고형질 계수(SFI)는 쇼트닝의 물리성·기능성을 나타내 준다.
③ 콤파운드 쇼트닝은 식물성 유지와 동물성 지방을 혼합하여 만든다.
④ 전수 소화 쇼트닝은 특정한 굳기가 될 때까지 제품 전체에 부분적으로 수소를 첨가시키는 것이 특징이다.

해설 특정한 온도에서 고체 지방과 액체 지방의 성분 비율은 높은 온도에서는 액체 상태가 된다. 이러한 지방 고형질 계수(Solid Fat Index)는 유지의 가소성(Plasticity)을 말해 주게 되어 온도에 따라 SFI의 차이가 적을 경우 가소성이 크다고 말한다.

33 **물엿을 계량할 때 바람직하지 못한 방법은?**

① 될 수 있는 대로 스테인리스 그릇 혹은 플라스틱 그릇을 사용한다.
② 살짝 데워서 계량하면 수월할 수 있다.
③ 설탕 계량 후 그 위에 계량한다.
④ 일반 갱지를 잘 잘라서 그 위에 계량하는 것이 좋다.

해설 물엿을 계량할 때에는 설탕을 스테인리스 그릇에 계량한 후 설탕 가운데를 움푹 파이도록 한 다음 손에 찬물을 묻혀 계량한다. 이때 물엿이 흘러 나와 계량 종이나 용기에 묻지 않아야 한다.

34 **스트레이트법으로 일반 식빵을 만들 때 믹싱 후 반죽의 온도로 이상적인 것은?**

① 20℃ ② 27℃
③ 30℃ ④ 35℃

해설 스트레이트법으로 식빵을 만들 때 믹싱 후 반죽 온도는 27℃ 정도가 적당하다.

35 **우유를 섞어 만든 빵을 먹었을 때 흡수할 수 있는 주된 단당류는?**

① 포도당, 갈락토스
② 자일리톨, 포도당
③ 과당, 포도당
④ 만노스, 과당

해설
- 우유를 섞어 만든 빵을 먹었을 때 흡수할 수 있는 단당류는 포도당과 갈락토스이다.
- 유당 = 포도당 + 갈락토스

36 **파이용 마가린을 사용하기에 적합한 빵 종류는?**

① 쇼트 페이스트리
② 시폰 케이크
③ 롤케이크
④ 엔젤 푸드 케이크

해설 쇼트 페이스트리는 가소성이 높은 쇼트닝이나 파이용 마가린을 사용하는 것이 좋고, 온도에서 안정성이 높은 유지가 적합하다.

32 ① 33 ④ 34 ② 35 ① 36 ① 정답

37 제과제빵에 사용하는 팽창제에 대한 설명으로 틀린 것은?

① 이스트는 생물학적 팽창제로 이스트에 함유된 효모(Zymase)가 알코올 발효를 하면서 이산화탄소를 만들어 낸다.
② 베이킹파우더는 소다의 단점인 쓴맛을 제거하기 위하여 산으로 중화시켜 놓은 것이다.
③ 암모니아는 냄새 때문에 과자 등을 만드는 데 사용하지 않는다.
④ 베이킹파우더의 사용량이 많으면 노화가 빨라진다.

해설 암모니아계 팽창제는 물이 있으면 단독으로 작용하여 가스를 발생시키며 쿠키 등에 사용하면 퍼짐이 좋아진다.

38 세균성 식중독을 일으키는 원인균이 아닌 것은?

① 포도상구균
② 장염 비브리오균
③ 디프테리아균
④ 살모넬라균

해설 감염형 식중독 균으로 장염 비브리오균, 병원성 대장균, 살모넬라균 등이 있다.

39 식품첨가물의 독성 평가를 위해 가장 많이 사용하고 있으며, 시험물질을 장기간 투여했을 때 어떠한 장해나 중독이 일어나는가를 알아보는 시험으로 옳은 것은?

① 급성 독성 시험
② 아급성 독성 시험
③ 만성 독성 시험
④ 호흡시험법

해설
- 급성 독성 시험(LD_{50}) : 실험 대상동물에게 실험물질을 1회만 투여하여 단기간에 독성의 영향 및 급성 중독증상 등을 관찰하는 시험방법이다. 실험 대상동물 50%가 사망할 때의 투여량으로 LD_{50}의 수치가 낮을수록 독성이 강하다.
- 아급성 독성 시험 : 실험 대상동물 수명의 10분의 1 정도의 기간에 걸쳐 치사량 이하의 여러 용량을 연속 경구투여하여 사망률 및 중독증상을 관찰하는 시험방법이다.
- 만성 독성 시험 : 식품첨가물의 독성 평가를 위해 가장 많이 사용하고 있으며, 시험물질을 장기간 투여했을 때 어떠한 장해나 중독이 일어나는가를 알아보는 시험이다. 만성 독성 시험은 식품첨가물이 실험 대상동물에게 어떤 영향도 주지 않는 최대의 투여량인 최대무작용량(最大無作用量)을 구하는 데 목적이 있다.

40 다음 중 고온에서 빨리 구워야 하는 제품은?

① 파운드 케이크
② 고율 배합 제품
③ 저율 배합 제품
④ 패닝 양이 많은 제품

해설 저율 배합일수록 고온에서 짧은 시간에 굽는 것이 적합하다.

정답 37 ③ 38 ③ 39 ③ 40 ③

41 **제빵에서의 수분 분포에 관한 설명 중 틀린 것은?**

① 물이 반죽에 균일하게 분산되는 시간은 보통 10분 정도이다.
② 1차 발효와 2차 발효를 거치는 동안 반죽은 다소 건조하게 된다.
③ 반죽 내 수분은 굽는 동안 증발되어 최종 제품에는 35% 정도만 남게 된다.
④ 소금은 글루텐을 단단하게 하여 글루텐 흡수량의 약 8%를 감소시킨다.

해설 ② 반죽은 발효 과정을 거치면서 수분을 충분히 흡수한다.

42 **과자의 반죽 방법 중 시폰형 반죽 방법에 대한 설명으로 옳은 것은?**

① 화학 팽창제를 사용한다.
② 유지와 설탕을 믹싱한다.
③ 모든 재료를 한꺼번에 넣고 믹싱한다.
④ 달걀의 흰자와 노른자를 분리하여 믹싱한다.

해설 시폰형 반죽 방법은 달걀의 흰자와 노른자를 분리하여 주로 흰자만 거품 내는 방법이다.

43 **압착 효모(생이스트)의 고형분 함량은 보통 얼마인가?**

① 10% ② 30%
③ 50% ④ 60%

해설 생이스트(압착 효모)의 수분 함량은 70% 정도이고, 고형분은 30% 정도이다.

44 **밀가루에 일반적인 손상전분의 함량으로 가장 적당한 것은?**

① 5~8% ② 12~15%
③ 19~23% ④ 27~30%

해설 밀가루에 일반적인 손상된 전분은 4.5~8% 함유한 것이 좋다.

45 **냉동반죽법에서 1차 발효 시간이 길어질 경우 일어나는 현상은?**

① 냉동 저장성이 짧아진다.
② 제품의 부피가 커진다.
③ 이스트의 손상이 작아진다.
④ 반죽 온도가 낮아진다.

해설 냉동반죽법에서 1차 발효 시간이 길어질 경우 냉동 저장성이 짧아진다.

46 **발효 과정 중 생성되는 물질은?**

① 산 소 ② 탄산가스
③ 글루텐 ④ 단백질

해설 발효 과정 중 효소에 의해 유기산(5%), 탄산가스(46%), 알코올(49%)을 생성한다.

41 ② 42 ④ 43 ② 44 ① 45 ① 46 ② 정 답

47 다음 중 일반적으로 초콜릿에 사용되는 원료가 아닌 것은?

① 카카오 버터 ② 전지분유
③ 이스트 ④ 레시틴

해설 초콜릿의 원료로 카카오 버터, 분유, 레시틴, 바닐라 등이 있다.

48 어떤 케이크를 제조하기 위하여 조건을 조사한 결과 달걀 온도 25℃, 밀가루 온도 25℃, 설탕 온도 25℃, 쇼트닝 온도 25℃, 실내 온도 25℃, 사용수 온도 20℃, 결과 온도 28℃가 되었다. 마찰계수는?

① 13
② 18
③ 23
④ 28

해설 마찰계수
= 결과 온도 × 6 − (실내 온도 + 밀가루 온도 + 설탕 온도 + 유지 온도 + 달걀 온도 + 수돗물 온도)
= 28 × 6 − (25 + 25 + 25 + 25 + 25 + 20)
= 23

49 오븐에서의 부피 팽창 시 나타나는 현상이 아닌 것은?

① 발효에서 생긴 가스가 팽창한다.
② 약 90℃까지 이스트의 활동이 활발하다.
③ 약 80℃에서 알코올이 증발한다.
④ 탄산가스가 발생한다.

해설 이스트
- 이스트의 번식 최적 온도 : 28~32℃
- 이스트 발육의 최적 pH : 4.5~4.9
- 이스트 활동이 가장 활발한 온도 : 38℃
- 이스트 활동 정지 온도 : −3℃ 이하

50 다음 설명에 해당하는 감염병의 예방방법은?

- 처음에는 감기 증상으로 시작하여 열이 내릴 때 마비가 시작된다.
- 감염되기 쉬운 연령은 1~2세이며, 잠복기는 7~12일이다.
- 소아의 척추 신경계를 손상하여 영구적인 마비를 일으킨다.

① 예방접종
② 항생제 투여
③ 음식물의 오염 방지
④ 쥐, 진드기, 바퀴벌레 박멸

해설 폴리오(소아마비)
- 예방법 : 폴리오 생백신 예방접종
- 치료법 : 약물치료, 대증치료, 재활운동

51 밀가루에 대한 설명 중 옳은 것은?

① 일반적으로 빵용 밀가루의 단백질 함량은 10.5~13% 정도이다.
② 보통 케이크용 밀가루의 회분 함량이 빵용보다 높다.
③ 케이크용 밀가루의 단백질 함량은 4% 이하여야 한다.
④ 밀가루는 회분 함량에 따라 강력분, 중력분, 박력분으로 나뉜다.

해설 ② 케이크용 밀가루의 회분 함량은 0.4% 이하이고, 빵용 밀가루의 회분 함량은 4.5% 이하이다.
③ 케이크용 밀가루의 단백질 함량은 7~9%이다.
④ 밀가루는 단백질 함량에 따라 강력분, 중력분, 박력분으로 나뉜다.

정답 47 ③ 48 ③ 49 ② 50 ① 51 ①

52 **파운드 케이크 제조용 쇼트닝에서 가장 중요한 제품 특성은?**

① 신장성 ② 가소성
③ 유화성 ④ 안전성

해설 파운드 케이크와 같이 많은 유지와 액체를 사용하는 제품에는 유화성이 중요하다. 달걀과 우유 중의 수분과 버터, 쇼트닝 등의 유지가 잘 혼합되도록 유화제를 투입하여 사용하기도 한다.

53 **다음 중 빵 제품의 노화(Staling) 현상이 가장 일어나지 않는 온도는?**

① −20~−18℃ ② 7~10℃
③ 18~20℃ ④ 0~4℃

해설 빵을 −18℃ 이하에서 급속냉동 보관하면 노화가 정지된다(빵 속 수분이 얼기 때문).

54 **단백질 식품이 미생물의 분해 작용에 의하여 형태, 색, 경도, 맛 등의 본래의 성질을 잃고 악취를 발생하거나 독물을 생성하여 먹을 수 없게 되는 현상은?**

① 변 패 ② 산 패
③ 부 패 ④ 발 효

해설 부패는 단백질을 주성분으로 하고 식품의 혐기성 세균의 번식에 의해 분해되며, 아미노산, 아민, 암모니아를 생성한다.

55 **빵의 변질에 관한 주요 오염균은?**

① 대장균
② 비브리오균
③ 곰팡이
④ 살모넬라균

해설 식중독균으로 대장균, 비브리오균, 살모넬라균 등이 있다.

56 **다음 당류 중 일반적인 제빵용 이스트에 의하여 분해되지 않는 것은?**

① 설 탕
② 맥아당
③ 과 당
④ 유 당

해설 유당은 이스트에 의해 분해되지 않는다.

정 답: 52 ③ 53 ① 54 ③ 55 ③ 56 ④

57 식빵을 만드는 데 실내 온도 15℃, 수돗물 온도 10℃, 밀가루 온도 13℃일 때 믹싱 후의 반죽 온도가 21℃가 되었다면 이때 마찰계수는?

① 5　② 10
③ 20　④ 25

해설 **마찰계수**
=(결과 반죽 온도 × 3) − (밀가루 온도 + 실내 온도 + 사용할 물의 온도)
=(21 × 3) − (13 + 15 + 10) = 25

58 케이크의 표면이 터지는 결점에 대한 조치사항으로 맞는 것은?

① 팽창이 과도한 경우 팽창제 사용을 감소하거나 믹싱 상태를 조절한다.
② 굽기 중 너무 건조시키면 말기를 할 때 부서지므로 오버 베이킹을 한다.
③ 반죽의 비중을 너무 낮지 않게 믹싱한다.
④ 반죽 온도가 낮으면 굽는 시간이 빨라지므로 온도가 너무 높지 않도록 한다.

해설 ② 구울 때 너무 건조되면 말기를 할 때 표피가 터지므로 오버 베이킹을 하지 않는다.
③ 반죽의 비중이 높으면 단단한 케이크가 되어 터지기 쉽다.
④ 반죽 온도가 낮으면 굽는 시간이 길어져서 건조되어 터지기 쉽다.

59 빵 제조 시 밀가루를 체로 치는 이유가 아닌 것은?

① 제품의 착색
② 입자의 균질
③ 공기의 혼입
④ 불순물의 제거

해설 밀가루를 체로 치는 이유는 공기 혼입, 불순물 제거, 입자를 균일하게 하여 혼합을 돕기 위함이다.

60 케이크 제조에 사용되는 달걀의 역할이 아닌 것은?

① 글루텐 형성 작용
② 결합제 역할
③ 유화제 역할
④ 팽창 작용

해설 **달걀의 기능**
- 결합제(응고제), 팽창제, 유화제 역할
- 식욕을 돋우는 속 색 형성
- 영양가와 풍미 향상

정답 57 ④ 58 ① 59 ① 60 ①

2019년 상시복원문제(1회)

01 달걀(전란)의 수분 함량으로 옳은 것은?

① 55% ② 65%
③ 75% ④ 85%

해설 달걀의 수분 함량
- 흰자 : 88%
- 노른자 : 50%
- 전란 : 75%

02 도넛을 튀길 때 튀김 기름 깊이로 알맞은 것은?

① 8~10cm ② 12~15cm
③ 18~21cm ④ 22~25cm

해설 튀김 기름의 평균 깊이는 12~15cm 정도가 좋다.

03 빵 반죽을 할 때 적합한 물은?

① 연 수 ② 경 수
③ 아경수 ④ 아연수

해설 물의 경도는 발효 및 반죽에 많은 영향을 미치며, 빵을 만들기에 적합한 물은 아경수이다.

04 엔젤 푸드 케이크를 구웠을 때 심하게 수축이 일어나는 경우가 아닌 것은?

① 지나치게 구웠을 때
② 덜 구웠을 때
③ 흰자의 믹싱이 덜 되었을 때
④ 흰자의 믹싱이 지나치게 되었을 때

05 오븐에서 구운 빵을 냉각하여 포장하는 온도로 가장 적합한 것은?

① 5~10℃
② 15~20℃
③ 35~40℃
④ 55~60℃

해설 빵의 포장 온도는 35~40℃가 적당하다.

06 다음 중 빵 반죽 시 둥글리기의 목적이 아닌 것은?

① 글루텐의 구조를 정돈하기 위해
② 성형을 용이하게 하기 위해
③ 경직된 반죽의 긴장을 완화하기 위해
④ 중간발효에서 가스가 새지 않도록 표면막을 형성하기 위해

해설 ③ 경직된 반죽의 긴장을 완화하는 것은 중간발효의 목적이다.

정답 1 ③ 2 ② 3 ③ 4 ③ 5 ③ 6 ③

07 도넛을 튀길 때 튀김 온도로 가장 적합한 것은?

① 165~174℃
② 185~195℃
③ 200~220℃
④ 230℃ 이상

해설 도넛의 튀김 기름의 온도는 180~195℃이다.

08 스트레이트법을 비상 스트레이트법으로 변경할 때 필수 조치사항이 아닌 것은?

① 이스트를 2배 증가하여 사용한다.
② 반죽 온도를 30℃로 올린다.
③ 설탕량을 1% 감소한다.
④ 반죽 시간을 20~25% 감소한다.

해설 **스트레이트법을 비상 스트레이트법으로 전환 시 조치사항**
- 1차 발효 시간 단축 : 비상 스펀지법 30분간, 비상 스트레이트법 15~30분간
- 반죽 시간 증가 : 20~25%
- 발효 속도 촉진 : 이스트를 2배 증가하여 사용
- 반죽의 색깔과 되기 조절 : 설탕 1% 감소
- 반죽의 수분 조절 : 가수량 1% 감소
- 발효 속도 증가 : 반죽 온도 30~31℃

09 상대적 감미도가 올바르게 연결된 것은?

① 과당 – 135
② 포도당 – 35
③ 맥아당 – 16
④ 설탕 – 100

해설 **당류의 상대적 감미도**
과당(175) > 전화당(130) > 설탕(100) > 포도당(75) > 맥아당(32) > 유당(16)

10 다음 중 인수공통전염병이 아닌 것은?

① 탄저병
② 전염성 설사병
③ 공수병
④ 결 핵

해설 **인수공통전염병의 종류**
일본뇌염, 결핵, 브루셀라증, 탄저, 공수병, 크로이츠펠트–야콥병 및 변종크로이츠펠트–야콥병, 중증급성호흡기증후군, 동물인플루엔자인체감염증, 큐열 등

11 컨베이어 벨트에 따라 다양한 사이즈를 생산할 수 있으며, 대량 생산 시 적합한 공장 설비용 오븐은?

① 데크 오븐(Deck Oven)
② 컨벡션 오븐(Convection Oven)
③ 로터리 랙 오븐(Rotray Rack Oven)
④ 터널 오븐(Tunnel Oven)

해설 **터널 오븐**
- 대량 생산에 적합한 공장 설비용 오븐으로 컨베이어 벨트에 따라 다양한 사이즈를 생산할 수 있다.
- 반죽이 통과하는 공간에 위아래 열원을 장착하고 운영하며 발효실과 연동하여 운영되는 것이 보통이다.

정 답 7 ② 8 ④ 9 ④ 10 ② 11 ④

12 **프랑스빵과 같이 된 반죽을 할 경우 적합한 믹서기는?**

① 스파이럴 믹서(Spiral Mixer)
② 수직형 믹서(Vertical Mixer)
③ 수평형 믹서(Horizontal Mixer)
④ 키친에이드(Kitchen Aid)

해설 **스파이럴 믹서(Spiral Mixer)**
- 수직 믹서의 일종으로 반죽 날개의 형태가 나선형으로 되어 있고, 반죽통 바닥이 평평하고 반죽통이 돌아간다.
- 프랑스빵과 같이 된 반죽이나 글루텐 형성능력이 다소 작은 밀가루로 빵을 만들 경우에 적당하다.

13 **2차 발효실 습도가 가장 낮은 제품은?**

① 햄버거 ② 과자빵
③ 크루아상 ④ 식 빵

해설 데니시 페이스트리, 크루아상은 유지가 많이 첨가되므로 발효실 온도와 습도를 낮게 한다.

14 **빵 반죽을 할 때 반죽기계에 에너지가 가장 많이 필요한 단계는?**

① 픽업단계(Pick-up Stage)
② 클린업단계(Clean-up Stage)
③ 발전단계(Development Stage)
④ 최종단계(Final Stage)

해설 **발전단계(Development Stage)**
- 글루텐의 결합이 급속이 진행되어 반죽의 탄력성이 최대가 되며, 믹서의 최대 에너지가 요구된다.
- 반죽은 훅에 엉겨 붙고 볼에 부딪힐 때 건조하고 둔탁한 소리가 난다.
- 프랑스빵이나 공정이 많은 빵 반죽은 이 단계에서 반죽을 그친다.

15 **후염법으로 반죽할 때 소금을 투입하는 시기는?**

① 픽업단계(Pick-up Stage)
② 클린업단계(Clean-up Stage)
③ 발전단계(Development Stage)
④ 최종단계(Final Stage)

해설 후염법으로 반죽할 때 클린업단계(Clean-up Stage)에서 소금을 넣는다.

16 **스트레이트법으로 제빵할 때 일반적으로 1차 발효실의 온도는 몇 ℃가 적당한가?**

① 24℃ ② 27℃
③ 30℃ ④ 33℃

해설 **스트레이트법**
- 모든 재료를 믹서에 한꺼번에 넣고 믹싱하는 방법으로 직접 반죽법이라고도 한다.
- 반죽 시간 : 12~25분
- 믹싱 결과 온도 : 26~28℃(보통 27℃)
- 1차 발효 : 온도 27℃, 상대습도 75~80%, 부피 3~3.5배
- 2차 발효 : 온도 33~40℃, 상대습도 85~90%

정답 12 ① 13 ③ 14 ③ 15 ② 16 ②

17 스펀지/도법으로 빵을 만들 때 스펀지의 반죽 온도로 가장 알맞은 것은?

① 18~20℃
② 23~25℃
③ 26~27℃
④ 30~33℃

해설 스펀지 반죽 온도는 22~26℃(보통 24℃)이다.

18 스트레이트법의 장점이 아닌 것은?

① 작업 공정에 대한 융통성이 있다.
② 공정시간이 단축된다.
③ 발효 손실이 감소된다.
④ 흡수율이 좋다.

해설 스트레이트법의 장단점

장 점	단 점
• 공정시간, 노동력, 전력이 감소된다. • 발효 손실이 감소된다. • 흡수율이 좋다.	• 발효 내구성이 약하다. • 작업 공정에 대한 융통성이 없다. • 노화가 빠르다.

19 스트레이트법 1차 발효의 발효점은 일반적으로 처음 반죽 부피의 몇 배까지 팽창되는 것이 가장 적당한가?

① 1~2배
② 2~3배
③ 5~6배
④ 6~7배

해설 스트레이트법 반죽의 1차 발효실 조건 온도는 27℃, 상대습도는 75~80%, 발효점 부피는 3~3.5배이다.

20 노타임 반죽법의 산화제로 옳은 것은?

① 브롬산칼륨 ② 프로테이스
③ 라이페이스 ④ L-시스테인

해설 노타임법의 산화제
• 지효성 : 브롬산칼륨
• 속효성 : 아이오딘화칼륨

21 수돗물 온도 20℃, 사용할 물 온도 18℃, 사용 물의 양이 5kg일 때 얼음 사용량은?

① 100g ② 200g
③ 300g ④ 400g

해설 얼음 사용량

$$= \frac{\text{물 사용량} \times (\text{수돗물 온도} - \text{계산된 물의 온도})}{80 + \text{수돗물 온도}}$$

$$= 5{,}000 \times \frac{20-18}{80+20} = 100\text{g}$$

22 사람의 코, 피부, 머리카락 등 감염된 상처와 관련이 있는 균은?

① 웰치균
② 살모넬라균
③ 포도상구균
④ 병원성 대장균

해설 포도상구균은 사람의 머리카락, 코, 목 및 상처 부위에서 주로 발견된다.

정답 17 ② 18 ① 19 ② 20 ① 21 ① 22 ③

23 **다음 중 독버섯의 독성분으로 알맞은 것은?**

① 솔라닌 ② 고시폴
③ 사포닌 ④ 무스카린

해설 **식물성 자연독**
- 독버섯 : 무스카린, 코린, 발린
- 감자독 : 솔라닌
- 면실유 : 고시폴
- 대두 : 사포닌
- 청매 : 아미그달린
- 피마자 : 리신

24 **교차오염 방지법으로 옳지 않은 것은?**

① 개인위생 관리를 철저히 한다.
② 손 씻기를 철저히 한다.
③ 화장실의 출입 후 손을 청결히 하도록 한다.
④ 면장갑을 손에 끼고 작업을 한다.

해설 **교차오염 방지법**
- 개인위생 관리를 철저히 한다.
- 손 씻기를 철저히 한다.
- 조리된 음식 취급 시 맨손으로 작업하는 것을 피한다.
- 화장실의 출입 후 손을 청결히 한다.

25 **하스 브레드에 속하지 않는 것은?**

① 바게트 ② 베이글
③ 포카치아 ④ 곡류빵

해설 **하스(Hearth) 브레드**
형틀을 사용하지 않고 오븐 바닥에 직접 닿게 하여 구운 빵으로 프랑스빵, 포카치아, 곡류(독일빵) 등이 있다.

26 **패리노그래프에 관한 설명 중 옳지 않은 것은?**

① 흡수율 측정
② 믹싱 기간 측정
③ 믹싱 내구성 측정
④ 전분의 점도 측정

해설 **패리노그래프(Farinograph)**
고속 믹서 내에서 일어나는 물리적인 성질을 기록하여 밀가루의 흡수율, 반죽 내구성 및 시간 등을 측정하는 기계로 곡선이 500BU(Brabender Units)에 도달하는 시간, 떠나는 시간 등으로 밀가루의 특성을 측정한다.

27 **지방의 산화를 가속시키는 요소가 아닌 것은?**

① 공기와의 접촉이 많다.
② 토코페롤을 첨가한다.
③ 높은 온도로 여러 번 사용한다.
④ 자외선에 노출시킨다.

해설 항산화제란 유지의 산화적 연쇄반응을 방해하여 유지의 안정 효과를 갖게 하는 물질이다. 식품첨가용 항산화제에는 비타민 E(토코페롤), 몰식자산프로필(PG), 부틸하이드록시아니솔(BHA), 다이부틸하이드록시톨루엔(BHT), 구아 검 등이 있다.

23 ④ 24 ④ 25 ② 26 ④ 27 ② 정 답

28 **일반적으로 제빵 포장재의 조건으로 알맞은 것은?**

① 통기성이 없어야 한다.
② 가격이 비싸야 한다.
③ 투과성이 좋아야 한다.
④ 흡수력이 뛰어나야 한다.

해설 제빵용 포장지는 방수성이 있고 통기성이 없어야 하며 상품의 가치를 높일 수 있어야 한다. 또한 단가가 낮고 포장에 의하여 제품이 변형되지 않아야 한다.

29 **생이스트의 수분 함량으로 가장 적당한 것은?**

① 30%
② 50%
③ 70%
④ 90%

해설 **이스트의 수분 함량**
- 생이스트 : 70~75%
- 드라이 이스트 : 7.5~9%

30 **화학적인 식중독을 유발하는 것으로 적당하지 않은 것은?**

① 수 은
② 카드뮴
③ 독버섯
④ 농약에 오염된 식품

해설 독버섯은 자연독에 속한다.

31 **강력 밀가루의 단백질 함량으로 가장 적합한 것은?**

① 7%
② 10%
③ 13%
④ 16%

해설 **밀가루의 단백질 함량**
- 강력분 : 11~14%
- 중력분 : 10~11%
- 박력분 : 7~9%

32 **팬기름에 대한 설명으로 틀린 것은?**

① 기름의 발연점이 낮아야 한다.
② 무색, 무미, 무취여야 한다.
③ 정제 라드, 식물유, 혼합유로도 사용된다.
④ 과다하게 칠하면 밑 껍질이 두껍고 어둡게 된다.

해설 **팬기름**
- 빵을 구울 때 제품이 팬에 달라붙지 않고 잘 떨어지도록 하기 위함이다.
- 팬기름이 갖추어야 할 조건
  - 무색, 무취
  - 높은 안정성
  - 발연점이 210℃ 이상 높은 것
  - 반죽 무게의 0.1~0.2% 정도 사용

정 답 28 ① 29 ③ 30 ③ 31 ③ 32 ①

33 **유지의 기능이 아닌 것은?**

① 부피와 조직의 개선
② 윤활작용
③ 보존성 증가
④ 노화 촉진

해설 **유지의 기능**
- 부피조직 개선
- 슬라이싱을 도움
- 윤활작용
- 보존성 증가

34 **쇼트닝의 설명으로 옳지 않은 것은?**

① 지방이 99.5%를 차지한다.
② 동물성 유지에 속한다.
③ 비스킷, 쿠키 등에 바삭바삭한 식감을 준다.
④ 크림성이 좋다.

해설 쇼트닝은 식물성 유지에 속한다.

35 **밀가루를 강력, 중력, 박력으로 구분하는 기준은?**

① 회 분
② 단백질
③ 수 분
④ 글루텐

해설 밀가루를 강력분, 중력분, 박력분으로 나누는 기준은 단백질 함량이다.

36 **육류, 어류의 결체조직이나 뼈, 피부조직 등의 콜라겐 성분만을 추출하여 가공해서 만든 것은?**

① 한 천
② 펙 틴
③ 젤라틴
④ 검

해설 ③ 젤라틴은 동물의 껍질, 연골 등을 구성하는 콜라겐을 뜨거운 물로 처리하면 얻어지는 유도단백질의 일종이다.
① 한천은 해조류인 우뭇가사리에서 성분을 추출하여 가공해서 만든다.
② 펙틴은 식물(과일)에서 추출한다.

37 **퍼프 페이스트리(Puff Pastry)의 팽창은 다음 중 어느 것에서 비롯되는가?**

① 공기 팽창
② 화학 팽창
③ 증기압 팽창
④ 이스트 팽창

해설 퍼프 페이스트리는 밀가루 반죽에 유지를 감싸서 여러 번 밀어 펴기를 하여 반죽과 유지의 결을 만들고 유지층 사이의 증기압으로 부풀린 제품이다.

33 ④ 34 ② 35 ② 36 ③ 37 ③ 정 답

38 **젤리 롤케이크는 어떤 배합을 기본으로 하여 만드는 제품인가?**

① 스펀지 케이크 배합
② 파운드 케이크 배합
③ 과일 케이크 배합
④ 슈크림 배합

해설 소프트 롤을 비롯한 젤리 롤, 초콜릿 롤케이크는 말기를 하는 제품으로 기본 스펀지 배합보다 수분이 많아야 말 때 표피가 터지지 않는다.

39 **비용적의 단위로 옳은 것은?**

① cm^3/g
② cm^2/g
③ cm^3/mL
④ cm^2/mL

해설 비용적은 빵의 부피를 빵의 무게로 나눈 값이며, 단위는 cm^3/g이다.

40 **다음 쿠키 중에서 상대적으로 수분이 많아서 짜서 만드는 제품은?**

① 드롭 쿠키
② 스냅 쿠키
③ 스펀지 쿠키
④ 머랭 쿠키

해설 ① 드롭 쿠키(Drop Cookie) : 수분이 많아 짜서 만드는 쿠키이다.
② 스냅 쿠키(Snap Cookie) : 수분이 적어 밀대나 롤러기로 밀어 모양을 찍어 만든다.

41 **아이싱의 끈적거림을 방지하기 위한 방법으로 잘못된 것은?**

① 액체를 최소량으로 사용한다.
② 40℃ 정도로 가온한 아이싱 크림을 사용한다.
③ 안정제를 사용한다.
④ 케이크 제품이 냉각되기 전에 아이싱한다.

해설 아이싱은 제품이 완전히 냉각되었을 때 하면 아이싱 크림이 녹지 않고 끈적거리지 않는다.

42 **도넛을 튀길 때 사용하는 기름에 대한 설명으로 틀린 것은?**

① 발연점이 낮은 기름이 좋다.
② 발연점이 높은 기름이 좋다.
③ 기름이 너무 많으면 온도를 올리는 시간이 길어진다.
④ 튀김 기름의 평균 깊이는 12~15cm 정도가 좋다.

해설 도넛 기름은 발연점이 높은 기름을 사용해야 한다.

정 답 38 ① 39 ① 40 ① 41 ④ 42 ①

43 찜을 이용한 제품에 사용되는 팽창제의 특성은?

① 지속성 ② 속효성
③ 지효성 ④ 이중팽창

해설 속효성은 가스 발생 속도가 빠른 성질을 말한다. 속효성 팽창제는 산작용제로 주석산을 함유한 것이며, 실온에서 반응을 시작하여 100℃에서 가스를 발산한다. 핫케이크, 찜케이크와 같은 형성단계에서 팽창하기 시작하여 가열 시간이 짧고 가열 온도가 낮은 제품으로 사용한다.

44 빵 포장재로 적합하지 않은 것은?

① 종 이 ② 알루미늄
③ 사기그릇 ④ 천

해설 빵 포장재로 종이, 알루미늄, 사기그릇, 유리, 지기 등이 있다.

45 파운드 케이크의 적당한 비중은?

① 0.4~0.5 ② 0.7~0.8
③ 0.8~0.9 ④ 10 이상

해설 파운드 케이크의 비중은 0.7~0.8이 적당하다.

46 유지와 밀가루를 먼저 혼합하는 반죽법은?

① 블렌딩법 ② 크림법
③ 1단계법 ④ 혼합법

해설 블렌딩법은 유지와 밀가루를 먼저 혼합하는 반죽법이다.

47 다음 고율 배합으로 알맞은 것은?

① 수분 = 설탕
② 밀가루 > 설탕
③ 설탕 > 밀가루
④ 수분 < 설탕

해설 고율 배합은 설탕 사용량이 밀가루 사용량보다 많고, 수분이 설탕보다 많은 배합을 말한다.

48 부패 미생물이 번식할 수 있는 최저 수분활성도(Aw)의 순서가 바르게 나열된 것은?

① 세균 > 곰팡이 > 효모
② 세균 > 효모 > 곰팡이
③ 효모 > 곰팡이 > 세균
④ 효모 > 세균 > 곰팡이

해설 미생물 증식 억제 수분활성도는 세균은 0.8 이하, 효모는 0.75 이하, 곰팡이는 0.7 이하이다.

43 ② 44 ④ 45 ② 46 ① 47 ③ 48 ② 정 답

49 집단식중독이 발생하였을 때의 조치사항으로 부적합한 것은?

① 시장 · 군수 · 구청장에 신고한다.
② 의사 처방전이 없더라도 항생물질을 즉시 복용시킨다.
③ 원인식을 조사한다.
④ 원인을 조사하기 위해 환자의 가검물을 보관한다.

해설 ② 의사의 처방 없이 항생물질을 복용시켜서는 안 된다.

50 우리나라 식품위생행정을 담당하는 기관은?

① 환경부
② 고용노동부
③ 식품의약품안전처
④ 행정안전부

해설 우리나라의 식품위생행정은 중앙기구로서 식품의약품안전처가 존재하여 식품안전정책, 사고 대응 등을 총괄적으로 수행한다.

51 필수 아미노산이 아닌 것은?

① 라이신(Lysine)
② 메티오닌(Methionine)
③ 페닐알라닌(Phenylalanine)
④ 아라키돈산(Arachidonic Acid)

해설 **필수 아미노산의 종류** : 아이소류신, 류신, 라이신, 페닐알라닌, 메티오닌, 트레오닌, 트립토판, 발린, 히스티딘
※ 8가지로 보는 경우 히스티딘은 제외

52 빵을 오븐에서 구울 때 일어나는 현상이 아닌 것은?

① 전분의 호화가 일어난다.
② 빵의 옆면에 슈레드가 형성되는 것을 억제한다.
③ 오븐 팽창이 일어난다.
④ 설탕의 캐러멜화가 일어나 껍질 색이 난다.

해설 반죽에서 가장 약한 부분이 반죽과 팬 윗부분이 만나는 지점으로 반죽이 팽창하며 부풀게 될 때 터지는 부분을 슈레드라 한다.

53 빵류 포장재의 필수 조건이 아닌 것은?

① 안전성 ② 보호성
③ 작업성 ④ 기호성

해설 빵류 포장재의 조건으로 안전성, 편리성, 보호성, 효율성, 작업성, 경제성, 환경친화성 등이 있다.

정답 49 ② 50 ③ 51 ④ 52 ② 53 ④

54 **젤리 형성에 필요한 펙틴의 함량은?**

① 0.1~1.5%
② 1.5~2.5%
③ 2.5~3%
④ 3~4%

해설 젤리 형성에 필요한 펙틴 함유량은 0.1~1.5%이다.

55 **빵의 노화를 지연시키는 방법이 아닌 것은?**

① 저장 온도를 -18℃ 이하로 유지한다.
② 21~35℃에서 보관한다.
③ 고율 배합으로 한다.
④ 냉장고에서 보관한다.

해설 빵의 노화는 오븐에서 나오자마자 바로 시작되며 4일 동안 일어날 노화의 반이 하루 만에 진행된다. -18℃ 이하에서 노화가 정지되며 -7~10℃ 사이에서 노화가 가장 빨리 일어난다.

56 **젤리 롤케이크를 말 때 겉면이 터지는 경우 조치사항이 아닌 것은?**

① 팽창이 과도한 경우 팽창제 사용량을 감소시킨다.
② 설탕의 일부를 물엿으로 대치한다.
③ 저온 처리하여 말기를 한다.
④ 덱스트린의 점착성을 이용한다.

해설 과다하게 냉각(저온 처리)시켜 말면 윗면이 터지기 쉽다.

57 **초콜릿의 슈거 블룸(Sugar Bloom) 현상에 대한 설명으로 가장 옳은 것은?**

① 초콜릿 제조 시 온도 조절이 부적합할 때 생기는 현상이다.
② 초콜릿 표면에 수분이 응축하며 나타나는 현상이다.
③ 보관 중 온도관리가 나쁜 경우 발생되는 현상이다.
④ 초콜릿의 균열을 통해서 표면에 침출하는 현상이다.

해설 팻 블룸(Fat Bloom)은 초콜릿에 함유된 지방분인 카카오 버터가 28℃ 이상의 고온에서 녹아 설탕, 카카오, 우유 등이 분리되었다가 다시 굳어지면서 얼룩을 만드는 현상으로 블룸 현상의 대부분을 차지한다. 초콜릿 가공 과정 중 하나인 온도조절 작업이 충분하지 않거나 고온이나 직사광선으로 인하여 초콜릿이 녹았다가 그대로 굳은 경우에 생긴다. 초콜릿 표면에 수분이 응축하며 나타나는 현상은 슈거 블룸(Sugar Bloom)이다.

58 **당장법으로 식품을 보존할 때 설탕의 알맞은 농도는?**

① 30%
② 40%
③ 50%
④ 60%

해설 당장법의 설탕 농도는 50%가 적당하다.

54 ① 55 ④ 56 ③ 57 ② 58 ③ 정답

59 **냉장의 목적과 가장 관계가 먼 것은?**

① 식품의 보존 기간 연장
② 자기 호흡 지연
③ 세균의 증식 억제
④ 미생물의 멸균

해설 **냉장 냉동법**
- 미생물의 발육 조건인 수분, 온도, 영양 중에서 온도를 낮춤으로써 발육을 억제시키는 방법이다.
- 미생물은 일반적으로 10℃ 이하에서 번식이 억제되고 −5℃ 이하에서 번식이 불가능해지는데, 이러한 원리에 따라 보존할 수 있는 방법은 냉장, 냉동, 움저장이 있다.

60 **제과 · 제빵에서 안정제의 기능이 아닌 것은?**

① 파이 충전물의 농후화제 역할을 한다.
② 흡수제로 노화 지연 효과가 있다.
③ 아이싱의 끈적거림을 방지한다.
④ 토핑물을 부드럽게 만든다.

해설 **안정제의 기능**
- 아이싱의 끈적거림 방지
- 아이싱의 부서짐 방지
- 머랭의 수분 배출 억제
- 무스 케이크 제조
- 파이 충전물의 농후화제
- 흡수제로 노화 지연 효과

정 답 59 ④ 60 ④

2019년 상시복원문제(2회)

01 달걀흰자의 가장 적당한 수분 함량은?

① 50% ② 75%
③ 88% ④ 90%

해설 달걀의 수분 함량
- 흰자 : 88%
- 노른자 : 50%
- 전란 : 75%

02 아밀로그래프(Amylograph)의 설명 중 틀린 것은?

① 전분의 점도 측정
② 아밀레이스의 효소능력 측정
③ 전분의 호화를 BU 단위로 측정
④ 전분의 다소(多少) 측정

해설 아밀로그래프(Amylograph)
점도, 아밀레이스 활성도, 전분의 호화(곡선 높이 : 400~600BU)를 측정할 때 사용한다.
※ BU : Brabender Units(B.U.)

03 밀가루에 일반적인 손상전분의 함량으로 가장 적당한 것은?

① 5~8%
② 12~15%
③ 19~23%
④ 27~30%

해설 제빵용 밀가루의 손상전분 함량은 4.5~8%이다.

04 다음 중 지방을 분해하는 효소는?

① 아밀레이스(Amylase)
② 라이페이스(Lipase)
③ 치메이스(Zymase)
④ 프로테이스(Protease)

해설 ① 아밀레이스(Amylase) : 전분 분해효소
③ 치메이스(Zymase) : 포도당, 과당 분해효소
④ 프로테이스(Protease) : 단백질 분해효소

05 다음 감염병 중 쥐를 매개체로 감염되는 질병이 아닌 것은?

① 돈단독증
② 쯔쯔가무시증
③ 신증후군출혈열(유행성 출혈열)
④ 렙토스피라증

해설 돈단독증은 돼지를 비롯하여 양, 소, 말, 닭 등에서 발생하는 단독(丹毒) 특유의 피부염과 패혈증을 일으키는 것으로 관절염이나 심장장애가 주가 되는 경우가 많다.

정답 1 ③ 2 ④ 3 ① 4 ② 5 ①

06 베이커스 퍼센트(Baker's Percent)에 대한 설명으로 맞는 것은?

① 전체의 양을 100%로 하는 것이다.
② 물의 양을 100%로 하는 것이다.
③ 밀가루의 양을 100%로 하는 것이다.
④ 물과 밀가루의 양을 100%로 하는 것이다.

해설 베이커스 퍼센트(Baker's Percent)는 밀가루 100%를 기준으로 한다.

07 미생물의 감염을 감소시키기 위한 작업장 위생의 내용과 거리가 먼 것은?

① 소독액으로 벽, 바닥, 천장을 세척한다.
② 빵 상자, 수송 차량, 매장 진열대는 항상 온도를 높게 관리한다.
③ 깨끗하고 뚜껑이 있는 재료통을 사용한다.
④ 적절한 환기시설과 조명시설을 갖춘 저장실에 재료를 보관한다.

해설 빵 상자, 수송 차량, 매장 진열대는 적당한 온도를 유지해야 한다.

08 전염병 발생을 일으키는 3가지 조건이 아닌 것은?

① 충분한 병원체
② 숙주의 감수성
③ 예방접종
④ 감염될 수 있는 환경조건

해설 전염병 발생을 일으키는 3가지 조건은 병원체, 숙주, 환경이다.

09 제빵용 소맥분은 그 속에 적정량의 손상된 전분을 필요로 한다. 그 이유와 거리가 먼 것은?

① 흡수율 향상(수율 향상)
② 효소 생성
③ 발효 동안 충분한 발효성 탄수화물 생성
④ 적정 수준의 덱스트린 생성

해설 밀가루의 성분 중 손상전분 함량이 밀가루 무게당 4.5~8%가 된다. 단백질 함량이 높을수록 손상전분이 높고, 밀가루의 물 흡수율에 영향을 준다. 손상전분 1% 증가 시 흡수율 2% 정도 증가한다.

10 도넛 글레이즈의 가장 적당한 사용 온도는?

① 15℃ ② 30℃
③ 35℃ ④ 50℃

해설 도넛 글레이즈의 온도는 45~50℃ 정도가 알맞다.

정답 6 ③ 7 ② 8 ③ 9 ② 10 ④

11 **당류 중에서 감미가 가장 강한 것은?**

① 맥아당 ② 설 탕
③ 과 당 ④ 포도당

해설 **당류의 상대적 감미도**
과당(175) > 전화당(130) > 설탕(100) > 포도당(75) > 맥아당(32) > 유당(16)

12 **경구 감염병의 종류와 거리가 먼 것은?**

① 유행성 간염
② 콜레라
③ 이 질
④ 일본뇌염

해설 **경구 감염병** : 장티푸스, 세균성 이질, 콜레라, 파라티푸스, 성홍열, 디프테리아, 유행성 간염, 감염성 설사증, 천열 등

13 **식품 보존료로서 갖추어야 할 요건은?**

① 변패를 일으키는 각종 미생물 증식을 저지할 것
② 사용법이 까다로울 것
③ 일시적 효력이 나타날 것
④ 열에 의해 쉽게 파괴될 것

해설 보존료는 미생물에 의한 변질을 방지하여 식품의 보존기간을 연장시키는 식품첨가물이다.

14 **이스트가 오븐 내에서 사멸되기 시작하는 온도는?**

① 40℃
② 60℃
③ 80℃
④ 100℃

해설 이스트는 냉장 온도(0~4℃)에서는 활성이 거의 없으나, 온도가 상승하면 활성이 증가하여 35℃에서 최대가 되고, 그 이상에서는 활성이 감소하여 60℃가 되면 사멸한다.

15 **다음 중 비중이 높은 제품의 특징이 아닌 것은?**

① 기공이 조밀하다.
② 부피가 작다.
③ 껍질 색이 진하다.
④ 제품이 단단하다.

해설 비중이 높은 제품은 기공이 조밀하고, 부피가 작고, 무겁고 단단하다. 대표적으로 반죽형 반죽인 파운드 케이크가 있다.

정답 11 ③ 12 ④ 13 ① 14 ② 15 ③

16 비상 스트레이트법의 선택적 조치사항 중 분유를 약 1%가량 줄이는 이유로 적당한 것은?

① 반죽의 pH를 낮추어 발효 속도를 증가시킨다.
② 완충제 작용으로 인한 발효를 지연시킨다.
③ 반죽을 기계적으로 더 발전시킨다.
④ 반죽의 신장성을 향상시킨다.

해설 분유는 당질 분해효소 작용을 지연시키고, 발효를 늦추는 완충제 작용을 한다.

17 반죽 무게를 구하는 식으로 적절한 것은?

① 틀부피 × 비용적
② 틀부피 + 비용적
③ 틀부피 ÷ 비용적
④ 틀부피 − 비용적

해설 반죽 무게 = 틀부피 ÷ 비용적

18 다음 경구 전염병 중 원인균이 세균이 아닌 것은?

① 이 질 ② 폴리오
③ 장티푸스 ④ 콜레라

해설 폴리오는 바이러스성 감염병이다.

19 다음 중 자연독 식중독과 그 독성물질을 잘못 연결한 것은?

① 독버섯 − 무스카린
② 모시조개 − 베네루핀
③ 청매 − 솔라닌
④ 복어독 − 테트로도톡신

해설 자연독 식중독

구분	내용
식물성 자연독	• 독버섯 : 무스카린, 코린, 발린 • 감자독 : 솔라닌 • 면실유 : 고시폴 • 대두 : 사포닌 • 청매 : 아미그달린 • 피마자 : 리신
동물성 자연독	• 복어독 : 테트로도톡신 • 섭조개, 대합조개 : 삭시톡신 • 바지락, 모시조개 : 베네루핀
곰팡이독	아플라톡신
화학성 식중독	환경오염, 기구·용기 포장(중금속), 유해방부제(붕산, 포르말린), 인공감미료(둘신, 사이클라메이트), 유해착색료(아우라민) 등

20 밀가루의 등급은 무엇을 기준으로 하는가?

① 회 분
② 단백질
③ 지 방
④ 탄수화물

해설 밀가루 등급에 따른 회분 함량
• 1등급 : 0.45%
• 2등급 : 0.65%
• 3등급 : 0.90%

정 답 16 ② 17 ③ 18 ② 19 ③ 20 ①

21 **제과 · 제빵 공정상 작업 내용에 따라 조도 기준을 달리한다면 표준 조도를 가장 높게 하여야 할 작업 내용은?**

① 장식(수작업), 마무리 작업
② 계량, 반죽 작업
③ 굽기, 포장 작업
④ 발효 작업

해설 공정상의 장식(수작업), 마무리 작업의 작업장 표준 조도는 500lx 이상으로 하는 것이 좋다.

22 **제과 · 제빵용 팬기름의 발연점으로 가장 알맞은 것은?**

① 150℃ 이상 ② 170℃ 이상
③ 190℃ 이상 ④ 210℃ 이상

해설 팬오일은 발연점이 210℃ 이상 높은 기름을 사용한다.

23 **향신료에 대한 설명으로 옳지 않은 것은?**

① 향신료는 주로 전분질 식품의 맛을 내는 데 사용된다.
② 향신료는 고대 이집트, 중동 등에서 방부제, 의약품의 목적으로 사용되던 것이 식품으로 이용된 것이다.
③ 스파이스는 주로 열대 지방에서 생산되는 향신료로 뿌리, 열매, 꽃, 나무껍질 등 다양한 부위가 이용된다.
④ 허브는 주로 온대 지방의 향신료로 식물의 잎이나 줄기가 주로 이용된다.

해설 향신료(Spice)는 풍미를 향상시키고 제품의 보존성을 높여 주는 기능을 하므로 다양한 식품에 사용된다.

24 **초콜릿을 템퍼링(Tempering)할 때 맨 처음 녹이는 공정의 온도 범위로 가장 적합한 것은?**

① 10~20℃
② 20~30℃
③ 30~40℃
④ 40~50℃

해설 초콜릿 템퍼링은 초콜릿의 모든 성분이 골고루 녹도록 49℃로 용해한 다음 26℃ 전후로 냉각하고 다시 적절한 온도(29~31℃)로 올리는 일련의 작업을 말한다.

25 **쥐나 곤충류에 의해서 발생될 수 있는 식중독은?**

① 살모넬라 식중독
② 클로스트리듐 보툴리눔 식중독
③ 포도상구균 식중독
④ 장염 비브리오 식중독

해설 대부분 농장동물은 자연적으로 살모넬라균을 보유하고 있다. 살모넬라 식중독은 가금류, 달걀, 유제품, 쇠고기와 연관성이 있으며 쥐의 분변이나 곤충류(바퀴벌레, 파리 등)에 의해서도 발생한다.

21 ① 22 ④ 23 ① 24 ④ 25 ① 정답

26 식품첨가물의 종류와 그 용도의 연결이 틀린 것은?

① 발색제 – 인공적 착색으로 관능성 향상
② 산화방지제 – 유지식품의 변질 방지
③ 표백제 – 색소물질 및 발색성 물질 분해
④ 소포제 – 거품 소멸 및 억제

해설 발색제는 식품의 색소를 유지·강화시키는 데 사용되는 식품첨가물이다.

27 젤리화의 3요소가 아닌 것은?

① 유기산류
② 염 류
③ 당분류
④ 펙틴류

해설 당분 60~65%, 펙틴 1.0~1.5%, pH 3.2의 산이 되면 젤리 형태로 굳는다.

28 다음 중 연속식 제빵법의 특징이 아닌 것은?

① 발효 손실 감소
② 설비공간, 설비면적 감소
③ 노동력 감소
④ 일시적 기계구입 비용의 경감

해설 **연속식 제빵법**
- 연속적인 작업이 하나의 제조라인을 통하여 이루어지도록 한 방법이다.
- 특수한 장비와 원료 계량장치로 이루어져 있으며, 정형장치가 없고 최소의 인원과 공간에서 생산이 가능하도록 되어 있다.

29 다음 중 산형식빵의 비용적으로 가장 적합한 것은?

① 1.5~1.8cm^3/g
② 1.7~2.6cm^3/g
③ 3.2~3.4cm^3/g
④ 3.6~4.0cm^3/g

해설 **제품별 비용적**
- 산형식빵 : 3.2~3.4cm^3/g
- 풀먼식빵 : 3.8~4.0cm^3/g
- 스펀지 케이크 : 5.08cm^3/g
- 파운드 케이크 : 2.40cm^3/g

30 중간발효에 대한 설명으로 틀린 것은?

① 분할, 둥글리기에서 흐트러진 글루텐 구조를 재정돈한다.
② 가스 발생으로 반죽의 유연성을 회복시킨다.
③ 반죽 표면에 얇은 막을 만들어 끈적거리지 않도록 한다.
④ 탄력성과 신장성에는 나쁜 영향을 미친다.

해설 **중간발효**
- 목적 : 정형하기 쉽도록 하고 분할, 둥글리기를 거치면서 굳은 반죽을 유연하게 만들기 위함이다.
- 온도 및 습도 : 27~29℃의 온도와 습도 70~75%의 조건에서 보통 10~20분간 실시되며, 중간발효 동안 반죽은 잃어버린 가스를 다시 포집하여 탄력 있고 유연성 있는 성질을 얻는다.

정 답 26 ① 27 ② 28 ④ 29 ③ 30 ④

31 열원으로 찜(수증기)을 이용하여 찐빵을 만들었을 때 주열전달 방식은?

① 대 류
② 전 도
③ 초음파
④ 복 사

해설 **대 류**
액체나 기체의 한 부분의 온도가 높아지면 그 부분의 부피가 증가하여 위로 올라가고, 차가운 액체나 기체가 아래로 내려오면서 열이 전달되는 방법이다. 대류 현상이 일어나면 액체나 기체에 의한 부분만 가열해도 가열하지 않은 부분까지 열이 이동하게 된다. 예를 들어 냄비 안의 끓는 물에서 일어나는 현상을 들 수 있다.

32 엔젤 푸드 케이크에 주석산 크림을 사용하는 이유가 아닌 것은?

① 색을 희게 한다.
② 흡수율을 높인다.
③ 흰자를 강하게 한다.
④ pH 수치를 낮춘다.

해설 주석산 크림은 산성이어서 pH 농도를 낮추어 알칼리성의 흰자를 중화시키므로 머랭을 만들 때 산도를 낮추어 거품을 단단하게 해 준다.

33 다음 중 제1급 감염병으로 옳은 것은?

① 회충증
② 말라리아
③ 수족구병
④ 탄 저

해설 **제1급 감염병**
에볼라바이러스병, 마버그열, 라싸열, 크리미안콩고출혈열, 남아메리카출혈열, 리프트밸리열, 두창, 페스트, 탄저, 보툴리눔독소증, 야토병, 신종감염병증후군, 중증급성호흡기증후군(SARS), 중동호흡기증후군(MERS), 동물인플루엔자 인체감염증, 신종인플루엔자, 디프테리아

34 공장 설비 시 배수관의 최저 내경으로 알맞은 것은?

① 5cm
② 20cm
③ 2cm
④ 10cm

해설 공장 설비 시 배수관을 사용할 경우 최저 내경은 100mm로 한다.

35 다음 중 비용적이 가장 큰 제품은?

① 스펀지 케이크
② 레이어 케이크
③ 파운드 케이크
④ 식 빵

해설 **비용적**
- 반죽 1g이 오븐에 들어가 팽창할 수 있는 부피
- 스펀지 케이크(5.08cm^3/g) > 산형식빵(3.4cm^3/g) > 레이어 케이크(2.96cm^3/g) > 파운드 케이크(2.4cm^3/g)

31 ① 32 ② 33 ④ 34 ④ 35 ① 정 답

36 빵의 관능적 평가법에서 외부적 특성을 평가하는 항목으로 적절한 것은?

① 기 공
② 조 직
③ 속 색
④ 부 피

해설 빵의 평가법
- 외부평가 항목 : 부피, 껍질 색상, 껍질 특성, 외형의 균형, 굽기의 균일화, 터짐성
- 내부평가 항목 : 조직, 기공, 속 색상, 향, 맛

37 믹서 내에서 일어나는 물리적 성질을 파동곡선 기록기로 기록하여 밀가루의 흡수율, 믹싱 시간, 믹싱 내구성 등을 측정하는 기계는?

① 아밀로그래프(Amylograph)
② 분광분석기(Spectrophotometer)
③ 패리노그래프(Farinograph)
④ 익스텐소그래프(Extensograph)

해설 ③ 패리노그래프(Farinograph) : 반죽의 점탄성, 흡수율, 믹싱 내구성, 믹싱 시간을 측정
① 아밀로그래프(Amylograph) : 점도의 변화, 전분의 질을 자동으로 측정하는 기계
④ 익스텐소그래프(Extensograph) : 반죽의 신장성, 밀가루의 내구성과 발효 시간 측정

38 밀가루 온도 24℃, 실내 온도 25℃, 수돗물 온도 18℃, 결과 온도 30℃, 희망 온도 27℃일 때 마찰계수는?

① 3 ② 23
③ 13 ④ 33

해설 마찰계수 = 반죽 결과 온도 × 3 − (실내 온도 + 밀가루 온도 + 수돗물 온도)
= 30 × 3 − (25 + 24 + 18)
= 23

39 데니시 페이스트리나 퍼프 페이스트리 제조 시 충전용 유지가 갖추어야 할 가장 중요한 요건은?

① 가소성 ② 경화성
③ 산화안전성 ④ 유화성

해설 파이, 크루아상, 데니시 페이스트리 등의 제품은 유지의 가소성이 가장 중요하다.

40 화학물질에 의한 식중독 원인이 아닌 것은?

① 유해한 중금속염
② 기준을 초과한 잔류 농약
③ 솔라닌이 함유된 감자
④ 사용이 금지된 식품첨가물

해설 감자의 싹이나 녹색 부위에는 솔라닌이라는 식물성 자연독이 있어 식중독을 일으킨다.

정 답 36 ④ 37 ③ 38 ② 39 ① 40 ③

41 다음 중 튀김 기름을 산화시키는 요인이 아닌 것은?

① 온 도 ② 수 분
③ 공 기 ④ 유 당

해설 튀김 기름을 산화시키는 요인으로 온도(열), 수분(물), 공기(산소), 금속(구리, 철), 이중결합수, 이물질 등이 있다.

42 빵 120g에 함유되어 있는 탄수화물 6%의 열량을 계산하여 나온 값은 약 얼마인가?

① 29kcal ② 30kcal
③ 31kcal ④ 32kcal

해설 (120g × 0.06) × 4kcal = 28.8kcal

43 슈 제조 공정에 대한 설명으로 적당하지 않은 것은?

① 밀가루는 버터가 다 녹지 않은 상태에서 넣고 호화시킨다.
② 달걀은 밀가루를 볶은 후 테이블에서 조금씩 혼합한다.
③ 평철판에 충분한 간격을 유지하며 일정 크기로 짜야 한다.
④ 굽기 중 팽창하는 동안은 오븐 문을 열어보지 않는다.

해설 물과 버터를 완전히 끓인 후 밀가루를 체에 걸러서 섞고 나무주걱으로 저으면서 밀가루가 호화되도록 볶아 준다(불이 누를 정도로 볶는다).

44 다음 중 쿠키를 구울 때 퍼짐을 좋게 하는 방법으로 적절하지 않은 것은?

① 알칼리성 반죽
② 소다를 사용
③ 입자가 큰 설탕 사용
④ 오븐 온도를 높여서 굽기

해설 쿠키가 잘 퍼지는 이유
- 쇼트닝, 설탕 과다 사용
- 설탕 일부를 믹싱 후반기에 투입
- 낮은 오븐 온도
- 믹싱 부족
- 알칼리성 반죽
- 입자가 큰 설탕 사용

45 굽기 중 오븐에서 일어나는 변화로 가장 높은 온도에서 발생하는 것은?

① 전분의 호화
② 이스트 사멸
③ 단백질 변성
④ 설탕 캐러멜화

해설 ④ 설탕 캐러멜화 : 160℃
① 전분의 호화 : 60℃ 전후
② 이스트 사멸 : 60℃
③ 단백질 변성 : 74℃

41 ④ 42 ① 43 ① 44 ④ 45 ④ 정 답

46 초콜릿 템퍼링을 하는 이유로 적절하지 않은 것은?

① 팻 블룸(Fat Bloom) 현상이 일어난다.
② 초콜릿 결정이 안정된다.
③ 초콜릿 표면이 매끈한 광택이 난다.
④ 초콜릿의 구용성이 좋아진다.

해설 **템퍼링(Tempering)**
초콜릿을 사용하기에 적합한 상태로 녹이는 과정을 템퍼링이라고 한다. 템퍼링을 거친 초콜릿은 결정이 안정되어 블룸 현상이 일어나지 않고 광택이 있으며 몰드에서 잘 분리되고 보관기간 또한 늘어난다.

47 반드시 음식물을 섭취해야만 얻을 수 있는 아미노산과 거리가 먼 것은?

① 류 신
② 글리아딘
③ 라이신
④ 트립토판

해설 **필수 아미노산의 종류** : 아이소류신, 류신, 라이신, 페닐알라닌, 메티오닌, 트레오닌, 트립토판, 발린, 히스티딘
※ 8가지로 보는 경우 히스티딘은 제외

48 식품 변질 현상에 대한 설명 중 틀린 것은?

① 산패 - 단백질이 산화되어 불결한 냄새가 나고 변색, 풍미 등의 노화 현상을 일으키는 현상
② 변패 - 단백질 이외의 성분을 갖는 식품이 변질되는 현상
③ 발효 - 탄수화물이 미생물의 작용으로 유기산, 알코올 등의 유용한 물질이 생기는 현상
④ 부패 - 단백질이 미생물의 작용으로 분해되어 악취가 나고 인체에 유해한 물질이 생성되는 현상

해설 **산 패**
지방이 산화되어 불결한 냄새가 나고 변색, 풍미 등의 노화 현상을 일으키는 현상으로 외부의 나쁜 냄새 흡수에 의한 변패, 가수분해에 의한 변패, 유리 지방산의 자동산화에 의한 변패 등이 있다.

49 빵을 포장하려 할 때 가장 적합한 빵의 중심 온도와 수분 함량은?

① 29℃, 30% ② 35℃, 38%
③ 42℃, 45% ④ 45℃, 48%

해설 빵의 냉각 포장 온도는 35~40℃, 수분 함량은 38%이다.

50 아이싱 크림에 많이 쓰이는 퐁당(Fondant)을 만들 때 물과 설탕을 끓이는 온도로 가장 적합한 것은?

① 85~95℃ ② 98~110℃
③ 114~116℃ ④ 122~132℃

해설 퐁당은 설탕에 물을 넣고 114~118℃로 끓여 만든 시럽을 분무기로 물을 뿌리면서 38~44℃까지 식혀 나무주걱으로 빠르게 젓는다.

정 답 46 ① 47 ② 48 ① 49 ② 50 ③

51 다음 중 해썹(HACCP) 적용의 7가지 원칙에 해당하지 않는 것은?

① 검증방법 설정
② 위해요소 분석
③ 중요 관리점 결정
④ 해썹(HACCP) 팀 구성

해설 해썹(HACCP) 적용의 7가지 원칙
- 위해분석(위해요소의 분석과 위험평가)
- 중요 관리점(CCP)의 결정(중요 관리점 확인)
- 관리기준(허용한계치, Critical Limits)의 설정
- 모니터링(감시관리, Monitoring) 방법의 설정
- 개선조치(Corrective Action)의 설정
- 검증(Verification) 방법의 설정
- 기록 유지 및 문서작성 규정의 설정

52 비중컵의 무게가 40g, 물을 담은 비중컵의 무게가 260g, 반죽을 담은 비중컵의 무게가 200g일 때 반죽의 비중은?

① 0.66
② 0.72
③ 0.55
④ 0.48

해설 비중 = 반죽의 무게/물의 무게
= (200 − 40)/(260 − 40) = 0.72

53 생크림의 보관 온도로 가장 적합한 것은?

① −10℃ 이하
② −7~0℃
③ 3~7℃
④ 10~15℃

해설 생크림은 3~7℃에서 냉장 보관할 때 가장 좋은 기포를 얻을 수 있다.

54 다음 중 감염형 식중독에 속하는 것은?

① 보툴리누스균
② 장염 비브리오균
③ 웰치균
④ 포도상구균

해설
- 감염형 식중독 : 살모넬라, 장염 비브리오, 병원성 대장균, 캄필로박터 등
- 독소형 식중독 : 클로스트리듐 보툴리눔, 보툴리누스균, 포도상구균 등
- 혼합형 식중독 : 웰치균, 세레우스 등

55 다음 머랭(Meringue) 중 설탕을 끓여서 시럽으로 만들어 제조하는 것은?

① 이탈리안 머랭 ② 온제 머랭
③ 스위스 머랭 ④ 냉제 머랭

해설 이탈리안 머랭은 거품을 낸 달걀흰자에 끓인 시럽(115~120℃)을 조금씩 넣으면서 만든다.

51 ④ 52 ② 53 ③ 54 ② 55 ① 정답

56 소독제로 가장 많이 사용되는 알코올 농도는?

① 50% ② 70%
③ 90% ④ 110%

해설 알코올 소독제의 농도는 70%로 하여 사용한다.

57 빵 반죽을 할 때 유지를 투입하는 단계는?

① 픽업단계(Pick Up Stage)
② 클린업단계(Clean Up Stage)
③ 발전단계(Development Stage)
④ 최종단계(Final Stage)

해설 클린업단계(Clean Up Stage)에서 유지를 넣으면 믹싱 시간이 단축된다.

58 설탕과 유지를 먼저 믹싱하는 방법은?

① 크림법
② 1단계법
③ 블렌딩법
④ 설탕/물반죽법

해설 **크림법(Cream Method)**
유지와 설탕을 먼저 믹싱한 후 건조 재료, 달걀물(우유)을 투입하여 혼합하는 방법이다. 부피를 우선으로 하는 제품에 적합하다.

59 생이스트(압착효모)의 수분 함량과 고형분 함량으로 적당한 것은?

① 고형분 10%, 수분 90%
② 고형분 30%, 수분 70%
③ 고형분 50%, 수분 50%
④ 고형분 60%, 수분 40%

해설 생이스트(압착 효모)의 수분 함량은 70%, 고형분은 30% 정도이다.

60 포자형성균의 멸균에 가장 적절한 것은?

① 자비소독
② 염소액
③ 역성비누
④ 고압증기

해설 고압증기멸균은 미생물뿐만 아니라 아포까지 완전히 제거할 수 있다. 주로 통조림 등의 살균에 이용된다.

정 답 56 ② 57 ② 58 ① 59 ② 60 ④

2020년 제빵기능사 상시복원문제(1회)

01 비중 컵의 물을 담은 무게가 300g이고 반죽을 담은 무게가 260g일 때 비중은?(단, 비중 컵의 무게는 50g이다)

① 0.64 ② 0.74
③ 0.84 ④ 1.04

해설

$$비중 = \frac{같은\ 부피의\ 반죽무게}{같은\ 부피의\ 물무게} = \frac{260-50}{300-50} = \frac{210}{250} = 0.84$$

02 프랑스빵을 만들 때 필수 재료가 아닌 것은?

① 밀가루 ② 설 탕
③ 소 금 ④ 이스트

해설 프랑스빵의 필수 재료는 밀가루, 소금, 이스트, 물이다.

03 푸딩의 제법에 관한 설명으로 틀린 것은?

① 모든 재료를 섞어서 체에 거른다.
② 우유와 설탕을 섞어 설탕이 캐러멜화될 때까지 끓인다.
③ 다른 그릇에 계란, 소금 나머지 설탕을 넣어 혼합하고 우유를 섞는다.
④ 푸딩 컵에 부어 중탕으로 굽는다.

해설 우유와 설탕은 100℃ 정도로 뜨겁게 한다.

04 정통 프랑스빵을 제조할 때 2차 발효실의 상대습도로 가장 적합한 것은?

① 75~80%
② 85~88%
③ 90~94%
④ 95~99%

해설 정통 프랑스빵을 제조 시 2차 발효실의 상대습도는 75~80%가 적합하며, 보통 빵보다 습도를 낮춘다.

05 다음 표에 나타난 배합 비율을 이용하여 빵 반죽 1,802g을 만들려고 한다. 다음 중 계량된 무게가 틀린 재료는?

순 서	재료명	비율(%)	무게(g)
1	강력분	100	1,000
2	물	63	(가)
3	이스트	2	20
4	이스트 푸드	0.2	(나)
5	설 탕	6	(다)
6	쇼트닝	4	40
7	분 유	3	(라)
8	소 금	2	20
합 계		180.2	1,802

① (가) 630g
② (나) 2.4g
③ (다) 60g
④ (라) 30g

해설 강력분은 비율 100에 10을 곱하여 1,000g이므로, 다른 재료의 비율에 똑같이 10을 곱하면 된다.

1 ③ 2 ② 3 ② 4 ① 5 ② 정 답

06 다음과 같은 원형팬을 이용하여 비용적이 2.5cm^3/g인 제품을 만들고자 한다. 필요한 반죽의 무게는?(단, 소수점 첫째 자리에서 반올림하시오)

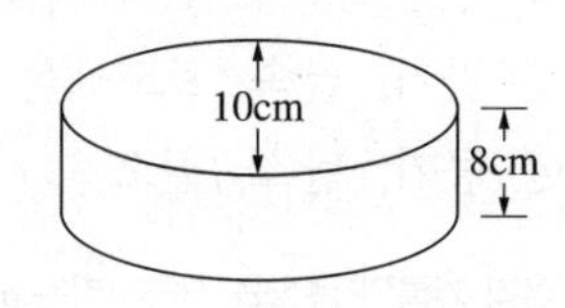

① 100g ② 251g
③ 628g ④ 1,570g

해설 5cm(반지름) × 5cm(반지름) × 8cm(높이) × 3.14 ÷ 2.5(cm^3/g) = 251.2g

07 이스트가 오븐 내에서 사멸되기 시작하는 온도는?

① 40℃ ② 60℃
③ 80℃ ④ 90℃

해설 이스트 활성은 35~40℃에서 최대가 되며, 60℃가 되면 사멸한다.

08 도넛과 케이크의 글레이즈(Glaze) 사용 온도로 가장 적합한 것은?

① 23℃ ② 34℃
③ 49℃ ④ 68℃

해설 도넛과 케이크의 글레이즈(Glaze) 사용 온도는 45~50℃가 적합하다.

09 젤리를 만드는 데 사용되는 재료가 아닌 것은?

① 젤라틴 ② 한 천
③ 레시틴 ④ 알긴산

해설 레시틴은 천연 유화제에 속한다.

10 영구적 경수(센물)를 사용할 때의 조치로 잘못된 것은?

① 소금 증가
② 효소 강화
③ 이스트 증가
④ 광물질 감소

해설 소금 증가는 연수일 때의 조치사항이다.

11 이당류가 아닌 것은?

① 포도당 ② 맥아당
③ 설 탕 ④ 유 당

해설 포도당은 단당류이다.

정 답 6 ② 7 ② 8 ③ 9 ③ 10 ① 11 ①

12 **비타민과 생체에서의 주요 기능이 잘못된 것은?**

① 비타민 B_1 – 당질대사의 보조 효소
② 나이아신 – 항펠라그라(Pellagra) 인자
③ 비타민 K – 항혈액응고 인자
④ 비타민 A – 항빈혈인자

해설 비타민 A는 야맹증 예방, 세포성장 촉진, 점막 보호, 항산화 기능 세포를 보호한다. 항빈혈인자 예방은 B_{12}의 기능이다.

13 **냉동반죽법의 단점이 아닌 것은?**

① 이스트 활력이 감소한다.
② 가스발생력이 떨어진다.
③ 반죽이 퍼지기 쉽다.
④ 휴일작업에 미리 대체할 수 없다.

해설 냉동반죽법은 휴일작업에 미리 대체가 가능하다.

14 **오븐 온도가 낮을 때 제품에 미치는 영향은?**

① 2차 발효가 지나친 것과 같은 현상이 나타난다.
② 껍질이 급격히 형성된다.
③ 제품의 옆면이 터지는 현상이 나타난다.
④ 제품의 부피가 작아진다.

해설 오븐 온도가 낮으면 빵이 과도하게 부풀어 오르며 노화가 빨리 진행된다. 또 빵이 주저앉기가 쉽다.

15 **튀김 기름의 품질을 저하시키는 요인으로만 나열된 것은?**

① 수분, 탄소, 질소
② 수분, 공기, 반복 가열
③ 공기, 금속, 토코페롤
④ 공기, 탄소, 질소

해설 튀김 기름의 품질을 저하시키는 4대 요인은 수분, 공기, 열, 이물질이다.

16 **발효의 설명으로 잘못된 것은?**

① 발효 속도는 발효의 온도가 38℃일 때 최대이다.
② 이스트의 최적 pH는 4.7이다.
③ 알코올 농도가 최고에 달했을 때, 즉 발효의 마지막 단계에서 발효 속도는 증가한다.
④ 소금은 약 1.5% 이상에서 발효를 지연시킨다.

해설 발효의 마지막 단계에서는 발효 속도가 낮아진다.

정답 12 ④ 13 ④ 14 ① 15 ② 16 ③

17 이스트에 대한 설명 중 옳지 않은 것은?

① 제빵용 이스트는 온도 20~25℃에서 발효력이 최대가 된다.
② 주로 출아법에 의해 증식한다.
③ 생이스트의 수분 함유율은 70~75%이다.
④ 엽록소가 없는 단세포 생물이다.

해설 이스트 발효의 최적 온도는 28~32℃이다.

18 발효 중 가스 생성이 증가하지 않는 경우는?

① 이스트를 많이 사용할 때
② 소금을 많이 사용할 때
③ 반죽에 약산을 소량 첨가할 때
④ 발효실 온도를 약간 높일 때

해설 소금을 많이 넣으면 발효가 억제된다.

19 작업을 하고 남은 초콜릿의 가장 알맞은 보관법은?

① 15~18℃의 직사광선이 없는 곳에 보관
② 냉장고에 보관
③ 공기가 통하지 않는 습한 곳에 보관
④ 따뜻한 오븐 위에 보관

해설 초콜릿은 15~18℃의 직사광선이 없고 통풍이 잘 되는 시원한 곳에 보관한다.

20 거품형 쿠키로서 전란을 사용하여 만드는 쿠키는?

① 드롭 쿠키
② 스냅 쿠키
③ 스펀지 쿠키
④ 머랭 쿠키

해설 반죽형 쿠키 종류에는 드롭 쿠키, 스냅 쿠키, 쇼트브레드 쿠키 등이 있다. 거품형 쿠키 종류에는 머랭 쿠키, 스펀지 쿠키 등이 있는데 머랭 쿠키는 달걀흰자를 사용하고, 스펀지 쿠키는 전란을 사용한다.

21 중간발효에 대한 설명으로 틀린 것은?

① 분할, 둥글리기에서 흐트러진 글루텐 구조를 재정돈한다.
② 가스 발생으로 반죽의 유연성을 회복시킨다.
③ 반죽 표면에 얇은 막을 만들어 끈적거리지 않도록 한다.
④ 탄력성과 신장성에는 나쁜 영향을 미친다.

해설 중간발효

- 목적 : 정형하기 쉽도록 하고 분할, 둥글리기를 거치면서 굳은 반죽을 유연하게 만들기 위함이다.
- 온도 및 습도 : 27~29℃의 온도와 습도 70~75%의 조건에서 보통 10~20분간 실시하며, 중간발효하는 동안 반죽은 잃어버린 가스를 다시 포집하여 탄력 있고 유연성 있는 성질을 얻는다.

정 답 17 ① 18 ② 19 ① 20 ③ 21 ④

22 쿠키의 퍼짐성이 작아지는 원인이 아닌 것은?

① 반죽에 아주 미세한 입자의 설탕을 사용한다.
② 믹싱을 많이 하여 글루텐이 많아졌다.
③ 오븐 온도를 낮게 하여 굽는다.
④ 반죽의 유지 함량이 적고 산성이다.

해설 **쿠키가 잘 퍼지지 않는 이유**
- 입자가 고운 설탕을 사용할 때
- 믹싱 시 설탕이 완전히 용해될 때
- 크림화가 지나칠 때
- 오븐 온도가 높을 때
- 산성 반죽을 사용할 때
- 유지가 너무 적을 때

23 일반적으로 빵의 노화현상(Staling)에 따른 변화와 거리가 먼 것은?

① 수분 손실
② 전분의 결정화
③ 향의 손실
④ 곰팡이 발생

해설 빵의 노화현상이란 빵이 신선도를 잃고 단단하게 굳어지는 것이다. 제품의 표면과 내부에서 일어나는 물리적, 화학적 변화로 인해 맛, 촉감, 향 등이 좋지 않게 되고 소화되기 어려운 상태가 된다. 노화는 주로 수분의 이동과 전분의 변화에 의해 진행된다.

24 식빵 배합에서 소맥분 대비 6%의 탈지분유 사용 시의 설명 중 틀린 것은?

① 흡수율이 증가한다.
② 표피색을 진하게 한다.
③ 믹싱 내구성을 높인다.
④ 발효가 촉진된다.

해설 분유를 많이 사용하면 발효가 억제된다.

25 반죽 시 후염법에서 소금의 투입단계는?

① 픽업단계 ② 클린업단계
③ 발전단계 ④ 최종단계

해설 후염법으로 반죽할 때 소금은 클린업단계(Clean-up Stage)에서 넣는다.

26 성형과정을 거치는 동안에 반죽이 거칠어져 상처를 받은 상태이므로 이를 회복시키기 위해 글루텐 숙성과 팽창을 도모하는 과정은?

① 1차 발효 ② 2차 발효
③ 펀 치 ④ 중간발효

해설 **중간발효의 목적**
- 분할, 둥글리기 하는 과정에서 손상된 글루텐 구조를 회복하고 재정돈한다.
- 가스 발생으로 반죽의 유연성을 회복시킨다.
- 정형 과정에서 반죽의 신장성을 증가시켜 밀어 펴기를 쉽게 한다.
- 정형할 때 끈적거리지 않게 반죽 표면에 얇은 막을 형성한다.

22 ③ 23 ④ 24 ④ 25 ② 26 ④ 정 답

27 **제과 · 제빵 공정상 작업 내용에 따라 조도 기준을 달리한다면 표준 조도를 가장 높게 하여야 할 작업은?**

① 마무리 작업
② 계량, 반죽 작업
③ 굽기, 포장 작업
④ 발효 작업

해설 **작업 조도**
- 계량, 반죽, 조리, 정형 공정 : 150~300lx
- 발효 공정 : 30~70lx
- 굽기, 포장 공정 : 70~150lx
- 장식 및 마무리 작업 : 300~700lx

28 **갓 구워낸 빵을 식혀 상온으로 낮추는 냉각에 관한 설명으로 틀린 것은?**

① 빵 속의 온도를 35~40℃로 낮추는 것이다.
② 곰팡이의 피해를 막는다.
③ 절단, 포장을 용이하게 한다.
④ 수분 함량을 25%로 낮추는 것이다.

해설 갓 구워낸 빵의 수분 함량은 껍질이 12~15%, 내부가 42~45%이며, 냉각 후 수분 함량은 내부의 수분이 껍질 방향으로 이동하면서 전체 38%로 평행을 이룬다.

29 **제빵 냉각법 중 적합하지 않은 것은?**

① 급속냉각
② 자연냉각
③ 터널식 냉각
④ 에어컨디셔식 냉각

해설 **냉각방법**
- 자연냉각 : 실온에 두고 3~4시간 냉각
- 터널식 냉각 : 평균 냉각시간 2~2.5시간
- 에어컨디셔식 냉각 : 습도 85%, 온도 22~25℃로 90분 냉각

30 **제분을 하여 숙성한 밀가루에 대한 설명으로 틀린 것은?**

① 밀가루의 pH는 6.1~6.2 정도이다.
② 이스트 발효작용을 촉진하고 글루텐 질을 개선한다.
③ 황색색소가 산화에 의해 탈색되어 희게 된다.
④ 효소류의 작용으로 환원성 물질이 산화되어 반죽 글루텐의 파괴를 막아 준다.

해설 숙성된 밀가루는 pH 5.8~5.9이다.

31 **다음 중 제1급 감염병은?**

① 결 핵 ② 회충증
③ 디프테리아 ④ 인플루엔자

해설 **정의(감염병의 예방 및 관리에 관한 법률 제2조 제2호)**
제1급 감염병 : 에볼라바이러스병, 마버그열, 라싸열, 크리미안콩고출혈열, 남아메리카출혈열, 리프트밸리열, 두창, 페스트, 탄저, 보툴리눔독소증, 야토병, 신종감염병증후군, 중증급성호흡기증후군(SARS), 중동호흡기증후군(MERS), 동물인플루엔자 인체감염증, 신종인플루엔자, 디프테리아

정 답 27 ① 28 ④ 29 ① 30 ① 31 ③

32 **수돗물 온도 20℃, 사용할 물 온도 18℃, 사용한 물의 양 5kg일 때 얼음 사용량은?**

① 100g ② 200g
③ 300g ④ 400g

해설 얼음 사용량

$$= 물\ 사용량 \times \frac{수돗물\ 온도 - 계산된\ 물의\ 온도}{수돗물\ 온도 + 80}$$

$$= 5{,}000 \times \frac{20-18}{20+80} = 100g$$

33 **쥐나 곤충류에 의해서 발생될 수 있는 식중독은?**

① 살모넬라 식중독
② 클로스트리듐 보툴리눔 식중독
③ 포도상구균 식중독
④ 장염 비브리오 식중독

해설 대부분 농장동물은 자연적으로 살모넬라균을 보유하고 있다. 살모넬라 식중독은 가금류, 달걀, 유제품, 쇠고기와 연관성이 있으며, 쥐의 분변이나 곤충류(바퀴벌레, 파리 등)에 의해서도 발생한다.

34 **병원성 대장균 식중독의 가장 적합한 예방책은?**

① 곡류의 수분을 10% 이하로 조정한다.
② 건강보균자나 환자의 분변 오염을 방지한다.
③ 어패류는 민물로 깨끗이 씻는다.
④ 어류의 내장을 제거하고 충분히 세척한다.

해설 가축 또는 감염자의 분변 등으로 오염된 식품이나 물(지하수) 등 음식 오염을 방지한다.

35 **빵 반죽을 할 때 반죽기계에 에너지가 가장 많이 필요한 단계는?**

① 픽업단계(Pick-up Stage)
② 클린업단계(Clean-up Stage)
③ 발전단계(Development Stage)
④ 최종단계(Final Stage)

해설 발전단계(Development Stage)
- 글루텐의 결합이 급속하게 진행되어 반죽의 탄력성이 최대가 되며, 믹서의 최대 에너지가 요구된다.
- 반죽은 훅에 엉겨 붙고 볼에 부딪힐 때 건조하고 둔탁한 소리가 난다.
- 프랑스빵이나 공정이 많은 빵 반죽은 이 단계에서 반죽을 그친다.

36 **클로스트리듐 보툴리눔 식중독과 관련 있는 것은?**

① 화농성질환의 대표균
② 저온살균 처리로 예방
③ 내열성 포자 형성
④ 감염형 식중독

해설 클로스트리듐 보툴리눔 식중독은 대표적인 독소형 식중독으로 내열성 포자를 형성한다.

32 ① 33 ① 34 ② 35 ③ 36 ③ 정답

37 초콜릿 템퍼링을 하는 이유에 대한 설명으로 옳지 않은 것은?

① 팻 블룸(Fat Bloom)현상이 일어난다.
② 초콜릿 결정이 안정된다.
③ 초콜릿 표면이 매끈한 광택이 난다.
④ 초콜릿의 구용성이 좋아진다.

해설 **템퍼링(Tempering)**
초콜릿을 사용하기 적합한 상태로 녹이는 과정을 템퍼링이라고 한다. 템퍼링을 거친 초콜릿은 결정이 안정되어 블룸현상이 일어나지 않고, 광택이 있으며 몰드에서 잘 분리되고 보관기간도 늘어난다.

38 고시폴(Gossypol)은 어떤 식품에서 발생할 수 있는 식중독의 원인 성분인가?

① 고구마
② 보 리
③ 면실유
④ 풋살구

해설 **식물성 자연독**
- 독버섯 : 무스카린, 코린, 발린
- 감자독 : 솔라닌
- 면실유 : 고시폴
- 대두 : 사포닌
- 청매 : 아미그달린
- 피마자 : 리신

39 복어 중독의 원인 물질은?

① 테트로도톡신(Tetrodotoxin)
② 삭시톡신(Saxitoxin)
③ 베네루핀(Venerupin)
④ 안드로메도톡신(Andromedotoxin)

해설 복어 중독은 테트로도톡신이라는 독소에 기인한다. 복어 식중독을 예방하기 위해서는 복어독이 많은 부분인 알, 내장, 난소, 간, 껍질 등을 섭취하지 않도록 해야 한다.

40 아폴라톡신은 다음 중 어디에 속하는가?

① 고구마 ② 효모독
③ 세균독 ④ 곰팡이독

해설 **아플라톡신**
아스페르길루스 플라버스(*Aspergillus flavus*) 곰팡이가 쌀, 보리 등의 탄수화물이 풍부한 곡류와 땅콩 등의 콩류에 침입하여 아플라톡신 독소를 생성하여 독을 일으킨다. 수분 16% 이상, 습도 80% 이상, 온도 25~30℃인 환경일 때 전분질성 곡류에서 이 독소가 잘 생산되며, 인체에 간장독(간암)을 일으킨다.

41 원인균이 내열성 포자를 형성하기 때문에 병든 가축의 사체를 처리할 경우 반드시 소각처리하여야 하는 인수공통감염병은?

① 돈단독 ② 결 핵
③ 파상열 ④ 탄저병

해설 **탄저병**
사람은 주로 가축 및 축산물로부터 감염되며 감염부위에 따라 피부, 장, 폐탄저가 된다. 잠복기는 4일 이내이다. 원인균이 내열성 포자를 형성하기 때문에 병든 가축의 사체를 소각 처리해야 한다.

정 답 37 ① 38 ③ 39 ① 40 ④ 41 ④

42 **잎을 건조시켜 만든 향신료는?**

① 오레가노
② 넛 메그
③ 메이스
④ 시나몬

해설 **오레가노**
꽃이 피는 시기에 수확하여 건조시켜 보존하고 말린 잎을 향신료로 쓴다. 이탈리안 소스에 자주 들어가는 허브로 피자 제조 시 많이 사용한다.

43 **실내온도 25℃, 밀가루 온도 25℃, 설탕온도 25℃, 유지온도 20℃, 달걀온도 20℃, 수돗물 온도 23℃, 마찰계수 21, 반죽 희망온도가 22℃라면 사용할 물의 온도는?**

① -4℃ ② -1℃
③ 0℃ ④ 8℃

해설 사용할 물의 온도
= (희망 반죽온도 × 6) − (실내온도 + 밀가루 온도 + 설탕온도 + 유지온도 + 계란온도 + 마찰계수)
= (22 × 6) − (25 + 25 + 25 + 20 + 20 + 21)
= −4℃

44 **패리노그래프(Farinograph)의 기능 및 특징이 아닌 것은?**

① 흡수율 측정
② 믹싱시간 측정
③ 글루텐의 질 측정
④ 전분의 호화력 측정

해설 패리노그래프는 글루텐의 흡수율, 글루텐의 질, 반죽의 내구성, 반죽의 믹싱시간을 측정하는 기계이다.

45 **다음과 같은 조건에서 나타나는 현상과 관련한 물질을 바르게 연결한 것은?**

> 초콜릿의 보관방법이 적절치 않아 공기 중의 수분이 표면에 부착한 뒤 그 수분이 증발해 버려서 어떤 물질이 결정 형태로 남아 흰색이 나타났다.

① 팻 블룸(Fat Bloom) − 카카오메스
② 팻 블룸(Fat Bloom) − 글리세린
③ 슈거 블룸(Sugar Bloom) − 카카오버터
④ 슈거 블룸(Sugar Bloom) − 설탕

해설 초콜릿 표면에 수분이 응축하며 나타나는 현상은 슈거 블룸(Sugar Bloom)이다.

46 **제빵 시 유지를 투입하는 반죽의 단계는?**

① 클린업단계
② 픽업단계
③ 발전단계
④ 최종단계

해설 클린업단계(Clean-up Stage)에서 유지를 넣으면 믹싱시간이 단축된다.

42 ① 43 ① 44 ④ 45 ④ 46 ① 정답

47 **주방 설계에 있어 주의할 점이 아닌 것은?**

① 가스를 사용하는 장소에는 환기시설을 갖춘다.
② 주방 내의 여유 공간을 확보한다.
③ 종업원의 출입구와 손님용 출입구는 별도로 하여 재료의 반입은 종업원 출입구로 한다.
④ 주방은 소형 환기장치를 여러 개 설치하는 것보다 대형 환기장치 1개를 설치하는 것이 좋다.

해설 주방에는 소형 환기장치를 여러 개 설치하는 것이 좋다.

48 **스펀지 케이크에 사용되는 필수 재료가 아닌 것은?**

① 계 란
② 박력분
③ 설 탕
④ 우 유

해설 스펀지 케이크에 우유는 사용하지 않는다.

49 **미생물에 의한 부패나 변질을 방지하고 화학적인 변화를 억제하며 보존성을 높이고 영양가 및 신선도를 유지하는 목적으로 첨가하는 것은?**

① 보존료 ② 감미료
③ 산미료 ④ 조미료

해설 보존료는 식품의 보존성을 높이고 영양가 및 신선도를 유지하는 목적으로 첨가한다.

50 **반죽을 팬에 넣기 전에 팬에서 제품이 잘 떨어지게 하기 위해 이형유를 사용하는데, 그 설명으로 틀린 것은?**

① 이형유는 발연점이 높은 것을 사용해야 한다.
② 이형유는 고온이나 산패에 안정해야 한다.
③ 이형유의 사용량은 반죽무게의 5% 정도이다.
④ 이형유의 사용량이 많으면 튀김현상이 나타난다.

해설 보통 반죽무게의 0.1~0.2%를 사용한다.

51 **빵의 패닝(팬 넣기)에 있어 팬의 온도로 가장 적합한 것은?**

① 0~5℃
② 20~24℃
③ 30~35℃
④ 60℃ 이상

해설 빵의 패닝(팬 넣기)에 있어 팬의 온도는 30~35℃가 적합하다.

정 답 47 ④ 48 ④ 49 ① 50 ③ 51 ③

52 **다음 중 해썹(HACCP) 적용의 7가지 원칙에 해당하지 않는 것은?**

① 검증방법 설정
② 위해요소 분석
③ 중요 관리점 결정
④ 해썹(HACCP) 팀 구성

해설 **HACCP 7원칙**
- 위해요소 분석
- 중요 관리점(CCP) 결정
- 한계기준 설정
- 모니터링 방법 설정
- 개선조치 설정
- 검증방법 설정
- 기록 유지 및 문서관리

53 **팬기름에 대한 설명으로 틀린 것은?**

① 기름의 발연점이 낮아야 한다.
② 무색, 무미, 무취이어야 한다.
③ 정제 라드, 식물유, 혼합유도 사용된다.
④ 과다하게 칠하면 밑 껍질이 두껍고 어둡게 된다.

해설 **팬기름**
- 빵을 구울 때 제품이 팬에 달라붙지 않고 잘 떨어지도록 하기 위함이다.
- 팬기름이 갖추어야 할 조건
  - 무색, 무취
  - 높은 안정성
  - 발연점이 210℃ 이상 높은 것
  - 반죽무게의 0.1~0.2% 정도 사용

54 **퐁당(Fondant)을 만들기 위해 시럽을 끓일 때 시럽 온도로 가장 적당한 것은?**

① 72~78℃ ② 85~91℃
③ 114~118℃ ④ 131~138℃

해설 퐁당(Fondant)을 만들기 위해 시럽을 끓일 때 시럽의 온도는 114~118℃이다.

55 **발효가 부패와 다른 점은?**

① 미생물이 작용한다.
② 생산물을 식용으로 한다.
③ 단백질의 변화반응이다.
④ 성분의 변화가 일어난다.

해설
- 발효 : 탄수화물이 미생물의 작용으로 유기산, 알코올 등의 유용한 물질이 생기는 현상으로, 먹을 수 있다.
- 부패 : 단백질이 미생물의 작용으로 분해되어 악취가 나고 인체에 유해한 물질이 생성되는 현상으로, 먹을 수 없다.

56 **우리나라 식품위생행정을 담당하는 기관은?**

① 환경부
② 고용노동부
③ 식품의약품안전처
④ 행정안전부

해설 우리나라 식품위생행정은 중앙기구로서 식품의약품안전처가 있으며 식품안전정책, 사고 대응 등을 총괄적으로 수행한다.

52 ④ 53 ① 54 ③ 55 ② 56 ③ 정답

57 **빵을 오븐에서 굽기에 대한 설명 중 틀린 것은?**

① 전분의 호화가 일어난다.
② 전분의 노화가 일어난다.
③ 오븐팽창이 일어난다.
④ 단백질의 열변성이 일어난다.

해설 노화는 오븐에서 구운 후 일어난다.

58 **빵의 포장 온도로 가장 적합한 것은?**

① 15~20°C
② 25~30°C
③ 35~40°C
④ 45~50°C

해설 빵의 포장 온도는 35~40℃가 적당하다.

59 **푸딩 표면에 기포 자국이 많이 생기는 경우는?**

① 가열이 지나친 경우
② 계란이 오래된 경우
③ 계란 양이 많은 경우
④ 오븐온도가 낮은 경우

해설 계란을 저으면서 가열을 하게 되므로 공기를 많이 흡수하여 기포가 형성된다.

60 **소화기관에 대한 설명으로 틀린 것은?**

① 위는 강알칼리성 위액을 분비한다.
② 이자(췌장)는 당대사호르몬의 내분비선이다.
③ 소장은 영양분을 소화 흡수한다.
④ 대장은 수분을 흡수하는 역할을 한다.

해설 위(Stomach)는 횡격막의 바로 왼쪽 아래에 위치해 있으며 음식물의 저장, 소화 및 흡수에 중요한 역할을 한다. 위는 음식물을 머무르게 하는 저장고로 위 속의 내용물은 연동운동을 통해 위액 중의 소화효소와 섞여 반유동체의 죽상인 유미즙 형태로 만들어 장으로 내려 보내는 역할을 한다.

정 답 57 ② 58 ③ 59 ① 60 ①

2021년 제빵기능사 상시복원문제(1회)

01 소규모 제과점에 적합한 오븐의 종류는?

① 데크오븐 ② 컨벡션오븐
③ 터널오븐 ④ 로터리오븐

해설 ① 데크오븐 : 윗불, 아랫불 조절 가능, 단과자빵, 소프트빵에 적합, 소규모 제과점에서 사용
② 컨벡션오븐 : 유럽빵(바게트, 하드롤)에 적합, 열풍 강제순환, 굽기 편차가 극히 작음, 껍질이 바삭함, 스팀 사용, 윗불, 아랫불 조절 불가능
③ 터널오븐 : 온도조절이 쉬움, 넓은 면적 필요(대형 공장), 열손실이 큼
④ 로터리오븐 : 회전 오븐, 열 분포 고름

02 독일빵, 프랑스빵에 적합한 믹서기의 종류는?

① 버티컬 믹서기
② 에어 믹서기
③ 스파이럴 믹서기
④ 키친에이드

해설 **믹서기의 종류**
- 제빵용 믹서 : 스파이럴 믹서(나선형 믹서, 독일빵, 프랑스빵 등 된 반죽용)
- 에어 믹서 : 자동 제과기(엔젤 푸드 케이크 등 가장 공기압력이 높아야 하는 제품에 사용)
- 버티컬 믹서 : 수직 믹서, 소매점에서 사용, 케이크, 빵 모두 가능

03 빵을 구웠을 때 껍질 색이 약하게 되는 원인이 아닌 것은?

① 설탕 부족
② 2차 발효실 습도 부족
③ 덧가루 사용 과다
④ 어린 반죽

해설 **껍질 색이 연한 원인** : 연수 사용, 지친 반죽, 설탕 부족, 2차 발효실 습도 부족, 불충분한 굽기, 효소제 부족, 부적당한 믹싱, 덧가루 사용 과다 등

04 튀김 시 과도한 흡유현상이 일어나는 원인이 아닌 것은?

① 짧은 믹싱시간 ② 긴 반죽시간
③ 높은 튀김온도 ④ 글루텐 부족

해설 **튀김 시 과도한 흡유현상의 원인** : 짧은 믹싱시간, 글루텐 부족, 긴 반죽시간, 긴 튀김시간, 반죽 수분 과다, 많은 설탕량, 낮은 튀김온도, 작은 반죽중량

05 2차 발효실 온도가 낮았을 때 일어나는 현상이 아닌 것은?

① 어두운 껍질 색 ② 내상이 조밀함
③ 밝은 색상 ④ 부피가 작음

해설 **2차 발효 온도가 낮았을 때 일어나는 현상**
- 껍질 색이 어두움
- 발효 시간이 지연
- 거친 결이 형성
- 내상이 조밀해짐
- 발효 손실이 많고 부피가 작음

정답 1 ① 2 ③ 3 ④ 4 ③ 5 ③

06 도넛을 튀길 때 튀김기름 온도로 가장 적합한 것은?

① 160℃ ② 180℃
③ 200℃ ④ 210℃

해설 튀김기름의 적당한 온도는 175~195℃이다.

07 빵 반죽을 할 때 적합한 물의 ppm은?

① 60~80ppm
② 90~110ppm
③ 120~180ppm
④ 181~200ppm

해설 빵 반죽 시 물은 아경수(121~180ppm)가 적합하다.

08 소금을 과다하게 사용했을 때 나타나는 현상이 아닌 것은?

① 모서리가 예리해진다.
② 촉촉하고 질기다.
③ 껍질 색이 진하다.
④ 부피가 작다.

해설 **소금 과다 사용 시 나타나는 현상**
- 발효 손실이 적음
- 효소작용 억제
- 부피가 작고 진한 껍질 색(윗, 옆면이 진함)
- 촉촉하고 질김

09 케이크를 굽는 도중 수축현상이 일어나는 원인이 아닌 것은?

① 팽창제 과다 사용
② 과도한 공기혼입
③ 낮은 오븐온도
④ 단백질 함량이 적은 밀가루 사용

해설 케이크를 굽는 도중 수축현상이 일어나는 원인으로 팽창제 과다 사용, 과도한 공기혼입, 낮은 오븐온도 등이 있다.

10 제빵용 밀가루 선택 시 고려사항이 아닌 것은?

① 지방 함량
② 단백질 함량
③ 흡수율
④ 회분 함량

해설 제빵용 밀가루 선택 시 단백질 함량, 회분 함량, 흡수율 등을 고려해야 한다.

11 오븐에서 빵을 구웠을 때 빵 속의 온도로 가장 적합한 것은?

① 90~95℃ ② 95~100℃
③ 100~110℃ ④ 110~120℃

해설 빵을 구웠을 때 빵 속 온도는 약 97℃ 정도이다.

정답 6 ② 7 ③ 8 ① 9 ④ 10 ① 11 ②

12 다음 중 빵 반죽의 둥글리기 목적이 아닌 것은?

① 글루텐 구조를 정돈하기 위해
② 성형을 용이하게 하기 위해
③ 경직된 반죽의 긴장을 완화하기 위해
④ 중간발효에서 가스가 새지 않게 표면막을 형성하기 위해

해설 경직된 반죽의 긴장 완화는 중간발효의 목적이다.

13 스트레이법을 비상반죽법으로 전환할 때의 필수 조치사항은?

① 소금 사용을 증가한다.
② 반죽 온도를 30℃로 올린다.
③ 설탕량을 1% 증가한다.
④ 반죽 시간을 20~25% 감소한다.

해설 **스트레이법을 비상반죽법으로 전환할 때의 필수 조치사항**
- 이스트 2배 증가
- 설탕량 1% 감소
- 흡수율 1% 감소
- 반죽 온도 30℃
- 믹싱 시간 20~25% 증가
- 1차 발효 15분이나 그 이상

14 상대적 감미도가 틀리게 연결된 것은?

① 과당 – 175
② 설탕 – 100
③ 포도당 – 75
④ 맥아당 – 16

해설 **당류의 상대적 감미도**
과당(175) > 전화당(130) > 설탕(100) > 포도당(75) > 맥아당(32) > 유당(16)

15 다음 중 경구 감염병이 아닌 것은?

① 장티푸스 ② 콜레라
③ Q열 ④ 디프테리아

해설 **경구 감염병** : 세균성 이질(어린이), 장티푸스, 파라티푸스, 콜레라, 디프테리아, 결핵, 인플루엔자, 홍역, 아메바성 이질

16 다음 중 이당류가 아닌 것은?

① 과 당 ② 설 탕
③ 맥아당 ④ 전화당

해설 **탄수화물의 분류**
- 단당류 : 포도당, 과당, 갈락토스, 만노스
- 이당류 : 전화당, 설탕, 맥아당, 유당
- 다당류 : 아밀로펙틴, 전분, 셀룰로스

12 ③ 13 ② 14 ④ 15 ③ 16 ① 정 답

17 지방을 분해하는 효소는?

① 라이페이스 ② 프로테이스
③ 아밀레이스 ④ 인버테이스

해설 **분해효소**
- 탄수화물 : 아밀레이스
- 지방 : 라이페이스
- 단백질 : 프로테이스

18 다음 중 달걀의 기능으로 잘못된 것은?

① 영양 증대 ② 풍미, 색 개선
③ 결합제 역할 ④ 보존성 약화

해설 **달걀의 기능**
- 수분 공급, 팽창(공기 포집)
- 유화작용(레시틴)
- 결합작용
- 보존성 강화, 영양 증대
- 향, 속질, 풍미, 색 개선
- 구조 형성(흰자)

19 빵 반죽의 단계 중 신장성이 가장 높은 단계는?

① 픽업단계(Pick-up Stage)
② 클린업단계(Clean-up Stage)
③ 발전단계(Development Stage)
④ 최종단계(Final Stage)

해설
- 발전단계(Development Stage) : 반죽의 탄력성 최대, 매끄럽고 부드러움(프랑스빵)
- 최종단계(Final Stage) : 신장성 최대, 광택, 점착성이 큼(식빵, 단과자빵)

20 반죽의 흡수율에 영향을 미치는 요인이 아닌 것은?

① 물의 경도
② 반죽의 온도
③ 이스트 사용량
④ 소금의 첨가 시기

해설 **반죽의 흡수율에 영향을 미치는 요인** : 물의 경도, 반죽의 온도, 소금의 첨가 시기

21 스트레이트법으로 반죽 시 2차 발효실의 습도는 일반적으로 몇 %가 적당한가?

① 60~70% ② 70~80%
③ 80~90% ④ 90~100%

해설 **스트레이트법**
- 모든 재료를 믹서에 한꺼번에 넣고 믹싱하는 방법(직접 반죽법)
- 반죽 시간 : 12~25분
- 믹싱 결과 온도 : 26~28℃(보통 27℃)
- 1차 발효 : 온도 27℃, 상대습도 75~80%, 부피 3~3.5배
- 2차 발효 : 온도 33~40℃, 상대습도 85~90%

22 스트레이트법으로 빵을 만들 때 일반적인 반죽 온도로 가장 알맞은 것은?

① 22~24℃ ② 24~26℃
③ 26~28℃ ④ 29~30℃

해설 스트레이트법 반죽 온도는 26~28℃(보통 27℃)이다.

정 답 17 ① 18 ④ 19 ④ 20 ③ 21 ③ 22 ③

23 **스펀지/도법의 장점이 아닌 것은?**

① 노화 지연
② 노동력 감소
③ 부피 증가
④ 작업공정에 대한 융통성

해설 **스펀지/도법의 장단점**

장 점	• 공정의 융통성 • 부피 증가 • 노화 지연 • 발효 내구성 • 식감 좋음 • 균일한 제품
단 점	• 발효 손실이 큼 • 시설비, 노동력 증가

24 **스트레이트법의 1차 발효의 발효점은 일반적으로 처음 반죽 부피의 몇 배까지 팽창되는 것이 가장 적당한가?**

① 1~2배
② 2~3배
③ 4~5배
④ 6~7배

해설 스트레이트법 반죽의 1차 발효실 온도는 27℃, 상대습도는 75~80%, 발효점 부피는 2.5~3배이다.

25 **빵의 제조 시 중간발효에 대한 설명으로 적합하지 않은 것은?**

① 성형을 용이하게 한다.
② 완제품의 껍질 색을 좋게 한다.
③ 가스 생성이 목적이다.
④ 부피와 관계가 없다.

해설 **중간발효의 목적** : 부피 향상, 반죽에 유연성 부여, 성형 용이, 점착성을 줄여 줌, 완제품의 껍질 색을 좋게 함, 탄력성, 가스 생성

26 **수돗물 온도 20℃, 사용할 물 온도 18℃, 사용 물의 양 5kg일 때 사용하는 얼음 양은?**

① 100g ② 200g
③ 300g ④ 400g

해설 얼음 사용량

$$= \text{물 사용량} \times \frac{\text{수돗물 온도} - \text{계산된 물의 온도}}{\text{수돗물 온도} + 80}$$

$$= 5{,}000 \times \frac{20-18}{20+80} = 100\text{g}$$

27 **곰팡이가 생육할 수 있는 최저 수분활성도는?**

① 0.80 ② 0.88
③ 0.93 ④ 0.95

해설 **미생물이 생육할 수 있는 최저 수분활성도**
• 곰팡이 : 0.80
• 효모 : 0.88
• 세균 : 0.93

23 ② 24 ② 25 ④ 26 ① 27 ① 정 답

28 다음 중 감자독의 독성분은?

① 고시폴 ② 솔라닌
③ 리 신 ④ 발 린

해설 **식물성 자연독**
- 독버섯 : 무스카린, 코린, 발린
- 감자독 : 솔라닌
- 면실유 : 고시폴
- 대두 : 사포닌
- 청매 : 아미그달린
- 피마자 : 리신

29 교차오염 방지법으로 옳지 않은 것은?

① 개인위생 관리를 철저히 한다.
② 손 씻기를 철저히 한다.
③ 화장실의 출입 후 손을 청결히 하도록 한다.
④ 면장갑을 손에 끼고 작업을 한다.

해설 **교차오염 방지법**
- 개인위생 관리를 철저히 한다.
- 손 씻기를 철저히 한다.
- 조리된 음식 취급 시 맨손으로 작업하는 것을 피한다.
- 화장실의 출입 후 손을 청결히 한다.

30 다음 중 뜨거운 물에 데쳐서 만드는 빵의 종류는?

① 호밀빵 ② 바게트
③ 치아바타 ④ 베이글

해설 베이글은 뜨거운 물에 데쳐서 껍질은 바삭하고 속은 쫄깃한 것이 특징이다.

31 믹소그래프와 관련한 내용 중 틀린 것은?

① 단백질 함량
② 전분의 점도
③ 글루텐 발달
④ 단백질 흡수관계

해설 **믹소그래프** : 반죽의 형성, 글루텐 발달 기록(밀가루 단백질 함량과 흡수와의 관계, 믹싱시간, 믹싱 내구성 측정)

32 원가 구성의 3요소가 아닌 것은?

① 재료비 ② 노무비
③ 공 정 ④ 경 비

해설 **원가 구성의 3요소** : 재료비, 노무비, 경비

정 답 28 ② 29 ④ 30 ④ 31 ② 32 ③

33 **지방의 산화를 가속시키는 요소가 아닌 것은?**

① 공기와의 접촉이 많다.
② 토코페롤을 첨가한다.
③ 높은 온도로 여러 번 사용한다.
④ 자외선에 노출시킨다.

해설 항산화제란 유지의 산화적 연쇄반응을 방해함으로써 유지의 안정효과를 갖게 하는 물질이다. 식품첨가용 항산화제에는 비타민 E(토코페롤), PG, BHA, BHT, NDGA, 구아 검 등이 있다.

34 **빵을 냉각하여 포장할 때 적합한 빵의 수분은?**

① 25~30% ② 30~35%
③ 35~40% ④ 40~45%

해설 빵 포장 시 온도는 35~40℃, 수분은 38%(구운 직후에는 45%) 정도로 한다.

35 **드라이 이스트의 수분함량으로 가장 적당한 것은?**

① 6% ② 8%
③ 10% ④ 12%

해설 **이스트의 수분함량**
- 생이스트 : 68~83%
- 드라이 이스트 : 7~9%

36 **다음 중 잘못된 내용은?**

① 설탕 = 포도당 + 과당
② 유당 = 포도당 + 갈락토스
③ 맥아당 = 포도당 + 포도당
④ 젖당 = 포도당 + 자일로스

해설 **이당류 구성**
- 설탕 = 포도당 + 과당
- 유당 = 포도당 + 갈락토스
- 맥아당 = 포도당 + 포도당

37 **케이크에 적합한 박력 밀가루의 단백질 함량으로 가장 적합한 것은?**

① 7~9% ② 9~10%
③ 11~13% ④ 14~15%

해설 **밀가루의 단백질 함량**
- 강력분 : 11~14%
- 중력분 : 10~11%
- 박력분 : 7~9%

38 **일반적인 하스 브레드(바게트)의 굽기 손실은?**

① 약 2~3% ② 약 7~9%
③ 약 11~13% ④ 약 20~25%

해설 굽기 손실은 굽기의 공정을 거치면서 빵의 무게가 줄어드는 현상을 말한다.
제품별 굽기 손실률
- 풀먼식빵 : 7~9%
- 식빵류 : 11~12%
- 단과자빵 : 10~11%
- 하스 브레드 : 20~25%

33 ② 34 ③ 35 ② 36 ④ 37 ① 38 ④ 정 답

39 일반적으로 식빵에 사용되는 설탕은 스트레이트법에서 몇 % 정도일 때 이스트 발효를 지연시키는가?

① 1% ② 3%
③ 4% ④ 6%

해설 스트레이트법에서 설탕 5% 이상일 때 삼투압이 작용하여 이스트 발효를 지연시킨다.

40 스트레이트법으로 반죽 시 유지를 첨가하는 단계는?

① 픽업단계 ② 클린업단계
③ 발전단계 ④ 최종단계

해설 유지는 밀가루 수화를 방해하므로 반죽이 수화되어 덩어리를 형성하는 클린업단계에서 투입한다.

41 해조류인 우뭇가사리에서 성분을 추출하여 가공해서 만든 것은?

① 한 천 ② 펙 틴
③ 젤라틴 ④ 검

해설 ② 펙틴은 식물이나 과일에서 추출한다.
③ 젤라틴은 동물의 껍질이나 연골조직의 콜라겐을 이용하여 가공한다.

42 퍼프 페이스트리(Puff Pastry)의 팽창은 다음 중 어느 것에서 비롯되는가?

① 공기 팽창 ② 화학 팽창
③ 증기압 팽창 ④ 이스트 팽창

해설 퍼프 페이스트리는 밀가루 반죽에 유지를 감싸서 여러 번 밀어 펴기와 접기를 하여 반죽과 유지의 결을 만들고, 유지층 사이의 증기압으로 부풀린 제품이다.

43 젤리 롤케이크는 어떤 배합을 기본으로 하여 만드는 제품인가?

① 스펀지 케이크 배합
② 파운드 케이크 배합
③ 과일 케이크 배합
④ 슈크림 배합

해설 젤리 롤을 비롯한 소프트 롤, 초콜릿 롤케이크는 말기를 하는 제품으로, 기본 스펀지 배합보다 수분이 많아야 말 때 표피가 터지지 않게 된다.

44 2% 이스트를 사용했을 때 최적 발효시간이 120분이라면 2.2%의 이스트를 사용했을 때 예상 발효시간은?

① 120분 ② 109분
③ 99분 ④ 90분

해설 변경할 이스트 양

$$= \frac{\text{기존 이스트 양} \times \text{최적 발효시간}}{\text{변경하고자 하는 발효시간}}$$

$$2.2\% = \frac{2\% \times 120\text{분}}{x\text{분}}$$

$$x\text{분} = \frac{2.4}{0.022} \fallingdotseq 109.09$$

정 답 39 ④ 40 ② 41 ① 42 ③ 43 ① 44 ②

45 다음 쿠키 중에서 상대적으로 수분이 많아서 짜서 만드는 제품은?

① 드롭 쿠키
② 스냅 쿠키
③ 스펀지 쿠키
④ 머랭 쿠키

해설
- 드롭 쿠키(Drop Cookie) : 수분이 많아 짜서 만드는 쿠키이다.
- 스냅 쿠키(Snap Cookie) : 수분이 적어 밀대나 롤러기로 밀어 모양을 찍어 만든다.

46 이형유에 대한 설명으로 틀린 것은?

① 이형유는 발연점이 높은 기름을 사용한다.
② 무색, 무미, 무취여야 한다.
③ 이형유 사용량은 반죽 무게의 0.1~0.2% 정도 사용한다.
④ 이형유 사용량이 많으면 밑껍질이 얇아지고 색상이 밝아진다.

해설 팬기름
- 빵을 구울 때 제품이 팬에서 달라붙지 않고 잘 떨어지도록 하기 위함이다.
- 팬기름이 갖추어야 할 조건
  - 무색, 무취
  - 높은 안정성
  - 발연점이 210℃ 이상 높은 것
  - 반죽 무게의 0.1~0.2% 정도 사용

47 모닝빵 1,000개 만드는 데 한 사람이 3시간 걸렸다. 1,500개 만드는 데 30분 내에 끝내려면 몇 사람이 작업해야 하는가?

① 3명 ② 6명
③ 9명 ④ 11명

해설 1,000 : 180분 = 1,500 : x분
즉, 한 명이 빵 1,000개를 만들 때 3시간(180분)이 걸리면 1,500개를 만들 때는 270분이 걸린다. 따라서 30분 안에 빵을 1,500개 만들려면 270/30 = 9명이 작업해야 한다.

48 아이싱의 끈적거림 방지방법으로 잘못된 것은?

① 액체를 최소량으로 사용한다.
② 40℃ 정도로 가온한 아이싱 크림을 사용한다.
③ 안정제를 사용한다.
④ 케이크 제품이 냉각되기 전에 아이싱 한다.

해설 아이싱은 제품이 완전히 냉각되었을 때 하면 아이싱 크림이 녹지 않고 끈적거리지 않는다.

49 냉동반죽법의 냉동과 해동방법으로 옳은 것은?

① 완만 냉동, 완만 해동
② 완만 냉동, 급속 해동
③ 급속 냉동, 완만 해동
④ 급속 냉동, 급속 해동

해설 **냉동반죽법** : -40℃에서 급속 냉동하고, 5~10℃의 냉장실에서 15~16시간 완만하게 해동한다.

45 ① 46 ④ 47 ③ 48 ④ 49 ③ 정 답

50 **밀가루 반죽의 글루텐 질을 측정하는 제빵적성 기계는?**

① 아밀로그래프
② 패리노그래프
③ 익스텐소그래프
④ 믹소그래프

해설 **밀가루 반죽의 제빵적성 시험기계**
- 아밀로그래프 : 밀가루 호화온도, 호화 정도, 점도의 변화 파악
- 익스텐소그래프 : 반죽의 신장성, 저항성 측정
- 패리노그래프 : 반죽의 글루텐 질을 측정

51 **밀가루 중에 손상전분이 빵류 제품 제조 시에 미치는 영향으로 옳은 것은?**

① 발효가 빠르게 진행된다.
② 반죽 시 흡수가 늦고 흡수량이 많다.
③ 반죽 시 흡수가 빠르고 흡수량이 적다.
④ 제빵과 관계가 없다.

해설 **손상전분**
- 수분을 잘 흡수하여 흡수율을 높임
- 전분의 젤 형성에 도움을 줌
- 발효성 탄수화물을 생성하여 발효를 빠르게 도와줌
- 굽기과정 중 적정한 덱스트린을 형성

52 **나이아신(Niacin)의 결핍증은?**

① 괴혈병 ② 펠라그라증
③ 야맹증 ④ 각기병

해설 비타민 B_3(나이아신) 결핍증으로 피부병, 식욕 부진, 설사, 우울증 등의 증상을 나타내는 것은 펠라그라증이다.

53 **감염병의 병원소가 아닌 것은?**

① 감염된 가축
② 토 양
③ 오염된 음식물
④ 건강보균자

해설 **병원소** : 병원체가 생존, 증식을 계속하여 인간에게 전파될 수 있는 상태로 저장되는 곳(사람, 동물, 토양 등)

54 **바게트빵 제조 시 스팀 주입이 많을 경우 생기는 현상은?**

① 껍질이 바삭바삭해진다.
② 껍질이 질겨진다.
③ 껍질이 벌어진다.
④ 균열이 생긴다.

해설 **빵에 스팀을 주는 이유**
- 껍질을 얇고 바삭하게 함
- 껍질이 윤기나게 함

정 답 50 ② 51 ① 52 ② 53 ③ 54 ②

55 **식품첨가물의 구비조건이 아닌 것은?**

① 식품의 영양가를 유지할 것
② 인체에 유해하지 않을 것
③ 나쁜 이화학적 변화를 주지 않을 것
④ 소량으로는 충분한 효과가 나타나지 않을 것

해설 **식품첨가물 구비조건**
- 인체에 무해하고 체내에 축적되지 않을 것
- 미량으로 효과가 클 것
- 독성이 없을 것
- 이화학적 변화가 안정할 것

56 **픽업단계에서 믹싱을 완료해도 되는 제품은?**

① 데니시 페이스트리
② 식 빵
③ 단과자빵
④ 바게트

해설 **제품별 믹싱완료 단계**
- 픽업단계 : 데니시 페이스트리
- 클린업단계 : 스펀지 반죽
- 발전단계 : 하스 브레드
- 최종단계 : 식빵, 단과자빵
- 렛다운단계 : 햄버거빵

57 **단백질을 구성하는 기본 단위는?**

① 지방산 ② 아미노산
③ 글리세린 ④ 포도당

해설 단백질은 아미노산들이 펩타이드(Peptide) 결합으로 연결되어 있는 고분자 유기화합물이다.

58 **성형에서 반죽의 중간발효 후 밀어 펴기 하는 과정의 주된 효과는?**

① 글루텐 구조의 재정돈
② 가스를 고르게 분산
③ 단백질 변성
④ 부피 증가

해설 밀어 펴기는 중간발효가 끝난 생지를 밀대로 밀어 가스를 고르게 분산시킨다.

59 **질소 등의 영양을 공급하는 제빵용 이스트 푸드의 성분은?**

① 아이오딘염(요오드염)
② 암모늄염
③ 브로민염(브롬염)
④ 칼슘염

해설 **이스트 푸드의 성분**
- 암모늄염은 이스트에 필요한 질소 영양원을 공급한다.
- 암모늄염으로는 염화암모늄, 황산암모늄, 인산암모늄 등이 있다.

60 **유지와 설탕을 먼저 혼합하는 반죽법은?**

① 크림법 ② 블렌딩법
③ 1단계법 ④ 혼합법

해설 크림법은 설탕과 유지를 먼저 혼합하는 반죽법이다.

55 ④ 56 ① 57 ② 58 ② 59 ② 60 ① 정답

2022년 제빵기능사 상시복원문제(1회)

01 대량생산에 적합하고 열이 골고루 전달되는 오븐은?

① 로터리오븐 ② 데크오븐
③ 터널식 오븐 ④ 컨벡션오븐

해설
- 데크오븐 : 소규모 제과점에서 많이 사용하며 윗불, 아랫불 온도조절이 가능하다.
- 컨벡션오븐 : 오븐 뒷면에 열풍을 불어 넣을 수 있어 열을 대류시켜 굽는 오븐이다.
- 터널식 오븐 : 대규모 생산공장에서 대량생산이 가능하다. 반죽의 들어오는 입구와 출구가 다른 특징이 있다.
- 로터리오븐 : 대량의 열풍을 바람개비에 의해 대류시키는 방식이다. 대량생산에 적합하고 열이 골고루 전달되어 굽는 시간이 단축된다.

02 거품형 케이크 반죽을 믹싱할 때 가장 적당한 믹싱법은?

① 중속 → 저속 → 고속
② 저속 → 고속 → 중속
③ 저속 → 중속 → 고속 → 저속
④ 고속 → 중속 → 저속 → 고속

해설 거품형 케이크의 믹싱법은 저속 → 중속 → 고속 → 저속으로 마무리한다.

03 빵 발효에 영향을 주는 요소에 대한 설명으로 틀린 것은?

① 적정한 범위 내에서 이스트의 양을 증가시키면 발효 시간이 짧아진다.
② pH 4.7 근처일 때 발효가 활발하다.
③ 적정한 범위 내에서 온도가 상승하면 발효시간은 짧아진다.
④ 삼투압이 높아지면 발효시간은 짧아진다.

해설 **발효에 영향을 주는 요인**
- 이스트 : 이스트의 양에 따라 발효시간 30% 조절
- 반죽 온도 : 정상 범위 안에 1℃ → 발효시간 ±30분
- 탄수화물과 효소 : 밀가루에 존재하는 효소, 이스트에 존재하는 효소
- 삼투압 : 삼투압에 의해 이스트 발효 저해(당의 농도 5%, 무기염류 1~2.5%)
- 반죽 pH : pH 4.5~5.5에서 이스트 활성 최적

04 튀김 시 과도한 흡유현상이 일어나는 원인이 아닌 것은?

① 짧은 믹싱시간
② 긴 반죽시간
③ 높은 튀김온도
④ 글루텐 부족

해설 **튀김 시 과도한 흡유현상의 원인**
짧은 믹싱시간, 글루텐 부족, 긴 반죽시간, 긴 튀김시간, 반죽 수분 과다, 많은 설탕량, 낮은 튀김온도, 적은 반죽중량

정답 1 ① 2 ③ 3 ④ 4 ③

05 식중독 사고 위기대응 단계에 포함되지 않는 것은?

① 관심단계　② 주의단계

③ 경계단계　④ 통합단계

해설 식중독 사고 시 위기대응 단계는 관심(Blue), 주의(Yellow), 경계(Orange), 심각(Red) 단계이다.

06 도넛을 튀길 때 튀김기름 온도로 가장 적합한 것은?

① 160℃　② 180℃

③ 200℃　④ 210℃

해설 도넛의 튀김기름 온도는 175~195℃가 적합하다.

07 빵 반죽을 할 때 적합한 물의 ppm은?

① 60~80ppm

② 90~110ppm

③ 120~180ppm

④ 181~200ppm

해설 물의 종류 중 아경수(121~180ppm)가 빵 반죽에 적합하다.

08 제빵에서 소금의 역할이 아닌 것은?

① 빵의 내상을 희게 한다.

② 유해균의 번식을 억제시킨다.

③ 글루텐을 강화시킨다.

④ 맛을 조절한다.

해설 소금 과다 사용 시 현상
- 발효 손실이 적음
- 효소작용 억제
- 작은 부피
- 진한 껍질 색(윗, 옆면이 진함)
- 촉촉하고 질김

09 식중독 대처방법 중 후속 조치에 포함되지 않는 것은?

① 시설 개선 즉시 조치

② 추가 환자 정보 제공

③ 오염시설 사용 중지

④ 전처리, 조리, 보관, 해동관리 철저

해설 식중독 대처방법

구분	내용
현장 조치	• 건강진단 미실시자, 질병에 걸린 환자 조리 업무 중지 • 영업 중단 • 오염시설 사용 중지 및 현장 보존
후속 조치	• 질병에 걸린 환자 치료 및 휴무 조치 • 추가 환자 정보 제공 • 시설 개선 즉시 조치 • 전처리, 조리, 보관, 해동관리 철저
예방 사후 관리	• 작업 전 종사자 건강 상태 확인 • 주기적 종사자 건강진단 실시 • 위생교육 및 훈련 강화 • 조리 위생수칙 준수 • 시설, 기구 등 주기적 위생상태 확인

5 ④ 6 ② 7 ③ 8 ① 9 ③ 정답

10 제빵용 밀가루의 단백질 함량으로 적합한 것은?

① 5~6% ② 7~9%
③ 10~11% ④ 11~14%

해설 제빵용 밀가루 강력분의 단백질 함량은 11~14%이다. 중력분은 9~11%, 박력분은 7~9%이다.

11 이스트가 오븐 내에서 사멸하기 시작하는 온도는?

① 40℃ ② 50℃
③ 60℃ ④ 70℃

해설 이스트는 60℃에서부터 불활성화한다.

12 스펀지/도법으로 반죽을 만들 때 스펀지 반죽 온도로 적절한 것은?

① 18℃ ② 24℃
③ 27℃ ④ 30℃

해설 스펀지/도법의 스펀지 반죽 온도는 22~26℃이다(평균 24℃).

13 경수의 작용으로 적절한 것은?

① 글루텐을 질기게 하고, 발효를 저해한다.
② 글루텐을 연하게 하고, 발효를 촉진한다.
③ 글루텐을 질기게 하고, 발효를 촉진한다.
④ 글루텐을 연하게 하고, 발효를 저해한다.

해설
- 아경수 : 제빵에 가장 적합하다.
- 경수 : 반죽이 되고, 글루텐을 강화시켜 발효가 지연되며, 탄력성을 증가시킨다.
  → 조치사항 : 이스트 사용 증가와 발효 시간 연장, 맥아 첨가, 소금과 이스트 푸드 감소, 반죽에 물의 양 증가
- 연수 : 반죽이 질고, 글루텐을 연화시켜 끈적거리는 반죽으로 오븐 스프링이 나쁘다.
  → 조치사항 : 흡수율 2% 감소, 이스트 푸드와 소금 증가, 발효 시간 단축

14 상대적 감미도가 틀리게 연결된 것은?

① 과당 – 175 ② 설탕 – 100
③ 포도당 – 75 ④ 맥아당 – 16

해설 **당류의 상대적 감미도**
과당(175) > 전화당(130) > 설탕(100) > 포도당(75) > 맥아당(32) > 유당(16)

15 다음 중 경구감염병이 아닌 것은?

① 장티푸스 ② 콜레라
③ Q열 ④ 디프테리아

해설 **경구감염병** : 세균성 이질(어린이), 장티푸스, 파라티푸스, 콜레라, 디프테리아, 결핵, 천열, 인플루엔자, 홍역, 아메바성 이질 등

정답 10 ④ 11 ③ 12 ② 13 ① 14 ④ 15 ③

16 **다음 중 단당류가 아닌 것은?**

① 자 당 ② 포도당
③ 과 당 ④ 갈락토스

해설
- 단당류 : 포도당, 과당, 갈락토스, 만노스
- 이당류 : 전화당, 자당(설탕), 맥아당, 유당
- 다당류 : 아밀로펙틴, 전분, 셀룰로스

17 **전분을 분해하는 효소는?**

① 라이페이스 ② 프로테이스
③ 아밀레이스 ④ 인버테이스

해설 **분해효소**
- 탄수화물 : 아밀레이스(Amylase)
- 지방 : 라이페이스(Lipase)
- 단백질 : 프로테이스(Protease)

18 **다음 중 제빵에서 유지의 기능으로 잘못된 것은?**

① 빵의 노화 지연
② 윤활작용
③ 가소성과 신장성 향상
④ 빵의 색을 냄

해설 **제빵에서 유지의 기능**
- 윤활작용 및 부피 증가
- 식빵의 슬라이스를 돕고 풍미를 줌
- 가소성과 신장성 향상
- 빵의 노화 지연

19 **빵 반죽의 단계 중 탄력성이 가장 높은 단계는?**

① 픽업단계(Pick-up Stage)
② 클린업단계(Clean-up Stage)
③ 최종단계(Final Stage)
④ 발전단계(Development Stage)

해설
- 발전단계(Development Stage) : 탄력성 최대, 매끄럽고 부드러움(프랑스빵)
- 최종단계(Final Stage) : 신장성 최대, 광택・점착성이 큼(식빵, 단과자빵)

20 **반죽의 흡수율에 영향을 미치는 요인이 아닌 것은?**

① 물의 경도
② 반죽의 온도
③ 이스트 사용량
④ 소금의 첨가 시기

해설 **반죽의 흡수율에 영향을 미치는 요인** : 물의 경도, 반죽의 온도, 소금의 첨가 시기

16 ① 17 ③ 18 ④ 19 ④ 20 ③ 정 답

21 스트레이트법으로 반죽 시 일반적으로 1차 발효실의 습도는 몇 %가 적당한가?

① 60~70%　② 70~80%
③ 80~90%　④ 90~100%

해설 **스트레이트법**
- 모든 재료를 믹서에 한꺼번에 넣고 믹싱하는 방법으로 직접 반죽법이라고도 한다.
- 반죽 시간 : 12~25분
- 믹싱 결과 온도 : 26~28℃(보통 27℃)
- 1차 발효 : 온도 27℃, 상대습도 75~80%, 부피 3~3.5배
- 2차 발효 : 온도 33~40℃, 상대습도 85~90%

22 비상 스트레이트법으로 빵을 만들 때 반죽 온도로 가장 알맞은 것은?

① 22~24℃　② 24~26℃
③ 26~28℃　④ 30~31℃

해설 비상 스트레이트법 반죽 온도는 30~31℃이다.

23 스펀지/도법의 장점이 아닌 것은?

① 작업공정에 대한 융통성
② 노동력 감소
③ 부피 증가
④ 노화 지연

해설 **스펀지/도법의 장단점**
- 장점 : 공정의 융통성, 부피 증가, 노화 지연, 식감 좋음, 균일한 제품
- 단점 : 발효손실이 큼, 시설비·노동력 증가

24 스트레이트법의 1차 발효의 발효점을 확인하는 방법으로 옳지 않은 것은?

① 반죽은 처음 부피의 3~3.5배 부푼다.
② 반죽 내부는 잘 발달된 망상구조를 이룬다.
③ 발효가 완료되면 반죽을 손가락으로 찔렀을 때 모양이 그대로 남아 있다.
④ 1차 발효는 눈으로 확인한다.

해설 **1차 발효 확인방법**
- 반죽의 부피는 처음 부피의 3~3.5배이다.
- 반죽 내부는 잘 발달된 망상구조이다.
- 반죽을 손가락으로 찔렀을 때 모양을 확인한다.

25 빵의 제조 시 중간발효에 대한 설명으로 적합하지 않은 것은?

① 성형을 용이하게 한다.
② 완제품의 껍질 색을 좋게 한다.
③ 가스 생성이 목적이다.
④ 부피와 관계가 없다.

해설 **중간발효의 목적** : 부피 향상, 반죽에 유연성 부여, 성형 용이, 점착성 줄여 줌, 완제품의 껍질 색을 좋게 함, 탄력성, 가스 생성

정답 21 ② 22 ④ 23 ② 24 ④ 25 ④

26 **직접 반죽법으로 식빵을 제조하려고 한다. 실내 온도 23℃, 밀가루 온도 23℃, 수돗물 온도 20℃, 마찰계수 20일 때 희망하는 반죽 온도를 28℃로 만들려면 사용해야 될 물의 온도는?**

① 16℃ ② 18℃
③ 20℃ ④ 23℃

해설 사용할 물 온도 = (반죽 희망 온도 × 3) − (실내 온도 + 밀가루 온도 + 마찰계수)
= (28 × 3) − (23 + 23 + 20)
= 84 − 66 = 18℃

27 **부패 미생물이 번식할 수 있는 최저 수분활성도(Aw)의 순서가 바르게 나열된 것은?**

① 세균 > 곰팡이 > 효모
② 세균 > 효모 > 곰팡이
③ 효모 > 곰팡이 > 세균
④ 효모 > 세균 > 곰팡이

해설 미생물 증식 억제 수분활성도는 세균은 0.8 이하, 효모는 0.75 이하, 곰팡이는 0.7 이하이다.

28 **다음 중 면실유의 독성분으로 알맞은 것은?**

① 솔라닌 ② 고시폴
③ 사포닌 ④ 무스카린

해설 **식물성 자연독**
- 독버섯 : 무스카린, 코린, 발린
- 감자독 : 솔라닌
- 면실유 : 고시폴
- 대두 : 사포닌
- 청매 : 아미그달린
- 피마자 : 리신

29 **교차오염 방지법으로 옳지 않은 것은?**

① 개인위생 관리를 철저히 한다.
② 손 씻기를 철저히 한다.
③ 화장실의 출입 후 손을 청결히 하도록 한다.
④ 면장갑을 손에 끼고 작업을 한다.

해설 **교차오염 방지법**
- 개인위생 관리를 철저히 한다.
- 손 씻기를 철저히 한다.
- 조리된 음식 취급 시 맨손으로 작업하는 것을 피한다.
- 화장실의 출입 후 손을 청결히 하도록 한다.

30 **오버 베이킹(Over Baking)에 대한 설명으로 옳은 것은?**

① 낮은 온도의 오븐에서 굽는다.
② 윗면 가운데가 올라오기 쉽다.
③ 제품에 남는 수분이 많아진다.
④ 중심 부분이 익지 않을 경우 주저앉기 쉽다.

해설
- 오버 베이킹(Over Baking)은 낮은 온도에서 장시간 굽는 것으로, 반죽이 많거나 고율배합일 때 사용한다.
- 언더베이킹(Under Baking)은 고온에서 단시간 굽는 것으로, 반죽이 적거나 저율배합일 때 사용한다.

26 ② 27 ② 28 ② 29 ④ 30 ① 정답

31 밀가루 글루텐의 흡수율과 밀가루 반죽의 점탄성을 나타내는 그래프는?

① 아밀로그래프(Amylograph)
② 익스텐소그래프(Extensograph)
③ 믹소그래프(Mixograph)
④ 패리노그래프(Farinograph)

해설 **패리노그래프(Farinograph)**
믹서 내에서 일어나는 물리적 성질을 파동곡선 기록기로 기록하여 밀가루의 흡수율, 믹싱 시간, 믹싱 내구성, 밀가루 반죽의 점탄성 등을 측정하는 기계이다.

32 빵 및 케이크류에 사용이 허가된 보존료는?

① 탄산암모늄
② 탄산수소나트륨
③ 프로피온산
④ 폼알데하이드

해설 프로피온산염은 빵 및 케이크류에 사용이 허가되어 있다.

33 도넛의 튀김기름이 갖추어야 할 조건은?

① 산패가 없다.
② 저장 중 안정성이 낮다.
③ 발연점이 낮다.
④ 산화와 가수분해가 쉽게 일어난다.

해설 도넛의 튀김기름은 발연점이 높고 산패가 없어야 한다.

34 빵을 냉각하여 포장할 때 적합한 빵의 수분은?

① 25~30%
② 30~35%
③ 35~40%
④ 40~45%

해설 빵 포장 시 온도는 35~40℃, 수분 38%(구운 직후에는 45%), 냉각 손실 2%이다.

35 건포도 식빵을 만들 때 건포도를 전처리하는 목적이 아닌 것은?

① 수분을 제거하여 건포도의 보존성을 높인다.
② 제품 내에서의 수분 이동을 억제한다.
③ 건포도의 풍미를 되살린다.
④ 씹는 촉감을 개선한다.

해설 **건포도 전처리 방법**
- 건포도가 잠길 만큼 물을 부어 10분 정도 두었다가 여분의 물을 가볍게 따라 버리면 된다.
- 건포도 양의 12% 정도에 해당하는 물(27℃)을 첨가하여 4시간 정도 담가둔다.

건포도 전처리의 목적
- 씹을 때의 조직감을 개선하기 위해서
- 건조과일의 본래 풍미가 되살아나도록 하기 위해서
- 반죽 내에서 반죽과 건조과일 간의 수분 이동을 방지하기 위해서

정답 31 ④ 32 ③ 33 ① 34 ③ 35 ①

36 **냉동반죽법의 단점이 아닌 것은?**

① 이스트 활력이 감소한다.
② 가스발생력이 떨어진다.
③ 반죽이 퍼지기 쉽다.
④ 휴일작업에 미리 대체할 수 없다.

해설 냉동반죽법은 휴일작업에 미리 대체가 가능하다.

37 **식빵 제조 시 가스 보유력에 좋은 유지의 밀가루 대비 적절한 함량 비율은?**

① 3~4% ② 5~6%
③ 7~8% ④ 9~10%

해설 유지는 밀가루 대비 3~4% 정도 첨가할 때 가스 보유력이 가장 좋다.

38 **다음 중 해썹(HACCP) 적용의 7가지 원칙에 해당하지 않는 것은?**

① 개선조치 설정
② 위해요소 분석
③ 중요 관리점 결정
④ 공정흐름도 작성

해설 HACCP 적용의 7가지 원칙
- 위해분석(위해요소의 분석과 위험평가)
- 중요 관리점(CCP ; Critical Control Point)의 결정(중요 관리점 확인)
- 관리기준(허용한계치, Critical Limits)의 설정
- 모니터링(감시관리, Monitoring) 방법의 설정
- 개선조치(Corrective Action)의 설정
- 검증(Verification) 방법의 설정
- 기록 유지 및 문서작성 규정의 설정

39 **일반적으로 식빵에 사용되는 설탕은 스트레이트법에서 몇 % 정도일 때 이스트 발효를 지연시키는가?**

① 1%
② 3%
③ 4%
④ 6%

해설 스트레이트법에서 설탕 5% 이상일 때 삼투압이 작용하여 이스트 발효를 지연시킨다.

40 **후염법으로 반죽 시 소금을 첨가하는 단계는?**

① 픽업단계
② 클린업단계
③ 발전단계
④ 최종단계

해설 후염법으로 반죽할 때 소금의 투입 시기는 클린업 단계이다.

36 ④ 37 ① 38 ④ 39 ④ 40 ② 정 답

41 동물의 껍질이나 연골조직의 콜라겐에서 성분을 추출하여 가공해서 만든 것은?

① 젤라틴　② 펙 틴
③ 한 천　④ 검

해설 ① 젤라틴은 동물의 껍질이나 연골조직의 콜라겐을 이용하여 가공한다.
② 펙틴은 식물(과일)에서 추출한다.

42 설탕을 포도당과 과당으로 분해하는 효소는?

① 인버테이스(Invertase)
② 치메이스(Zymase)
③ 말테이스(Maltase)
④ 알파 아밀레이스(α-amylase)

해설 ② 치메이스 : 포도당과 과당을 이산화탄소와 에틸알코올로 분해
③ 말테이스 : 맥아당을 포도당과 포도당으로 분해
④ 알파 아밀레이스 : 전분을 덱스트린으로 분해

43 빵의 관능적 평가법에서 외부적 특성을 평가하는 항목으로 적절한 것은?

① 기 공　② 조 직
③ 속 색　④ 부 피

해설 **빵의 평가법**
- 외부평가 항목 : 부피, 껍질 색상, 껍질 특성, 외형의 균형, 굽기의 균일화, 터짐성
- 내부평가 항목 : 조직, 기공, 속 색상, 향, 맛

44 빵 반죽의 특성인 글루텐을 형성하는 밀가루의 단백질 중 점성과 가장 관계가 깊은 것은?

① 알부민(Albumins)
② 글리아딘(Gliadins)
③ 글루테닌(Glutenins)
④ 글로불린(Globulins)

해설 글루텐 형성 단백질로 탄력성을 지배하는 것은 글루테닌이며, 글리아딘은 점성, 유동성을 나타내는 단백질이다.

45 발효의 설명으로 잘못된 것은?

① 스펀지 도법(Sponge Dough Method) 중 스펀지 발효 온도는 27℃가 좋다.
② 반죽에 설탕이 많이 들어가면 발효가 저해된다.
③ 소금은 약 1% 이상이면 발효를 지연시킨다.
④ 중간발효 시간은 보통 10~20분이며, 온도는 35~37℃가 적당하다.

해설 중간발효 온도는 26~29℃로, 1차 발효실 조건과 같다.

정답 41 ① 42 ① 43 ④ 44 ② 45 ④

46 **이형유에 대한 설명으로 틀린 것은?**

① 이형유는 발연점이 높은 기름을 사용한다.
② 무색, 무미, 무취여야 한다.
③ 이형유 사용량은 반죽 무게의 0.1~0.2% 정도 사용한다.
④ 이형유 사용량이 많으면 밑껍질이 얇아지고 색상이 밝아진다.

해설 팬기름(이형유)은 빵을 구울 때 제품이 팬에서 달라붙지 않고 잘 떨어지도록 하기 위해 사용한다.
팬기름이 갖추어야 할 조건
- 무색, 무취
- 높은 안정성
- 발연점이 210℃ 이상 높은 것
- 반죽 무게의 0.1~0.2% 정도 사용

47 **사람과 동물이 같은 병원체에 의하여 발생하는 질병 또는 감염 상태와 관련 있는 질병을 총칭하는 것은?**

① 법정 전염병
② 화학적 식중독
③ 인수공통감염병
④ 진균독증

해설 **인수공통감염병의 종류**
일본뇌염, 결핵, 브루셀라증, 탄저, 공수병, 크로이츠펠트-야콥병 및 변종크로이츠펠트-야콥병, 중증급성호흡기증후군, 동물인플루엔자인체감염증, 큐열 등

48 **폐디스토마의 제1중간숙주로 알맞은 것은?**

① 돼지고기 ② 상 추
③ 고등어 ④ 다슬기

해설 **폐디스토마(폐흡충증)의 감염경로** : 제1중간숙주(다슬기) → 제2중간숙주(게, 가재) → 사람

49 **냉동반죽법의 냉동과 해동방법으로 옳은 것은?**

① 완만냉동, 완만해동
② 완만냉동, 급속해동
③ 급속냉동, 완만해동
④ 급속냉동, 급속해동

해설 냉동반죽법은 −40℃에서 급속냉동으로 하고, 5~10℃의 냉장실에서 15~16시간 완만하게 해동한다.

50 **밀가루 반죽의 글루텐의 질을 측정하는 제빵적성 기계는?**

① 아밀로그래프
② 패리노그래프
③ 익스텐소그래프
④ 믹소그래프

해설 **밀가루 반죽의 제빵적성 시험기계**
- 아밀로그래프 : 밀가루 호화온도, 호화 정도, 점도의 변화 파악
- 익스텐소그래프 : 반죽의 신장성과 저항성을 측정
- 패리노그래프 : 반죽의 글루텐 질을 측정

46 ④ 47 ③ 48 ④ 49 ③ 50 ② 정 답

51 **제과 · 제빵에서 안정제의 기능을 설명한 것으로 적절하지 않은 것은?**

① 파이 충전물의 농후화제 역할을 한다.
② 흡수제로 노화 지연 효과가 있다.
③ 아이싱의 끈적거림을 방지한다.
④ 토핑물을 부드럽게 만든다.

해설 **안정제의 기능**
- 아이싱의 끈적거림 방지
- 아이싱의 부서짐 방지
- 머랭의 수분 배출 억제
- 무스 케이크 제조
- 파이 충전물의 농후화제
- 흡수제로 노화 지연 효과

52 **어린 반죽으로 빵을 제조하였을 시에 나타나는 특징이 아닌 것은?**

① 모서리가 예리하다.
② 빵 속의 색이 희다.
③ 속결이 거칠다.
④ 부피가 작다.

해설 **어린 반죽이 제품에 미치는 영향**
- 속 색이 무겁고 어둡다.
- 부피가 작고 모서리가 예리하다.

53 **일반적으로 옐로 레이어 케이크의 반죽 온도는 어느 정도가 가장 적당한가?**

① 12℃ ② 18℃
③ 24℃ ④ 32℃

해설 옐로 레이어 케이크의 반죽 온도는 22~24℃이다.

54 **다음 중 스펀지법(중종법)의 종류가 아닌 것은?**

① 오토리즈법 ② 액체발효법
③ 풀리시법 ④ 비가법

해설 **스펀지법의 종류** : 오버나이트 중종법, 오토리즈(Autolyse)법, 풀리시(Poolish)법, 비가(Biga)법

55 **식품첨가물의 구비조건이 아닌 것은?**

① 영양가를 유지시킬 것
② 인체에 유해하지 않을 것
③ 나쁜 이화학적 변화를 주지 않을 것
④ 소량으로는 충분한 효과가 나타나지 않을 것

해설 **식품첨가물의 구비조건**
- 인체에 무해하고 체내에 축적되지 않을 것
- 미량으로 효과가 클 것
- 독성이 없을 것
- 이화학적 변화가 안정할 것

정답 51 ④ 52 ② 53 ③ 54 ② 55 ④

56 미나마타병은 중금속에 오염된 어패류를 먹고 발생되는데, 그 원인이 되는 금속은?

① 카드뮴(Cd) ② 수은(Hg)
③ 납(Pb) ④ 아연(Zn)

해설 미나마타병은 수은에 오염된 해산물을 통해 발병한다. 구토, 복통, 위장장애, 전신경련 등의 증상을 일으킨다.

57 제빵 시 베이커스 퍼센트(Baker's%)에서 기준이 되는 재료는?

① 설 탕 ② 물
③ 밀가루 ④ 유 지

해설 밀가루는 제빵의 가장 기본이 되는 재료로 베이커스 퍼센트는 밀가루의 양(100)을 기준으로 한다.

58 성형에서 반죽의 중간발효 후 밀어 펴기 하는 과정의 주된 효과는?

① 글루텐 구조의 재정돈
② 가스를 고르게 분산
③ 단백질 변성
④ 부피 증가

해설 밀어 펴기는 중간발효가 끝난 생지를 밀대로 밀어 가스를 고르게 분산시킨다.

59 제조 현장에서 제빵용 이스트를 저장하는 현실적인 온도로 가장 적당한 것은?

① −18℃ 이하
② −1~5℃
③ 20℃
④ 35℃ 이상

해설 이스트의 적당한 저장 온도는 −1~7℃이며 −3℃ 이하에서는 활동이 정지된다.

60 밀가루와 유지를 먼저 혼합하는 반죽법은?

① 블렌딩법
② 크림법
③ 1단계법
④ 혼합법

해설 ① 블렌딩법 : 밀가루와 유지를 먼저 혼합하는 반죽법
② 크림법 : 설탕과 유지를 먼저 혼합하는 반죽법
③ 1단계법 : 모든 재료를 한 번에 투입한 후 믹싱하는 방법

56 ② 57 ③ 58 ② 59 ② 60 ① 정 답

2020년 제과기능사 상시복원문제(1회)

01 중간발효에 대한 설명으로 틀린 것은?

① 중간발효는 온도 32℃ 이내, 상대 습도 75% 전후에서 실시한다.
② 반죽의 온도, 크기에 따라 시간이 달라진다.
③ 반죽의 상처 회복과 성형을 용이하게 하기 위함이다.
④ 상대습도가 낮으면 덧가루 사용량이 증가한다.

해설 상대습도가 낮으면 덧가루 사용량이 감소한다.

02 우유가 제빵에 미치는 영향이 아닌 것은?

① 빵의 속결을 부드럽게 한다.
② 빵의 색을 연하게 해 준다.
③ 글루텐을 향상시킨다.
④ 풍미를 좋게 한다.

해설 **우유의 기능**

- 제빵 : 빵의 속결을 부드럽게 하고 글루텐의 기능을 향상시키며, 우유 속의 유당은 빵의 색을 잘 나오게 한다.
- 제과 : 제품의 향을 개선하고 껍질 색과 수분의 보유력을 높인다.

03 식빵의 자연냉각 시간은?

① 30분 ② 1시간
③ 3시간 ④ 6시간

해설 식빵의 자연냉각은 2~3시간 소요된다.

04 쥐를 매개체로 전염되는 질병이 아닌 것은?

① 돈단독증
② 쯔쯔가무시증
③ 신증후군출혈열(유행성 출혈열)
④ 렙토스피라증

해설 돈단독균은 증상이 없는 농장이라도 50% 이상 돼지의 편도에 잠복하고 있으며, 보균돈은 분변과 오줌 그리고 침을 통해 돈단독균을 배설하는데 주로 분변을 통해서 감염을 일으킨다.

05 마요네즈를 만드는데 노른자가 500g 필요하다. 껍질 포함 60g의 계란을 몇 개 준비해야 하는가?

① 10개 ② 14개
③ 28개 ④ 56개

해설 달걀의 구성 비율은 껍데기 10%, 흰자 60%, 노른자 30%이다. 따라서, 60g 중 노른자는 18g이므로, 500 ÷ 18 = 28개를 준비해야 한다.

정답 1 ④ 2 ② 3 ③ 4 ① 5 ③

06 **조리사 면허를 받으려면 면허증 발급신청서를 누구에게 제출해야 하는가?**

① 보건복지부장관
② 고용노동부장관
③ 식품의약품안전처장
④ 특별자치도지사 · 시장 · 군수

해설 조리사의 면허를 받으려는 자는 조리사 면허증 발급 · 재발급신청서에 해당하는 서류를 첨부하여 특별자치시장 · 특별자치도지사 · 시장 · 군수 · 구청장에게 제출해야 한다(식품위생법 시행규칙 제80조제1항).

07 **다음 제품 중 찜(수증기)을 이용하여 만든 제품이 아닌 것은?**

① 만 두
② 소프트 롤 케이크
③ 푸 딩
④ 치즈 케이크

해설 소프트 롤 케이크는 오븐에 굽는다.

08 **제과공장 설계 시 환경에 대한 조건으로 알맞지 않은 것은?**

① 환경 및 주위가 깨끗해야 한다.
② 폐수 및 폐기물 처리가 편리한 곳이어야 한다.
③ 양질의 물을 충분히 얻을 수 있어야 한다.
④ 바다 가까운 곳에 위치해야 한다.

해설 제과공장 설계 시 바다는 상관이 없다.

09 **제과 · 제빵공장에서 생산 · 관리 시 매일 점검해야 할 사항이 아닌 것은?**

① 원재료율
② 설비 가동률
③ 출근율
④ 제품당 평균 단가

해설 제품당 평균 단가는 한 달 간격으로 점검한다.

10 **고율 배합의 설명으로 옳지 않은 것은?**

① 공기 혼입이 많다.
② 비중이 높다.
③ 무게가 무겁다.
④ 저온에서 장시간 굽는다.

해설 저율 배합은 반죽에 공기가 적어 비중이 높다.

11 **반죽형 케이크의 특징으로 틀린 것은?**

① 주로 화학팽창제를 사용한다.
② 유지의 사용량이 많다.
③ 반죽의 비중이 낮다.
④ 질감이 부드럽다.

해설 **반죽형 케이크의 특징**
- 반죽의 비중이 높다.
- 유지 함량이 많다.
- 제품이 무겁다.
- 파운드 케이크가 대표적이다.

6 ④ 7 ② 8 ④ 9 ④ 10 ② 11 ③ 정 답

12 식자재의 교차오염을 예방하기 위한 보관방법으로 잘못된 것은?

① 원재료와 완성품을 구분하여 보관
② 바닥과 벽으로부터 일정 거리를 띄워 보관
③ 식자재와 비식자재를 함께 식품 창고에 보관
④ 뚜껑이 있는 청결한 용기에 덮개를 덮어서 보관

해설 식자재와 비식자재는 분리하여 보관한다.

13 반죽형 제법 중 먼저 밀가루와 유지를 혼합하여 부드러움 또는 유연감을 목적으로 하는 제법으로 알맞은 것은?

① 크림법
② 1단계법
③ 블렌딩법
④ 설탕/물법

해설 블렌딩법
- 유지와 밀가루를 가볍게 믹싱한 후 마른 재료와 달걀, 물과 같은 액체 재료를 투입하여 믹싱하는 방법
- 유연감을 우선으로 하는 제품에 적합

14 식품첨가물 안전관리 기준을 제·개정하고 고시하는 사람은?

① 보건복지부장관
② 식품의약품안전처장
③ 시장·군수·구청장
④ 환경부장관

해설 식품의약품안전처장은 국민 건강을 보호·증진하기 위하여 필요하면 판매를 목적으로 하는 식품 또는 식품첨가물에 관한 사항을 정하여 고시한다(식품위생법 제7조제1항).

15 다음 중 식물계에는 존재하지 않는 당은?

① 설 탕
② 유 당
③ 포도당
④ 과 당

해설 유당은 우유에 들어 있는 당이다.

16 파운드 케이크의 배합률 조정에 관한 사항 중 밀가루, 설탕을 일정하게 하고 쇼트닝을 증가시킬 때 조치 중 틀린 것은?

① 전란 사용량을 증가시킨다.
② 우유 사용량을 감소시킨다.
③ 베이킹파우더를 증가시킨다.
④ 유화제 사용량을 증가시킨다.

해설 유지가 많이 들어가면 공기 포집이 잘되어 비중이 낮아진다.

정 답 12 ③ 13 ③ 14 ② 15 ② 16 ③

17 **도넛의 흡유량이 높았다면 그 이유는?**

① 고율 배합 제품이다.
② 튀김 시간이 짧다.
③ 굽는 시간이 길어진다.
④ 속결이 조밀하다.

해설 도넛은 고율 배합 제품이기 때문에 과다하게 팽창제를 사용하거나, 튀김 온도가 낮거나, 반죽에 수분이 과다한 경우에는 흡유현상이 높게 나타난다.

18 **도넛 글레이즈의 적당한 온도는?**

① 23℃
② 34℃
③ 49℃
④ 59℃

해설 글레이즈는 저장기간 중에 건조되는 것을 방지하기 위해 도넛, 과자, 케이크, 디저트 등에 코팅하는 것을 말한다. 도넛 글레이즈의 사용 온도는 45~50℃가 적합하다.

19 **퐁당(Fondant)을 만들기 위하여 시럽을 끓일 때 시럽의 온도로 가장 적당한 범위는?**

① 72~78℃
② 82~85℃
③ 114~118℃
④ 131~136℃

해설 퐁당은 설탕에 물을 넣고 114~118℃로 끓여 만든 시럽을 분무기로 물을 뿌리면서 38~44℃까지 식혀 나무주걱으로 빠르게 젓는다.

20 **다음 중 건조 방지를 목적으로 나무틀을 사용하여 굽기를 하는 제품은?**

① 슈
② 파운드 케이크
③ 카스텔라
④ 롤 케이크

해설 카스텔라는 나무틀을 사용하여 오븐에 구우면 촉촉하고 부드럽다.

21 **생크림 보관 온도로 가장 적합한 것은?**

① −18℃
② 3℃
③ 13℃
④ −2℃

해설 **생크림의 온도관리 요령**
- 운송온도 : 3~7℃
- 보관온도 : 3~7℃
- 휘핑 시 생크림 최저온도 : 3~7℃
- 작업실 온도 : 18~23℃

17 ① 18 ③ 19 ③ 20 ③ 21 ② 정답

22 **가축에게 감염 시 유산을 일으키는 인수공통감염병은?**

① 브루셀라병(파상열)

② 탄저병

③ 공수병

④ v-CJD

해설 브루셀라병은 인수공통감염병으로 사람에게는 열성질환을, 동물에게는 임신 후반기의 유산, 불임증을 일으키는 질병이다.
인수공통감염병 : 장출혈성대장균감염증, 일본뇌염, 브루셀라증, 탄저, 공수병, 동물인플루엔자인체감염증, 중증급성호흡기증후군(SARS), 변종크로이츠펠트-야콥병(vCJD), 큐열, 결핵, 중증열성혈소판감소증후군(SFTS) 등

23 **비용적이 가장 작은 제품은?**

① 파운드 케이크

② 레이어 케이크

③ 스펀지 케이크

④ 엔젤 푸드 케이크

해설 **비용적** : 반죽 1g을 굽는데 필요한 틀의 부피로, 단위는 cm^3/g이다.
- 파운드 케이크 : $2.40cm^3/g$
- 레이어 케이크 : $2.96cm^3/g$
- 엔젤 푸드 케이크 : $4.71cm^3/g$
- 스펀지 케이크 : $5.08cm^3/g$

24 **다음 중 물에 잘 녹지 않는 당류는?**

① 유 당 ② 과 당

③ 포도당 ④ 맥아당

해설 유당은 포유동물의 유즙에만 들어 있는 포도당과 갈락토스가 결합된 이당류이다. 영유아의 뇌발달에 필요한 갈락토스를 제공하며, 단맛이 나고 물에 잘 녹지 않는다.

25 **시폰형 케이크를 알맞게 설명한 것은?**

① 머랭을 이용하는 반죽이다.

② 전란으로 거품을 낸다.

③ 오븐에서 구우면 바로 팬에서 분리한다.

④ 반죽형 반죽이다.

해설 시폰 케이크는 거품형 반죽에 해당한다.

26 **다음 중 감자 독은 어느 부위에 있는가?**

① 감자 싹

② 감자 껍질

③ 감자 중앙

④ 감자 잎

해설 감자의 싹에는 솔라닌(Solanine)이라는 식물성 자연독이 있어 식중독을 일으킨다.

정 답 22 ① 23 ① 24 ① 25 ① 26 ①

27 **빵의 노화를 지연시키는 방법 중 가장 잘못된 것은?**

① 저장 온도를 -18℃ 이하로 유지한다.
② 21~35℃에서 보관한다.
③ 고율 배합으로 한다.
④ 냉장고에서 보관한다.

해설 빵의 노화는 오븐에서 나오면서 시작되며, 최초 1일 동안에 4일간 노화된 정도의 반이 진행된다. -18℃ 이하에서 노화가 정지되며, -7~10℃ 사이에서 가장 빨리 일어난다.

28 **쿠키가 잘 퍼지는(Spread) 이유는?**

① 고운 입자의 설탕 사용
② 알칼리 반죽 사용
③ 너무 높은 굽기 온도
④ 과도한 믹싱

해설 ② 알칼리성 반죽일 때 잘 퍼진다.
쿠키가 잘 퍼지는 이유
- 쇼트닝, 설탕 과다 사용
- 설탕 일부를 믹싱 후반기에 투입
- 낮은 오븐 온도
- 믹싱 부족
- 알칼리성 반죽
- 입자가 큰 설탕 사용

29 **반죽의 신장성과 신장에 대한 저항성을 측정하는 기기는?**

① 패리노그래프
② 레오미터
③ 아밀로그래프
④ 익스텐소그래프

해설 ④ 익스텐소그래프 : 반죽의 신장성과 신장 저항력을 측정 기록하여 반죽의 점탄성을 파악하고, 밀가루 중의 효소나 산화 환원제의 영향을 알 수 있는 그래프이다.
① 패리노그래프 : 고속 믹서 내에서 일어나는 물리적인 성질을 기록하여 밀가루의 흡수율, 반죽 내구성 및 시간 등을 측정하는 기계이다.
② 레오미터 : 물질의 탄성률, 점성률, 응력 완화, 점탄성 등의 측정에 사용되는 장치이다.
③ 아밀로그래프 : 점도계로 전분 또는 밀가루의 현탁액을 자동적으로 가열(1.5℃/분) 또는 냉각할 때 이루어지는 풀의 점도 변화를 기록하는 장치이다.

30 **과일 케이크를 만들 때 과일이 가라앉는 이유가 아닌 것은?**

① 강도가 약한 밀가루를 사용한 경우
② 믹싱이 지나치고 큰 공기방울이 반죽에 남는 경우
③ 진한 속색을 위한 탄산수소나트륨을 과다로 사용한 경우
④ 시럽에 담근 과일의 시럽을 배수시켜 사용한 경우

해설 케이크 반죽의 비중이 낮거나 반죽이 가벼울 경우 과일이 가라앉기 쉽다.

27 ④ 28 ② 29 ④ 30 ④ 정답

31 **다음 중 성형하여 패닝할 때 반죽의 간격을 가장 충분히 유지하여야 하는 제품은?**

① 슈
② 오믈렛
③ 쇼트브레드 쿠키
④ 핑거 쿠키

해설 슈는 패닝 시 반죽의 간격을 충분히 유지해야 한다.

32 **수돗물 온도 18℃, 사용할 물 온도 9℃, 사용한 물의 양 10kg일 때 얼음 사용량은 약 얼마인가?**

① 0.81kg
② 0.92kg
③ 1.11kg
④ 1.21kg

해설 **얼음 사용량**

$= \text{물 사용량} \times \dfrac{\text{수돗물 온도} - \text{원하는 물 온도}}{80 + \text{수돗물 온도}}$

$= 10 \times \dfrac{18-9}{80+18} = 10 \times \dfrac{9}{98} = 0.91836$

∴ 약 0.92kg

33 **효소의 특성이 아닌 것은?**

① 30~40℃에서 최대 활성을 갖는다.
② pH 5~8.0 범위 내에서 반응하여 효소의 종류에 따라 최적 pH는 달라질 수 있다.
③ 효소는 그 구성 물질이 전분과 지방으로 되어 있다.
④ 효소 농도와 기질 농도가 효소작용에 영향을 준다.

해설 **효 소**
생물체 내에서 일어나는 유기화학 반응에 촉매 역할을 하는 단백질로, 온도, pH, 수분 등 환경 요인에 의해 기능이 크게 영향을 받는다.

34 **다음 중 빵의 노화속도가 가장 빠른 온도는?**

① 0~8℃ ② 15~20℃
③ 21~35℃ ④ −18℃ 이하

해설 빵의 노화는 −18℃ 이하에서 정지되고, −7~10℃ 사이에서 가장 빨리 일어난다.

35 **비중이 높은 제품의 특징이 아닌 것은?**

① 기공이 조밀하다.
② 부피가 작다.
③ 껍질색이 진하다.
④ 제품이 단단하다.

해설 비중이 높은 제품은 기공이 조밀하고, 부피가 작고, 무겁고 단단하다. 대표적으로 반죽형 반죽인 파운드 케이크가 있다.

정 답 31 ① 32 ② 33 ③ 34 ① 35 ③

36 **완성된 반죽형 케이크가 단단하고 질길 때 그 원인이 아닌 것은?**

① 팽창제의 과다 사용
② 높은 굽기 온도
③ 달걀의 과다 사용
④ 부적절한 밀가루의 사용

해설 **완성된 반죽형 케이크가 단단하고 질긴 원인**
- 부적절한 밀가루 사용
- 달걀 과다 사용
- 높은 굽기 온도

37 **안정제를 사용하는 목적으로 적합하지 않은 것은?**

① 아이싱의 끈적거림 방지
② 크림 토핑의 거품 안정
③ 머랭의 수분 배출 촉진
④ 포장성 개선

해설 **빵, 과자에 안정제를 사용하는 목적**
- 흡수제로 노화를 지연하는 효과가 있다.
- 아이싱 제조 시 끈적거림을 방지한다.
- 크림 토핑의 거품을 안정화시킨다.
- 포장성을 개선한다.

38 **식품 등을 통해 전염되는 경구감염병의 특징이 아닌 것은?**

① 원인 미생물로 세균, 바이러스 등이 있다.
② 미량의 균량에서도 감염을 일으킨다.
③ 2차 감염이 빈번하게 일어난다.
④ 화학물질이 주요 원인이 된다.

해설 **경구감염병의 특징**
- 원인 미생물은 세균, 바이러스 등이다.
- 미량의 균량에서도 감염을 일으킨다.
- 2차 감염이 빈번하게 일어난다.

39 **치명률이 가장 높은 것은?**

① 보툴리누스균에 의한 식중독
② 살모넬라 식중독
③ 황색포도상구균 식중독
④ 장염 비브리오 식중독

해설 독소형 보툴리누스균에 의한 식중독의 발생 건수는 적지만 치사율이 높다. 식중독의 사망자가 많은 것은 자연독인 복어 및 독버섯에 의한 경우가 많다.

40 **식품 취급에서 교차오염을 예방하기 위한 행위 중 옳지 않은 것은?**

① 칼, 도마를 식품별로 구분하여 사용한다.
② 고무장갑을 일관성 있게 하루에 하나씩 사용한다.
③ 조리 전의 육류와 채소류는 접촉되지 않도록 구분한다.
④ 위생복을 식품용과 청소용으로 구분하여 사용한다.

해설 위생장갑은 작업 변경 시 바꾸어 가면서 착용한다.

정답: 36 ① 37 ③ 38 ④ 39 ① 40 ②

41 이형제의 용도는?

① 가수분해에 사용된 산제의 중화제로 사용된다.
② 제과·제빵을 구울 때 형틀에서 제품의 분리를 용이하게 한다.
③ 거품을 소멸·억제하기 위해 사용하는 첨가물이다.
④ 원료가 덩어리지는 것을 방지하기 위해 사용한다.

해설 이형제는 반죽을 구울 때 달라붙지 않고 형틀에서 제품의 분리를 용이하게 하기 위해 사용한다.

42 젤라틴의 응고에 관한 설명으로 틀린 것은?

① 젤라틴의 농도가 높을수록 빨리 응고된다.
② 설탕의 농도가 높을수록 응고가 방해된다.
③ 염류는 젤라틴의 응고를 방해한다.
④ 단백질의 분해효소를 사용하면 응고력이 약해진다.

해설 ③ 염류는 산과 반대로 수분의 흡수를 막아 단단하게 만든다.

43 작은 규모의 제과점에서 일반적으로 사용하는 믹서는?

① 수직형 믹서 ② 수평형 믹서
③ 초고속 믹서 ④ 커터 믹서

해설 소규모 제과점에서 사용하는 믹서는 대부분 수직형 믹서기(버티컬 믹서기)를 사용한다.

44 커스터드 크림의 농후화제로 적절치 않은 것은?

① 버 터 ② 박력분
③ 전 분 ④ 계 란

해설 커스터드 크림의 농후화제 역할을 하는 재료는 밀가루, 전분, 계란이다.

45 제빵에서의 수분 분포에 관한 설명 중 틀린 것은?

① 물이 반죽에 균일하게 분산되는 시간은 보통 10분 정도이다.
② 1차 발효와 2차 발효를 거치는 동안 반죽은 다소 건조해진다.
③ 반죽 내 수분은 굽는 동안 증발되어 최종 제품에는 35% 정도 남는다.
④ 소금은 글루텐을 단단하게 하여 글루텐 흡수량의 약 8%를 감소시킨다.

해설 ② 반죽은 발효 과정을 거치면서 수분을 충분히 흡수한다.

46 아이싱의 끈적거림 방지 방법으로 잘못된 것은?

① 액체를 최소량으로 사용한다.
② 40℃ 정도로 가온한 아이싱 크림을 사용한다.
③ 안정제를 사용한다.
④ 케이크 제품이 냉각되기 전에 아이싱한다.

해설 제품이 완전히 냉각되었을 때 아이싱을 하면 아이싱 크림이 녹지 않고 끈적거리지 않는다.

정 답 41 ② 42 ③ 43 ① 44 ① 45 ② 46 ④

47 **팬 오일의 조건이 아닌 것은?**

① 발연점이 130℃ 정도되는 기름을 사용한다.
② 팬 오일은 산패되기 쉬운 지방산이 적어야 한다.
③ 반죽 무게의 0.1~0.2%를 사용한다.
④ 면실유, 대두유 등의 기름이 이용된다.

해설 팬 오일은 발연점이 높을수록 좋고, 210~230℃가 되는 기름을 사용한다.

48 **냉동반죽법에서 반죽의 냉동온도와 저장온도의 범위로 가장 적합한 것은?**

① -5℃, 0~4℃
② -20℃, -18~0℃
③ -40℃, -25~-18℃
④ -80℃, -18~0℃

해설 **냉동반죽법**
1차 발효가 끝난 반죽을 -40~-35℃의 저온에서 급속냉동시켜 -23~-18℃에서 냉동저장하면서 필요할 때마다 해동, 발효시킨 후 구워서 사용할 수 있도록 반죽하는 제빵법이다.

49 **계란 흰자가 360g 필요하다고 할 때 전란 60g의 계란은 몇 개 정도 필요한가?(단, 계란 중 난백의 함량은 60%)**

① 6개 ② 8개
③ 10개 ④ 13개

해설 360g ÷ (60g × 0.6) = 10개

50 **케이크 제조 시 비중의 효과를 잘못 설명한 것은?**

① 비중이 낮은 반죽은 기공이 크고 거칠다.
② 비중이 낮은 반죽은 냉각 시 주저앉는다.
③ 비중이 높은 반죽은 부피가 커진다.
④ 제품별로 비중을 다르게 하여야 한다.

해설
- 비중이 높은 반죽은 기공이 조밀하고 단단하며 부피가 작고 무거운 제품이 된다.
- 비중이 낮은 반죽은 기공이 크고, 거칠며 부피가 크고, 가벼운 제품이 된다.

51 **오버 베이킹에 대한 설명으로 옳은 것은?**

① 높은 온도의 오븐에서 굽는다.
② 짧은 시간 굽는다.
③ 제품의 수분 함량이 많다.
④ 노화가 빠르다.

해설 오버 베이킹은 낮은 온도에서 장시간 굽는 것으로 오래 굽기 때문에 제품의 수분 함량이 낮아져 노화가 빠르다.

47 ① 48 ③ 49 ③ 50 ③ 51 ④ 정답

52 굽기 과정에서 일어나는 변화로 틀린 것은?

① 글루텐이 응고된다.
② 반죽의 온도가 90℃일 때 효소의 활성이 증가한다.
③ 오븐 팽창이 일어난다.
④ 향이 생성된다.

해설 60℃ 전후에서 전분의 호화가 일어나고 70℃에서 단백질의 변성이 일어나며, 90℃가 되면 효소가 불활성화된다.

53 퍼프 페이스트리 제조 시 다른 조건이 같을 때 충전용 유지에 대한 설명으로 틀린 것은?

① 충전용 유지가 많을수록 결이 분명해진다.
② 충전용 유지가 많을수록 밀어 펴기가 쉬워진다.
③ 충전용 유지가 많을수록 부피가 커진다.
④ 충전용 유지는 가소성 범위가 넓은 파이용이 적당하다.

해설 충전용 유지가 많을수록 반죽 밀어 펴기가 어려워지고, 본 반죽에 유지가 많으면 밀어 펴기가 쉬워진다.

54 초콜릿 보관 시 올바르지 않은 것은?

① 부패 방지를 위해 냉장고에 보관한다.
② 햇볕이 들지 않는 17℃ 전후의 실온에서 보관한다.
③ 통풍이 잘되는 곳에 투명하지 않은 밀폐용기에 보관한다.
④ 소비기한을 준수하고 서늘한 곳에 보관한다.

해설 초콜릿을 냉장고에 보관하였을 때 생기는 얼룩은 초콜릿 속의 당이 습기에 의해 녹았다 굳으면서 생긴 것이다.

55 초콜릿을 템퍼링(Tempering)하는 목적으로 가장 적합한 것은?

① 조직의 비결정
② 결정 형성
③ 쉽게 굳게 함
④ 조직 안정화

해설 **템퍼링(Tempering)**
초콜릿을 사용하기 적합한 상태로 녹이는 과정을 템퍼링이라고 한다. 템퍼링을 거친 초콜릿은 결정이 안정되어 블룸현상이 일어나지 않고, 광택이 있으며 몰드에서 잘 분리되고 보관기간도 늘어난다.

정 답 52 ② 53 ② 54 ① 55 ④

56 데블스 푸드 케이크(Devils Food Cake)에서 설탕 120%, 유화쇼트닝 54%, 천연코코아 20%를 사용하였다면 분유와 물의 사용량은?

① 분유 12.6%, 물 113.4%
② 분유 113.4%, 물 12.6%
③ 분유 108.54%, 물 12.06%
④ 분유 12.06%, 물 108.54%

해설
- 계란 = 쇼트닝 × 1.1
- 우유 = 설탕 + 30 + (코코아 × 1.5) − 계란
  = 120 + 30 + (20 × 1.5) − (54 × 1.1)
  = 120.6

분유 = 우유 × 0.1
  = 120.6 × 0.1 = 12.06%

물 = 우유 × 0.9
  = 120.6 × 0.9 = 108.54%

57 머랭(Meringue)을 만드는 데 1kg의 흰자가 필요하다면 껍질을 포함한 평균 무게가 60g인 계란은 약 몇 개가 필요한가?

① 20개 ② 24개
③ 28개 ④ 32개

해설 계란은 껍질 10%, 흰자 60%, 노른자 30%로 구성된다. 계란 60g에 흰자는 36g이므로, 1,000 ÷ 36 = 27.8 ≒ 28개이다.

58 베이커스 퍼센트(Baker's Percent)에서 기준이 되는 재료는?

① 이스트 ② 물
③ 밀가루 ④ 계 란

해설 베이커스 퍼센트(Baker's Percent)에서 기준이 되는 재료는 밀가루이다.

59 빵 및 케이크류에 사용된 허가된 보존료는?

① 탄산수소나트륨
② 폼알데하이드
③ 프로피온산
④ 탄산암모늄

해설 보존료는 미생물이 증식하여 일어나는 식품의 부패, 변패를 막기 위해 사용하는 식품첨가물로, 다이하이드로아세트산류, 소브산류, 벤조산(안식향산)류, 파라옥시벤조산 에스터류, 프로피온산염류 등이 있다.

60 1ppm은 몇 %인가?

① 0.1%
② 0.01%
③ 0.001%
④ 0.0001%

해설 1ppm(parts per million)은 백만분의 일(1/1,000,000)을 뜻한다. 즉, 0.000001이다. %로 환산하면 1ppm은 0.0001%이므로 1%는 10,000ppm이다.

정답 56 ④ 57 ③ 58 ③ 59 ③ 60 ④

2021년 제과기능사 상시복원문제(1회)

01 다음 중 파이 롤러를 사용하지 않는 제품은?

① 롤케이크
② 데니시 페이스트리
③ 퍼프 페이스트리
④ 케이크 도넛

해설 파이 롤러는 파이류 및 페이스트리, 타르트 반죽 등을 밀어 펴기 할 때 사용하는 기계이다.

02 아밀로그래프(Amylograph)의 설명으로 틀린 것은?

① 전분의 점도 측정
② 아밀레이스의 효소능력 측정
③ 점도를 BU 단위로 측정
④ 전분의 다소(多少) 측정

해설 **아밀로그래프(Amylograph)**
점도, 아밀레이스 활성도, 전분의 호화(곡선 높이 : 400~600BU)를 측정할 때 사용한다.

03 밀가루에 일반적인 손상전분의 함량으로 가장 적당한 것은?

① 5~8% ② 12~15%
③ 19~23% ④ 27~30%

해설 제빵용 밀가루의 손상전분 함량은 4.5~8%이다.

04 다음 중 단백질을 분해하는 효소는?

① 아밀레이스(Amylase)
② 라이페이스(Lipase)
③ 치메이스(Zymase)
④ 프로테이스(Protease)

해설 **분해효소**
- 아밀레이스(Amylase) : 전분 분해효소
- 치메이스(Zymase) : 포도당, 과당 분해효소
- 프로테이스(Protease) : 단백질 분해효소
- 셀룰레이스(Cellulase) : 섬유질 분해효소

05 다음 감염병 중 쥐를 매개체로 감염되는 질병이 아닌 것은?

① 돈단독증
② 쯔쯔가무시증
③ 신증후군출혈열(유행성출혈열)
④ 렙토스피라증

해설 돈단독증은 돼지를 비롯하여 양, 소, 말, 닭 등에서 발생하는 단독(丹毒) 특유의 피부염과 패혈증을 일으키는 것으로 관절염이나 심장장애가 주가 되는 경우가 많다.

06 다음 중 반죽형 반죽이 아닌 제품은?

① 파운드 케이크 ② 머 핀
③ 프루트 케이크 ④ 시폰 케이크

해설 ④ 시폰 케이크는 거품형 반죽이다.

정답 1 ① 2 ④ 3 ① 4 ④ 5 ① 6 ④

07 **베이커스 퍼센트(Baker's percent)에 대한 설명으로 맞는 것은?**

① 전체의 양을 100%로 하는 것이다.
② 물의 양을 100%로 하는 것이다.
③ 밀가루의 양을 100%로 하는 것이다.
④ 물과 밀가루의 양을 100%로 하는 것이다.

해설 베이커스 퍼센트(Baker's percent)는 밀가루를 100%로 하여 기준으로 한다.

08 **빵류 포장재의 필수 조건이 아닌 것은?**

① 안전성 ② 보호성
③ 작업성 ④ 기호성

해설 빵류 포장재의 조건으로 안전성, 편리성, 보호성, 효율성, 작업성, 경제성, 환경 친화성 등이 있다.

09 **젤리 롤케이크를 말 때 겉면이 터지는 경우 조치사항이 아닌 것은?**

① 팽창이 과도한 경우 팽창제 사용량을 감소시킨다.
② 설탕의 일부를 물엿으로 대치한다.
③ 저온 처리하여 말기를 한다.
④ 덱스트린의 점착성을 이용한다.

해설 ③ 과다하게 냉각(저온 처리)시켜 말면 윗면이 터지기 쉽다.

10 **스펀지 케이크의 적당한 비중은?**

① 0.4~0.5
② 0.7~0.8
③ 0.8~0.9
④ 1.0 이상

해설 스펀지 케이크의 비중은 0.45~0.55이다.

11 **도넛 글레이즈의 적당한 사용온도는?**

① 15℃ ② 30℃
③ 35℃ ④ 45℃

해설 도넛 글레이즈의 온도는 45~50℃ 정도가 알맞다.

12 **감염병을 일으키는 3가지 조건이 아닌 것은?**

① 충분한 병원체
② 숙주의 감수성
③ 예방접종
④ 감염될 수 있는 환경조건

해설 감염병을 일으키는 3가지 조건은 병원체, 숙주, 환경이다.

7 ③ 8 ④ 9 ③ 10 ① 11 ④ 12 ③ 정답

13 50g의 밀가루에서 15g 젖은 글루텐을 채취했다면 이 밀가루의 건조 글루텐 함량은?

① 10%　② 20%
③ 30%　④ 40%

해설 **건조 글루텐 계산공식**

- 젖은 글루텐(%) = $\frac{\text{젖은 글루텐 중량}}{\text{밀가루 중량}} \times 100$

$= \frac{15}{50} \times 100 = 30\%$

- 건조 글루텐(%) = 젖은 글루텐(%) ÷ 3
= 30 ÷ 3 = 10%

14 경구 감염병의 종류와 거리가 먼 것은?

① 유행성 간염
② 콜레라
③ 이 질
④ 일본뇌염

해설 **경구 감염병의 종류**
장티푸스, 세균성 이질, 콜레라, 파라티푸스, 성홍열, 디프테리아, 유행성 간염, 감염성 설사증, 천열 등

15 식품 보존료로서 갖추어야 할 요건은?

① 변패를 일으키는 각종 미생물 증식을 저지할 것
② 사용법이 까다로울 것
③ 일시적 효력이 나타날 것
④ 열에 의해 쉽게 파괴될 것

해설 보존료는 미생물에 의한 변질을 방지하여 식품의 보존기간을 연장시키는 식품첨가물이다.

16 이스트가 오븐 내에서 사멸되기 시작하는 온도는?

① 40℃　② 60℃
③ 80℃　④ 100℃

해설 이스트는 60℃에서부터 불활성화한다.

17 다음 중 비중이 높은 제품의 특징이 아닌 것은?

① 기공이 조밀하다.
② 부피가 작다.
③ 껍질 색이 진하다.
④ 제품이 단단하다.

해설 비중이 높은 제품은 기공이 조밀하고, 부피가 작고, 무겁고 단단하다(반죽형 반죽인 파운드 케이크가 대표적).

18 다음 중 자연독 식중독과 그 독성물질을 잘못 연결한 것은?

① 독버섯 – 무스카린
② 모시조개 – 베네루핀
③ 청매 – 솔라닌
④ 복어독 – 테트로도톡신

해설 **자연독 식중독**

식물성 자연독	동물성 자연독
• 독버섯 : 무스카린, 코린, 발린 • 감자독 : 솔라닌 • 면실유 : 고시폴 • 대두 : 사포닌 • 청매 : 아미그달린 • 피마자 : 리신	• 복어독 : 테트로도톡신 • 섭조개, 대합조개 : 삭시톡신 • 바지락, 모시조개 : 베네루핀

정답 13 ① 14 ④ 15 ① 16 ② 17 ③ 18 ③

19 β-아밀레이스의 설명으로 틀린 것은?

① 전분과 덱스트린을 맥아당으로 만든다.
② 아밀로스의 말단에서 시작하여 포도당 2분자씩을 끊어가면서 분해한다.
③ 전분의 구조가 아밀로펙틴인 경우 약 52%까지만 가수분해한다.
④ 액화효소라고 한다.

해설 β-아밀레이스의 특성
- α-1,4 결합을 가수분해하고 α-1,6 결합은 분해하지 못하여 외부 아밀레이스라고 한다.
- 전분이나 덱스트린을 분해하여 맥아당으로 만드는 당화효소이다.
- 아밀로스의 말단에서 시작하여 포도당 2분자씩을 끊어가면서 분해한다.
- 전분의 구조가 아밀로펙틴인 경우 약 52%까지만 가수분해한다.

20 오버 베이킹(Over Baking)에 대한 설명 중 틀린 것은?

① 높은 온도의 오븐에서 굽는다.
② 윗부분이 평평해진다.
③ 굽기 시간이 길어진다.
④ 제품에 남는 수분이 적다.

해설
- 오버 베이킹(Over Baking) : 굽는 온도가 너무 낮으면 조직이 부드러우나 윗면이 평평하고 수분 손실이 크게 된다.
- 언더 베이킹(Under Baking) : 오븐의 온도가 너무 높으면 중심 부분이 갈라지고 조직이 거칠며 설익어 M자형 결함이 생긴다.

21 다음 중 수용성 비타민은?

① 비타민 D ② 비타민 A
③ 비타민 E ④ 비타민 C

해설 비타민
- 수용성 비타민 : 비타민 B_1, 비타민 B_2, 비타민 B_6, 비타민 B_{12}, 비타민 C
- 지용성 비타민 : 비타민 A, 비타민 D, 비타민 E, 비타민 K

22 쿠키 포장지의 특성으로 적합하지 않은 것은?

① 방습성이 있어야 한다.
② 독성 물질이 생성되지 않아야 한다.
③ 내용물의 색, 향이 변하지 않아야 한다.
④ 통기성이 있어야 한다.

해설 쿠키 포장지는 쿠키가 눅눅해지는 것을 막기 위하여 통기성이 없어야 한다.

23 빵 제품 냉각에 대한 설명으로 틀린 것은?

① 일반적인 제품은 냉각 중에 수분 손실이 12% 정도가 된다.
② 냉각된 제품의 수분 함량은 38%를 초과하지 않는다.
③ 냉각된 빵의 내부 온도는 35℃ 정도에 도달하였을 때 절단·포장한다.
④ 빵의 수분은 내부에서 외부로 이동하여 평형을 이루지 못한다.

해설 냉각 손실은 2% 정도로, 빵 속의 온도 35~40℃, 수분 38%가 될 때까지 식힌다.
① 12% 수분 손실은 굽기 손실이다.

19 ④ 20 ① 21 ④ 22 ④ 23 ① 정답

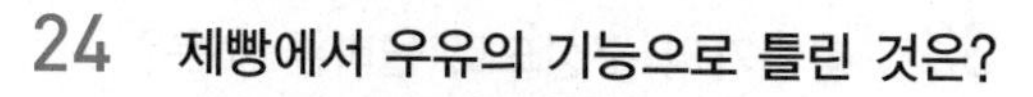

24 **제빵에서 우유의 기능으로 틀린 것은?**

① 영양을 강화시킨다.
② 이스트에 의해 생성된 향을 착향시킨다.
③ 보수력이 없어서 쉽게 노화된다.
④ 겉껍질 색을 강하게 한다.

해설 **우유의 기능**
- 제빵 : 빵의 속결을 부드럽게 하고 글루텐의 기능을 향상시키며 우유 속의 유당은 빵의 색을 잘 나오게 한다.
- 제과 : 제품의 향을 개선하고 껍질 색과 수분의 보유력을 높인다.

25 **필수 아미노산이 아닌 것은?**

① 트레오닌　　② 아이소류신
③ 발 린　　④ 알라닌

해설 **필수 아미노산** : 발린, 류신, 아이소류신, 메티오닌, 트레오닌, 라이신, 페닐알라닌, 트립토판, 히스티딘
※ 8가지로 보는 경우 히스티딘은 제외

26 **다음 중 고온에서 빨리 구워야 하는 제품은?**

① 파운드 케이크
② 고율 배합 제품
③ 저율 배합 제품
④ 패닝 양이 많은 제품

해설 저율 배합일수록 고온에서 짧은 시간에 굽는 것이 적합하다.

27 **제과제빵 공정상 작업 내용에 따라 조도 기준을 달리한다면, 표준 조도를 가장 높게 하여야 할 작업 내용은?**

① 장식(수작업), 마무리 작업
② 계량, 반죽 작업
③ 굽기, 포장 작업
④ 발효 작업

해설 공정상의 장식(수작업), 마무리 작업의 작업장 표준 조도는 500lx 이상으로 하는 것이 좋다.

28 **초콜릿을 템퍼링(Tempering)할 때 맨 처음 녹이는 공정의 온도 범위로 가장 적합한 것은?**

① 10~20℃　　② 20~30℃
③ 30~40℃　　④ 40~50℃

해설 초콜릿 템퍼링은 초콜릿의 모든 성분이 골고루 녹도록 49℃로 용해한 다음 26℃ 전후로 냉각하고 다시 적절한 온도(29~31℃)로 올리는 일련의 작업을 말한다.

29 **미생물에 의한 부패나 변질을 방지하고 화학적인 변화를 억제하며 보존성을 높이고 영양가 및 신선도를 유지하는 목적으로 첨가하는 것은?**

① 산미료　　② 감미료
③ 조미료　　④ 보존료

해설 **보존료** : 미생물에 의한 부패나 변질을 방지하고 화학적인 변화를 억제하며 보존성을 높이고 영양가 및 신선도를 유지하는 목적으로 첨가하는 것

정 답 24 ③ 25 ④ 26 ③ 27 ① 28 ④ 29 ④

30 **우유의 살균법(가열법) 중 저온장시간 살균법을 바르게 설명한 것은?**

① 60~65℃, 30분간 가열
② 70~75℃, 15초간 가열
③ 90~100℃, 5분 가열
④ 130~150℃, 3초 가열

해설 **우유의 살균법(가열법)**
- 저온장시간 : 60~65℃, 30분간 가열
- 고온단시간 : 70~75℃, 15초간 가열
- 초고온순간 : 130~150℃, 3초 가열

31 **젤리화의 3요소가 아닌 것은?**

① 유기산류 ② 염 류
③ 당분류 ④ 펙틴류

해설 당분 60~65%, 펙틴 1.0~1.5%, pH 3.2의 산이 되면 젤리 형태로 굳는다.

32 **파운드 케이크를 구울 때 윗면이 자연적으로 터지는 경우가 아닌 것은?**

① 굽기 시작 전에 증기를 분무할 때
② 설탕 입자가 용해되지 않고 남아 있을 때
③ 반죽 내 수분이 불충분할 때
④ 오븐 온도가 높아 껍질 형성이 너무 빠를 때

해설 오븐 온도가 높을 때 파운드 케이크 껍질이 빨리 생기고 윗면이 터지기 쉽다.

33 **총원가의 구성으로 올바른 것은?**

① 제조원가 + 이익
② 제조원가 + 판매비 + 일반관리비
③ 직접재료비 + 직접노무비 + 판매비
④ 직접원가 + 일반관리비

해설 총원가 = 제조원가 + 판매비 + 일반관리비

34 **노화에 대한 설명으로 틀린 것은?**

① 빵 속이 푸석푸석해지는 것
② 빵의 내부에 곰팡이가 피는 것
③ 빵 속 수분이 감소하는 것
④ α전분이 β전분으로 변하는 것

해설 **노 화**
- 빵 속에 수분이 껍질로 이동하면서 수분이 증발하여 빵 속이 거칠고 단단해지는 현상
- 빵의 α-전분이 퇴화하여 β-전분이 되는 것

정답 30 ① 31 ② 32 ① 33 ② 34 ②

35 **다음 중 숙성한 밀가루에 대한 설명으로 틀린 것은?**

① 밀가루의 질이 개선되고 흡수성을 향상시킨다.
② 밀가루의 pH가 낮아져 발효가 촉진된다.
③ 밀가루의 황색색소가 산소에 의해 진해진다.
④ 환원성 물질이 산화되어 반죽 글루텐의 파괴를 막아준다.

해설 **숙성한 밀가루의 성질**
- pH가 낮아져 발효 촉진
- 환원성 물질이 산화되어 반죽 글루텐의 파괴를 막아줌
- 황색색소는 산화되어 무색이 되므로 흰색을 띰
- 글루텐의 질 개선과 흡수성 향상

36 **다음 중 제1급 감염병으로 옳은 것은?**

① 회충증　② 말라리아
③ 수족구병　④ 탄 저

해설 **제1급 감염병**
에볼라바이러스병, 마버그열, 라싸열, 크리미안 콩고출혈열, 남아메리카출혈열, 리프트밸리열, 두창, 페스트, 탄저, 보툴리눔독소증, 야토병, 신종감염병증후군, 중증급성호흡기증후군(SARS), 중동호흡기증후군(MERS), 동물인플루엔자 인체감염증, 신종인플루엔자, 디프테리아

37 **빵의 관능적 평가법에서 내부적 특성을 평가하는 항목이 아닌 것은?**

① 기공(Grain)
② 조직(Texture)
③ 속 색상(Crumb Color)
④ 입안에서의 감촉(Mouth Feel)

해설 **빵 평가법**
- 외부평가 항목 : 부피, 껍질 색상, 껍질 특성, 외형의 균형, 굽기의 균일화, 터짐성
- 내부평가 항목 : 조직, 기공, 속 색상, 향, 맛

38 **밀가루 온도 24℃, 실내 온도 25℃, 수돗물 온도 18℃, 결과 온도 30℃, 희망 온도 27℃일 때 마찰계수는?**

① 3　② 23
③ 13　④ 33

해설 마찰계수 = 결과 온도 × 3 − (실내 온도 + 밀가루 온도 + 수돗물 온도)
= 30 × 3 − (25 + 24 + 18) = 23

39 **다음 중 튀김 기름을 산화시키는 요인이 아닌 것은?**

① 온 도　② 수 분
③ 공 기　④ 유 당

해설 튀김 기름을 산화시키는 요인으로 온도(열), 수분(물), 공기(산소), 금속(구리, 철), 이중결합수, 이물질 등이 있다.

정 답 35 ③ 36 ④ 37 ④ 38 ② 39 ④

40 굽기 중 오븐에서 일어나는 변화로 가장 높은 온도에서 발생하는 것은?

① 전분의 호화
② 이스트 사멸
③ 단백질 변성
④ 설탕 캐러멜화

해설 ④ 설탕 캐러멜화 : 160℃
① 전분의 호화 : 60℃ 전후
② 이스트 사멸 : 60℃
③ 단백질 변성 : 74℃

41 초콜릿 템퍼링을 하는 이유에 대한 설명으로 맞지 않은 것은?

① 팻 블룸(Fat Bloom) 현상이 일어난다.
② 초콜릿 결정이 안정된다.
③ 초콜릿 표면이 매끈한 광택이 난다.
④ 초콜릿의 구용성이 좋아진다.

해설 템퍼링(Tempering)
초콜릿을 사용하기에 적합한 상태로 녹이는 과정을 템퍼링이라고 한다. 템퍼링을 거친 초콜릿은 결정이 안정되어 블룸현상이 일어나지 않고 광택이 있으며, 몰드에서 잘 분리되고 보관기간 또한 늘어난다.

42 다음 중 해썹(HACCP) 적용의 7가지 원칙에 해당하지 않는 것은?

① 개선조치 설정
② 위해요소 분석
③ 중요 관리점 결정
④ 공정흐름도 작성

해설 해썹(HACCP) 적용의 7가지 원칙
- 위해분석(위해요소의 분석과 위험평가)
- 중요 관리점(CCP)의 결정(중요 관리점 확인)
- 관리기준(허용한계치, Critical Limits)의 설정
- 모니터링(감시관리, Monitoring) 방법의 설정
- 개선조치(Corrective Action)의 설정
- 검증(Verification) 방법의 설정
- 기록 유지 및 문서작성 규정의 설정

43 발효 손실에 관한 설명으로 틀린 것은?

① 반죽 온도가 높으면 발효 손실이 크다.
② 고배합률일수록 발효 손실이 크다.
③ 발효 시간이 길면 발효 손실이 크다.
④ 발효 습도가 낮으면 발효 손실이 크다.

해설 고배합률일수록 발효 손실이 작다.

44 비중컵의 무게가 40g, 물을 담은 비중컵의 무게가 260g, 반죽을 담은 비중컵의 무게가 200g일 때 반죽의 비중은?

① 0.66 ② 0.72
③ 0.55 ④ 0.48

해설 비중 = 반죽의 무게 / 물의 무게
= (200 − 40) / (260 − 40) = 0.72

40 ④ 41 ① 42 ④ 43 ② 44 ② 정 답

45 생크림의 가장 좋은 휘핑크림을 얻을 수 있는 온도는?

① -10℃ 이하 ② -7~0℃
③ 3~7℃ ④ 10~15℃

해설 생크림은 3~7℃의 온도에 냉장 보관하며, 가장 좋은 기포를 얻을 수 있다.

46 빵을 구워낸 직후의 수분함량과 냉각 후 포장 직전의 수분함량으로 가장 적합한 것은?

① 35%, 30%
② 45%, 38%
③ 60%, 50%
④ 65%, 55%

해설 빵 포장 시 온도는 35~40℃, 수분은 38%(구운 직후에는 45%) 정도로 한다.

47 밀가루에 가장 많이 함유되어 있는 성분은?

① 수 분 ② 전 분
③ 단백질 ④ 지 방

해설 밀가루의 약 70%가 탄수화물이며, 그중 대부분이 전분으로 구성되어 있다.

48 다음 중 사용이 허가되지 않은 유해 감미료는?

① 둘 신 ② 사카린
③ 올리고당 ④ 아스파탐

해설 **둘신(Dulcin)**
무색결정의 인공감미료로, 설탕보다 250배의 단맛을 내지만 몸 안에서 분해되어 혈액독을 일으키므로 1968년부터 사용이 금지되었다.

49 세균성 식중독 중 일반적으로 치사율이 가장 높은 식중독은?

① 포도상구균
② 장염 비브리오균
③ 살모넬라균
④ 보툴리누스균

해설 보툴리누스 A, B형에 의한 식중독은 치사율이 70% 정도이다.

50 다음 중 비타민과 관련된 결핍증의 연결이 잘못된 것은?

① 비타민 A - 야맹증
② 비타민 B_1 - 각기병
③ 비타민 C - 구내염
④ 비타민 D - 구루병

해설 **비타민 결핍증**
- 비타민 A : 야맹증
- 비타민 B_1 : 각기병
- 비타민 B_2 : 구내염
- 비타민 C : 괴혈병
- 비타민 D : 구루병

정 답 45 ③ 46 ② 47 ② 48 ① 49 ④ 50 ③

51 우유 100g 중에 당질 5g, 단백질 3.5g, 지방 3.7g이 함유되어 있다면 얻어지는 열량은?

① 약 57kcal
② 약 67kcal
③ 약 77kcal
④ 약 87kcal

해설 당질(탄수화물), 단백질은 1g당 4kcal, 지방은 9kcal을 내므로,
$(5g + 3.5g) \times 4kcal + (3.7g \times 9kcal)$
$= 34 + 33.3 = 67.3kcal$

52 완충작용으로 발효를 조정하는 기능을 갖는 재료는?

① 물 ② 맥 아
③ 설 탕 ④ 분 유

해설 분유는 글루텐 강화, 완충작용, 발효 내구성을 높이는 기능을 한다.

53 다음 중 비용적이 가장 큰 제품은?

① 스펀지 케이크
② 레이어 케이크
③ 파운드 케이크
④ 식 빵

해설 **비용적**
- 반죽 1g이 오븐에 들어가 팽창할 수 있는 부피
- 스펀지 케이크 $5.08cm^3/g$ > 산형식빵 $3.4cm^3/g$ > 레이어 케이크 $2.96cm^3/g$ > 파운드 케이크 $2.4cm^3/g$

54 다음 중 공기배출기를 이용한 냉각으로 2~2.5시간 걸리는 방법은?

① 자연냉각
② 터널식 냉각
③ 공기조절식 냉각
④ 냉장실 냉각

해설 **냉각방법**
- 자연냉각 : 실온에서 3~4시간 냉각
- 터널식 냉각 : 공기배출기를 이용하여 2~2.5시간 냉각
- 공기조절식 냉각 : 온도 20~25℃, 습도 85%의 공기를 통과시켜 90분간 냉각

55 다음 중 고율 배합의 설명으로 틀린 것은?

① 공기 혼입이 많다.
② 비중이 높다.
③ 낮은 온도에서 굽는다.
④ 저장성이 좋다.

해설 **고율 배합의 특징**
- 공기 혼입이 많다.
- 비중이 낮다.
- 낮은 온도에서 굽는다.
- 신선도가 높고 저장성이 좋다.

51 ② 52 ④ 53 ① 54 ② 55 ② 정 답

56 제과에서 설탕의 기능이 아닌 것은?

① 껍질 색을 냄
② 수분 보유력으로 노화 지연
③ 제품 저장성이 짧음
④ 밀가루 단백질의 연화

해설 설탕은 제품의 노화를 지연시키고 저장성을 연장해 준다.

57 반죽형 쿠키 중 소프트 쿠키라고도 하며 수분함량이 가장 높은 쿠키는?

① 스냅 쿠키
② 냉동 쿠키
③ 쇼트브레드 쿠키
④ 드롭 쿠키

해설 드롭 쿠키는 짜는 쿠키로, 소프트 쿠키라고도 하며 수분함량이 높다.

58 박력분에 대한 설명으로 옳은 것은?

① 연질 소맥으로 제분한다.
② 경질 소맥으로 제분한다.
③ 글루텐 함량이 가장 높다.
④ 빵을 만들 때 가장 적합하다.

해설 박력분의 원맥은 연질 소맥이고 강력분은 경질 소맥이다. 박력분은 단백질 함량이 7~9%로, 케이크에 적합하다.

59 당장법으로 식품을 보존할 때 설탕 농도는?

① 20% ② 30%
③ 40% ④ 50%

해설 당장법의 설탕 농도는 50%가 적당하다.

60 건조창고의 저장 온도로 적합한 것은?

① 0~10℃
② 10~20℃
③ 20~30℃
④ 30~40℃

해설 건조창고의 온도는 10~20℃, 습도는 50~60%이다.

정 답 56 ③ 57 ④ 58 ① 59 ④ 60 ②

2022년 제과기능사 상시복원문제(1회)

01 다음 중 파이 롤러를 사용하지 않는 제품은?

① 케이크 도넛
② 퍼프 페이스트리
③ 데니시 페이스트리
④ 롤케이크

해설 파이 롤러는 반죽을 밀어 펴는 기계로 파이류 및 페이스트리, 타르트 반죽 등을 밀어 펴기 할 때 사용한다.

02 밀가루를 체질하는 목적으로 맞지 않는 것은?

① 이물질 제거
② 부피 감소
③ 공기 혼입
④ 재료의 균일한 혼합

해설 ② 밀가루를 체질하는 목적은 부피 증가이다.

03 파이 반죽을 냉장고에 넣어 휴지를 시키는 이유가 아닌 것은?

① 퍼짐성을 좋게 한다.
② 유지를 적정하게 굳힌다.
③ 밀가루의 수분을 흡수한다.
④ 끈적거림을 방지한다.

해설 냉장고에 휴지하는 이유는 버터가 단단하게 굳어져서 반죽을 밀어 펴기가 용이하게 하기 위함이다.

04 다음 중 지방을 분해하는 효소는?

① 아밀레이스(Amylase)
② 라이페이스(Lipase)
③ 치메이스(Zymase)
④ 프로테이스(Protease)

해설 ② 라이페이스(Lipase) : 지방 분해효소
① 아밀레이스(Amylase) : 전분 분해효소
③ 치메이스(Zymase) : 포도당, 과당 분해효소
④ 프로테이스(Protease) : 단백질 분해효소

05 다음 감염병 중 쥐를 매개체로 감염되는 질병이 아닌 것은?

① 돈단독증
② 쯔쯔가무시증
③ 신증후군출혈열(유행성출혈열)
④ 렙토스피라증

해설 돈단독증은 돼지를 비롯하여 양, 소, 말, 닭 등에서 발생하는 단독(丹毒) 특유의 피부염과 패혈증을 일으키는 것으로 관절염이나 심장장애가 주가 되는 경우가 많다.

1 ④ 2 ② 3 ① 4 ② 5 ① 정답

06 **다음 중 거품형 반죽으로 적합한 것은?**

① 파운드 케이크
② 머 핀
③ 프루트 케이크
④ 시폰 케이크

해설 파운드 케이크, 머핀, 프루트 케이크는 반죽형 반죽이다.

07 **베이커스 퍼센트(Baker's percent)에 대한 설명으로 맞는 것은?**

① 전체의 양을 100%로 하는 것이다.
② 물의 양을 100%로 하는 것이다.
③ 밀가루의 양을 100%로 하는 것이다.
④ 물과 밀가루의 양을 100%로 하는 것이다.

해설 베이커스 퍼센트(Baker's percent)는 밀가루 100%를 기준으로 한다.

08 **도넛의 튀김기름으로 적합하지 않은 것은?**

① 옥수수유 ② 면실유
③ 대두유 ④ 압착유

해설 도넛 튀김용 유지는 발연점이 높은 옥수수유, 대두유, 면실유 등이 있다.

09 **액체 재료의 함량이 높아 반죽을 짤주머니에 넣어 짜며, 소프트 쿠키라고 하는 반죽형 쿠키의 종류는?**

① 스냅 쿠키
② 쇼트브레드 쿠키
③ 드롭 쿠키
④ 머랭 쿠키

해설 드롭 쿠키(Drop Cookie)
- 달걀과 같은 액체 재료의 함량이 높아 반죽을 페이스트리 백에 넣어 짜서 성형한다.
- 소프트 쿠키라고도 하며, 반죽형 쿠키 중 수분 함량이 가장 많고 저장 중에 건조가 빠르고 잘 부스러진다.

10 **파운드 케이크의 적당한 비중은?**

① 0.4~0.5
② 0.7~0.8
③ 0.8~0.9
④ 1.0 이상

해설 제품별 비중
- 파운드 케이크 : 0.7~0.8
- 레이어 케이크 : 0.8~0.9
- 스펀지 케이크 : 0.45~0.55
- 롤케이크 : 0.4~0.45

정 답 6 ④ 7 ③ 8 ④ 9 ③ 10 ②

11 **도넛 글레이즈의 가장 적당한 사용 온도는?**

① 15℃ ② 30℃
③ 35℃ ④ 50℃

해설 도넛 글레이즈의 온도는 45~50℃ 정도가 알맞다.

12 **감염병 발생을 일으키는 3가지 조건이 아닌 것은?**

① 충분한 병원체
② 숙주의 감수성
③ 예방접종
④ 감염될 수 있는 환경조건

해설 감염병 발생을 일으키는 3가지 조건은 병원체, 숙주, 환경이다.

13 **조도 한계가 70~150lx 정도의 범위에서 작업해야 하는 공정은?**

① 포 장 ② 계 량
③ 성 형 ④ 1차 발효

해설 **작업 조도**
- 계량, 반죽, 조리, 정형 공정 : 150~300lx
- 발효 공정 : 30~70lx
- 굽기, 포장 공정 : 70~150lx
- 장식 및 마무리 작업 : 300~700lx

14 **경구 감염병에 속하지 않는 것은?**

① 장티푸스
② 콜레라
③ 세균성 이질
④ 말라리아

해설 **경구 감염병 종류**
장티푸스, 세균성 이질, 콜레라, 파라티푸스, 성홍열, 디프테리아, 유행성 간염, 감염성 설사증, 천열 등

15 **식품첨가물 중 보존료의 이상적인 조건으로 적절하지 않은 것은?**

① 다량 사용으로 효과가 있어야 한다.
② 독성이 없거나 적어야 한다.
③ 사용하기가 쉬워야 한다.
④ 변패를 일으키는 각종 미생물 증식을 억제할 수 있어야 한다.

해설 보존료는 미생물에 의한 변질을 방지하여 식품의 보존기간을 연장시키는 식품첨가물이다.

16 **이스트가 오븐 내에서 사멸되기 시작하는 온도는?**

① 40℃ ② 60℃
③ 80℃ ④ 100℃

해설 이스트는 60℃에서부터 불활성화한다.

11 ④ 12 ③ 13 ① 14 ④ 15 ① 16 ② 정답

17 **다음 중 비중이 가장 높은 제품은?**

① 스펀지 케이크
② 시폰 케이크
③ 레이어 케이크
④ 롤케이크

해설 **제품별 비중**
- 파운드 케이크 : 0.7~0.8
- 레이어 케이크 : 0.8~0.9
- 스펀지 케이크 : 0.45~0.55
- 롤케이크 : 0.4~0.45

18 **다음 중 자연독 식중독과 그 독성물질을 잘못 연결한 것은?**

① 감자독 – 솔라닌
② 곰팡이독 – 아플라톡신
③ 면실유 – 사포닌
④ 복어독 – 테트로도톡신

해설 **자연독 식중독**
- 식물성 자연독
  - 독버섯 : 무스카린, 코린, 발린
  - 감자독 : 솔라닌
  - 면실유 : 고시폴
  - 대두 : 사포닌
  - 청매 : 아미그달린
  - 피마자 : 리신
- 동물성 자연독
  - 복어독 : 테트로도톡신
  - 섭조개, 대합조개 : 삭시톡신
  - 바지락, 모시조개 : 베네루핀
- 곰팡이독 : 아플라톡신

19 **β–아밀레이스의 설명으로 틀린 것은?**

① 전분이나 덱스트린을 맥아당으로 만든다.
② 아밀로스의 말단에서 시작하여 포도당 2분자씩을 끊어가면서 분해한다.
③ 전분의 구조가 아밀로펙틴인 경우 약 52%까지만 가수분해한다.
④ 액화효소라고 한다.

해설 **β–아밀레이스**
- α–1,4 결합을 가수분해하고 α–1,6 결합은 분해하지 못하여 외부 아밀레이스라고 한다.
- 전분이나 덱스트린을 분해하여 맥아당으로 만드는 당화효소이다.
- 아밀로스의 말단에서 시작하여 포도당 2분자씩을 끊어가면서 분해한다.
- 전분의 구조가 아밀로펙틴인 경우 약 52%까지만 가수분해한다.

20 **오버 베이킹(Over Baking)에 대한 설명 중 틀린 것은?**

① 높은 온도의 오븐에서 굽는다.
② 윗부분이 평평해진다.
③ 굽기 시간이 길어진다.
④ 제품에 남는 수분이 적다.

해설
- 오버 베이킹(Over Baking) : 굽는 온도가 너무 낮으면 조직이 부드러우나 윗면이 평평하고 수분 손실이 크게 된다.
- 언더 베이킹(Under Baking) : 오븐의 온도가 너무 높으면 중심 부분이 갈라지고 조직이 거칠며 설익어 M자형 결함이 생긴다.

정답 17 ③ 18 ③ 19 ④ 20 ①

21 **다음 중 쿠키의 과도한 퍼짐 원인이 아닌 것은?**

① 반죽의 되기가 너무 묽을 때
② 설탕 사용량이 많을 때
③ 굽는 온도가 너무 낮을 때
④ 유지의 함량이 적을 때

해설 **쿠키의 퍼짐 원인**
- 반죽의 되기가 너무 묽을 때
- 설탕 사용량이 많을 때
- 굽는 온도가 너무 낮을 때

22 **쿠키 포장지의 특성으로 적합하지 않은 것은?**

① 방습성이 있어야 한다.
② 독성 물질이 생성되지 않아야 한다.
③ 내용물의 색, 향이 변하지 않아야 한다.
④ 통기성이 있어야 한다.

해설 쿠키 포장지는 쿠키가 눅눅해지는 것을 막기 위하여 통기성이 없어야 한다.

23 **빵 제품 냉각에 대한 설명으로 틀린 것은?**

① 일반적인 제품은 냉각 중에 수분 손실이 12% 정도가 된다.
② 냉각된 제품의 수분 함량은 38%를 초과하지 않는다.
③ 냉각된 빵의 내부 온도는 35℃ 정도에 도달하였을 때 절단·포장한다.
④ 빵의 수분은 내부에서 외부로 이동하여 평형을 이루지 못한다.

해설 냉각 손실은 2% 정도, 빵 속의 온도 35~40℃, 수분 38% 될 때까지 식힌다.
① 12% 수분 손실은 굽기 손실이다.

24 **식품 취급 시 교차오염을 예방하기 위한 행위로 옳지 않은 것은?**

① 개인위생 관리를 철저히 한다.
② 손 씻기를 철저히 한다.
③ 화장실의 출입 후 손을 청결히 하도록 한다.
④ 면장갑을 손에 끼고 작업을 한다.

해설 **교차오염 방지법**
- 개인위생 관리를 철저히 한다.
- 손 씻기를 철저히 한다.
- 조리된 음식 취급 시 맨손으로 작업하는 것을 피한다.
- 화장실의 출입 후 손을 청결히 하도록 한다.

21 ④ 22 ④ 23 ① 24 ④ 정답

25 다음 중 필수 지방산을 가장 많이 함유하고 있는 식품은?

① 달 걀　② 버 터
③ 마가린　④ 식물성 유지

해설 필수 지방산(불포화 지방산)은 우리 몸에서 만들어 낼 수 없는 지방산이다. 필수 지방산은 생선이나 식물의 기름에 많이 함유되어 있다.

26 다음 중 HACCP 적용의 7가지 원칙에 해당하지 않는 것은?

① HACCP 팀 구성
② 위해요소 분석
③ 한계기준 설정
④ 기록 유지 및 문서관리

해설 HACCP 적용의 7가지 원칙
- 위해분석(위해요소의 분석과 위험평가)
- 중요 관리점(CCP ; Critical Control Point)의 결정(중요 관리점 확인)
- 관리기준(허용한계치, Critical Limits)의 설정
- 모니터링(감시관리, Monitoring) 방법의 설정
- 개선조치(Corrective Action)의 설정
- 검증(Verification) 방법의 설정
- 기록 유지 및 문서작성 규정의 설정

27 제과 · 제빵 공정상 작업 내용에 따라 조도 기준을 달리한다면 표준 조도를 가장 높게 하여야 할 작업내용은?

① 장식(수작업), 마무리 작업
② 계량, 반죽 작업
③ 굽기, 포장 작업
④ 발효 작업

해설 공정상의 장식(수작업), 마무리 작업의 작업장 표준 조도는 500lx 이상으로 하는 것이 좋다.

28 다음 머랭(Meringue) 중 설탕을 끓여서 시럽으로 만들어 제조하는 것은?

① 냉제 머랭
② 온제 머랭
③ 스위스 머랭
④ 이탈리안 머랭

해설 이탈리안 머랭은 거품을 낸 달걀흰자에 뜨겁게 끓인 시럽(115~120℃)을 조금씩 부으면서 제조한다.

29 열풍을 강제 순환시키면서 굽는 타입으로 굽기의 편차가 극히 적은 오븐은?

① 컨벡션오븐
② 데크오븐
③ 터널오븐
④ 트레이오븐

해설
- 데크오븐 : 소규모 제과점에서 많이 사용하며 윗불, 아랫불 온도조절이 가능하다.
- 컨벡션오븐 : 오븐 뒷면에 열풍을 불어 넣을 수 있어 열을 대류시켜 굽는 오븐이다.
- 터널오븐 : 대규모 생산공장에서 대량생산이 가능하다. 반죽의 들어오는 입구와 출구가 다른 특징이 있다.

정 답 25 ④ 26 ① 27 ① 28 ④ 29 ①

30 우유의 살균법(가열법) 중 저온장시간 살균법을 바르게 설명한 것은?

① 60~65℃, 30분 가열
② 71.7℃, 15초 가열
③ 90~100℃, 5분 가열
④ 130~150℃, 3초 가열

해설 우유의 살균법(가열법)
- 저온장시간 : 60~65℃, 30분 가열
- 고온단시간 : 70~75℃, 15초 가열
- 초고온순간 : 130~150℃, 3초 가열

31 시폰 케이크 제조 시 냉각 전에 팬에서 분리되는 결점이 나타났을 때의 원인과 거리가 먼 것은?

① 굽는 시간이 짧다.
② 밀가루 양이 많다.
③ 반죽에 수분이 많다.
④ 오븐 온도가 낮다.

해설 밀가루 양이 적을 때 팬에서 분리되기가 쉽다.

32 거품형 케이크 반죽을 믹싱할 때 가장 적당한 믹싱법은?

① 중속 → 고속 → 중속
② 고속 → 중속 → 저속 → 고속
③ 저속 → 중속 → 고속 → 저속
④ 저속 → 고속 → 중속

해설 거품형 케이크의 믹싱법은 저속 → 중속 → 고속 → 저속으로 마무리한다.

33 비중 컵의 무게가 40g, 물을 담은 비중 컵의 무게가 240g, 반죽을 담은 비중 컵의 무게가 180g일 때 반죽의 비중은?

① 0.6 ② 0.7
③ 0.2 ④ 0.4

해설 비중 = 반죽의 무게 / 물의 무게
= (180 − 40) / (240 − 40) = 0.7

34 노화에 대한 설명으로 틀린 것은?

① 빵 속이 푸석푸석해지는 것
② 빵의 내부에 곰팡이가 피는 것
③ 빵 속 수분이 감소하는 것
④ α전분이 β전분으로 변하는 것

해설 노 화
- 빵 속 수분이 껍질로 이동하면서 수분이 증발하여 빵 속이 거칠고 단단해지는 현상
- 빵의 α전분이 퇴화하여 β전분이 되는 것

35 스펀지 케이크의 필수 재료가 아닌 것은?

① 밀가루 ② 달 걀
③ 우 유 ④ 설 탕

해설 스펀지 케이크의 필수 재료는 밀가루, 설탕, 소금, 달걀이다.

30 ① 31 ② 32 ③ 33 ② 34 ② 35 ③ 정 답

36 다음 중 제1급 감염병으로 옳은 것은?

① 회충증
② 말라리아
③ 수족구병
④ 탄 저

해설 **제1급 감염병**
에볼라바이러스병, 마버그열, 라싸열, 크리미안 콩고출혈열, 남아메리카출혈열, 리프트밸리열, 두창, 페스트, 탄저, 보툴리눔독소증, 야토병, 신종감염병증후군, 중증급성호흡기증후군, 중동호흡기증후군(MERS), 동물인플루엔자 인체감염증, 신종인플루엔자, 디프테리아

37 다음 중 고율배합의 설명으로 틀린 것은?

① 공기 혼입이 많다.
② 비중이 높다.
③ 낮은 온도에서 굽는다.
④ 저장성이 좋다.

해설 **고율배합의 특징**
- 공기 혼입이 많다.
- 비중이 낮다.
- 낮은 온도에서 굽는다.
- 신선도가 높고 저장성이 좋다.

38 밀가루 온도 24℃, 실내 온도 25℃, 수돗물 온도 18℃, 결과 온도 30℃, 희망 온도 27℃일 때 마찰계수는?

① 3 ② 23
③ 13 ④ 33

해설 마찰계수 = 반죽 결과 온도 × 3 − (실내 온도 + 밀가루 온도 + 수돗물 온도)
= 30 × 3 − (25 + 24 + 18)
= 23

39 튀김기름의 4대 적이 아닌 것은?

① 산 소 ② 온 도
③ 이물질 ④ 비타민 C

해설 튀김기름의 4대 적은 온도(열), 수분(물), 공기(산소), 이물질이다.

40 다음 중 캐러멜화 반응을 일으키는 것은?

① 지 방 ② 단백질
③ 비타민 ④ 당 류

해설 제과·제빵제품은 오븐에 구울 때 설탕이 캐러멜화 반응을 일으켜 색을 낸다.

정 답 36 ④ 37 ② 38 ② 39 ④ 40 ④

41 초콜릿 템퍼링을 하는 이유에 대한 설명으로 옳지 않은 것은?

① 팻블룸현상이 일어난다.
② 초콜릿 결정이 안정된다.
③ 초콜릿 표면이 매끈한 광택이 난다.
④ 초콜릿의 구용성이 좋아진다.

해설 **템퍼링(Tempering)**
초콜릿을 사용하기에 적합한 상태로 녹이는 과정을 템퍼링이라고 한다. 템퍼링을 거친 초콜릿은 결정이 안정되어 블룸현상이 일어나지 않고 광택이 있으며 몰드에서 잘 분리되고 보관기간 또한 늘어난다.

42 다음 중 유지의 경화로 옳은 것은?

① 경유를 정제하는 것
② 지방산가를 계산하는 것
③ 우유를 분해하는 것
④ 불포화 지방산에 수소를 첨가하여 고체화시키는 것

해설 쇼트닝은 라드의 대용품으로 액체인 기름에 수소를 첨가하여 경화한 것을 말한다.

43 퐁당(Fondant)에 대한 설명 중 맞는 것은?

① 시럽을 214℃까지 끓인다.
② 20℃ 전후로 식혀서 휘젓는다.
③ 물엿, 전화당 시럽을 첨가하면 수분 보유력을 높일 수 있다.
④ 유화제를 사용하면 부드럽게 할 수 있다.

해설 ③ 물엿, 전화당 시럽을 첨가하면 수분 보유력이 높아져 부드러운 식감을 준다.
①·② 설탕 100g에 물 30g을 넣고 설탕시럽을 114~118℃까지 끓여서 38~44℃로 식히면서 교반하면 결정이 일어나면서 희고 뿌연 상태의 퐁당이 만들어진다.

44 끈적거리는 아이싱을 보완할 때 넣는 것으로 틀린 것은?

① 소 금 ② 전 분
③ 젤라틴 ④ 밀가루

해설 아이싱이 끈적거리지 않도록 젤라틴, 식물성 검과 같은 안정제 및 전분이나 밀가루 같은 흡수제 등을 사용한다.

45 생크림의 보관 온도로 가장 적합한 것은?

① -10℃ 이하 ② -7~0℃
③ 3~7℃ ④ 10~15℃

해설 생크림은 3~7℃에서 냉장 보관할 때 가장 좋은 기포를 얻을 수 있다.

41 ① 42 ④ 43 ③ 44 ① 45 ③ 정 답

46 **제품을 포장하려 할 때 가장 적합한 빵의 중심 온도와 수분 함량은?**

① 29℃, 30%
② 35℃, 38%
③ 42℃, 45%
④ 45℃, 48%

해설 빵의 포장 온도는 35~40℃가 적당하다.

47 **이타이이타이병은 중금속에 오염된 어패류를 먹고 발생되는데, 그 원인이 되는 금속은?**

① 수은(Hg) ② 카드뮴(Cd)
③ 아연(Zn) ④ 납(Pb)

해설 카드뮴으로 인해 생긴 공해병으로 '이타이 이타이'는 일본어로 '아프다, 아프다'의 뜻으로 이 병에 걸린 사람들이 아프다, 아프다 하여 서서히 죽어간 것에서 유래되었다.

48 **식품의 건조방법에 많이 사용되지 않는 것은?**

① 감압건조
② 분무건조
③ 드럼건조
④ 초음파건조

해설 식품을 건조하면 물성 변화, 풍미, 소화율, 색깔 등 품질이 다소 떨어지는 경향이 있다. 건조방법으로 많이 사용되는 것은 열풍건조, 분무건조, 드럼건조, 감압건조, 냉동건조 등이 있다.

49 **독소형 식중독에 속하는 것은?**

① 장염 비브리오균
② 살모넬라균
③ 병원성 대장균
④ 보툴리누스균

해설 **세균성 식중독의 종류**

- 감염형 : 장염 비브리오, 살모넬라, 병원성 대장균, 캄필로박터
- 독소형 : 포도상구균, 보툴리누스

50 **믹서의 성능이 좋아 노동력과 시간을 절약하는 장점을 가지고 있는 반죽형 믹싱법은?**

① 블렌딩법
② 크림법
③ 설탕/물반죽법
④ 1단계법

해설 ① 블렌딩법 : 제품의 유연감을 우선으로 하는 제품에 많이 사용한다.
② 크림법 : 제품의 부피가 우선인 경우 많이 사용한다.
③ 설탕/물반죽법 : 질 좋은 제품 생산, 운반의 편리성, 계량의 용이성 때문에 대규모 공장에서 많이 쓰는 믹싱법이다.

정답 46 ② 47 ② 48 ④ 49 ④ 50 ④

51 **우유 100g 중에 당질 5g, 단백질 3.5g, 지방 3.7g이 함유되어 있다면 얻어지는 열량은?**

① 약 57kcal
② 약 67kcal
③ 약 77kcal
④ 약 87kcal

해설 당질, 단백질 1g당 4kcal, 지방은 9kcal이므로
(5g + 3.5g) × 4kcal + (3.7g × 9kcal)
= 34 + 33.3 = 67.3kcal

52 **비중이 높은 제품의 특징으로 맞는 것은?**

① 기공이 거칠다.
② 부피가 크다.
③ 껍질 색이 진하다.
④ 제품이 단단하다.

해설 **비중이 높은 제품의 특징**
- 조밀한 기공
- 작은 부피
- 단단한 제품

53 **소독이란 다음 중 어느 것을 뜻하는가?**

① 병원성 미생물을 죽여서 감염의 위험성을 제거하는 것
② 물리 또는 화학적 방법으로 병원체를 파괴시키는 것
③ 모든 미생물을 전부 사멸시키는 것
④ 오염된 물질을 깨끗이 닦아내는 것

해설 소독이란 병원성 미생물을 죽이거나 그것의 병원성을 약화시켜 감염력을 없애는 조작으로, 비병원성 미생물은 남아 있어도 무방하다는 개념이다.

54 **다음 중 영업에 종사해도 무방한 질병은?**

① 세균성 이질
② 골절상
③ 감염성 결핵
④ 콜레라

해설 골절상은 감염성이 없기 때문에 영업에 종사하여도 무방하다.
※ 식품위생법 시행규칙 제50조 참고

55 **식물의 열매에서 채취하지 않고 껍질에서 채취하는 향신료는?**

① 계 피 ② 넛메그
③ 정 향 ④ 카다몬

해설 계피는 녹나무과의 상록수 껍질을 벗겨 만든 향신료로, 실론(Ceylon) 계피는 정유(시나몬유) 상태로 만들어 쓰기도 한다.

56 **제과에서 유지의 기능이 아닌 것은?**

① 쇼트닝성 ② 공기혼입
③ 신장성 ④ 크림화

해설 **유지의 기능**
- 제빵에서는 윤활작용, 부피 증가, 식빵의 슬라이스를 돕고 풍미를 가져다 주며, 가소성과 신장성을 향상시키며, 빵의 노화를 지연시킨다.
- 제과에서는 쇼트닝성, 공기혼입, 크림화, 안정화, 식감과 저장성에 영향을 준다.

51 ② 52 ④ 53 ① 54 ② 55 ① 56 ③ 정 답

57 거품형 쿠키로 전란을 사용하는 쿠키의 종류는?

① 스냅 쿠키
② 냉동 쿠키
③ 쇼트브레드 쿠키
④ 스펀지 쿠키

해설 스펀지 쿠키는 짜는 형태의 쿠키로, 가장 대표적인 예는 레이디 핑거쿠키이다.

58 식품첨가물의 규격과 사용기준은 누가 지정하는가?

① 보건복지부장관
② 시장 · 군수 · 구청장
③ 시 · 도지사
④ 식품의약품안전처장

해설 **식품 또는 식품첨가물에 관한 기준 및 규격(식품위생법 제7조제1항)**
식품의약품안전처장은 국민 건강을 보호 · 증진하기 위하여 필요하면 판매를 목적으로 하는 식품 또는 식품첨가물에 관한 다음의 사항을 정하여 고시한다.
- 제조 · 가공 · 사용 · 조리 · 보존 방법에 관한 기준
- 성분에 관한 규격

59 팬기름에 대한 설명으로 틀린 것은?

① 팬기름은 발연점이 높은 기름을 사용한다.
② 무색, 무미, 무취여야 한다.
③ 팬기름 사용량은 반죽 무게의 0.1~0.2% 정도 사용한다.
④ 팬기름 사용량이 많으면 밑껍질이 얇아지고 색상이 밝아진다.

해설 팬기름은 빵을 구울 때 제품이 팬에서 달라붙지 않고 잘 떨어지도록 하기 위해 사용한다.
팬기름이 갖추어야 할 조건
- 무색, 무취
- 높은 안정성
- 발연점이 210℃ 이상 높은 것
- 반죽 무게의 0.1~0.2% 정도 사용

60 집단급식소에 종사하는 조리사는 식품위생 수준 및 자질의 향상을 위하여 몇 년마다 교육을 받아야 하는가?

① 1년 ② 2년
③ 3년 ④ 4년

해설 식품의약품안전처장은 식품위생 수준 및 자질의 향상을 위하여 필요한 경우 조리사와 영양사에게 교육을 받을 것을 명할 수 있다. 다만, 집단급식소에 종사하는 조리사와 영양사는 1년마다 교육을 받아야 한다(식품위생법 제56조제1항).

정 답 57 ④ 58 ④ 59 ④ 60 ①

MEMO

MEMO

참 / 고 / 문 / 헌

- 교육부(2019). 「NCS학습모듈(제과)」. 교육부 · 한국직업능력개발원.
- 교육부(2019). 「NCS학습모듈(제빵)」. 교육부 · 한국직업능력개발원.
- 김옥경, 박인숙, 방우석, 범봉수, 임용숙, 장재선, 채기수, 하상철(2014). 「NEW 식품위생학」. 지구문화사.
- 배현주, 백재은, 주나미, 윤지영(2006). 「급식관리자를 위한 HACCP이론 및 실무」. 교문사.
- 손문기, 박일규, 고광석, 최용훈, 하재욱, 강승극, 전영신, 이해은, 홍성삼, 정보용, 박현진(2011). 「소규모업체를 위한 과자 해썹(HACCP) 관리」. 식품의약품안전처.
- 송형익, 김정현, 박성진 외(2014). 「식품위생학」. 지구문화사.
- 식품의약품안전처(2017). 「개방형 주방 음식점 위생 관리 매뉴얼(한식 · 중식 · 양식)」. 식품의약품안전처 식중독예방과.
- 식품의약품안전처(2011). 「소규모업체를 위한 빵류 해썹(HACCP) 관리」. 식품의약품안전처.
- 식품의약품안전처(2011). 「식품의 유통기한설정 실험 가이드라인」. 식품의약품안전처.
- 오상석(2002). 「빵류의 HACCP 적용을 위한 일반모델개발」. 식품의약품안전처.
- 이광석(2000). 「제과제빵론」. 양서원.
- 타케야 코우지(2017). 「새로운 제빵 기초 지식」. 비앤씨월드.
- 홍완수, 윤지영, 최은희, 이경은, 배현주(2014). 「알기 쉬운 외식위생관리와 HACCP」. 백산출판사.
- 홍행홍(2003). 「합격! 대한민국 제과기능장」. 비앤씨월드.

좋은 책을 만드는 길
독자님과 함께하겠습니다.

도서나 동영상에 궁금한 점, 아쉬운 점, 만족스러운 점이
있으시다면 어떤 의견이라도 말씀해 주세요.
SD에듀는 독자님의 의견을 모아 더 좋은 책으로 보답하겠습니다.

www.sdedu.co.kr

제과제빵기능사 필기 한권으로 끝내기

개정3판1쇄 발행	2023년 02월 10일 (인쇄 2022년 12월 29일)
초 판 발 행	2020년 02월 05일 (인쇄 2019년 12월 19일)
발 행 인	박영일
책 임 편 집	이해욱
편 저	권영회 · 강민호
편 집 진 행	윤진영 · 김미애
표지디자인	권은경 · 길전홍선
편집디자인	심혜림 · 박동진
발 행 처	(주)시대고시기획
출 판 등 록	제10-1521호
주 소	서울시 마포구 큰우물로 75 [도화동 538 성지 B/D] 9F
전 화	1600-3600
팩 스	02-701-8823
홈 페 이 지	www.sdedu.co.kr
I S B N	979-11-383-4019-9(13590)
정 가	20,000원

B·A·K·I·N·G

제과 · 제빵 분야의 전문가를 위한 **필독서!**

제과산업기사

필기 초단기완성

저자 : 한유미 / 정가 : 23,000원

제빵산업기사

필기 초단기완성

저자 : 박상윤 / 정가 : 21,000원

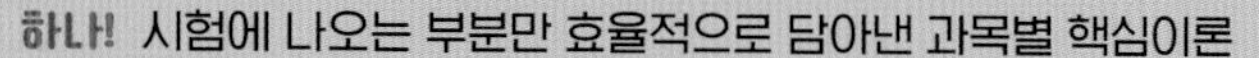

하나! 시험에 나오는 부분만 효율적으로 담아낸 과목별 핵심이론

두울! 최종모의고사로 시험 직전 확실한 마무리

세엣! 중요한 이론은 꼼꼼하게 [더 알아보기!]

※ 표지 이미지와 구성 및 가격은 변경될 수 있습니다.

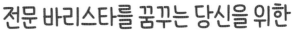